Métodos Numéricos con Python 2

Álgebra Lineal

Juan Gabriel Gomila, Arnau Mir y María Santos

Curso online completo
Disponible en Frogames Formación
https://cursos.frogamesformacion.com/courses/numerico-2

Índice general

5

1. Álgebra lineal numérica **9**

1.1. Matrices 10

1.2. El espacio vectorial de las matrices 10

1.3. Matriz identidad 11

1.4. Matriz traspuesta 12

1.5. Matriz inversa 12

1.6. Tipos de matrices cuadradas 12

1.7. Matrices semejantes y diagonalizables 15

1.8. Propiedades de las matrices 16

1.9. Valores y vectores propios 17

1.10. Propiedades de valores y vectores propios 19

1.11. Normas vectoriales 23

1.12. Normas matriciales 24

1.13. Norma matricial subordinada a una vectorial 25

1.14. Cálculo de la norma euclídea de una matriz 27

1.15. Cálculo de la norma 1 de una matriz 29

1.16. Cálculo de la norma infinito de una matriz 30

1.17. Propiedades de las normas matriciales 32

2. Métodos directos **33**

2.1. Sistema de ecuaciones lineal 33

2.2. Método de eliminación de Gauss 37

2.3. Factorización de matrices 63

2.4. Métodos de ortogonalización 109

2.5. Aplicaciones 125

2.6. Análisis del error 140

3. Métodos iterativos **145**

3.1. Construcción de la sucesión $\mathbf{x}^{(k)}$ 146

3.2. Métodos de Jacobi y Gauss Seidel 146

3.3. Métodos de iteración generales 160

3.4. Métodos de sobrerelajación (SOR) 171

3.5. Métodos iterativos vs. métodos directos 181

3.6. El método del gradiente conjugado 181

4. Aproximación de valores y vectores propios. **203**

4.1. El método de la potencia 204

4.2. Técnicas de deflación 240

4.3. Métodos de ortogonalización 252

4.4. Descomposición en valores singulares 299

4.5. Algoritmo 301

4.6. Demostración de $\mathbf{A} = \mathbf{U}\mathbf{D}\mathbf{V}^\top$ 303

4.7. Pseudocódigo 304

Los métodos numéricos son un conjunto de técnicas matemáticas y algorítmicas que se utilizan para resolver problemas y realizar cálculos aproximados en situaciones donde las soluciones exactas pueden ser difíciles o imposibles de obtener analíticamente.

Estos métodos son esenciales en diversas áreas de la **ciencia**, la **ingeniería**, la **física**, la **economía** y muchas otras disciplinas, ya que permiten abordar problemas complejos que involucran cálculos numéricos y **modelado computacional**.

En lugar de depender de soluciones teóricas exactas que a menudo son difíciles de encontrar o incluso inexistentes, los métodos numéricos se basan en **aproximaciones numéricas** y **algoritmos iterativos** para obtener respuestas cercanas a la solución real.

Estos métodos son especialmente útiles cuando se trata de **sistemas no lineales, ecuaciones diferenciales, optimización, análisis de datos y simulación de fenómenos complejos.**

Los métodos numéricos requieren un equilibrio entre **precisión y eficiencia computacional**, ya que las aproximaciones numéricas siempre conllevan un grado de **error**.

Elegir el método adecuado depende del problema específico y de las características de los datos involucrados.

En resumen, los **métodos numéricos** desempeñan un papel fundamental en la resolución de **problemas del mundo real** que no pueden ser abordados de manera exacta y son esenciales para la aplicación efectiva de las matemáticas y la **computación** en diversas disciplinas.

Este libro está pensado para que asientes todas las bases para convertirte en un experto en el mundo de los algoritmos a través de la aproximación numérica, un campo fundamental en el análisis de datos, la ingeniería o la inteligencia artificial entre otros, aprovechando al máximo todo el contenido de métodos numéricos que te traemos en este primer volumen. En particular, tanto en el curso online asociado, como en este libro que tienes entre tus manos verás los mismos contenidos que explicamos en los cursos de carrera universitaria a matemáticos, ingenieros, economistas, biólogos, médicos o informáticos.

Consulta los tres cursos completos de métodos numéricos creados por Arnau Mir, programados por María Santos y explicados por Juan Gabriel Gomila solamente en Frogames.

1. Parte I: Cálculo Numérico en

`https://cursos.frogamesformacion.com/courses/numerico-1`

2. Parte II: Álgebra Lineal Numérica en

`https://cursos.frogamesformacion.com/courses/numerico-2`

3. Parte III: Problemas no lineales, EDOs y EDPs en

`https://cursos.frogamesformacion.com/courses/numerico-3`

También tienes todos los cursos y las rutas de Aprendizaje de Frogames recomendadas por orden de dificultad en nuestra web.

`https://cursos.frogamesformacion.com/pages/rutas`

Asienta las bases para convertirte en el **Data Scientist o programador** del futuro con todo el contenido de métodos numéricos y su implementación en **Python** en nuestros cursos.

En particular verás los mismos contenidos que explicamos en la carrera de **matemáticas** o en **ingenierías**.

La primera parte del curso consta de los capítulos siguientes:

1. Álgebra Lineal Numérica
2. Resolución de sistemas lineales por métodos directos
3. Resolución de sistemas lineales por métodos iterativos
4. Aproximación de valores y vectores propios

Y si accedes al curso online de Métodos Numéricos aplicados al Álgebra Lineal, podrás disfrutar de más de 30 horas de vídeo a demanda, cientos de ejercicios resueltos al detalle, tareas para practicar y mejorar, talleres y trucos de los profesores para que te conviertas en un experto de la materia. Además, si lo completas, conseguirás una insignia digital verificable con la tecnología blockchain (y por tanto imposible de falsificar) que podrás añadir a tu perfil de Linkedin con un solo click, para demostrar tus habilidades recién adquiridas con nosotros. La mejor forma de mostrar al mundo tus conocimientos en este siglo XXI.

¡Esperamos que lo disfrutes y te conviertas en un experto profesional del mundo de los métodos numéricos!

Muchas gracias a todas nuestras famílias, amigos y compañeros por el apoyo constante incondicional que recibimos para seguir trabajando en lo que más disfrutamos; a nuestros estudiantes tanto online como en presencial que nos han dado feedback durante todos estos años para mejorar nuestras habilidades docentes y de comunicación, así como soportar también nuestros chistes malos; y a las revisoras incansables

Figura 1: Insignia blockchain

de edición, maquetación, nuestras innumerables faltas de ortografía y diseño general María Santos y Lucía García.

Esperamos sin duda que nuestro libro os haga el camino más sencillo de recorrer, os sintáis acompañados, y que el mundo de las matemáticas y los métodos numéricos os de esa luz tan necesaria para entender temáticas más avanzadas como la ciencia de datos o la inteligencia artificial, la robótica o el mundo del desarrollo de videojuegos. Hemos aprendido muchísimo enseñando, y este es nuestro resultado de más de 40 años combinados de experiencia entre los tres docentes.

Capítulo 1

Álgebra lineal numérica

El **álgebra lineal** desempeña un papel fundamental en los métodos numéricos al proporcionar herramientas y técnicas esenciales para resolver **sistemas de ecuaciones lineales**, **aproximar funciones**, y realizar transformaciones en el **espacio multidimensional**. En el contexto de métodos numéricos, el **álgebra lineal** ofrece una base matemática sólida para abordar problemas complejos de manera **eficiente y precisa**.

Uno de los aspectos más fundamentales del álgebra lineal en métodos numéricos es la **resolución de sistemas de ecuaciones lineales**. Estos sistemas pueden modelar una amplia variedad de **problemas del mundo real**, desde **redes eléctricas** hasta **simulaciones físicas**. La **representación matricial** de estos sistemas permite utilizar métodos numéricos para encontrar **soluciones aproximadas** de manera **eficiente.**

Las **matrices y vectores** son **bloques** constructivos básicos en álgebra lineal. Las **matrices** pueden representar **transformaciones lineales** y **sistemas de ecuaciones** simultáneamente. Los **vectores**, por otro lado, son utilizados para representar **cantidades direccionales y magnitudes**. La **multiplicación** de matrices y vectores es una **operación central** que se utiliza para realizar **transformaciones lineales** y **resolver sistemas de ecuaciones.**

Las **descomposiciones matriciales**, como la descomposición LU, la descomposición QR y la descomposición en valores singulares (SVD), son herramientas cruciales en métodos numéricos. Estas **descomposiciones** permiten descomponer una matriz en formas más **simples**, facilitando el **análisis** y la **resolución numérica** de diversos problemas.

Los **valores y vectores propios** son conceptos importantes en álgebra lineal y juegan un papel crucial en métodos numéricos. En aplicaciones prácticas, representan **direcciones especiales** en las cuales una **transformación lineal** solo **escala** el espacio **sin cambiar su dirección**. Estos conceptos son fundamentales en problemas como la **diagonalización de matrices** y la **resolución de ecuaciones diferenciales lineales.**

Admás, en muchos **algoritmos de machine learning y de big data**, aparecen **sistemas de ecuaciones lineales** de gran **tamaño** que hay que resolver o valores y vectores propios de matrices que hay que hallar.

Por tanto, los métodos que vamos a ver son clave para entender bien los algoritmos de **machine learning y big data** relacionados con problemas de **álgebra lineal numérica.**

1.1. Matrices

En este primer capítulo vamos a introducir todos los conceptos y las propiedades que nos harán falta para entender y practicar los **algoritmos numéricos** relacionados con el álgebra lineal numérica.

Una matriz $\mathbf{A}$ en $\mathbb{R}^n$ o en $\mathbb{C}^n$ se puede entender como un vector de $m \cdot n$ componentes organizado en m filas y n columnas:

$$\mathbf{A} = \begin{bmatrix} a_{11} & a_{12} & \cdots & a_{1n} \\ a_{21} & a_{22} & \cdots & a_{2n} \\ \vdots & \vdots & \ddots & \vdots \\ a_{m1} & a_{m2} & \cdots & a_{mn} \end{bmatrix},$$

donde los valores a_{ij}, $i = 1, 2, \ldots, m$ y $j = 1, 2, \ldots, n$ son los valores de la matriz que, como hemos indicado, pueden ser **reales** o **complejos**, dependiendo del problema en cuestión.

Ejemplo 1.1. Las dos matrices siguientes son matrices 4×3 (4 filas y 3 columnas) y 3×3 (3 filas y 3 columnas) reales:

$$\mathbf{A}_1 = \begin{bmatrix} 5 & 6 & 6 \\ 6 & 6 & 8 \\ 6 & 6 & 2 \\ 5 & 4 & 7 \end{bmatrix}, \quad \mathbf{A}_2 = \begin{bmatrix} 5.130872 & 5.864982 & 5.090998 \\ 5.457783 & 4.458898 & 5.754271 \\ 5.006886 & 4.863587 & 5.802235 \end{bmatrix}.$$

Las matrices con el mismo número de filas que de columnas se denominan **matrices cuadradas** y son del tipo $n \times n$, donde n será el número de filas o de columnas.

En el ejemplo anterior la matriz $\mathbf{A}_2$ es una matriz cuadrada 3×3.

1.2. El espacio vectorial de las matrices

Definición 1.1. Al **espacio vectorial** de las matrices **reales** de m filas y n columnas se le conoce por $M_{m \times n}(\mathbb{R})$.

Al **espacio vectorial** de las matrices **complejas** de m filas y n columnas se le conoce por $M_{m \times n}(\mathbb{C})$.

Observación. El conjunto $M_{m\times n}(\mathbb{K})$, con $\mathbb{K} = \mathbb{R}$ o $\mathbb{C}$ es un espacio vectorial ya que dadas dos matrices $\mathbf{A}_1, \mathbf{A}_2 \in M_{m\times n}(\mathbb{K})$, podemos definir la suma de ellas y el producto por un escalar $\lambda \in \mathbb{K}$:

$$\mathbf{A}_1 + \mathbf{A}_2 = \begin{bmatrix} a_{11}^{(1)} & a_{12}^{(1)} & \dots & a_{1n}^{(1)} \\ a_{21}^{(1)} & a_{22}^{(1)} & \dots & a_{2n}^{(1)} \\ \vdots & \vdots & \ddots & \vdots \\ a_{m1}^{(1)} & a_{m2}^{(1)} & \dots & a_{mn}^{(1)} \end{bmatrix} + \begin{bmatrix} a_{11}^{(2)} & a_{12}^{(2)} & \dots & a_{1n}^{(2)} \\ a_{21}^{(2)} & a_{22}^{(2)} & \dots & a_{2n}^{(2)} \\ \vdots & \vdots & \ddots & \vdots \\ a_{m1}^{(2)} & a_{m2}^{(2)} & \dots & a_{mn}^{(2)} \end{bmatrix}$$
$$= \begin{bmatrix} a_{11}^{(1)} + a_{11}^{(2)} & a_{12}^{(1)} + a_{12}^{(2)} & \dots & a_{1n}^{(1)} + a_{1n}^{(2)} \\ a_{21}^{(1)} + a_{21}^{(2)} & a_{22}^{(1)} + a_{22}^{(2)} & \dots & a_{2n}^{(1)} + a_{2n}^{(2)} \\ \vdots & \vdots & \ddots & \vdots \\ a_{m1}^{(1)} + a_{m1}^{(2)} & a_{m2}^{(1)} + a_{m2}^{(2)} & \dots & a_{mn}^{(1)} + a_{mn}^{(2)} \end{bmatrix},$$

$$\lambda \cdot \mathbf{A} = \lambda \cdot \begin{bmatrix} a_{11} & a_{12} & \dots & a_{1n} \\ a_{21} & a_{22} & \dots & a_{2n} \\ \vdots & \vdots & \ddots & \vdots \\ a_{m1} & a_{m2} & \dots & a_{mn} \end{bmatrix} = \begin{bmatrix} \lambda \cdot a_{11} & \lambda \cdot a_{12} & \dots & \lambda \cdot a_{1n} \\ \lambda \cdot a_{21} & \lambda \cdot a_{22} & \dots & \lambda \cdot a_{2n} \\ \vdots & \vdots & \ddots & \vdots \\ \lambda \cdot a_{m1} & \lambda \cdot a_{m2} & \dots & \lambda \cdot a_{mn} \end{bmatrix}.$$

Ejercicio 1.1. Verificar que el conjunto $M_{m\times n}(\mathbb{K})$ es un espacio vectorial con las operaciones arriba indicadas.

Ejemplo 1.2. Consideremos las matrices siguientes:

$$\mathbf{A}_1 = \begin{bmatrix} 6 & 5 & 3 \\ 6 & 4 & 2 \\ 3 & 6 & 4 \end{bmatrix}, \quad \mathbf{A}_2 = \begin{bmatrix} 9 & 5 & 5 \\ 2 & 8 & 9 \\ 6 & 8 & 8 \end{bmatrix},$$

entonces la suma $\mathbf{A}_1 + \mathbf{A}_2$ y $3 \cdot \mathbf{A}_1$ valen:

$$\mathbf{A}_1 + \mathbf{A}_2 = \begin{bmatrix} 15 & 10 & 8 \\ 8 & 12 & 11 \\ 9 & 14 & 12 \end{bmatrix}, \quad 3 \cdot \mathbf{A}_1 = \begin{bmatrix} 18 & 15 & 9 \\ 18 & 12 & 6 \\ 9 & 18 & 12 \end{bmatrix}.$$

1.3. Matriz identidad

Definición 1.2 (Matriz identidad)**.** Recordemos que la matriz identidad $\mathbf{I}_n$ de orden n es la matriz cuadrada $n \times n$ que tiene 1's en la diagonal y ceros en caso contrario:

$$\mathbf{I}_n = \begin{bmatrix} 1 & 0 & \dots & 0 \\ 0 & 1 & \dots & 0 \\ \vdots & \vdots & \ddots & \vdots \\ 0 & 0 & \dots & 1 \end{bmatrix}.$$

1.4. Matriz traspuesta

Definición 1.3 (Matriz traspuesta). Sea $\mathbf{A} \in M_{m\times n}(\mathbb{K})$ una matriz $m \times n$. Entonces la matriz traspuesta de $\mathbf{A}$, indicada por $\mathbf{A}^\top$ es la matriz $\mathbf{A}$ en la que hemos intercambiado filas por columnas, es decir, si $\mathbf{A} = \begin{bmatrix} a_{11} & a_{12} & \dots & a_{1n} \\ a_{21} & a_{22} & \dots & a_{2n} \\ \vdots & \vdots & \ddots & \vdots \\ a_{m1} & a_{m2} & \dots & a_{mn} \end{bmatrix}$, entonces:

$$\mathbf{A}^\top = \begin{bmatrix} a_{11} & a_{21} & \dots & a_{m1} \\ a_{12} & a_{22} & \dots & a_{m2} \\ \vdots & \vdots & \ddots & \vdots \\ a_{1n} & a_{2n} & \dots & a_{mn} \end{bmatrix}.$$

1.5. Matriz inversa

Definición 1.4 (Matriz inversa). Sea $\mathbf{A} \in M_{n\times n}(\mathbb{K})$ una matriz cuadrada $n \times n$ donde suponemos que su determinante es diferente de 0, $\det(A) \neq 0$. Entonces la matriz inversa de $\mathbf{A}$, indicada por $\mathbf{A}^{-1}$ es la matriz que verifica:

$$\mathbf{A} \cdot \mathbf{A}^{-1} = \mathbf{A}^{-1} \cdot \mathbf{A} = \mathbf{I}_n,$$

es decir el producto de la matriz por su inversa da la matriz identidad.

Las matrices traspuestas de las dos matrices que vimos en el ejemplo 1.1 que recordemos que eran $\mathbf{A}_1 = \begin{bmatrix} 5 & 6 & 6 \\ 6 & 6 & 8 \\ 6 & 6 & 2 \\ 5 & 4 & 7 \end{bmatrix}$ y $\mathbf{A}_2 = \begin{bmatrix} 5.130872 & 5.864982 & 5.090998 \\ 5.457783 & 4.458898 & 5.754271 \\ 5.006886 & 4.863587 & 5.802235 \end{bmatrix}$ son las siguientes:

$$\mathbf{A}_1^\top = \begin{bmatrix} 5 & 6 & 6 & 5 \\ 6 & 6 & 6 & 4 \\ 6 & 8 & 2 & 7 \end{bmatrix}, \quad \mathbf{A}_2^\top = \begin{bmatrix} 5.130872 & 5.457783 & 5.006886 \\ 5.864982 & 4.458898 & 4.863587 \\ 5.090998 & 5.754271 & 5.802235 \end{bmatrix}.$$

La matriz inversa de la matriz cuadrada $\mathbf{A_2}$ es la siguiente:

$$\mathbf{A}_2^{-1} = \begin{bmatrix} 0.345367 & 1.513779 & -1.804297 \\ 0.466466 & -0.699035 & 0.28397 \\ -0.689029 & -0.720326 & 1.491287 \end{bmatrix}.$$

Dejamos como ejercicio que comprobéis que $\mathbf{A}_2 \cdot \mathbf{A_2}^{-1} = \mathbf{I}_3$.

1.6. Tipos de matrices cuadradas

Existen los siguientes tipos de **matrices cuadradas**:

- La matriz $\mathbf{A}$ es **singular** si $\det(A) = 0$.
- La matriz $\mathbf{A}$ es **regular** si $\det(A) \neq 0$. En este caso, existe la inversa de $\mathbf{A}$, $\mathbf{A}^{-1}$.
- La matriz $\mathbf{A}$ es **simétrica** si $\mathbf{A}^\top = \mathbf{A}$.
- La matriz $\mathbf{A}$ es **ortogonal** si $\mathbf{A}^{-1} = \mathbf{A}^\top$.
- La matriz $\mathbf{A}$, $n \times n$, es **definida positiva** si para cualquier $\mathbf{x} \in \mathbb{R}^n$, $\mathbf{x}^\top \mathbf{A}\mathbf{x} > 0$.
- La matriz $\mathbf{A} = (a_{ij})_{i,j=1,\dots,n}$ es **diagonal dominante** si

$$|a_{ii}| > \sum_{j=1, j\neq i}^{n} |a_{ij}|,$$

  para $i = 1, 2, \dots, n$, es decir, que el valor absoluto de los elementos de la diagonal supera a la suma en valor absoluto de todos los demás valores de la fila.

- La matriz $\mathbf{A}$ es (p, q) banda si $a_{ij} = 0$, para $i \geq j + q$ o $j \geq i + p$, es decir, dado a_{ii} un elemento de la diagonal, todos los valores $a_{i,i+q} = a_{i,i+q+1} = \dots = a_{i,n} = 0$ y $a_{i+p,i} = a_{i+p+1,i} = \dots = a_{n,i} = 0$:

$$\begin{bmatrix} a_{11} & \dots & a_{1q} & 0 & 0 & \dots & 0 \\ \vdots & a_{22} & \dots & a_{2,1+q} & 0 & \dots & 0 \\ \vdots & \vdots & \vdots & \vdots & \vdots & \vdots & \vdots \\ a_{p1} & \vdots & \vdots & \ddots & \vdots & \vdots & \vdots \\ 0 & a_{p+1,2} & \vdots & \vdots & \vdots & \vdots & \vdots \\ 0 & \dots & \dots & \dots & \dots & \dots & \dots \\ 0 & \dots & \dots & \dots & \dots & \dots & a_{nn} \end{bmatrix}$$

Dentro de las matrices (p, q) banda, tenemos las siguientes:

- La matriz $\mathbf{A}$ es **diagonal** si $p = q = 1$:

$$\begin{bmatrix} a_{11} & 0 & \dots & 0 \\ 0 & a_{22} & \dots & 0 \\ \vdots & \vdots & \ddots & \vdots \\ 0 & \dots & 0 & a_{nn} \end{bmatrix}.$$

- La matriz $\mathbf{A}$ es **tridiagonal** si $p = q = 2$:

$$\begin{bmatrix} a_{11} & a_{12} & 0 & 0 & \dots & 0 \\ a_{21} & a_{22} & a_{23} & 0 & \dots & 0 \\ 0 & a_{32} & a_{33} & a_{34} & \dots & 0 \\ \vdots & \vdots & \vdots & \ddots & \vdots & \vdots \\ 0 & \dots & 0 & a_{n-1,n-2} & a_{n-1,n-1} & a_{n-1,n} \\ 0 & \dots & \dots & 0 & a_{n,n-1} & a_{nn} \end{bmatrix},$$

es decir, para cada fila i-ésima, sólo tres valores como máximo son distintos de 0: $a_{i,i-1}, a_{i,i}$ y $a_{i,i+1}$.

- La matriz **A** es **pentadiagonal** si $p = q = 3$, es decir, para cada fila i-ésima, sólo cinco valores como máximo son distintos de 0: $a_{i,i-2}, a_{i,i-1}, a_{i,i}, a_{i,i+1}$ y $a_{i,i+2}$.

- La matriz **A** es **triangular superior** si $p = 1, q = n$:

$$\begin{bmatrix} a_{11} & a_{12} & \dots & a_{1n} \\ 0 & a_{22} & \dots & a_{2n} \\ \vdots & \vdots & \ddots & \vdots \\ 0 & \dots & 0 & a_{nn} \end{bmatrix},$$

es decir todos los elementos por "debajo de la diagonal" son nulos.

- La matriz **A** es **triangular inferior** si $p = n, q = 1$:

$$\begin{bmatrix} a_{11} & 0 & \dots & 0 \\ a_{21} & a_{22} & \dots & 0 \\ \vdots & \vdots & \ddots & \vdots \\ a_{n1} & \dots & a_{n,n-1} & a_{nn} \end{bmatrix},$$

es decir todos los elementos por "encima de la diagonal" son nulos.

- La matriz **A** es **Hessenberg superior** si $p = 2, q = n$:

$$\begin{bmatrix} a_{11} & a_{12} & a_{13} & a_{14} & \dots & a_{1n} \\ a_{21} & a_{22} & a_{23} & a_{24} & \dots & a_{2n} \\ 0 & a_{32} & a_{33} & a_{34} & \dots & a_{3n} \\ \vdots & \vdots & \vdots & \ddots & \vdots & \vdots \\ 0 & \dots & 0 & a_{n-1,n-2} & a_{n-1,n-1} & a_{n-1,n} \\ 0 & \dots & \dots & 0 & a_{n,n-1} & a_{nn} \end{bmatrix},$$

es decir, fijada una columna j, todos los elementos de la forma a_{kj} valen 0 para $k = j + 2, \dots, n$.

- La matriz **A** es **Hessenberg inferior** si $p = n, q = 2$:

$$\begin{bmatrix} a_{11} & a_{12} & 0 & 0 & \dots & 0 \\ a_{21} & a_{22} & a_{23} & 0 & \dots & 0 \\ a_{31} & a_{32} & a_{33} & a_{34} & \dots & 0 \\ \vdots & \vdots & \vdots & \ddots & \vdots & \vdots \\ a_{n-1,1} & \dots & \dots & a_{n-1,n-2} & a_{n-1,n-1} & a_{n-1,n} \\ a_{n1} & \dots & \dots & \dots & a_{n,n-1} & a_{nn} \end{bmatrix},$$

es decir, fijada una fila i, todos los elementos de la forma a_{ik} valen 0 para $k = i+2, \dots, n$.

1.7. Matrices semejantes y diagonalizables

Definición 1.5 (Matrices semejantes)**.** Dadas dos matrices cuadradas **A** y **B**, $n \times n$, se dice que son **semejantes** si existe una matriz invertible **C**, $n \times n$, tal que $\mathbf{B} = \mathbf{C}^{-1} \cdot \mathbf{A} \cdot \mathbf{C}$.

Definición 1.6 (Matriz diagonalizable)**.** Una matriz cuadrada **A** es **diagonalizable** si es semejante a una matriz **diagonal**, es decir, existe una matriz invertible **C** y una matriz diagonal **D** tal que $\mathbf{D} = \mathbf{C}^{-1} \cdot \mathbf{A} \cdot \mathbf{C}$.

Observación. En **álgebra lineal**, cuando dos matrices **A** y **B** son **semejantes**, se dice que son matrices correspondientes a un endomorfismo en $\mathbb{R}^n$ en **bases diferentes**. La matriz **C** se denomina **matriz de cambio de base**.

También, en el ámbito de **álgebra lineal**, cuando una matriz **A** es **diagonalizable**, los elementos de la matriz **diagonal D** se denominan **valores propios** y las columnas de la matriz **C** de **cambio de base** se denominan **vectores propios**.

Ejemplo 1.3. La matriz $\mathbf{A} = \begin{bmatrix} 3.8 & -2.4 & -0.4 \\ 3.2 & -2.6 & 0.4 \\ -1.6 & 0.8 & 1.8 \end{bmatrix}$ es diagonalizable ya que existe una matriz $\mathbf{C} = \begin{bmatrix} 2 & 1 & -2 \\ 2 & 2 & -1 \\ 2 & 0 & 2 \end{bmatrix}$ tal que:

$$\begin{aligned} \mathbf{C}^{-1} \cdot \mathbf{A} \cdot \mathbf{C} &= \begin{bmatrix} 0.4 & -0.2 & 0.3 \\ -0.6 & 0.8 & -0.2 \\ -0.4 & 0.2 & 0.2 \end{bmatrix} \cdot \begin{bmatrix} 3.8 & -2.4 & -0.4 \\ 3.2 & -2.6 & 0.4 \\ -1.6 & 0.8 & 1.8 \end{bmatrix} \cdot \begin{bmatrix} 2 & 1 & -2 \\ 2 & 2 & -1 \\ 2 & 0 & 2 \end{bmatrix} \\ &= \begin{bmatrix} 1 & 0 & 0 \\ 0 & -1 & 0 \\ 0 & 0 & 3 \end{bmatrix}. \end{aligned}$$

1.8. Propiedades de las matrices

- La **traspuesta de la suma** es la suma de traspuestas: $(\mathbf{A}+\mathbf{B})^\top = \mathbf{A}^\top + \mathbf{B}^\top$, para cualquier par de matrices $\mathbf{A}, \mathbf{B} \in M_{m,n}$.
- La **traspuesta del producto** es el producto inverso de traspuestas: $(\mathbf{A}\cdot\mathbf{B})^\top = \mathbf{B}^\top \cdot \mathbf{A}^\top$, para cualquier par de matrices $\mathbf{A} \in M_{m,n}$, $\mathbf{B} \in M_{n,k}$.
- El **determinante de una matriz traspuesta** coincide con el determinante de la matriz: $\det(\mathbf{A}^\top) = \det(\mathbf{A})$, para cualquier matriz cuadrada $\mathbf{A} \in M_{n,n}$.
- El **determinante del producto** es el producto de determinantes: $\det(\mathbf{A}\cdot\mathbf{B}) = \det(\mathbf{A}) \cdot \det(\mathbf{B})$, para cualquier par de matrices cuadradas $\mathbf{A}$, $\mathbf{B} \in M_{n,n}$.
- Una matriz **simétrica** $\mathbf{A} = \mathbf{A}^\top$ es **semejante** a una matriz **diagonal** donde la matriz de **cambio de base** se puede elegir ortogonal. Es decir, existe una matriz $\mathbf{C}$ ortogonal tal que $\mathbf{C}^\top \cdot \mathbf{A} \cdot \mathbf{C} = \mathbf{D}$ donde $\mathbf{D}$ es una matriz diagonal:

$$\mathbf{D} = \begin{bmatrix} \lambda_1 & 0 & \dots & 0 \\ 0 & \lambda_2 & \dots & 0 \\ \vdots & \vdots & \ddots & \vdots \\ 0 & \dots & 0 & \lambda_n \end{bmatrix}.$$

- Criterio de Sylvester: una matriz **simétrica** es **definida positiva** si, y sólo si, tiene todos los **determinantes principales positivos.** El **determinante principal** i-ésimo de una matriz se calcula hallando el determinante de la submatriz formada por las i primeras filas y las i primeras columnas.

Ejemplo 1.4. Consideremos la matriz:

$$\mathbf{A} = \begin{bmatrix} 1.666667 & -0.333333 & -0.333333 \\ -0.333333 & 2.166667 & -0.833333 \\ -0.333333 & -0.833333 & 2.166667 \end{bmatrix}.$$

La matriz anterior es simétrica, por tanto, existe una matriz ortogonal, $\mathbf{C} = \begin{bmatrix} 0.57735 & 0.816497 & 0 \\ 0.57735 & -0.408248 & 0.707107 \\ 0.57735 & -0.408248 & -0.707107 \end{bmatrix}$, tal que

$$\mathbf{C}^\top \cdot \mathbf{A} \cdot \mathbf{C} = \begin{bmatrix} 1 & 0 & 0 \\ 0 & 2 & 0 \\ 0 & 0 & 3 \end{bmatrix}.$$

Veamos si la matriz $\mathbf{A}$ es definida positiva aplicando el criterio de Sylvester:

Los determinantes principales son los siguientes:

$$\det(\mathbf{A}_1) = 1.6666667 > 0, \quad \det(\mathbf{A}_2) = \begin{vmatrix} 1.666667 & -0.333333 \\ -0.333333 & 2.166667 \end{vmatrix} = 3.5 > 0,$$

$$\det(\mathbf{A}_3) = \begin{vmatrix} 1.666667 & -0.333333 & -0.333333 \\ -0.333333 & 2.166667 & -0.833333 \\ -0.333333 & -0.833333 & 2.166667 \end{vmatrix} = 6 > 0.$$

Usando el criterio de Sylvester, podemos afirmar que la matriz $\mathbf{A}$ es definida positiva.

1.9. Valores y vectores propios

Definición 1.7 (Valor y vector propio de una matriz)**.** Dada una matriz cuadrada $\mathbf{A}$, $n \times n$, diremos que $\mathbf{v} \neq 0$ es un **vector propio** de **valor propio** λ de la matriz $\mathbf{A}$ si $\mathbf{A} \cdot \mathbf{v} = \lambda \mathbf{v}$.

Es decir, el "efecto" que tiene la matriz $\mathbf{A}$ sobre el vector $\mathbf{v}$ es alargándolo o reduciéndolo un factor λ.

Hallar los **valores y vectores propios** es fundamental para estudiar el comportamiento de una matriz $\mathbf{A}$ y tiene multitud de aplicaciones en *machine learning* y *big data*.

Para hallar los **valores propios** de una matriz $\mathbf{A}$, hemos de hallar los ceros de la denominada **ecuación característica** de $\mathbf{A}$:

$$p_A(\lambda) = \det(\mathbf{A} - \lambda \cdot \mathbf{I}_n) = 0.$$

La función $p_A(\lambda)$ es un polinomio de grado n en λ. Por tanto, hallar **valores propios** es equivalente a hallar ceros del **polinomio característico** $p_A(\lambda)$.

Una vez hallado un valor propio λ_1 de la matriz A, para hallar los **vectores propios** $\mathbf{v}_1$ de **valor propio** λ_1, hemos de resolver la ecuación:

$$\mathbf{A} \cdot \mathbf{v}_1 = \lambda_1 \mathbf{v}_1, \Rightarrow (\mathbf{A} - \lambda_1 \mathbf{I}_n) \cdot \mathbf{v}_1 = \mathbf{0}.$$

La ecuación anterior es **lineal, homogénea e indeterminada**, es decir, tiene muchas soluciones.

Consideremos la matriz vista en el ejemplo 1.3:

$$\mathbf{A} = \begin{bmatrix} 3.8 & -2.4 & -0.4 \\ 3.2 & -2.6 & 0.4 \\ -1.6 & 0.8 & 1.8 \end{bmatrix}.$$

Hallemos sus **valores propios.**

Para ello, tenemos que hallar primero la **ecuación característica:**

$$|\mathbf{A} - \lambda \mathbf{I}_n| = \begin{vmatrix} 3.8-\lambda & -2.4 & -0.4 \\ 3.2 & -2.6-\lambda & 0.4 \\ -1.6 & 0.8 & 1.8-\lambda \end{vmatrix} = 0.$$

Desarrollando el determinante anterior, obtenemos el **polinomio característico** y la **ecuación característica** de **A**:

$$-\lambda^3 + 3\lambda^2 + \lambda - 3 = 0.$$

Las soluciones de la **ecuación característica** son las siguientes: $\lambda = -1, 1, 3$.

A continuación, hallemos los **vectores propios** correspondientes:

- $\lambda = -1$. Hemos de resolver la ecuación:

$$(\mathbf{A} - (-1)\mathbf{I}_3) \cdot \mathbf{v} = \begin{bmatrix} 4.8 & -2.4 & -0.4 \\ 3.2 & -1.6 & 0.4 \\ -1.6 & 0.8 & 2.8 \end{bmatrix} \cdot \mathbf{v} = \begin{bmatrix} 0 \\ 0 \\ 0 \end{bmatrix}.$$

Hemos de resolver el sistema de ecuaciones siguiente indeterminado:

$$\begin{aligned} 4.8v_1 - 2.4v_2 - 0.4v_3 &= 0, \\ 3.2v_1 - 1.6v_2 + 0.4v_3 &= 0, \\ -1.6v_1 + 0.8v_2 + 2.8v_3 &= 0. \end{aligned}$$

El sistema anterior es indeterminado ya que el determinante del sistema vale cero:

$$\begin{vmatrix} 4.8 & -2.4 & -0.4 \\ 3.2 & -1.6 & 0.4 \\ -1.6 & 0.8 & 2.8 \end{vmatrix} = 0.$$

Para resolverlo, consideramos la variable v_1 libre y resolvemos el sistema restante en las otras variable v_2 y v_3:

$$\begin{aligned} -2.4v_2 - 0.4v_3 &= -4.8v_1, \\ -1.6v_2 + 0.4v_3 &= -3.2v_1. \end{aligned}$$

Las soluciones del sistema anterior son: $v_2 = 2v_1,\ v_3 = 0$. Los **vectores propios** de **valor propio** -1 son los siguientes:

$$v^{(-1)} = \begin{bmatrix} v_1 \\ 2v_1 \\ 0 \end{bmatrix} = v_1 \cdot \begin{bmatrix} 1 \\ 2 \\ 0 \end{bmatrix},$$

con v_1 libre. Por tanto, forman un **subespacio vectorial** de dimensión 1.

- $\lambda = 1$. Hemos de resolver la ecuación:

$$(\mathbf{A} - \mathbf{I}_3) \cdot \mathbf{v} = \begin{bmatrix} 2.8 & -2.4 & -0.4 \\ 3.2 & -3.6 & 0.4 \\ -1.6 & 0.8 & 0.8 \end{bmatrix} \cdot \mathbf{v} = \begin{bmatrix} 0 \\ 0 \\ 0 \end{bmatrix}.$$

Hemos de resolver el sistema de ecuaciones siguiente indeterminado:

$$\begin{aligned} 2.8v_1 - 2.4v_2 - 0.4v_3 &= 0, \\ 3.2v_1 - 3.6v_2 + 0.4v_3 &= 0, \\ -1.6v_1 + 0.8v_2 + 0.8v_3 &= 0. \end{aligned}$$

Las soluciones del sistema anterior son: $v_2 = v_1$, $v_3 = v_1$. Los **vectores propios** de **valor propio** 1 son los siguientes:

$$v^{(1)} = \begin{bmatrix} v_1 \\ v_1 \\ v_1 \end{bmatrix} = v_1 \cdot \begin{bmatrix} 1 \\ 1 \\ 1 \end{bmatrix},$$

con v_1 libre. Por tanto, también forman un **subespacio vectorial** de dimensión 1.

- $\lambda = 3$. Hemos de resolver la ecuación:

$$(\mathbf{A} - 3\mathbf{I}_3) \cdot \mathbf{v} = \begin{bmatrix} 0.8 & -2.4 & -0.4 \\ 3.2 & -5.6 & 0.4 \\ -1.6 & 0.8 & -1.2 \end{bmatrix} \cdot \mathbf{v} = \begin{bmatrix} 0 \\ 0 \\ 0 \end{bmatrix}.$$

Hemos de resolver el sistema de ecuaciones siguiente indeterminado:

$$\begin{aligned} 0.8v_1 - 2.4v_2 - 0.4v_3 &= 0, \\ 3.2v_1 - 5.6v_2 + 0.4v_3 &= 0, \\ -1.6v_1 + 0.8v_2 - 1.2v_3 &= 0. \end{aligned}$$

Las soluciones del sistema anterior son: $v_2 = 0.5v_1$, $v_3 = -v_1$. Los **vectores propios** de **valor propio** 3 son los siguientes:

$$v^{(3)} = \begin{bmatrix} v_1 \\ 0.5v_1 \\ -v_1 \end{bmatrix} = v_1 \cdot \begin{bmatrix} 1 \\ 0.5 \\ -1 \end{bmatrix},$$

con v_1 libre. Por tanto, también forman un **subespacio vectorial** de dimensión 1.

1.10. Propiedades de valores y vectores propios

- Dada una matriz cuadrada $\mathbf{A} \in M_{n,n}$, los valores propios de $\mathbf{A}$ y de su traspuesta $\mathbf{A}^\top$ son los mismos.

- Dado un valor propio λ de la matriz $\mathbf{A}$ o $\mathbf{A}^\top$, los vectores propios $\mathbf{v}_\lambda^{(d)}$ de $\mathbf{A}$ de valor propio λ se denominan **vectores propios por la derecha** de $\mathbf{A}$ y los vectores propios $\mathbf{v}_\lambda^{(i)}$ de $\mathbf{A}^\top$ de valor propio λ se denominan **vectores propios por la izquierda** de $\mathbf{A}$. Entonces $\mathbf{v}_\lambda^{(d)}$ es ortogonal a $\mathbf{v}_\mu^{(i)}$ si los valores propios λ y μ de la matriz $\mathbf{A}$ son diferentes: $\lambda \neq \mu$.

- Una matriz $\mathbf{A}$ es **regular** si, y sólo si, todos sus valores propios son diferentes de cero. En este caso, si $\mathbf{v}$ es un **vector propio** de $\mathbf{A}$ de **valor propio** λ, entonces $\mathbf{v}$ es un **vector propio** de $\mathbf{A}^{-1}$ de **valor propio** $\frac{1}{\lambda}$.

- Teorema de Gerschgorin: los **valores propios** de una matriz $\mathbf{A} = (a_{ij})_{i,j=1,\ldots,n} \in M_{n,n}$ están localizados en el plano complejo $\mathbb{C}$ en la **unión** $F = \cup_{i=1}^n F_i$ de los **discos**:

$$F_i = \left\{ \lambda \mid |\lambda - a_{ii}| \leq \sum_{j \neq i} |a_{ij}| \right\},$$

y también en la **unión** $C = \cup_{j=1}^n C_j$ de los **discos**:

$$C_j = \left\{ \lambda \mid |\lambda - a_{jj}| \leq \sum_{i \neq j} |a_{ij}| \right\}.$$

- Dos matrices **semejantes** $\mathbf{A}, \mathbf{B} \in M_{n,n}$ tienen los mismos valores propios. Sea $\mathbf{C}$ la matriz de **cambio de base**, es decir, $\mathbf{B} = \mathbf{C}^{-1} \cdot \mathbf{A} \cdot \mathbf{C}$. Entonces si $\mathbf{v}$ es un **vector propio** de **valor propio** λ de la matriz $\mathbf{A}$, entonces $\mathbf{C}^{-1}\mathbf{v}$ es un **vector propio** de la matriz $\mathbf{B}$ del mismo **valor propio** λ de la matriz $\mathbf{B}$.

- Sea $\mathbf{A}$ una matriz escrita en **bloques** de la forma siguiente:

$$\mathbf{A} = \begin{bmatrix} \mathbf{A}_{11} & \mathbf{A}_{12} \\ \mathbf{0} & \mathbf{A}_{22} \end{bmatrix},$$

donde las submatrices $\mathbf{A}_{11}$ y $\mathbf{A}_{22}$ son cuadradas. Entonces el **conjunto de valores propios** de la matriz $\mathbf{A}$ es la **unión** de los **valores propios** de las **submatrices** $\mathbf{A}_{11}$ y $\mathbf{A}_{22}$.

- Sea $\mathbf{A}$ una matriz $n \times n$, $\mathbf{A} \in M_{n,n}$ y sea $p(x)$ un **polinomio** no nulo. Entonces, $\mathbf{v}$ es un **vector propio** de **valor propio** λ de la matriz $\mathbf{A}$ si, y sólo si, $\mathbf{v}$ es un **vector propio** de **valor propio** $p(\lambda)$ de la matriz $p(\mathbf{A})$.

- Sean $\lambda_1, \lambda_2, \ldots, \lambda_n$ los **valores propios** de una matriz $\mathbf{A} \in M_{n,n}$, repetidos según su **multiplicidad**. Entonces:

$$\operatorname{tr}(\mathbf{A}) := \sum_{i=1}^n a_{ii} = \sum_{i=1}^n \lambda_i, \quad \det(\mathbf{A}) = \prod_{i=1}^n \lambda_i.$$

- Sea $\mathbf{A} \in M_{n,n}$ una **matriz diagonalizable** con matriz de **cambio de base** $\mathbf{C}$, es decir, $\mathbf{C}^{-1} \cdot \mathbf{A} \cdot \mathbf{C} = \mathbf{D}$, con $\mathbf{D}$ matriz diagonal. Entonces los **elementos diagonales** de $\mathbf{D}$ son los **valores propios** de la matriz $\mathbf{A}$ y las **columnas** de la matriz $\mathbf{C}$ forman una **base de vectores propios por la derecha** de la matriz $\mathbf{A}$ y las filas de $\mathbf{C}^{-1}$ forman una **base de vectores propios por la izquierda** de la matriz $\mathbf{A}$.

- Dada una matriz $\mathbf{A} \in M_{n,n}$ y dados $\mathbf{v}_1$ y $\mathbf{v}_2$ **vectores propios** de **valores propios** λ_1 y λ_2, respectivamente, con $\lambda_1 \neq \lambda_2$. Entonces $\mathbf{v}_1$ y $\mathbf{v}_2$ son **linealmente independientes**.

- Una consecuencia de la propiedad anterior es que si una matriz $\mathbf{A} \in M_{n,n}$ tiene n **valores propios diferentes**, entonces es **diagonalizable**.

- Una matriz **simétrica** $\mathbf{A} = \mathbf{A}^\top \in M_{n,n}$ es **diagonalizable** y los valores **diagonales** de la matriz **diagonal** $\mathbf{D}$ son los **valores propios** de la matriz $\mathbf{A}$. Además, sabemos que la matriz de **cambio de base** $\mathbf{C}^\top$ se puede elegir **ortogonal** ($\mathbf{C}^\top = \mathbf{C}^{-1}$), es decir $\mathbf{C}^\top \cdot \mathbf{A} \cdot \mathbf{C} = \mathbf{D}$. Las **columnas** de dicha matriz forma la **base de vectores propios** de la matriz $\mathbf{A}$.

- Si una matriz $\mathbf{A}$ es **simétrica y definida positiva**, sus **valores propios reales** son positivos.

Ejemplo 1.5. Consideremos la matriz $\mathbf{A} = \begin{bmatrix} 7 & 4 & 3 \\ 5 & 5 & 9 \\ 3 & 7 & 7 \end{bmatrix}$.

Los valores propios de la matriz anterior son los siguientes:

$$16.7971432, 4.4502857, -2.2474289,$$

con vectores propios:

- $\lambda = 16.7971432$: $\mathbf{v}_1 = \begin{bmatrix} -0.452635 \\ -0.654144 \\ -0.605984 \end{bmatrix}$.
- $\lambda = 4.4502857$: $\mathbf{v}_2 = \begin{bmatrix} -0.861727 \\ 0.19937 \\ 0.46656 \end{bmatrix}$.
- $\lambda = -2.2474289$: $\mathbf{v}_3 = \begin{bmatrix} 0.169578 \\ -0.811473 \\ 0.559245 \end{bmatrix}$.

Si calculamos los valores propios de $\mathbf{A}^\top$ de la traspuesta y sus correspondientes vectores propios obtenemos:

- $\lambda = 16.7971432$: $\mathbf{w}_1 = \begin{bmatrix} -0.490639 \\ -0.561655 \\ -0.666196 \end{bmatrix}$.

- $\lambda = 4.4502857$: $\mathbf{w}_2 = \begin{bmatrix} -0.863311 \\ 0.15138 \\ 0.481433 \end{bmatrix}$.
- $\lambda = -2.2474289$: $\mathbf{w}_3 = \begin{bmatrix} 0.184432 \\ -0.73357 \\ 0.65411 \end{bmatrix}$.

Vemos que obtenemos los mismos valores propios.

Comprobemos a continuación que $\mathbf{v}_i \cdot \mathbf{w}_j = 0$ si $i \neq j$, es decir, los $\mathbf{v}_i$ son ortogonales a los $\mathbf{w}_j$ si $i \neq j$. Damos los detalles para $i = 1$ y $j = 2$ y dejamos los demás casos como ejercicio:

$$\mathbf{v}_1 \cdot \mathbf{w}_2 = -0.452635 \cdot (-0.863311) + (-0.654144) \cdot 0.15138 + (-0.605984) \cdot 0.481433 = 0.$$

Calculemos a continuación los valores y vectores propios de $\mathbf{A}^{-1}$:

- $\lambda = 0.0595339 = \frac{1}{16.7971432}$: $\mathbf{v}_1 = \begin{bmatrix} 0.452635 \\ 0.654144 \\ 0.605984 \end{bmatrix}$.
- $\lambda = 0.2247047 = \frac{1}{4.4502857}$: $\mathbf{v}_3 = \begin{bmatrix} -0.861727 \\ 0.19937 \\ 0.46656 \end{bmatrix}$.
- $\lambda = -0.4449529 = \frac{1}{-2.2474289}$: $\mathbf{v}_2 = \begin{bmatrix} 0.169578 \\ -0.811473 \\ 0.559245 \end{bmatrix}$.

Vemos que los valores propios de $\mathbf{A}^{-1}$ son los recíprocos de los valores propios de $\mathbf{A}$ y, salvo cambios de signo, las matrices $\mathbf{A}$ y $\mathbf{A}^{-1}$ tienen los mismos vectores propios.

El Teorema de Gerschgorin dice que los valores propios de la matriz $\mathbf{A}$ está en la unión de los discos siguientes en el plano complejo:

$$F_1 = \{\lambda \mid |\lambda - 7| \leq 7\}, \quad F_2 = \{\lambda \mid |\lambda - 5| \leq 14\}, \quad F_3 = \{\lambda \mid |\lambda - 7| \leq 10\}.$$

En nuestro caso, F_1 es el disco de centro $(7,0)$ y radio 7, F_2, el disco de centro $(5,0)$ y radio 14 y F_3, el disco de centro $(7,0)$ y radio 10.

La figura 1.1 contiene los tres discos junto con los tres valores propios.

Observamos que $\lambda_1 = 16.797143$ está en los discos F_2 y F_3, $\lambda_2 = 4.450286$ está en todos los discos y $\lambda_3 = -2.247429$ está en los discos F_2 y F_3.

Dejamos como ejercicio aplicar el Teorema para los discos C_i, $i = 1, 2, 3$.

Veamos que la traza de $\mathbf{A}$ es la suma de sus valores propios:

$$\text{tr}(A) = 7 + 5 + 7 = 19 = 16.797143 + 4.450286 + (-2.247429) = 19.$$

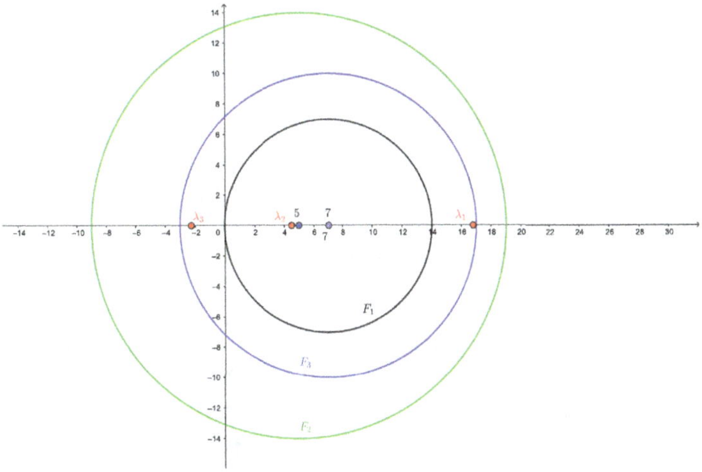

Figura 1.1: Teorema de Gerschgorin.

A continuación, veamos que el determinante de **A** es el producto de sus valores propios:

$$\det(A) = -168 = 16.797143 \cdot 4.450286 \cdot (-2.247429) = -168.$$

En este ejemplo, como los tres valores propios son diferentes, la matriz **A** es diagonalizable y los vectores propios de valores propios diferentes son linealmente independientes.

1.11. Normas vectoriales

Dado un **espacio vectorial** E sobre $\mathbb{R}$ o sobre $\mathbb{C}$ que, para fijar ideas podemos suponer que $E = \mathbb{R}^n$ o $E = \mathbb{C}^n$, donde n sería la **dimensión** de E, una **norma** sobre E es una aplicación:

$$\begin{aligned} \|\ \| : E &\longrightarrow \mathbb{R}^+ \\ \mathbf{x} &\longrightarrow \|\mathbf{x}\| \end{aligned}$$

que cumple las propiedades siguientes:

- $\|\mathbf{x}\| = 0$, si, y sólo si, $\mathbf{x} = \mathbf{0}$.
- $\|\lambda\mathbf{x}\| = |\lambda| \cdot \|\mathbf{x}\|$, para cualquier $\lambda \in \mathbb{K}$, (donde $\mathbb{K} = \mathbb{R}$ o $\mathbb{K} = \mathbb{C}$) y para todo valor $\mathbf{x} \in E$.
- $\|\mathbf{x} + \mathbf{y}\| \leq \|\mathbf{x}\| + \|\mathbf{y}\|$, para cualquier $\mathbf{x}, \mathbf{y} \in E$. (**desigualdad triangular**)

Intuitivamente, una **normal vectorial** asocia a cada vector o elemento del espacio vectorial E, una cantidad positiva intentando medir alguna cantidad del vector.

Existen tres normas muy usadas:

- **Norma p-ésima:**

$$\|\mathbf{x}\|_p = \|(x_1, x_2, \dots, x_n)\|_p = \left(\sum_{i=1}^{n} |x_i|^p\right)^{\frac{1}{p}},$$

con $p \geq 1$. Dentro de éstas está la más usada para $p = 2$ denominada **norma euclídea**:

$$\|\mathbf{x}\|_2 = \|(x_1, x_2, \dots, x_n)\|_2 = \sqrt{\left(\sum_{i=1}^{n} |x_i|^2\right)}.$$

Geométricamente, la **norma euclídea** da la longitud de un vector $\mathbf{x}$ en los espacios vectoriales $\mathbb{R}^2$ o $\mathbb{R}^3$.

- La **norma 1** que sería la norma p-ésima para $p = 1$:

$$\|\mathbf{x}\|_1 = \|(x_1, x_2, \dots, x_n)\|_1 = \sum_{i=1}^{n} |x_i|.$$

- La **norma infinito**:

$$\|\mathbf{x}\|_\infty = \|(x_1, x_2, \dots, x_n)\|_\infty = \max_{i=1,2,\dots,n} |x_i|.$$

Ejemplo 1.6. Consideremos el vector $\mathbf{x} = (1, 2, -1)$ en el espacio vectorial $\mathbb{R}^3$. El valor de las tres normas introducidas anteriormente sería:

- Norma euclídea:

$$\|\mathbf{x}\|_2 = \sqrt{1^2 + 2^2 + (-1)^2} = \sqrt{6} = 2.4494897.$$

- Norma 1:

$$\|\mathbf{x}\|_1 = |1| + |2| + |-1| = 4.$$

- Norma infinito:

$$\|\mathbf{x}\|_\infty = \text{máx}\{|1|, |2|, |-1|\} = 2.$$

1.12. Normas matriciales

Consideremos ahora el espacio vectorial de las matrices cuadradas de $n \times n$, es decir, de n filas y n columnas, $M_{n,n}$. Una **norma matricial** sobre dicho espacio es una aplicación:

$$\begin{aligned} \|\ \| : M_{n,n} &\longrightarrow \mathbb{R}^+ \\ \mathbf{A} &\longrightarrow \|\mathbf{A}\|, \end{aligned}$$

que cumple las propiedades siguientes:

- $\|\mathbf{A}\| = 0$, si, y sólo si, $\mathbf{A} = \mathbf{0}$.
- $\|\lambda\mathbf{A}\| = |\lambda| \cdot \|\mathbf{A}\|$, para cualquier $\lambda \in \mathbb{K}$, (donde $\mathbb{K} = \mathbb{R}$ o $\mathbb{K} = \mathbb{C}$) y para todo valor $\mathbf{A} \in M_{n,n}(\mathbb{R})$.
- $\|\mathbf{A} + \mathbf{B}\| \leq \|\mathbf{A}\| + \|\mathbf{B}\|$, para cualquier para de matrices $\mathbf{A}, \mathbf{B} \in M_{n,n}(\mathbb{R})$. (**desigualdad triangular**)
- $\|\mathbf{A} \cdot \mathbf{B}\| \leq \|\mathbf{A}\| \cdot \|\mathbf{B}\|$, para cualquier para de matrices $\mathbf{A}, \mathbf{B} \in M_{n,n}(\mathbb{R})$.

Una **norma matricial** sobre el espacio vectorial de las matrices $M_{n,n}(\mathbb{R})$ se podría interpretar como una **norma vectorial** sobre el espacio vectorial $\mathbb{K}^{n^2}$ pero con una propiedad adicional, la cuarta, que tiene en cuenta la estructura de la matriz en filas y columnas.

1.13. Norma matricial subordinada a una vectorial

Dada una **norma vectorial** sobre $\mathbb{R}^n$ (fijaremos ideas en $\mathbb{K} = \mathbb{R}$ pero hemos de pensar que $\mathbb{K}$ puede ser $\mathbb{C}$), se puede definir la **norma matricial subordinada a la vectorial** de la forma siguiente:

Dada una matriz $\mathbf{A} \in M_{n,n}(\mathbb{R})$, definimos

$$\|\mathbf{A}\| = \max_{\mathbf{x} \neq \mathbf{0}} \frac{\|\mathbf{A}\mathbf{x}\|}{\|\mathbf{x}\|} = \max_{\|\mathbf{z}\|=1} \|\mathbf{A}\mathbf{z}\|.$$

La última igualdad se deduce teniendo en cuenta que para todo vector $\mathbf{x} \in \mathbb{R}^n$, con $\mathbf{x} \neq \mathbf{0}$, el vector $\frac{\mathbf{x}}{\|\mathbf{x}\|}$ tiene norma 1: $\left\|\frac{\mathbf{x}}{\|\mathbf{x}\|}\right\| = 1$. Entonces, haciendo $\mathbf{z} = \frac{\mathbf{x}}{\|\mathbf{x}\|}$:

$$\|\mathbf{A}\| = \max_{\mathbf{x} \neq \mathbf{0}} \frac{\|\mathbf{A}\mathbf{x}\|}{\|\mathbf{x}\|} = \max_{\mathbf{x} \neq \mathbf{0}} \|A\left(\frac{\mathbf{x}}{\|\mathbf{x}\|}\right)\| = \max_{\|\mathbf{z}\|=1} \|\mathbf{A}\mathbf{z}\|.$$

Proposición 1.1. *Dada una* ***norma vectorial****, la* ***norma matricial subordinada a dicha norma vectorial*** *es una* ***norma matricial****, es decir, cumple las 4 condiciones de* ***norma matricial****.*

Demostración. Demostremos las propiedades que tiene que verificar una norma matricial:

- $\|\mathbf{A}\| = 0$, si, y sólo si, $\mathbf{A} = \mathbf{0}$.

Supongamos que $\|\mathbf{A}\| = \max_{\|\mathbf{z}\|=1} \|\mathbf{A}\mathbf{z}\| = 0$. Entonces, para cualquier $\mathbf{z}$ con $\|\mathbf{z}\| = 1$, $\|\mathbf{A}\mathbf{z}\| = 0$.

Usando que $\|\cdot\|$ es una normal vectorial tendremos que $\mathbf{A}\mathbf{z} = \mathbf{0}$, para todo $\mathbf{z}$ con $\|\mathbf{z}\| = 1$. De aquí deducimos que para todo $\mathbf{x} \in \mathbb{R}^n$, $\mathbf{A}\mathbf{x} = \mathbf{0}$ ya que:

$$\mathbf{A}\mathbf{x} = \|x\|\|\mathbf{A}\left(\frac{\mathbf{x}}{\|x\|}\right)\| = \|x\| \cdot \mathbf{0} = \mathbf{0},$$

ya que el vector $\mathbf{z} = \frac{\mathbf{x}}{\|x\|}$ tiene norma vectorial igual a 1.

Como para todo $\mathbf{x}$, $\mathbf{Ax} = \mathbf{0}$, deducimos que $\mathbf{A} = \mathbf{0}$ ya que la única matriz que da $\mathbf{0}$ aplicada a todo vector $\mathbf{x}$ es la matriz $\mathbf{0}$.

Si $\mathbf{A} = \mathbf{0}$, es trivial ver que $\|\mathbf{A}\| = \text{máx}_{\|\mathbf{z}\|} \|\mathbf{Az}\| = 0$.

- $\|\lambda\mathbf{A}\| = |\lambda| \cdot \|\mathbf{A}\|$.

Sea $\lambda \in \mathbb{R}$ y $\mathbf{A} \in M_{n,n}(\mathbb{R})$, entonces:

$$\|\lambda\mathbf{A}\| = \max_{\|\mathbf{z}\|=1} \|\lambda\mathbf{Az}\| = \max_{\|\mathbf{z}\|=1} |\lambda|\|\mathbf{Az}\| = |\lambda| \max_{\|\mathbf{z}\|=1} \|\mathbf{Az}\| = |\lambda| \cdot \|\mathbf{A}\|.$$

- Desigualdad triangular: $\|\mathbf{A}+\mathbf{B}\| \leq \|\mathbf{A}\|+\|\mathbf{B}\|$, para cualquier $\mathbf{A}, \mathbf{B} \in M_{n,n}(\mathbb{R})$.

Sean $\mathbf{A}, \mathbf{B} \in M_{n,n}(\mathbb{R})$. Entonces,

$$\begin{aligned}\|\mathbf{A} + \mathbf{B}\| &= \max_{\|z\|=1} \|(\mathbf{A} + \mathbf{B})(\mathbf{z})\| = \max_{\|z\|=1} \|(\mathbf{A}(\mathbf{z}) + \mathbf{B}(\mathbf{z}))\| \leq \max_{\|z\|=1}(\|\mathbf{A}(\mathbf{z})\| + \|\mathbf{B}(\mathbf{z})\|) \\ &\leq \max_{\|z\|=1} \|\mathbf{A}(\mathbf{z})\| + \max_{\|z\|=1} \|\mathbf{B}(\mathbf{z})\| = \|\mathbf{A}\| + \|\mathbf{B}\|.\end{aligned}$$

- $\|\mathbf{A} \cdot \mathbf{B}\| \leq \|\mathbf{A}\| \cdot \|\mathbf{B}\|$, para cualquier para de matrices $\mathbf{A}, \mathbf{B} \in M_{n,n}(\mathbb{R})$.

Para demostrar esta propiedad, necesitamos un lema previo:

Lema 1.1. *Para todo* $\mathbf{x} \in \mathbb{R}^n$ *con* $\mathbf{x} \neq \mathbf{0}$ *y para toda* $\mathbf{A} \in M_{n,n}(\mathbb{R})$, *entonces* $\|\mathbf{Ax}\| \leq \|\mathbf{A}\| \cdot \|\mathbf{x}\|$.

Demostración.

$$\|\mathbf{Ax}\| = \|x\|\|\mathbf{A}\left(\frac{\mathbf{x}}{\|x\|}\right)\| \leq \|x\| \max_{\|z\|=1} \|\mathbf{Az}\| = \|x\| \cdot \|\mathbf{A}\|.$$

□

Veamos la demostración de la cuarta propiedad. Sean $\mathbf{A}, \mathbf{B} \in M_{n,n}(\mathbb{R})$, entonces usando el lema anterior, tendremos que:

$$\|\mathbf{A} \cdot \mathbf{B}\| = \max_{\|\mathbf{z}\|=1} \|\mathbf{A}(\mathbf{B}(\mathbf{z}))\| \leq \max_{\|\mathbf{z}\|=1} \|\mathbf{A}\| \cdot \|\mathbf{Bz}\| \leq \max_{\|\mathbf{z}\|=1} \|\mathbf{A}\| \cdot \|\mathbf{B}\| \cdot \|\mathbf{z}\| = \|\mathbf{A}\| \cdot \|\mathbf{B}\|.$$

□

1.14. Cálculo de la norma euclídea de una matriz

Vamos a ver cómo se calcula la **norma euclídea** de una matriz $\mathbf{A} \in M_{n,n}(\mathbb{K})$, con $\mathbb{K} = \mathbb{R}$ o $\mathbb{K} = \mathbb{C}$.

Primero necesitamos una definición previa:

Definición 1.8 (Radio espectral de una matriz)**.** Sea $\mathbf{B} \in M_{n,n}(\mathbb{K})$, con $\mathbb{K} = \mathbb{R}$ o $\mathbb{K} = \mathbb{C}$, una matriz cuadrada de n filas y n columnas. El **radio espectral** $\rho(\mathbf{B})$ de la matriz $\mathbf{B}$ es el **máximo** en valor absoluto (caso real) o en módulo (caso complejo) de sus **valores propios:**

$$\rho(\mathbf{B}) = \max_{i=1,2,\dots,n} |\lambda_i|,$$

donde $\lambda_1, \lambda_2, \dots, \lambda_n$ son los **valores propios** repetidos según su multiplicidad de la matriz $\mathbf{B}$.

Proposición 1.2. *Sea $\mathbf{A} \in M_{n,n}(\mathbb{K})$, con $\mathbb{K} = \mathbb{R}$ o $\mathbb{K} = \mathbb{C}$, una matriz cuadrada de n filas y n columnas. La **norma euclídea** de la matriz $\mathbf{A}$ es **la raíz cuadrada del radio espectral** de la matriz $\mathbf{A}^\top \mathbf{A}$: $\|\mathbf{A}\|_2 = \sqrt{\rho(\mathbf{A}^\top \mathbf{A})}$.*

Antes de realizar la demostración, necesitamos dos lemas y una observación:

Lema 1.2 (Expresión de la norma euclídea de un vector)**.** *Sea $\mathbf{x} \in \mathbf{K}^n$, con $\mathbb{K} = \mathbb{R}$ o $\mathbb{K} = \mathbb{C}$. Entonces, la **norma euclídea** de $\mathbf{x}$ puede calcularse de la forma siguiente:*

$$\|\mathbf{x}\|_2^2 = \mathbf{x}^\top \cdot \mathbf{x} = (x_1, x_2, \dots, x_n) \cdot \begin{bmatrix} x_1 \\ x_2 \\ \vdots \\ x_n \end{bmatrix} = x_1^2 + \cdots + x_n^2 = \sum_{i=1}^n x_i^2.$$

Es decir:

$$\|x\|_2 = \sqrt{\mathbf{x}^\top \cdot \mathbf{x}} = \sqrt{\sum_{i=1}^n x_i^2}.$$

La demostración del lema anterior es muy sencilla por lo que la dejamos como ejercicio ya que basta aplicar la definición de **norma euclídea de un vector** $\mathbf{x} \in \mathbb{K}^n$, con $\mathbb{K} = \mathbb{R}$ o $\mathbb{K} = \mathbb{C}$.

Lema 1.3 (Ortogonalidad con la norma euclídea)**.** *Sea $\mathbf{C} \in M_{n,n}(\mathbb{K})$, con $\mathbb{K} = \mathbb{R}$ o $\mathbb{K} = \mathbb{C}$ una matriz **ortogonal** ($\mathbf{C}^\top = \mathbf{C}^{-1}$). Entonces para cualquier vector $\mathbf{x} \in \mathbb{K}^n$,*

$$\|\mathbf{Cx}\|_2 = \|\mathbf{x}\|_2.$$

Demostración. Usando el lema 1.2, tenemos que:

$$\|\mathbf{Cx}\|_2^2 = (\mathbf{Cx})^\top \mathbf{Cx} = \mathbf{x}^\top \mathbf{C}^\top \mathbf{Cx} = \mathbf{x}^\top \mathbf{Ix} = \mathbf{x}^\top \mathbf{x} = \|\mathbf{x}\|_2^2.$$

□

Observación. Como la matriz $\mathbf{A}^\top\mathbf{A}$ es **simétrica** todos sus **valores propios** serán reales. Además sabemos que existe una matriz **C ortogonal** tal que $\mathbf{C}^\top \cdot \mathbf{A}^\top\mathbf{A} \cdot \mathbf{C} = \mathbf{D}$, donde **D** es la matriz **diagonal** de los **valores propios** de la matriz $\mathbf{A}^\top\mathbf{A}$.

Entonces si $D = \begin{bmatrix} d_{11} & 0 & \dots & 0 \\ 0 & d_{22} & \dots & 0 \\ \vdots & \vdots & \ddots & \vdots \\ 0 & \dots & 0 & d_{nn} \end{bmatrix}$, usando la proposición anterior,

$$\|\mathbf{A}\|_2 = \max_{i=1,\dots,n} \sqrt{|d_{ii}|}.$$

Además, la matriz $\mathbf{A}^\top\mathbf{A}$ es **definida positiva** ya que para todo valor $\mathbf{x} \in \mathbb{K}^n$ y usando el primer lema,

$$\mathbf{x}^\top\mathbf{A}^\top\mathbf{A}\mathbf{x} = (\mathbf{A}\mathbf{x})^\top\mathbf{A}\mathbf{x} = \|\mathbf{A}\mathbf{x}\|_2^2 \geq 0.$$

Deducimos por tanto, que los valores propios de la matriz $\mathbf{A}^\top\mathbf{A}$, d_{ii}, $i = 1, \dots, n$ son todos positivos, $d_{ii} \geq 0$.

Seguidamente, procedemos a la demostración de la proposición:

Demostración. Sea $\mathbf{A} \in M_{n,n}(\mathbb{K})$, con $\mathbb{K} = \mathbb{R}$ o $\mathbb{K} = \mathbb{C}$, una matriz cuadrada de n filas y n columnas. La norma euclídea de $\|\mathbf{A}\|_2^2$ vale:

$$\|\mathbf{A}\|_2^2 = \max_{\|\mathbf{x}\|_2=1} \|\mathbf{A}\mathbf{x}\|_2^2.$$

Seguidamente, usando que la matriz $\mathbf{A}^\top\mathbf{A}$ es diagonalizable con matriz de cambio de base **C** ortogonal, es decir, $\mathbf{C}^\top\mathbf{A}^\top\mathbf{A}\mathbf{C} = \mathbf{D}$, con **D** matriz diagonal, definimos la aplicación lineal siguiente:

$$\begin{aligned} f : \mathbb{K}^n &\longrightarrow \mathbb{K}^n \\ \mathbf{x} : &\longrightarrow f(\mathbf{x}) = \mathbf{y} = \mathbf{C}^\top\mathbf{x}. \end{aligned}$$

La aplicación anterior es invertible, $x = f^{-1}(y) = \mathbf{C}\mathbf{y}$ y conserva la norma euclídea, es decir, $\|\mathbf{x}\|_2 = \|f(\mathbf{x})\|_2 = \|\mathbf{y}\|_2$ ya que usando el primer lema:

$$\|\mathbf{y}\|_2^2 = \mathbf{y}^\top\mathbf{y} = (\mathbf{C}^\top\mathbf{x})^\top\mathbf{C}^\top\mathbf{x} = \mathbf{x}^\top\mathbf{C}\mathbf{C}^\top\mathbf{x} = \mathbf{x}^\top\mathbf{I}\mathbf{x} = \mathbf{x}^\top\mathbf{x} = \|\mathbf{x}\|_2^2.$$

Entonces, podemos escribir $\|\mathbf{A}\|_2^2$ como:

$$\|\mathbf{A}\|_2^2 = \max_{\|\mathbf{y}\|_2=1} \|\mathbf{A}\mathbf{C}\mathbf{y}\|_2^2,$$

es decir, hacemos el cambio de variable $\mathbf{y} = \mathbf{C}^\top\mathbf{x}$ o $\mathbf{x} = \mathbf{C}\mathbf{y}$. Como $\|\mathbf{x}\|_2 = 1$, y la matriz **C** es ortogonal, $\|\mathbf{y}\|_2 = \|\mathbf{C}^\top\mathbf{x}\|_2 = 1$.

Desarrollando la expresión anterior:

$$\|\mathbf{A}\|_2^2 = \max_{\|\mathbf{y}\|_2=1} \|\mathbf{A}\mathbf{C}\mathbf{y}\|_2^2 = \max_{\|\mathbf{y}\|_2=1} (\mathbf{A}\mathbf{C}\mathbf{y})^\top\mathbf{A}\mathbf{C}\mathbf{y} = \max_{\|\mathbf{y}\|_2=1} \mathbf{y}^\top\mathbf{C}^\top\mathbf{A}^\top\mathbf{A}\mathbf{C}\mathbf{y}.$$

A continuación, usando que $\mathbf{C}^\top\mathbf{A}^\top\mathbf{A}\mathbf{C} = \mathbf{D}$, con $\mathbf{D} = \mathrm{diag}(d_{11}, \dots, d_{nn})$ la matriz diagonal de los valores propios de $\mathbf{A}^\top\mathbf{A}$, tenemos:

$$\|\mathbf{A}\|_2^2 = \max_{\|\mathbf{y}\|_2=1} \mathbf{y}^\top\mathbf{D}\mathbf{y} = \max_{\|\mathbf{y}\|_2=1} (d_{11}y_1^2 + \dots + d_{nn}y_n^2).$$

donde recordemos que los $d_{ii} \geq 0$ son positivos para $i = 1, 2, \dots, n$.

Para acabar la demostración, veamos que:

$$\max_{\|\mathbf{y}\|_2=1} (d_{11}y_1^2 + \dots + d_{nn}y_n^2) = \max\{d_{ii},\ i = 1, \dots, n\}.$$

En primer lugar tenemos que para cualquier vector $\mathbf{y} \in \mathbb{K}^n$ con $\|\mathbf{y}\|_2 = 1$,

$$\begin{aligned} d_{11}y_1^2 + \dots + d_{nn}y_n^2 &\leq \max\{d_{ii},\ i = 1, \dots, n\}(y_1^2 + \dots + y_n^2) \\ &= \max\{d_{ii},\ i = 1, \dots, n\} \cdot \|\mathbf{y}\|_2^2 = \max\{d_{ii},\ i = 1, \dots, n\}. \end{aligned}$$

Por tanto,

$$\max_{\|\mathbf{y}\|_2=1} (d_{11}y_1^2 + \dots + d_{nn}y_n^2) \leq \max\{d_{ii},\ i = 1, \dots, n\}.$$

Para ver la otra desigualdad, consideremos los vectores siguientes de norma euclídea igual a 1: $\mathbf{y}^{(i)} = (0, \dots, 0, \overset{i)}{\widehat{1}}, 0 \dots, 0)$, es decir, un vector con todas las componentes nulas excepto la i-ésima que vale 1, para $i = 1, 2, \dots, n$.

Para el vector $\mathbf{y}^{(i)}$, tenemos que:

$$d_{11}{y^{(i)}}_1^2 + \dots + d_{ii}{y^{(i)}}_i^2 + \dots + d_{nn}{y^{(i)}}_n^2 = d_{ii},$$

para $i = 1, 2, \dots, n$.

Por tanto,

$$\max_{\|\mathbf{y}\|_2=1} (d_{11}y_1^2 + \dots + d_{nn}y_n^2) \geq \max\{d_{ii},\ i = 1, \dots, n\}.$$

En conclusión:

$$\|\mathbf{A}\|_2^2 = \max_{\|\mathbf{y}\|_2=1} (d_{11}y_1^2 + \dots + d_{nn}y_n^2) = \max\{d_{ii},\ i = 1, \dots, n\} = \rho(\mathbf{A}^\top\mathbf{A}),$$

tal como queríamos demostrar. □

1.15. Cálculo de la norma 1 de una matriz

Proposición 1.3 (Cálculo de la norma 1 de una matriz). *Sea* $\mathbf{A} \in M_{n,n}(\mathbb{K})$ *con* $\mathbb{K} = \mathbb{R}$ *o* $\mathbb{K} = \mathbb{C}$, *una matriz cuadrada de n filas y n columnas:*

$$\mathbf{A} = \begin{bmatrix} a_{11} & a_{12} & \cdots & a_{1n} \\ a_{21} & a_{22} & \cdots & a_{2n} \\ \vdots & \vdots & \ddots & \vdots \\ a_{n1} & a_{n2} & \cdots & a_{nn} \end{bmatrix}. \text{ Entonces: } \|\mathbf{A}\|_1 = \max_{j=1,\dots,n} \sum_{i=1}^n |a_{ij}|.$$

Es decir, la norma 1 de una matriz $\mathbf{A}$ es el **máximo** de la **sumas de las columnas en valor absoluto.**

Demostración. En primer lugar, como ya hemos hecho antes, consideremos los vectores siguientes de norma 1 igual a 1: $\mathbf{x}^{(j)} = (0, \dots, 0, \overset{j)}{\widehat{1}}, 0 \dots, 0)$, es decir, un vector con todas las componentes nulas excepto la j-ésima que vale 1, para $j = 1, 2, \dots, n$.

Para el vector $\mathbf{x}^{(j)}$, tenemos que:

$$\|\mathbf{A}\mathbf{x}^{(j)}\|_1 = \|(a_{1j}, a_{2j}, \dots, a_{nj})^\top\|_1 = \sum_{i=1}^{n} |a_{ij}|,$$

para $j = 1, 2, \dots, n$. Por tanto,

$$\|\mathbf{A}\|_1 = \max_{\|\mathbf{x}\|=1} \|\mathbf{A}\mathbf{x}\|_1 \geq \max_{j=1,\dots,n} \sum_{i=1}^{n} |a_{ij}|.$$

Para ver la otra desigualdad, hacemos lo siguiente:

$$\begin{aligned}
\|\mathbf{A}\|_1 &= \max_{\|\mathbf{x}\|=1} \|\mathbf{A}\mathbf{x}\|_1 = \max_{\|\mathbf{x}\|=1} \sum_{i=1}^{n} \left| \sum_{j=1}^{n} a_{ij} x_j \right| \leq \max_{\|\mathbf{x}\|=1} \sum_{i=1}^{n} \sum_{j=1}^{n} |a_{ij}||x_j| \\
&= \max_{\|\mathbf{x}\|=1} \sum_{j=1}^{n} \sum_{i=1}^{n} |a_{ij}||x_j| = \max_{\|\mathbf{x}\|=1} \sum_{j=1}^{n} |x_j| \sum_{i=1}^{n} |a_{ij}| \\
&\leq \max_{\|\mathbf{x}\|=1} \|x\|_1 \max_{j=1,\dots,n} \sum_{i=1}^{n} |a_{ij}| \leq \max_{j=1,\dots,n} \sum_{i=1}^{n} |a_{ij}|,
\end{aligned}$$

tal como queríamos demostrar.

En resumen,

$$\|\mathbf{A}\|_1 = \max_{j=1,\dots,n} \sum_{i=1}^{n} |a_{ij}|.$$

□

1.16. Cálculo de la norma infinito de una matriz

Proposición 1.4 (Cálculo de la norma infinito de una matriz). *Sea* $\mathbf{A} \in M_{n,n}(\mathbb{K})$ *con* $\mathbb{K} = \mathbb{R}$ *o* $\mathbb{K} = \mathbb{C}$, *una matriz cuadrada de* n *filas y* n *columnas:* $\mathbf{A} = \begin{bmatrix} a_{11} & a_{12} & \dots & a_{1n} \\ a_{21} & a_{22} & \dots & a_{2n} \\ \vdots & \vdots & \ddots & \vdots \\ a_{n1} & a_{n2} & \dots & a_{nn} \end{bmatrix}$. *Entonces:* $\|\mathbf{A}\|_\infty = \max_{i=1,\dots,n} \sum_{j=1}^{n} |a_{ij}|$.

Es decir, la norma infinito de una matriz $\mathbf{A}$ es el **máximo** de la **sumas de las filas en valor absoluto.**

Demostración. En primer lugar, consideremos los vectores siguientes de norma infinito igual a 1: $\mathbf{x}^{(i)} = (\pm 1, \pm 1, \dots, \pm 1)$ de tal forma que la componente j-ésima del vector anterior $\mathbf{x}^{(i)}$ vale 1 si $a_{ij} \geq 0$ y vale -1, si $a_{ij} < 0$. Entonces la componente i-ésima del vector $\mathbf{Ax}$ vale:

$$(\mathbf{Ax})_i = \sum_{j=1}^{n} a_{ij}x_j = \sum_{j=1}^{n} |a_{ij}|.$$

Entonces: $\|\mathbf{Ax}\|_\infty \geq \sum_{j=1}^{n} |a_{ij}|$, para $i = 1, 2, \dots, n$. En conclusión:

$$\|\mathbf{Ax}\|_\infty \geq \max_{i=1,\dots,n} \sum_{j=1}^{n} |a_{ij}|.$$

Para ver la otra desigualdad, hacemos lo siguiente:

$$\begin{aligned}\|\mathbf{A}\|_\infty &= \max_{\|\mathbf{x}\|=1} \|\mathbf{Ax}\|_\infty = \max_{\|\mathbf{x}\|=1} \max_{i=1,\dots,n} \left|\sum_{j=1}^{n} a_{ij}x_j\right| \leq \max_{\|\mathbf{x}\|=1} \max_{i=1,\dots,n} \sum_{j=1}^{n} |a_{ij}||x_j| \\ &\leq \max_{\|\mathbf{x}\|=1} \max_{i=1,\dots,n} \sum_{i=1}^{n} |a_{ij}| = \max_{i=1,\dots,n} \sum_{j=1}^{n} |a_{ij}|,\end{aligned}$$

tal como queríamos demostrar. En el último razonamiento hemos usado que $|x_j| \leq \max_{i=1,\dots,n} |x_i| = \|\mathbf{x}\|_\infty = 1$, para $j = 1, 2, \dots, n$.

En resumen,

$$\|\mathbf{A}\|_\infty = \max_{i=1,\dots,n} \sum_{j=1}^{n} |a_{ij}|.$$

□

Consideremos la matriz del ejemplo 1.5: $\mathbf{A} = \begin{bmatrix} 7 & 4 & 3 \\ 5 & 5 & 9 \\ 3 & 7 & 7 \end{bmatrix}$.

Calculemos $\|\mathbf{A}\|_2$, $\|\mathbf{A}\|_1$ y $\|\mathbf{A}\|_\infty$.

- $\|\mathbf{A}\|_2$. La matriz $\mathbf{A}^\top\mathbf{A}$ vale:

$$\mathbf{A}^\top\mathbf{A} = \begin{bmatrix} 7 & 5 & 3 \\ 4 & 5 & 7 \\ 3 & 9 & 7 \end{bmatrix} \cdot \begin{bmatrix} 7 & 4 & 3 \\ 5 & 5 & 9 \\ 3 & 7 & 7 \end{bmatrix} = \begin{bmatrix} 83 & 74 & 87 \\ 74 & 90 & 106 \\ 87 & 106 & 139 \end{bmatrix}.$$

  Los valores propios de la matriz anterior $\mathbf{A}^\top\mathbf{A}$ valen

$$287.1422615, 19.9244713, 4.9332672.$$

  El valor de $\|\mathbf{A}\|_2$ será:

$$\begin{aligned}\|\mathbf{A}\|_2 &= \sqrt{\max\{287.1422615, 19.9244713, 4.9332672\}} = \sqrt{287.1422615} \\ &= 16.9452725.\end{aligned}$$

- $\|\mathbf{A}\|_1$:

$$\|\mathbf{A}\|_1 = \text{máx}\{7+5+3, 4+5+7, 3+9+7\} = \text{máx}\{15, 16, 19\} = 19.$$

- $\|\mathbf{A}\|_\infty$:

$$\|\mathbf{A}\|_\infty = \text{máx}\{7+4+3, 5+5+9, 3+7+7\} = \text{máx}\{14, 19, 17\} = 19.$$

En este caso, observamos que $\|\mathbf{A}\|_1 = \|\mathbf{A}\|_\infty$, pero en general no tiene porqué pasar.

1.17. Propiedades de las normas matriciales

- Sea una matriz $\mathbf{A} \in M_{n,n}(\mathbb{K})$ con $\mathbb{K} = \mathbb{R}$ o $\mathbb{K} = \mathbb{C}$. Entonces el **radio espectral** de $\mathbf{A}$ es **menor** que cualquier **norma matricial**:

$$\rho(\mathbf{A}) \leq \|\mathbf{A}\|.$$

- Desigualdad contraria. Dada una matriz $\mathbf{A} \in M_{n,n}(\mathbb{K})$ con $\mathbb{K} = \mathbb{R}$ o $\mathbb{K} = \mathbb{C}$. Entonces, para cualquier valor $\epsilon > 0$, existe una **normal matricial** tal que la norma de la matriz es menor que el **radio espectral** de dicha matriz más ϵ:

$$\|\mathbf{A}\| \leq \rho(\mathbf{A}) + \epsilon.$$

Capítulo 2

Métodos directos

La **resolución numérica de sistemas lineales** es una tarea fundamental en numerosas aplicaciones **científicas y de ingeniería**, y los **métodos directos** constituyen una categoría importante de enfoques utilizados para abordar este tipo de problemas. Estos métodos buscan encontrar la **solución exacta** del sistema lineal, proporcionando **resultados precisos** cuando es posible.

Los **métodos directos** son **deterministas** y garantizan convergencia a una **solución exacta** en un **número finito de pasos.**

Sin embargo, pueden ser **computacionalmente costosos** para **sistemas grandes** debido a la necesidad de **manipulaciones algebraicas** y **almacenamiento adicional** de matrices.

Los **métodos directos** encuentran aplicaciones en una amplia variedad de disciplinas, como la **simulación numérica**, la **ingeniería estructural**, la **resolución de ecuaciones diferenciales parciales y la optimización.**

2.1. Sistema de ecuaciones lineal

Definición 2.1 (Sistema de ecuaciones lineal)**.** Un **sistema de ecuaciones lineal** es un conjunto de ecuaciones del tipo:

$$\begin{aligned} E_1 &: a_{11}x_1 + a_{12}x_2 + \cdots + a_{1n}x_n = b_1, \\ E_2 &: a_{21}x_1 + a_{22}x_2 + \cdots + a_{2n}x_n = b_2, \\ &\vdots \\ E_n &: a_{n1}x_1 + a_{n2}x_2 + \cdots + a_{nn}x_n = b_n, \end{aligned}$$

donde E_i significa la ecuación i-ésima y recordemos que los coeficientes $(a_{ij})_{i,j=1,\dots,n}$ son los **coeficientes del sistema** que se supone conocidos, $(b_1, \dots, b_n)$ es el **vector de términos independientes** también conocido y $(x_1, x_2, \dots, x_n)$ es el **vector de incógnitas** que tenemos que hallar.

Suponemos también que el sistema anterior tiene **solución única**, lo que es equivalente a $\det((a_{ij})_{i,j=1,\ldots,n}) \neq 0$.

Un **sistema de ecuaciones lineal** se suele escribir en forma **matricial** de la forma siguiente:

$$\mathbf{A} \cdot \mathbf{x} = \mathbf{b},$$

donde **A** es la denominada **matriz del sistema**, **x** el vector de **incógnitas** y **b**, el vector de **términos independientes**:

$$\mathbf{A} = \begin{bmatrix} a_{11} & a_{12} & \ldots & a_{1n} \\ a_{21} & a_{22} & \ldots & a_{2n} \\ \vdots & \vdots & \ddots & \vdots \\ a_{n1} & a_{n2} & \ldots & a_{nn} \end{bmatrix}, \quad \mathbf{x} = \begin{bmatrix} x_1 \\ x_2 \\ \vdots \\ x_n \end{bmatrix}, \quad \mathbf{b} = \begin{bmatrix} b_1 \\ b_2 \\ \vdots \\ b_n \end{bmatrix}.$$

En este libro supondremos que los sistemas de ecuaciones son **compatibles determinados**, es decir, tienen **solución única**.

El **Teorema de Rouché Frobenius** dice que un **sistema de ecuaciones lineal** es compatible si el **rango** de la **matriz del sistema A** coincide con el **rango** de la **matriz ampliada** que se construye añadiendo como columna el vector de **términos independientes** a la matriz **A**: $\overline{\mathbf{A}} = (\mathbf{A}|\mathbf{b})$.

Es decir, si $\text{rank}(\mathbf{A}) = \text{rank}(\overline{\mathbf{A}})$, el sistema es compatible. Si además $\text{rank}(\mathbf{A}) = \text{rank}(\overline{\mathbf{A}}) = n$, el sistema es **compatible determinado**, es decir, tiene **solución única**.

Ejemplo 2.1. Consideremos el sistema de ecuaciones siguiente:

$$\begin{aligned} E_1 &: 6x_1 + 5x_2 + 3x_3 = 1, \\ E_2 &: 6x_1 + 4x_2 + 2x_3 = -1, \\ E_3 &: 3x_1 + 6x_2 + 4x_3 = 2. \end{aligned}$$

o escrito en forma matricial:

$$\begin{bmatrix} 6 & 5 & 3 \\ 6 & 4 & 2 \\ 3 & 6 & 4 \end{bmatrix} \cdot \begin{bmatrix} x_1 \\ x_2 \\ x_3 \end{bmatrix} = \begin{bmatrix} 1 \\ -1 \\ 2 \end{bmatrix}.$$

Puede comprobarse que el sistema anterior es compatible determinado y tiene como solución:

$$x_1 = 0.3333333, \quad x_2 = -3.5, \quad x_3 = 5.5.$$

En este capítulo, vamos a ver **métodos directos** para resolver un **sistema de ecuaciones** de n **ecuaciones** y n **variables o incógnitas**:

Un **método directo** para resolver un **sistema lineal** se caracteriza porque lo resuelve en un **número finito** de pasos.

Para **simplificar** el **sistema lineal** podemos realizar las **operaciones siguientes**, es decir, que cualquier operación de las que sigue transforma el sistema lineal en un **sistema lineal equivalente** con la misma solución:

2.1.1. Simplificación del sistema

- La ecuación E_i se puede multiplicar por cualquier constante $k \neq 0$:
$$(kE_i) \to (E_i).$$
- Se puede transformar la ecuación E_i a una nueva ecuación añadiendo cualquier ecuación E_j multiplicada por una constante k:
$$(E_i + kE_j) \to (E_i).$$
- Se pueden intercambiar cualquier par de ecuaciones E_i y E_j:
$$(E_i) \leftrightarrow (E_j).$$

Consideremos el sistema del ejemplo anterior 2.1.

Realizamos las operaciones siguientes:

- $(E_3) \leftrightarrow (E_1)$:
$$\begin{aligned} E_1 &: 3x_1 + 6x_2 + 4x_3 = 2, \\ E_2 &: 6x_1 + 4x_2 + 2x_3 = -1, \\ E_3 &: 6x_1 + 5x_2 + 3x_3 = 1. \end{aligned}$$
- $(E_2 - 2E_1) \to (E_2)$:
$$\begin{aligned} E_1 &: 3x_1 + 6x_2 + 4x_3 = 2, \\ E_2 &: -8x_2 - 6x_3 = -5, \\ E_3 &: 6x_1 + 5x_2 + 3x_3 = 1. \end{aligned}$$
- $(E_3 - 2E_1) \to (E_3)$:
$$\begin{aligned} E_1 &: 3x_1 + 6x_2 + 4x_3 = 2, \\ E_2 &: -8x_2 - 6x_3 = -5, \\ E_3 &: -7x_2 - 5x_3 = -3. \end{aligned}$$

- $(E_3 - \frac{7}{8}E_2) \to (E_3)$:

$$\begin{aligned}
&E_1 : 3x_1 + 6x_2 + 4x_3 = 2,\\
&E_2 : -8x_2 - 6x_3 = -5,\\
&E_3 : 0.25x_3 = 1.375.
\end{aligned}$$

Fijarse que hemos transformado el sistema de ecuaciones en un sistema de ecuaciones donde la matriz del sistema es triangular superior.

La resolución del sistema para este tipo de matrices es sencilla: basta empezar por la última e ir sustituyendo los valores obtenidos en las demás:

$$x_3 = \frac{1.375}{0.25} = 5.5, \quad x_2 = \frac{-5 + 6 \cdot 5.5}{-8} = -3.5,$$
$$x_1 = \frac{2 - 4 \cdot 5.5 - 6 \cdot (-3.5)}{3} = 0.3333333.$$

Escribamos matricialmente las operaciones realizadas:

$$\begin{bmatrix} 6 & 5 & 3 & 1 \\ 6 & 4 & 2 & -1 \\ 3 & 6 & 4 & 2 \end{bmatrix} \to \begin{bmatrix} 3 & 6 & 4 & 2 \\ 6 & 4 & 2 & -1 \\ 6 & 5 & 3 & 1 \end{bmatrix} \to \begin{bmatrix} 3 & 6 & 4 & 2 \\ 0 & -8 & -6 & -5 \\ 0 & -7 & -5 & -3 \end{bmatrix}$$
$$\to \begin{bmatrix} 3 & 6 & 4 & 2 \\ 0 & -8 & -6 & -5 \\ 0 & 0 & 0.25 & 1.375 \end{bmatrix}$$

Si no hubiésemos permutado las filas primera y tercera, las matrices resultantes de reducir la matriz del sistema a una matriz triangular superior serían:

$$\begin{bmatrix} 6 & 5 & 3 & 1 \\ 6 & 4 & 2 & -1 \\ 3 & 6 & 4 & 2 \end{bmatrix} \to \begin{bmatrix} 6 & 5 & 3 & 1 \\ 0 & -1 & -1 & -2 \\ 0 & 3.5 & 2.5 & 1.5 \end{bmatrix} \to \begin{bmatrix} 6 & 5 & 3 & 1 \\ 0 & -1 & -1 & -2 \\ 0 & 0 & -1 & -5.5 \end{bmatrix}$$

Las soluciones del sistema ahora son fáciles de hallar:

$$x_3 = \frac{-5.5}{-1} = 5.5, \quad x_2 = \frac{-2 + 5.5}{-1} = -3.5,$$
$$x_1 = \frac{1 - 3 \cdot 5.5 - 5 \cdot (-3.5)}{6} = 0.3333333.$$

Acabamos de descubrir el **método de eliminación de Gauss con sustitución hacia atrás**.

2.2. Método de eliminación de Gauss

Consideramos un sistema de ecuaciones:

$$
\begin{aligned}
E_1 &: a_{11}x_1 + a_{12}x_2 + \cdots + a_{1n}x_n = b_1,\\
E_2 &: a_{21}x_1 + a_{22}x_2 + \cdots + a_{2n}x_n = b_2,\\
&\vdots\\
E_n &: a_{n1}x_1 + a_{n2}x_2 + \cdots + a_{nn}x_n = b_n,
\end{aligned}
$$

y denotamos por $\overline{\mathbf{A}}$ la **matriz ampliada del sistema**:

$$
\overline{\mathbf{A}} = \begin{bmatrix} a_{11} & a_{12} & \cdots & a_{1n} & b_1 \\ a_{12} & a_{22} & \cdots & a_{2n} & b_2 \\ \vdots & \vdots & \ddots & \vdots & \vdots \\ a_{n1} & a_{n2} & \cdots & a_{nn} & b_n \end{bmatrix}.
$$

El **método de eliminación de Gauss** consiste en realizar **operaciones** del tipo vistas anteriormente de cara a transformar el sistema lineal en un **sistema lineal equivalente** cuya matriz del sistema sea **triangular superior**.

Resolver un **sistema de ecuaciones** cuya matriz sea **triangular superior** es relativamente sencillo. La solución del mismo puede hallarse usando la técnica de **sustitución hacia atrás**:

Consideremos un sistema de ecuaciones con matriz del sistema **triangular superior**:

$$
\begin{aligned}
E_1 &: a_{11}x_1 + a_{12}x_2 + \cdots + a_{1n}x_n = b_1,\\
E_2 &: a_{22}x_2 + \cdots + a_{2n}x_n = b_2,\\
&\vdots\\
E_n &: a_{nn}x_n = b_n.
\end{aligned}
$$

La solución sería la siguiente:

$$\begin{aligned}
x_n &= \frac{b_n}{a_{nn}}, \\
x_{n-1} &= \frac{b_{n-1} - a_{nn}x_n}{a_{n-1,n-1}}, \\
&\vdots \\
x_i &= \frac{b_i - \sum_{j=i+1}^{n} a_{ij}x_j}{a_{ii}}, \\
&\vdots \\
x_1 &= \frac{b_1 - \sum_{j=2}^{n} a_{1j}x_j}{a_{11}}.
\end{aligned}$$

Observación. Todos los valores $a_{ii} \neq 0$ son **diferentes de** 0, para $i = 1, 2, \ldots, n$ ya que si algún $a_{ii} = 0$ fuese 0, el **determinante del sistema** sería 0 y el sistema no tendría solución única o sería incompatible y hemos dicho al principio del tema que suponemos que todos nuestros sistemas son **compatibles con solución única.**

En el ejemplo 2.1 hemos reducido el sistema a un sistema con matriz triangular superior.

Proposición 2.1. *El **número de operaciones básicas** (sumas, restas, multiplicaciones y divisiones) requerida para resolver un sistema lineal con matriz **triangular superior** vale:* n^2.

Demostración. En el paso i-ésimo para calcular el valor de x_i realizamos $n - i$ sumas/restas y $n - i + 1$ multiplicaciones/divisiones.

El número de operaciones total será, pues,

$$\sum_{i=1}^{n}((n-i)+(n-i+1)) = \sum_{i=1}^{n}(2(n-i)+1) = n+2\sum_{i=1}^{n-1} i = n+2\cdot\frac{n\cdot(n-1)}{2} = n^2.$$

□

Veamos cómo **transformar un sistema lineal** en otro **equivalente** con matriz del sistema **triangular superior**.

- Primer paso. Supongamos que $a_{11} \neq 0$. Realizamos las **operaciones siguientes**:

  $$\left(E_j - \left(\frac{a_{j1}}{a_{11}}\right) E_1\right) \longrightarrow (E_j),$$

  para $j = 2, 3, \ldots, n$. Es decir, cambiamos las filas $2, 3, \ldots, n$ haciendo que en la **primera columna aparezcan ceros** desde la componente 2 hasta la n. La nueva matriz ampliada del sistema será:

$$\overline{\mathbf{A}^{(2)}} = \begin{bmatrix} a_{11} & a_{12} & \dots & a_{1n} & b_1 \\ 0 & a_{22}^{(2)} & \dots & a_{2n}^{(2)} & b_2^{(2)} \\ \vdots & \vdots & \ddots & \vdots & \vdots \\ 0 & a_{n2}^{(2)} & \dots & a_{nn}^{(2)} & b_n^{(2)} \end{bmatrix}.$$

- Segundo paso. Tenemos que el sistema corresponde a la matriz ampliada $\overline{\mathbf{A}^{(2)}}$. Supongamos que $a_{22}^{(2)} \neq 0$. Realizamos las **operaciones siguientes**:

$$\left(E_j - \left(\frac{a_{j2}^{(2)}}{a_{22}^{(2)}} \right) E_2 \right) \longrightarrow (E_j),$$

para $j = 3, \dots, n$. Es decir, cambiamos las filas $3, \dots, n$ haciendo que en la **segunda columna aparezcan ceros** desde la componente 3 hasta la n. La nueva matriz ampliada del sistema será:

$$\overline{\mathbf{A}^{(3)}} = \begin{bmatrix} a_{11} & a_{12} & a_{13} & \dots & a_{1n} & b_1 \\ 0 & a_{22}^{(2)} & a_{23}^{(2)} & \dots & a_{2n}^{(2)} & b_2^{(2)} \\ 0 & 0 & a_{33}^{(3)} & \dots & a_{3n}^{(3)} & b_3^{(3)} \\ \vdots & \vdots & \vdots & \ddots & \vdots & \vdots \\ 0 & 0 & a_{n3}^{(3)} & \dots & a_{nn}^{(3)} & b_n^{(3)} \end{bmatrix}.$$

- Paso k-ésimo. Supongamos que el sistema ha sido transformado a un sistema con la **matriz ampliada siguiente**:

$$\overline{\mathbf{A}^{(k)}} = \begin{bmatrix} a_{11} & \dots & \dots & \dots & \dots & a_{1n} & b_1 \\ \vdots & \vdots & \ddots & \vdots & \vdots & \vdots & \vdots \\ 0 & \dots & 0 & a_{kk}^{(k)} & \dots & a_{kn}^{(k)} & b_k^{(k)} \\ \vdots & \vdots & \vdots & \vdots & \vdots & \vdots & \vdots \\ 0 & \dots & 0 & a_{nk}^{(k)} & \dots & a_{nn}^{(k)} & b_n^{(k)} \end{bmatrix}.$$

Realizamos las **operaciones siguientes**:

$$\left(E_j - \left(\frac{a_{jk}^{(k)}}{a_{kk}^{(k)}} \right) E_k \right) \longrightarrow (E_j),$$

para $j = k+1, \dots, n$. Es decir, cambiamos las filas $k+1, \dots, n$ haciendo que en la **columna k-ésima aparezcan ceros** desde la componente $k+1$ hasta la n. La nueva matriz ampliada del sistema será:

$$\overline{\mathbf{A}^{(k+1)}} = \begin{bmatrix} a_{11} & \dots & \dots & \dots & \dots & a_{1n} & b_1 \\ \vdots & \vdots & \ddots & \vdots & \vdots & \vdots & \vdots \\ 0 & \dots & 0 & a_{k+1,k+1}^{(k+1)} & \dots & a_{k+1,n}^{(k+1)} & b_{k+1}^{(k+1)} \\ \vdots & \vdots & \vdots & \vdots & \vdots & \vdots & \vdots \\ 0 & \dots & 0 & a_{n,k+1}^{(k+1)} & \dots & a_{nn}^{(k+1)} & b_n^{(k+1)} \end{bmatrix}.$$

En el paso $n-1$-ésimo, la **matriz del sistema** que corresponderá a las n primeras columnas de la **matriz ampliada del sistema** $\overline{\mathbf{A}^{(n)}}$ será **triangular superior** y el sistema se podrá resolver como hemos indicado anteriormente.

Los valores $a_{kk}^{(k)}$ se denominan **pivotes**.

Escribamos cómo se calculan las componentes de la matriz $\overline{\mathbf{A}^{(k+1)}} = (a_{ij}^{(k+1)})_{i,j=1,\dots,n}$ en función de las componentes de la matriz $\overline{\mathbf{A}^{(k)}} = (a_{ij}^{(k)})_{i,j=1,\dots,n}$:

$$a_{ij}^{(k+1)} = \begin{cases} a_{ij}^{(k)}, & \text{si } i = 1, \dots, k,\ j = 1, \dots, n+1, \\ 0, & \text{si } i = k+1, \dots, n,\ j = 1, \dots, k, \\ a_{ij}^{(k)} - \frac{a_{ik}^{(k)}}{a_{kk}^{(k)}} a_{kj}^{(k)}, & \text{si } i = k+1, \dots, n,\ j = k+1, \dots, n+1. \end{cases}$$

2.2.1. Método de Gauss. Pseudocódigo

- `INPUT número de incógnitas y ecuaciones` n, `matriz ampliada` $\overline{\mathbf{A}} = (a_{ij})_{i=1,\dots,n, j=1,\dots,n+1}$.
- `For k=1,...,n-1` (proceso de eliminación)
  - `Sea` p `el menor entero tal que` $a_{pk} \neq 0$ (buscamos el primer elemento de la columna k-ésima que sea distinto de 0, si dicho elemento no existe, el sistema no tiene solución.)
  - `If` p `no existe then el sistema no tiene solución.`
  - `If` $p \neq k$ `then realizar la operación` $(E_p) \leftrightarrow (E_k)$ (cambiar las filas p y k)
  - `For` $j = k+1, \dots, n$ `do`
    - `Set` $m_{jk} = \frac{a_{jk}}{a_{kk}}$ (calculamos el valor por el que debemos multiplicar la fila j-ésima);
    - `Realizar la operación`$(E_j - m_{jk} E_k) \to (E_j)$. (cambiamos la fila j-ésima por la "antigua" fila j-ésima menos la fila k-ésima multiplicada por m_{jk})
- `Set` $x_n = \frac{a_{n,n+1}}{a_{nn}}$ (Resolvemos el sistema triangular del cuya matriz ampliada es $\overline{\mathbf{A}^{(n)}}$).
- `For` $i = n-1, \dots, 1$, `set` $x_i = \frac{a_{i,n+1} - \sum_{j=i+1}^{n} a_{ij} x_j}{a_{ii}}$.
- `Dar la solución` $x_1, \dots, x_n$.

Ejemplo 2.2. Consideremos el siguiente sistema de ecuaciones con 5 ecuaciones y 5 incógnitas:

$$\begin{aligned}
E_1 &: x_1 + x_2 - 3x_3 - x_4 - 2x_5 = 2, \\
E_2 &: x_1 + 2x_2 + 2x_3 + 3x_5 = 2, \\
E_3 &: x_1 - x_2 + 3x_3 + 2x_4 = 2, \\
E_4 &: x_2 + 4x_4 - x_5 = 3, \\
E_5 &: x_1 + 3x_2 + x_3 + 5x_5 = 1.
\end{aligned}$$

Vamos a ver las matrices que resultan aplicando el método de Gauss:

- Primer paso. Operaciones realizadas:
  - $(E_2 - E_1) \to (E_2)$:

$$\begin{bmatrix} 1 & 1 & -3 & -1 & -2 & 2 \\ 1 & 2 & 2 & 0 & 3 & 2 \\ 1 & -1 & 3 & 2 & 0 & 2 \\ 0 & 1 & 0 & 4 & -1 & 3 \\ 1 & 3 & 1 & 0 & 5 & 1 \end{bmatrix} \longrightarrow \begin{bmatrix} 1 & 1 & -3 & -1 & -2 & 2 \\ 0 & 1 & 5 & 1 & 5 & 0 \\ 1 & -1 & 3 & 2 & 0 & 2 \\ 0 & 1 & 0 & 4 & -1 & 3 \\ 1 & 3 & 1 & 0 & 5 & 1 \end{bmatrix}.$$

  - $(E_3 - E_1) \to (E_3)$:

$$\begin{bmatrix} 1 & 1 & -3 & -1 & -2 & 2 \\ 0 & 1 & 5 & 1 & 5 & 0 \\ 1 & -1 & 3 & 2 & 0 & 2 \\ 0 & 1 & 0 & 4 & -1 & 3 \\ 1 & 3 & 1 & 0 & 5 & 1 \end{bmatrix} \longrightarrow \begin{bmatrix} 1 & 1 & -3 & -1 & -2 & 2 \\ 0 & 1 & 5 & 1 & 5 & 0 \\ 0 & -2 & 6 & 3 & 2 & 0 \\ 0 & 1 & 0 & 4 & -1 & 3 \\ 1 & 3 & 1 & 0 & 5 & 1 \end{bmatrix}.$$

  - $(E_5 - E_1) \to (E_5)$:

$$\begin{bmatrix} 1 & 1 & -3 & -1 & -2 & 2 \\ 0 & 1 & 5 & 1 & 5 & 0 \\ 0 & -2 & 6 & 3 & 2 & 0 \\ 0 & 1 & 0 & 4 & -1 & 3 \\ 1 & 3 & 1 & 0 & 5 & 1 \end{bmatrix} \longrightarrow \begin{bmatrix} 1 & 1 & -3 & -1 & -2 & 2 \\ 0 & 1 & 5 & 1 & 5 & 0 \\ 0 & -2 & 6 & 3 & 2 & 0 \\ 0 & 1 & 0 & 4 & -1 & 3 \\ 0 & 2 & 4 & 1 & 7 & -1 \end{bmatrix}.$$

- Hemos calculado la matriz $\overline{\mathbf{A}}^{(2)}$:

$$\overline{\mathbf{A}}^{(2)} = \begin{bmatrix} 1 & 1 & -3 & -1 & -2 & 2 \\ 0 & 1 & 5 & 1 & 5 & 0 \\ 0 & -2 & 6 & 3 & 2 & 0 \\ 0 & 1 & 0 & 4 & -1 & 3 \\ 0 & 2 & 4 & 1 & 7 & -1 \end{bmatrix}.$$

  - $(E_3 + 2E_2) \to (E_3)$:

$$\begin{bmatrix} 1 & 1 & -3 & -1 & -2 & 2 \\ 0 & 1 & 5 & 1 & 5 & 0 \\ 0 & -2 & 6 & 3 & 2 & 0 \\ 0 & 1 & 0 & 4 & -1 & 3 \\ 0 & 2 & 4 & 1 & 7 & -1 \end{bmatrix} \longrightarrow \begin{bmatrix} 1 & 1 & -3 & -1 & -2 & 2 \\ 0 & 1 & 5 & 1 & 5 & 0 \\ 0 & 0 & 16 & 5 & 12 & 0 \\ 0 & 1 & 0 & 4 & -1 & 3 \\ 0 & 2 & 4 & 1 & 7 & -1 \end{bmatrix}.$$

  - $(E_4 - E_2) \to (E_4)$:

$$\begin{bmatrix} 1 & 1 & -3 & -1 & -2 & 2 \\ 0 & 1 & 5 & 1 & 5 & 0 \\ 0 & 0 & 16 & 5 & 12 & 0 \\ 0 & 1 & 0 & 4 & -1 & 3 \\ 0 & 2 & 4 & 1 & 7 & -1 \end{bmatrix} \longrightarrow \begin{bmatrix} 1 & 1 & -3 & -1 & -2 & 2 \\ 0 & 1 & 5 & 1 & 5 & 0 \\ 0 & 0 & 16 & 5 & 12 & 0 \\ 0 & 0 & -5 & 3 & -6 & 3 \\ 0 & 2 & 4 & 1 & 7 & -1 \end{bmatrix}.$$

- $(E_5 - 2E_2) \to (E_5)$:

$$\begin{bmatrix} 1 & 1 & -3 & -1 & -2 & 2 \\ 0 & 1 & 5 & 1 & 5 & 0 \\ 0 & 0 & 16 & 5 & 12 & 0 \\ 0 & 0 & -5 & 3 & -6 & 3 \\ 0 & 2 & 4 & 1 & 7 & -1 \end{bmatrix} \longrightarrow \begin{bmatrix} 1 & 1 & -3 & -1 & -2 & 2 \\ 0 & 1 & 5 & 1 & 5 & 0 \\ 0 & 0 & 16 & 5 & 12 & 0 \\ 0 & 0 & -5 & 3 & -6 & 3 \\ 0 & 0 & -6 & -1 & -3 & -1 \end{bmatrix}.$$

- Hemos calculado la matriz $\overline{\mathbf{A}}^{(3)}$:

$$\overline{\mathbf{A}}^{(3)} = \begin{bmatrix} 1 & 1 & -3 & -1 & -2 & 2 \\ 0 & 1 & 5 & 1 & 5 & 0 \\ 0 & 0 & 16 & 5 & 12 & 0 \\ 0 & 0 & -5 & 3 & -6 & 3 \\ 0 & 0 & -6 & -1 & -3 & -1 \end{bmatrix}.$$

- $\left(E_4 + \frac{5}{16}E_3\right) \to (E_4)$:

$$\begin{bmatrix} 1 & 1 & -3 & -1 & -2 & 2 \\ 0 & 1 & 5 & 1 & 5 & 0 \\ 0 & 0 & 16 & 5 & 12 & 0 \\ 0 & 0 & -5 & 3 & -6 & 3 \\ 0 & 0 & -6 & -1 & -3 & -1 \end{bmatrix} \longrightarrow \begin{bmatrix} 1 & 1 & -3 & -1 & -2 & 2 \\ 0 & 1 & 5 & 1 & 5 & 0 \\ 0 & 0 & 16 & 5 & 12 & 0 \\ 0 & 0 & 0 & 4.5625 & -2.25 & 3 \\ 0 & 0 & -6 & -1 & -3 & -1 \end{bmatrix}.$$

- $\left(E_5 + \frac{6}{16}E_3\right) \to (E_5)$:

$$\begin{bmatrix} 1 & 1 & -3 & -1 & -2 & 2 \\ 0 & 1 & 5 & 1 & 5 & 0 \\ 0 & 0 & 16 & 5 & 12 & 0 \\ 0 & 0 & 0 & 4.5625 & -2.25 & 3 \\ 0 & 0 & -6 & -1 & -3 & -1 \end{bmatrix}$$
$$\longrightarrow \begin{bmatrix} 1 & 1 & -3 & -1 & -2 & 2 \\ 0 & 1 & 5 & 1 & 5 & 0 \\ 0 & 0 & 16 & 5 & 12 & 0 \\ 0 & 0 & 0 & 4.5625 & -2.25 & 3 \\ 0 & 0 & 0 & 0.875 & 1.5 & -1 \end{bmatrix}.$$

- Hemos calculado la matriz $\overline{\mathbf{A}}^{(4)}$:

$$\overline{\mathbf{A}}^{(4)} = \begin{bmatrix} 1 & 1 & -3 & -1 & -2 & 2 \\ 0 & 1 & 5 & 1 & 5 & 0 \\ 0 & 0 & 16 & 5 & 12 & 0 \\ 0 & 0 & 0 & 4.5625 & -2.25 & 3 \\ 0 & 0 & 0 & 0.875 & 1.5 & -1 \end{bmatrix}.$$

- $\left(E_5 - \frac{0.875}{4.5625}E_4\right) \to (E_5)$:

$$\begin{bmatrix} 1 & 1 & -3 & -1 & -2 & 2 \\ 0 & 1 & 5 & 1 & 5 & 0 \\ 0 & 0 & 16 & 5 & 12 & 0 \\ 0 & 0 & 0 & 4.5625 & -2.25 & 3 \\ 0 & 0 & 0 & 0.875 & 1.5 & -1 \end{bmatrix}$$

$$\longrightarrow \begin{bmatrix} 1 & 1 & -3 & -1 & -2 & 2 \\ 0 & 1 & 5 & 1 & 5 & 0 \\ 0 & 0 & 16 & 5 & 12 & 0 \\ 0 & 0 & 0 & 4.5625 & -2.25 & 3 \\ 0 & 0 & 0 & 0 & 1.931507 & -1.575342 \end{bmatrix}.$$

- Hemos calculado la matriz $\overline{\mathbf{A}}^{(5)}$:

$$\overline{\mathbf{A}}^{(5)} = \begin{bmatrix} 1 & 1 & -3 & -1 & -2 & 2 \\ 0 & 1 & 5 & 1 & 5 & 0 \\ 0 & 0 & 16 & 5 & 12 & 0 \\ 0 & 0 & 0 & 4.5625 & -2.25 & 3 \\ 0 & 0 & 0 & 0 & 1.931507 & -1.575342 \end{bmatrix}.$$

La solución del sistema será usando el método de sustitución hacia atrás:

$$x_5 = \frac{-1.575342}{1.931507} = -0.815603,$$
$$x_4 = \frac{3-(-2.25)\cdot(-0.8156028)}{4.5625} = 0.2553191,$$
$$x_3 = \frac{0-12\cdot(-0.8156028)-5\cdot 0.2553191}{16} = 0.5319149,$$
$$x_2 = \frac{0-5\cdot(-0.8156028)-1\cdot 0.2553191-5\cdot 0.5319149}{1} = 1.1631206,$$
$$x_1 = \frac{2-(-2)\cdot(-0.8156028)-(-1)\cdot 0.2553191-(-3)\cdot 0.5319149-1\cdot 1.1631206}{1}$$
$$= 1.0567376.$$

La función en `python` del método de eliminación de Gauss para resolver un sistema lineal de ecuaciones se encuentra implementada en

Dicha función se encuentra en la carpeta **Numérico 2** en el fichero `T7MetodosDirectosSistemas.ipynb`, sección 1.

En primer lugar hay que cargar las librerías que usan las funciones del capítulo:

```
import numpy as np
import math
```

Seguidamente definimos la funciones siguientes:

- `sustitucionAtras`: Función resuelve un sistema triangular superior mediante sustitución hacia atrás.
- `sustitucionDelante`: Función resuelve un sistema triangular inferior mediante sustitución hacia delante.

El código de las funciones anteriores es el siguiente:

```
def sustitucionAtras(Ab):
  """
  Esta función resuelve un sistema triangular superior
  mediante sustitución hacia atrás

  Args:
    Ab: Array bidimensional (Matriz ampliada del
        sistema triangular superior)
    verbose: Booleano para mostrar o no los resultados relevantes

  Returns:
    x: Array unidimensional con la solución del sistema
  """

  n = Ab.shape[0]
  x = np.empty(n)
  x[n - 1] = Ab[n - 1, n] / Ab[n - 1, n - 1]
  for i in range(n - 2, -1, -1):
    x[i] = (Ab[i, n] - np.sum(Ab[i, (i + 1):n] * x[(i + 1):n]))
            / Ab[i, i]

  return x

def sustitucionDelante(Ab):
  """
  Esta función resuelve un sistema triangular inferior mediante
  sustitución hacia delante

  Args:
    Ab: Array bidimensional (Matriz ampliada del sistema
        triangular inferior)

  Returns:
```

```
    x: Array unidimensional con la solución del sistema
  """
  n = Ab.shape[0]
  x = np.empty(n)
  x[0] = Ab[0, n] / Ab[0, 0]
  for i in range(1, n):
    x[i] = (Ab[i, n] - np.sum(Ab[i, :i] * x[:i])) / Ab[i, i]

  return x
```

La definición de la matriz del sistema es la siguiente:

```
Ab = [[1, 1, -3, -1, -2, 2],
      [1, 2, 2, 0, 3, 2],
      [1, -1, 3, 2, 0, 2],
      [0, 1, 0, 4, -1, 3],
      [1, 3, 1, 0, 5, 1]]
Ab = np.array(Ab)
```

El código de la función es el siguiente:

```
def metodoGauss(Ab, verbose = False):
  """
  Esta función transforma un sistema lineal Ax = b en otro
  equivalente con matriz del sistema triangular superior
  y devuelve la solución al sistema calculada mediante
  sustitución hacia atrás

  Args:
    Ab: Array bidimensional de numpy (Matriz ampliada del sistema)
    verbose: Booleano para mostrar o no los resultados relevantes

  Returns:
    x: Array unidimensional con la solución del sistema
  """

  # Pasamos todas las entradas del array bidimensional a tipo float
  Ab = Ab.astype("float")
  # Número de filas de Ab
  n = Ab.shape[0]

  # Convertimos la matriz del sistema en triangular superior
  for k in range(n - 1):
    p = k
    if Ab[k, k] == 0:
```

```
        for i in range(k + 1, n):
          if Ab[i, k] != 0:
            p = i
            break

      if p == k and Ab[k,k] == 0:
          print("El sistema no es compatible determinado")
          return

      # Cambiamos las filas si es necesario
      if p != k:
        row = Ab[p].copy()
        Ab[p] = Ab[k]
        Ab[k] = row

      for j in range(k + 1, n):
        m = Ab[j, k] / Ab[k, k]
        Ab[j] = Ab[j] - m * Ab[k]

    # Mostramos, si verbose = True, la matriz triangular
    # superior resultante
    if verbose:
        print("Ab =\n", Ab)

    # Resolvemos el sistema con sustitución hacia atrás
    x = sustitucionAtras(Ab)

    if verbose:
      print("x =", x)

    return x
```

Para aplicar la función, hacemos lo siguiente:

```
x = metodoGauss(Ab)

B = [[0, 1, 0, 4, -1, 3],
     [1, 1, -3, -1, -2, 2],
     [1, 2, 2, 0, 3, 2],
     [1, -1, 3, 2, 0, 2],
     [1, 3, 1, 0, 5, 1]]
B = np.array(B)
y = metodoGauss(B)
print(y)
```

```
[ 1.05673759  1.16312057  0.53191489  0.25531915 -0.81560284]
```

2.2.2. Método de Gauss. Número de operaciones

Vamos a contar el número de **operaciones básicas** (sumas/restas y multiplicaciones/divisiones) que requiere el **método de Gauss** para resolver un **sistema de ecuaciones** $n \times n$.

Primero contemos el número de operaciones para pasar la matriz del sistema a una matriz **triangular superior**.

Recordemos que el método de Gauss consta de $n-1$ pasos. Veamos cuántas operaciones realizamos en el paso k-ésimo, es decir, para pasar de la matriz $\overline{\mathbf{A}^{(k)}}$ a la matriz $\overline{\mathbf{A}^{(k+1)}}$, $k = 1, \dots, n-1$:

- Número de multiplicaciones/divisiones:
  - cálculo de los $m_{ik} = \frac{a_{ik}}{a_{kk}}$ para $i = k+1, \dots, n$, $\Rightarrow n-k$ operaciones,
  - cálculo de los nuevos $a_{ij}^{(k)}$ para $i = k+1, \dots, n$, $j = k+1, \dots, n+1$, $\Rightarrow$ $(n-k) \cdot (n-k+1)$ operaciones,
  - número total de operaciones:

$$\begin{aligned} & n-k+(n-k)\cdot(n-k+1) \\ & = (n-k)\cdot(1+n-k+1) = (n-k)\cdot(n-k+2). \end{aligned}$$

- Número de sumas/restas
  - cálculo de los nuevos $a_{ij}^{(k)}$ para $i = k+1, \dots, n$, $j = k+1, \dots, n+1$, $\Rightarrow$ $(n-k) \cdot (n-k+1)$,
  - número total de operaciones:

$$(n-k)\cdot(n-k+1).$$

En total, el número de **operaciones básicas** para pasar la matriz del sistema a una matriz **triangular superior** será:

$$\begin{aligned} & \sum_{k=1}^{n-1} \left((n-k)\cdot(n-k+2)+(n-k)\cdot(n-k+1)\right) \\ & = \sum_{k=1}^{n-1}(n-k)(2(n-k)+3) = \sum_{k=1}^{n-1} k\cdot(2k+3) \\ & = 2\sum_{k=1}^{n-1} k^2 + 3\sum_{k=1}^{n-1} k = \frac{1}{3}(n-1)n(2n-1) + \frac{3}{2}(n-1)n \\ & = \frac{1}{6}(n-1)n(4n+7) = \frac{2n^3}{3} + \frac{n^2}{2} - \frac{7n}{6}. \end{aligned}$$

A continuación, tenemos que tener en cuenta el **número de operaciones** requerida para resolver un sistema **triangular superior**.

Recordemos que dicho valor ya está calculado y valía n^2.

En resumen, el número **total de operaciones básicas** para resolver un sistema de ecuaciones $n \times n$ usando el método de Gauss sería:

$$\frac{2n^3}{3} + \frac{n^2}{2} - \frac{7n}{6} + n^2 = \frac{2n^3}{3} + \frac{3n^2}{2} - \frac{7n}{6}.$$

Observación. El **orden computacional** del **método de Gauss** vale $O(n^3)$.

2.2.3. Técnicas de pivotaje

Recordemos que en el paso k-ésimo del **algoritmo de Gauss**, de cara a hacer ceros en la columna k-ésima desde la componente $j = k + 1$ hasta la componente $j = n$, hay que multiplicar la fila k-ésima por $\frac{a_{jk}^{(k)}}{a_{kk}^{(k)}}$.

Los **errores de redondeo** se **amplifican** si el valor $a_{kk}^{(k)}$ es pequeño. Por tanto, podemos modificar el algoritmo de Gauss eligiendo el valor de la columna k-ésima que maximiza $|a_{jk}^{(k)}|$ desde $j = k$ hasta $j = n$. Llamemos $j_{\max}$ al índice correspondiente a dicho valor.

A continuación, realizamos un cambio entre las filas k y $j_{\max}$: $E_k \leftrightarrow E_{j_{\max}}$.

La modificación del **algoritmo de Gauss** usando la técnica anterior se denomina **método de Gauss con pivotaje parcial.**

Ilustremos la necesidad de realizar el **pivotaje parcial** con el siguiente ejemplo:

Ejemplo 2.3. Consideremos el sistema de ecuaciones siguiente:

$$\begin{aligned} 0.010534x_1 + 0.02x_2 &= -1, \\ x_1 + 2x_2 &= 3. \end{aligned}$$

Suponemos que trabajamos con 5 **dígitos significativos.**

Resolver el sistema anterior es equivalente desde el punto de vista geométrico a hallar la intersección de las rectas: $r_1 : 0.010534x_1 + 0.02x_2 = -1$ y $r_2 : x_1 + 2x_2 = 3$.

Ahora bien, como el determinante de la matriz del sistema anterior tiene un valor pequeño (0.001068), las dos rectas anteriores serían "casi paralelas". Esto implica que se trata de un problema **inestable** desde el punto de vista numérico.

La solución del sistema anterior usando en principio los dígitos necesarios sería:

$$x_1 = -1928.8389513, \quad x_2 = 965.9194757.$$

Si resolvemos el sistema sin realizar **pivotaje parcial** y teniendo en cuenta que trabajamos con 5 cifras significativas, obtenemos la matriz triangular siguiente:

$$\begin{bmatrix} 0.010534 & 0.02 & -1 \\ 0 & 0.1014 & 97.931 \end{bmatrix},$$

cuya solución es:

$$x_2 = \frac{97.931}{0.1014} = 965.79, \quad x_1 = \frac{-1 - 0.02 \cdot 965.79}{0.010534} = \frac{-20.316}{0.010534} = -1928.6.$$

La función en `python` de la resolución de un sistema mal condicionado se encuentra implementada en

Dicha función se encuentra en la carpeta **Numérico 2** en el fichero `T7MetodosDirectosSistemas.ipynb`, sección 2.

Es decir, dado un sistema lineal $\mathbf{Ax} = \mathbf{b}$ mal condicionado, es decir $|\det(\mathbf{A})| \ll 1$, da la solución de sistema $\mathbf{x}$ usando el método de **eliminación de Gauss** y **sustitución hacia atrás** suponiendo que se trabaja com m **dígitos significativos**.

La función anterior necesita la función auxiliar `signif` que devuelve el número x con m dígitos significativos cuyo código es el siguiente:

```
def signif(x, m = 0):
  """
  Esta función devuelve el número x con m dígitos significativos

  Args:
    x: Float
    m: Int (Número de dígitos significativos)

  Returns:
    Valor float x con m dígitos singficativos
  """
  if x == 0:
    return 0
  else:
    return round(x, ndigits = m - 1 -
          int(math.floor(math.log10(abs(x)))))

# Convertimos la función signif a función universal
signif = np.frompyfunc(signif, 2, 1)
```

La definición de la matriz del sistema es la siguiente:

```
Ab = [[0.010534, 0.02, -1],
     [1, 2, 3]]
Ab = np.array(Ab)
```

El código de la función es el siguiente:

```python
def metodoGaussSignif(Ab, sig = 5, verbose = False):
    """
    Esta función transforma un sistema lineal Ax = b en
    otro equivalente con matriz del sistema triangular
    superior y devuelve la solución al sistema calculada
    mediante sustitución hacia atrás

    Cada vez que hacemos un cálculo, nos quedamos con los
    sig dígitos signficativos

    Args:
      Ab: Array bidimensional de numpy (Matriz ampliada del sistema)
      sig: Int que indica los dígitos significativos
      verbose: Booleano para mostrar o no los resultados relevantes

    Returns:
      x: Array unidimensional con la solución del sistema
    """

    # Pasamos todas las entradas del array bidimensional a tipo float
    Ab = signif(Ab.astype("float"), sig)
    # Número de filas de Ab
    n = Ab.shape[0]

    # Convertimos la matriz del sistema en triangular superior
    for k in range(n - 1):
      Ab = signif(Ab, sig)
      p = k
      if Ab[k, k] == 0:
        for i in range(k + 1, n):
          if Ab[i, k] != 0:
            p = i
            break

      if p == k and Ab[k,k] == 0:
          print("El sistema no es compatible determinado")
          return

      # Cambiamos las filas si es necesario
      if p != k:
        row = Ab[p].copy()
        Ab[p] = Ab[k]
        Ab[k] = row

      for j in range(k + 1, n):
        m = signif(signif(Ab[j, k], sig) / signif(Ab[k, k], sig), sig)
```

```
        Ab[j] = signif(Ab[j] - signif(m * Ab[k], sig), sig)

    # Mostramos, si verbose = True, la matriz triangular superior
    # resultante
    if verbose:
        print("Ab =\n", Ab)

    # Resolvemos el sistema con sustitución hacia atrás
    x = np.empty(n)
    x[n - 1] = signif(signif(Ab[n - 1, n], sig)
                /signif(Ab[n - 1, n - 1], sig), sig)
    for i in range(n - 2, -1, -1):
      x = signif(x, sig)
      suma = 0.0
      for j in range(i + 1, n):
        suma = signif(suma + signif(Ab[i, j] * x[j], sig), sig)
      x[i] = signif(signif(Ab[i, n] - suma, sig)
                /signif(Ab[i, i], sig), sig)

    if verbose:
      print("x =", x)

    return x
```

Para aplicar la función, hacemos lo siguiente:

```
x = metodoGaussSignif(Ab, verbose = True)

Ab =
 [[0.010534 0.02 -1.0]
 [0 0.1014 97.931]]
x = [-1928.6 965.79]
```

Si, en cambio, resolvemos el sistema realizando **pivotaje parcial**, hay que permutar inicialmente las filas 1 y 2 obteniendo la matriz triangular siguiente después de aplicar el algoritmo de Gauss a la matriz resultante de la permutación:

$$\begin{bmatrix} 1 & 2 & 3 \\ 0 & -0.001068 & -1.0316 \end{bmatrix},$$

cuya solución es:

$$x_2 = \frac{-1.0316}{-0.001068} = 965.92, \quad x_1 = \frac{3 - 2 \cdot 965.92}{1} = \frac{-1928.8}{1} = -1928.8.$$

Comprobamos que se comete menor error realizando pivotaje parcial.

La función en `python` del método de Gauss con pivotaje parcial limitando el número de cifras significativas se encuentra implementada en

Dicha función se encuentra en la carpeta **Numérico 2** en el fichero `T7MetodosDirectosSistemas.ipynb`, sección 3, subsección 3.1.

Es decir, dado un sistema lineal de la forma $\mathbf{Ax} = \mathbf{b}$ que suponemos **compatible determinado**, es decir, con solución única, devuelve la solución del sistema usando el método de **eliminación de Gauss con pivotaje parcial** o con permutación de filas y resuelve el sistema resultante con matriz **triangular superior** por el método de **sustitución hacia atrás** suponiendo que se trabaja con m **dígitos significativos**.

La definición de la matriz del sistema es la siguiente:

```
Ab = [[0.010534, 0.02, -1],
      [1, 2, 3]]
Ab = np.array(Ab)
```

El código de la función es el siguiente:

```
def pivotajeParcialSignif(Ab, sig = 5, verbose = False):
  """
  Esta función transforma un sistema lineal Ax = b en otro
  equivalente con matriz del sistema triangular superior
  mediante Pivotaje Parcial y devuelve la solución al
  sistema calculada mediante sustitución hacia atrás

  Cada vez que hacemos un cálculo, nos quedamos con los
  sig dígitos signficativos

  Args:
    Ab: Array bidimensional de numpy (Matriz ampliada del sistema)
    sig: Int que indica los dígitos significativos
    verbose: Booleano para mostrar o no los resultados relevantes

  Returns:
    x: Array unidimensional con la solución del sistema
  """

  # Pasamos todas las entradas del array bidimensional a tipo float
  Ab = signif(Ab.astype("float"), sig)
  # Número de filas de Ab
  n = Ab.shape[0]
```

```
  # Convertimos la matriz del sistema en triangular superior
  for k in range(n - 1):
    Ab = signif(Ab, sig)
    p = k+abs(Ab[k:, k]).argmax()

    if Ab[p, k] == 0:
      print("El sistema no es compatible determinado")
      return

    # Cambiamos las filas si es necesario
    if p != k:
      row = Ab[p].copy()
      Ab[p] = Ab[k]
      Ab[k] = row

    for j in range(k + 1, n):
      m = signif(signif(Ab[j, k], sig) / signif(Ab[k, k], sig), sig)
      Ab[j] = signif(Ab[j] - signif(m * Ab[k], sig), sig)

  # Mostramos, si verbose = True, la matriz triangular
  # superior resultante
  if verbose:
      print("Ab =\n", Ab)

  # Resolvemos el sistema con sustitución hacia atrás
  x = np.empty(n)
  x[n - 1] = signif(signif(Ab[n - 1, n], sig)
          / signif(Ab[n - 1, n - 1], sig), sig)
  for i in range(n - 2, -1, -1):
    x = signif(x, sig)
    suma = 0.0
    for j in range(i + 1, n):
      suma = signif(suma + signif(Ab[i, j] * x[j], sig), sig)
    x[i] = signif(signif(Ab[i, n] - suma, sig)
          / signif(Ab[i, i], sig), sig)

  if verbose:
    print("x =", x)

  return x
```

Para aplicar la función, hacemos lo siguiente:

```
x = pivotajeParcialSignif(Ab, verbose = True)

Ab =
```

```
[[1.0 2.0 3.0]
 [0 -0.001068 -1.0316]]
x = [-1928.8 965.92]
```

2.2.4. Pseudocódigo. Pivotaje parcial

- `INPUT número de incógnitas y ecuaciones` n, `matriz ampliada` $\overline{\mathbf{A}} = (a_{ij})_{i=1,\dots,n, j=1,\dots,n+1}$.
- `For k=1,...,n-1` (proceso de eliminación)
    - `Sea` p `el menor entero tal que` $|a_{pk}| = \max_{j=k,\dots,n} |a_{jk}|$.
    - `If` $a_{pk} = 0$, `then el sistema no tiene solución.`
    - `If` $p \neq k$ `then realizar la operación` $(E_p) \leftrightarrow (E_k)$ (cambiar las filas p y k)
    - `For` $j = k+1, \dots, n$ `do`
        - `Set` $m_{jk} = \frac{a_{jk}}{a_{kk}}$ (calculamos el valor por el que debemos multiplicar la fila j-ésima);
        - `Realizar la operación`$(E_j - m_{jk}E_k) \to (E_j)$. (cambiamos la fila j-ésima por la "antigua" fila j-ésima menos la fila k-ésima multiplicada por m_{jk})
- `Set` $x_n = \frac{a_{n,n+1}}{a_{nn}}$ (Resolvemos el sistema triangular del cuya matriz ampliada es $\overline{\mathbf{A}^{(n)}}$).
- `For` $i = n-1, \dots, 1$, `set` $x_i = \frac{a_{i,n+1} - \sum_{j=i+1}^{n} a_{ij}x_j}{a_{ii}}$.
- `Dar la solución` $x_1, \dots, x_n$.

Resolvamos el sistema propuesto en el ejemplo 2.2 usando **pivotaje parcial**:

$$
\begin{aligned}
E_1 &: x_1 + x_2 - 3x_3 - x_4 - 2x_5 = 2,\\
E_2 &: x_1 + 2x_2 + 2x_3 + 3x_5 = 2,\\
E_3 &: x_1 - x_2 + 3x_3 + 2x_4 = 2,\\
E_4 &: x_2 + 4x_4 - x_5 = 3,\\
E_5 &: x_1 + 3x_2 + x_3 + 5x_5 = 1.
\end{aligned}
$$

- Primer paso (no se ha realizado ningún cambio de filas):

$$
A^{(2)} = \begin{bmatrix} 1 & 1 & -3 & -1 & -2 & 2 \\ 0 & 1 & 5 & 1 & 5 & 0 \\ 0 & -2 & 6 & 3 & 2 & 0 \\ 0 & 1 & 0 & 4 & -1 & 3 \\ 0 & 2 & 4 & 1 & 7 & -1 \end{bmatrix}.
$$

- Segundo paso (hemos cambiado las filas 2 y 3):

$$A^{(3)} = \begin{bmatrix} 1 & 1 & -3 & -1 & -2 & 2 \\ 0 & -2 & 6 & 3 & 2 & 0 \\ 0 & 0 & 8 & 2.5 & 6 & 0 \\ 0 & 0 & 3 & 5.5 & 0 & 3 \\ 0 & 0 & 10 & 4 & 9 & -1 \end{bmatrix}.$$

- Tercer paso (hemos cambiado las filas 3 y 5):

$$A^{(4)} = \begin{bmatrix} 1 & 1 & -3 & -1 & -2 & 2 \\ 0 & -2 & 6 & 3 & 2 & 0 \\ 0 & 0 & 10 & 4 & 9 & -1 \\ 0 & 0 & 0 & 4.3 & -2.7 & 3.3 \\ 0 & 0 & 0 & -0.7 & -1.2 & 0.8 \end{bmatrix}.$$

- Cuarto paso (no ha habido cambio de filas):

$$A^{(5)} = \begin{bmatrix} 1 & 1 & -3 & -1 & -2 & 2 \\ 0 & -2 & 6 & 3 & 2 & 0 \\ 0 & 0 & 10 & 4 & 9 & -1 \\ 0 & 0 & 0 & 4.3 & -2.7 & 3.3 \\ 0 & 0 & 0 & 0 & -1.639535 & 1.337209 \end{bmatrix}.$$

La solución del sistema será usando el método de sustitución hacia atrás:

$$\begin{aligned} x_5 &= \frac{1.337209}{-1.639535} = -0.815603, \\ x_4 &= \frac{3.3 - (-2.7)\cdot(-0.8156028)}{4.3} = 0.2553191, \\ x_3 &= \frac{-1 - 9\cdot(-0.8156028) - 4\cdot 0.2553191}{10} = 0.5319149, \\ x_2 &= \frac{0 - 2\cdot(-0.8156028) - 3\cdot 0.2553191 - 6\cdot 0.5319149}{-2} = 1.1631206, \\ x_1 &= \frac{2 - (-2)\cdot(-0.8156028) - (-1)\cdot 0.2553191 - (-3)\cdot 0.5319149 - 1\cdot 1.1631206}{1} \\ &= 1.0567376. \end{aligned}$$

La función en `python` del método de Gauss con pivotaje parcial se encuentra implementada en

Dicha función se encuentra en la carpeta **Numérico 2** en el fichero `T7MetodosDirectosSistemas.ipynb`, sección 3, subsección 3.2.

Es decir, dado un sistema lineal de la forma $\mathbf{Ax} = \mathbf{b}$ que suponemos **compatible determinado**, es decir, con solución única, devuelve la solución del sistema usando el método de **eliminación de Gauss con pivotaje parcial** o con permutación de filas y resuelve el sistema resultante con matriz **triangular superior** por el método de **sustitución hacia atrás.**

La definición de la matriz del sistema es la siguiente:

```
Ab = [[1, 1, -3, -1, -2, 2],
      [1, 2, 2, 0, 3, 2],
      [1, -1, 3, 2, 0, 2],
      [0, 1, 0, 4, -1, 3],
      [1, 3, 1, 0, 5, 1]]
Ab = np.array(Ab)
```

El código de la función es el siguiente:

```
def pivotajeParcial(Ab, verbose = False):
  """
  Esta función transforma un sistema lineal Ax = b en otro
  equivalente con matriz del sistema triangular superior mediante
  pivotaje parcial y devuelve la solución al sistema calculada
  mediante sustitución hacia atrás

  Args:
    Ab: Array bidimensional de numpy (Matriz ampliada del sistema)
    verbose: Booleano para mostrar o no los resultados relevantes

  Returns:
    x: Array unidimensional con la solución del sistema
  """

  # Pasamos todas las entradas del array bidimensional a tipo float
  Ab = Ab.astype("float")
  # Número de filas de Ab
  n = Ab.shape[0]

  # Convertimos la matriz del sistema en triangular superior
  for k in range(n - 1):
    p = k+abs(Ab[k:, k]).argmax()

    if Ab[p, k] == 0:
      print("El sistema no es compatible determinado")
      return

    # Cambiamos las filas si es necesario
    if p != k:
      row = Ab[p].copy()
```

```
            Ab[p] = Ab[k]
            Ab[k] = row

        for j in range(k + 1, n):
            m = Ab[j, k] / Ab[k, k]
            Ab[j] = Ab[j] - m * Ab[k]

    # Mostramos, si verbose = True, la matriz triangular superior
    # resultante
    if verbose:
        print("Ab =\n", Ab)

    # Resolvemos el sistema con sustitución hacia atrás
    x = sustitucionAtras(Ab)

    print("x =", x)

    return x
```

Para aplicar la función, hacemos lo siguiente:

```
x = pivotajeParcial(Ab)
```

```
x = [ 1.05673759  1.16312057  0.53191489  0.25531915 -0.81560284]
```

2.2.5. Pivotaje parcial escalado

Vamos a modificar ligeramente el **pivotaje parcial** de la forma que explicamos a continuación.

Dicha modificación es una mejora del **pivotaje parcial** en el sentido que se escalan las filas de la matriz del sistema a resolver por su máximo valor.

Concretamente, en primer lugar, calculamos el valor máximo en valor absoluto de cada fila i-ésima de la matriz del sistema a resolver $\mathbf{A}$, $n \times n$:

$$s_i = \max_{j=1,\dots,n} |a_{ij}|.$$

Dichos valores s_i sólo se calculan una vez al principio del algoritmo y no aumentan demasiado el coste computacional del mismo.

A continuación, imaginemos que estamos en el paso k-ésimo del **algoritmo de Gauss**. Entonces, en lugar de hallar el máximo de $|a_{jk}^{(k)}|$ desde $j = k$ hasta $j = n$, hallamos el máximo de $\frac{|a_{jk}^{(k)}|}{s_j}$ desde $j = k$ hasta $j = n$:

$$\max_{j=k,\dots,n} \frac{|a_{jk}^{(k)}|}{s_j}$$

Es decir, "escalamos" cada fila por el valor s_j y hallamos el máximo de los valores escalados.

Llamemos $j_{\max}$ a dicho valor.

Igual que en el **pivotaje parcial**, realizamos un cambio entre las filas k y $j_{\max}$: $E_k \leftrightarrow E_{j_{\max}}$.

Resolvamos el sistema propuesto anteriormente en el ejemplo 2.2 por **pivotaje parcial escalado**:

$$\begin{aligned} E_1 :& x_1 && +x_2 - 3x_3 && -x_4 - 2x_5 && = 2, \\ E_2 :& x_1 && +2x_2 + 2x_3 && + 3x_5 && = 2, \\ E_3 :& x_1 && -x_2 + 3x_3 && +2x_4 && = 2, \\ E_4 :& && x_2 && +4x_4 - x_5 && = 3, \\ E_5 :& x_1 && +3x_2 + x_3 && + 5x_5 && = 1. \end{aligned}$$

Los valores s_i son en este caso:

$$3, 3, 3, 4, 5.$$

- Primer paso (no se ha realizado ningún cambio de filas ya que el máximo valor entre los valores $|\frac{1}{3}|$, $|\frac{1}{3}|$, $|\frac{1}{3}|$, $|\frac{0}{4}|$, $|\frac{1}{5}|$ vale $|\frac{1}{3}|$):

$$A^{(2)} = \begin{bmatrix} 1 & 1 & -3 & -1 & -2 & 2 \\ 0 & 1 & 5 & 1 & 5 & 0 \\ 0 & -2 & 6 & 3 & 2 & 0 \\ 0 & 1 & 0 & 4 & -1 & 3 \\ 0 & 2 & 4 & 1 & 7 & -1 \end{bmatrix}.$$

- Segundo paso (hemos cambiado las filas 2 y 3 ya que el máximo valor entre los valores $|\frac{1}{3}|$, $|\frac{-2}{3}|$, $|\frac{1}{4}|$, $|\frac{2}{5}|$ vale $|\frac{-2}{3}|$):

$$A^{(3)} = \begin{bmatrix} 1 & 1 & -3 & -1 & -2 & 2 \\ 0 & -2 & 6 & 3 & 2 & 0 \\ 0 & 0 & 8 & 2.5 & 6 & 0 \\ 0 & 0 & 3 & 5.5 & 0 & 3 \\ 0 & 0 & 10 & 4 & 9 & -1 \end{bmatrix}.$$

- Tercer paso (no hemos realizado cambio de filas ya que el máximo valor entre los valores $|\frac{8}{3}|$, $|\frac{3}{4}|$, $|\frac{10}{5}|$ vale $|\frac{8}{3}|$):

$$A^{(4)} = \begin{bmatrix} 1 & 1 & -3 & -1 & -2 & 2 \\ 0 & -2 & 6 & 3 & 2 & 0 \\ 0 & 0 & 8 & 2.5 & 6 & 0 \\ 0 & 0 & 0 & 4.5625 & -2.25 & 3 \\ 0 & 0 & 0 & 0.875 & 1.5 & -1 \end{bmatrix}.$$

- Cuarto paso (no ha habido cambio de filas ya que el máximo valor entre los valores $\left|\frac{4.5625}{4}\right|$, $\left|\frac{0.875}{5}\right|$ vale $\left|\frac{4.5625}{4}\right|$):

$$A^{(5)} = \begin{bmatrix} 1 & 1 & -3 & -1 & -2 & 2 \\ 0 & -2 & 6 & 3 & 2 & 0 \\ 0 & 0 & 8 & 2.5 & 6 & 0 \\ 0 & 0 & 0 & 4.5625 & -2.25 & 3 \\ 0 & 0 & 0 & 0 & 1.931507 & -1.575342 \end{bmatrix}.$$

La solución del sistema será usando el método de sustitución hacia atrás:

$$x_5 = \frac{-1.575342}{1.931507} = -0.815603,$$
$$x_4 = \frac{3-(-2.25)\cdot(-0.8156028)}{4.5625} = 0.2553191,$$
$$x_3 = \frac{0-6\cdot(-0.8156028)-2.5\cdot 0.2553191}{8} = 0.5319149,$$
$$x_2 = \frac{0-2\cdot(-0.8156028)-3\cdot 0.2553191-6\cdot 0.5319149}{-2} = 1.1631206,$$
$$x_1 = \frac{2-(-2)\cdot(-0.8156028)-(-1)\cdot 0.2553191-(-3)\cdot 0.5319149-1\cdot 1.1631206}{1}$$
$$= 1.0567376.$$

Ejercicio 2.1. Programar la variante del método de Gauss con pivotaje parcial escalado que hemos visto en el ejemplo anterior.

2.2.6. Pivotaje global o maximal

Una manera de optimizar el **error de redondeo** cometido cuando aplicamos el **algoritmo de Gauss** es realizar un **pivotaje global**:

es decir, modificar el **algoritmo de Gauss** en el paso k-ésimo eligiendo el máximo valor en valor absoluto de la submatriz de $\mathbf{A}^{(k)}$ formada por las filas $k, k+1, \ldots, n$ y por las columnas $k, k+1, \ldots, n$.

Concretamente hallamos $i_{\max}, j_{\max}$ tal que:

$$|a^{(k)}_{i_{\max}, j_{\max}}| = \max_{i,j=k,\ldots,n} |a^{(k)}_{ij}|.$$

A continuación, realizamos un cambio entre las filas k y $i_{\max}$ y un cambio entre las columnas k y $j_{\max}$.

Permutar filas no afecta a las soluciones del sistema de ecuaciones al obtener un sistema de ecuaciones equivalente. Sin embargo, **permutar columnas** equivale a permutar los valores de las variables correspondientes.

Concretamente, cuando cambiamos las columnas k y $j_{\max}$, intercambiamos el "papel" de las variables x_k y $x_{j_{\max}}$.

Por tanto, necesitamos **recordar** todos los cambios de columnas para realizar el cambio inverso en la solución final.

Apliquemos pivotaje global al sistema que hemos ido desarrollando dado en el ejemplo 2.2:

$$\begin{aligned}
E_1 &: x_1 + x_2 - 3x_3 - x_4 - 2x_5 = 2,\\
E_2 &: x_1 + 2x_2 + 2x_3 + 3x_5 = 2,\\
E_3 &: x_1 - x_2 + 3x_3 + 2x_4 = 2,\\
E_4 &: x_2 + 4x_4 - x_5 = 3,\\
E_5 &: x_1 + 3x_2 + x_3 + 5x_5 = 1.
\end{aligned}$$

- Paso 1. El máximo valor de la submatriz del sistema formada por las 5 primeras filas y columnas vale 5 que corresponde a la fila 5 y a la columna 5. Entonces permutamos la fila 1 con la 5 y a continuación la columna 1 con la 5 y aplicamos el **algoritmo de Gauss** obteniendo la matriz siguiente:

$$\begin{bmatrix} 5 & 3 & 1 & 0 & 1 & 1 \\ 0 & 0.2 & 1.4 & 0 & 0.4 & 1.4 \\ 0 & -1 & 3 & 2 & 1 & 2 \\ 0 & 1.6 & 0.2 & 4 & 0.2 & 3.2 \\ 0 & 2.2 & -2.6 & -1 & 1.4 & 2.4 \end{bmatrix}.$$

Las variables del sistema anterior son las siguientes x_5, x_2, x_3, x_4 y x_1.

- Paso 2. El máximo valor de la submatriz del sistema formada por las 4 últimas filas y columnas vale 4 que corresponde a la fila 4 y a la columna 4. Entonces permutamos la fila 2 con la 4 y a continuación la columna 2 con la 4 y aplicamos el **algoritmo de Gauss** obteniendo la matriz siguiente:

$$\begin{bmatrix} 5 & 0 & 1 & 3 & 1 & 1 \\ 0 & 4 & 0.2 & 1.6 & 0.2 & 3.2 \\ 0 & 0 & 2.9 & -1.8 & 0.9 & 0.4 \\ 0 & 0 & 1.4 & 0.2 & 0.4 & 1.4 \\ 0 & 0 & -2.55 & 2.6 & 1.45 & 3.2 \end{bmatrix}.$$

Las variables del sistema anterior son las siguientes x_5, x_4, x_3, x_2 y x_1.

- Paso 3. El máximo valor de la submatriz del sistema formada por las 3 últimas filas y columnas vale 2.9 que corresponde a la fila 3 y a la columna 3. Entonces no realizamos ninguna permutación y aplicamos el **algoritmo de Gauss** obteniendo la matriz siguiente:

$$\begin{bmatrix} 5 & 0 & 1 & 3 & 1 & 1 \\ 0 & 4 & 0.2 & 1.6 & 0.2 & 3.2 \\ 0 & 0 & 2.9 & -1.8 & 0.9 & 0.4 \\ 0 & 0 & 0 & 1.068966 & -0.034483 & 1.206897 \\ 0 & 0 & 0 & 1.017241 & 2.241379 & 3.551724 \end{bmatrix}.$$

Las variables del sistema anterior son las siguientes x_5, x_4, x_3, x_2 y x_1.

- Paso 4. El máximo valor de la submatriz del sistema formada por las 2 últimas filas y columnas vale 2.2413793 que corresponde a la fila 5 y a la columna 5. Entonces permutamos la fila 4 con la 5 y a continuación la columna 4 con la 5 y aplicamos el **algoritmo de Gauss** obteniendo la matriz siguiente:

$$\begin{bmatrix} 5 & 0 & 1 & 1 & 3 & 1 \\ 0 & 4 & 0.2 & 0.2 & 1.6 & 3.2 \\ 0 & 0 & 2.9 & 0.9 & -1.8 & 0.4 \\ 0 & 0 & 0 & 2.241379 & 1.017241 & 3.551724 \\ 0 & 0 & 0 & 0 & 1.084615 & 1.261538 \end{bmatrix}.$$

  Las variables del sistema anterior son las siguientes x_5, x_4, x_3, x_1 y x_2.

La solución del sistema será usando el método de sustitución hacia atrás:

$$\begin{aligned} x_2 &= \frac{1.261538}{1.084615} = 1.163121, \\ x_1 &= \frac{3.551724 - 1.0172414 \cdot 1.1631206}{2.2413793} = 1.0567376, \\ x_3 &= \frac{0.4 - (-1.8) \cdot 1.1631206 - 0.9 \cdot 1.0567376}{2.9} = 0.5319149, \\ x_4 &= \frac{3.2 - 1.6 \cdot 1.1631206 - 0.2 \cdot 1.0567376 - 0.2 \cdot 0.5319149}{4} = 0.2553191, \\ x_5 &= \frac{1 - 3 \cdot 1.1631206 - 1 \cdot 1.0567376 - 1 \cdot 0.5319149 - 0 \cdot 0.2553191}{5} \\ &= -0.8156028. \end{aligned}$$

La función en `python` del método de Gauss con pivotaje maximal se encuentra implementada en

Dicha función se encuentra en la carpeta **Numérico 2** en el fichero `T7MetodosDirectosSistemas.ipynb`, sección 4.

Es decir, dado un sistema lineal de la forma $\mathbf{Ax} = \mathbf{b}$ que suponemos **compatible determinado**, es decir, con solución única, devuelve la solución del sistema usando el método de **eliminación de Gauss con pivotaje maximal** o con permutación de filas y columnas y resuelve el sistema resultante con matriz **triangular superior** por el método de **sustitución hacia atrás.**

La definición de la matriz del sistema es la siguiente:

```
Ab = [[1, 1, -3, -1, -2, 2],
      [1, 2, 2, 0, 3, 2],
      [1, -1, 3, 2, 0, 2],
      [0, 1, 0, 4, -1, 3],
      [1, 3, 1, 0, 5, 1]]
Ab = np.array(Ab)
```

El código de la función es el siguiente:

```
def pivotajeMaximal(Ab, verbose = False):
  """
  Esta función transforma un sistema lineal Ax = b en otro
  equivalente con matriz del sistema triangular superior
  mediante pivotaje maximal y devuelve la solución al sistema
  calculada mediante sustitución hacia atrás

  Args:
    Ab: Array bidimensional de numpy (Matriz ampliada del sistema)
    verbose: Booleano para mostrar o no los resultados relevantes

  Returns:
    x: Array unidimensional con la solución del sistema
  """

  # Pasamos todas las entradas del array bidimensional a tipo float
  Ab = Ab.astype("float")
  # Número de variables del sistema
  n = Ab.shape[0]
  # Hay que recordar los cambios de columnas realizados
  x_index = np.array(range(n)) #[0, 1, 2, ..., n-1]

  # Convertimos la matriz del sistema en triangular superior
  for k in range(n - 1):
    (p, q) = np.where(abs(Ab[k:, k:-1]) == abs(Ab[k:, k:-1]).max())
    # (i_max, j_max)

    p = p[0]
    q = q[0]

    p+=k
    q+=k

    if Ab[p, q] == 0:
      print("El sistema no es compatible determinado")
      return

    # Cambiamos las filas si es necesario
    if p != k:
      row = Ab[p].copy()
      Ab[p] = Ab[k]
      Ab[k] = row

    # Cambiamos las columnas si es necesario y guardamos el
```

```
        # cambio realizado
        if q != k:
          col = Ab[:, q].copy()
          Ab[:, q] = Ab[:, k]
          Ab[:, k] = col

          val = x_index[k]
          x_index[k] = x_index[q]
          x_index[q] = val

        # Hacemos ceros por debajo del pivote
        for j in range(k + 1, n):
          m = Ab[j, k] / Ab[k, k]
          Ab[j] = Ab[j] - m * Ab[k]

      # Mostramos, si verbose = True, la matriz triangular superior
      # resultante
      if verbose:
          print("Ab =\n", Ab)
          print("X_index =", x_index)

      # Resolvemos el sistema con sustitución hacia atrás
      x = sustitucionAtras(Ab)

      # Reordenamos el array de soluciones invirtiendo los cambios
      # de columnas realizados
      x = x[np.argsort(x_index)]


      print("x =", x)

      return x
```

Para aplicar la función, hacemos lo siguiente:

```
x = pivotajeMaximal(Ab)
```

```
x = [ 1.05673759  1.16312057  0.53191489  0.25531915 -0.81560284]
```

2.3. Factorización de matrices

2.3.1. Introducción

Vamos a ver otro método de resolver un sistema de ecuaciones $n \times n$ de la forma $\mathbf{Ax} = \mathbf{b}$.

Dicho método se llama descomposición LU. La idea es **factorizar** la matriz del sistema $\mathbf{A}$ de la forma siguiente: $\mathbf{A} = \mathbf{LU}$, donde la matriz $\mathbf{L}$ es **triangular inferior** con unos en la diagonal y $\mathbf{U}$ es **triangular superior**.

Si somos capaces de realizar la **descomposición** anterior, resolver el sistema lineal $\mathbf{Ax} = \mathbf{b}$ equivale a resolver dos sistemas **triangulares**. Veamos cómo.

El sistema $\mathbf{Ax} = \mathbf{b}$ se puede escribir como $\mathbf{LUx} = \mathbf{b}$. Para resolver el sistema anterior, hacemos lo siguiente:

- En primer lugar, resolvemos el sistema $\mathbf{Ly} = \mathbf{b}$, que es un sistema triangular inferior.
- En segundo lugar, resolvemos el sistema $\mathbf{Ux} = \mathbf{y}$, donde $\mathbf{y}$ es la solución hallada en el primer paso.

2.3.2. Solución de un sistema triangular inferior

La resolución del sistema $\mathbf{Ly} = \mathbf{b}$ se puede resolver usando la técnica de **sustitución hacia adelante.**

La matriz $\mathbf{L}$ será de la forma:

$$\begin{bmatrix} 1 & 0 & 0 & \dots & 0 \\ l_{21} & 1 & 0 & \dots & 0 \\ \vdots & \vdots & \ddots & \vdots & \vdots \\ l_{n1} & l_{n2} & l_{n3} & \dots & 1 \end{bmatrix}.$$

El sistema $\mathbf{Ly} = \mathbf{b}$ será:

$$\begin{aligned} E_1 &: y_1 = b_1, \\ E_2 &: l_{21}y_1 + y_2 = b_2, \\ &\vdots \\ E_n &: l_{n1}y_1 + l_{n2}y + \cdots + y_n = b_n. \end{aligned}$$

La solución del sistema anterior se puede obtener por **sustitución hacia adelante**:

$$\begin{aligned} y_1 &= b_1, \\ y_2 &= b_2 - l_{21}y_1, \\ &\vdots \\ y_i &= b_i - \sum_{j=1}^{i-1} l_{ij}y_j, \\ &\vdots \\ y_n &= b_n - \sum_{j=1}^{n-1} l_{nj}y_j \end{aligned}$$

El **número de operaciones básicas** para resolver el sistema $\mathbf{Ly} = \mathbf{b}$ será:

- Multiplicaciones/divisiones: $\sum_{i=1}^{n}(i-1) = \sum_{i=1}^{n-1} i = \frac{n(n-1)}{2}$.
- Sumas/restas: $\sum_{i=1}^{n}(i-1) = \frac{n(n-1)}{2}$.
- Total: $2\frac{n(n-1)}{2} = n^2 - n$.

2.3.3. Solución del sistema triangular superior

La solución del sistema $\mathbf{U}x = \mathbf{y}$ se hace usando la técnica de **sustitución hacia atrás** explicada anteriormente donde recordemos que se requerían n^2 **operaciones básicas**.

En conclusión, una vez se tiene la descomposición LU, resolver el sistema comporta realizar $n^2 - n + n^2 = 2n^2 - n$ **operaciones básicas.** Es decir, es de orden $O(n^2)$.

Apliquemos la descomposición LU al sistema introducido en el ejemplo 2.2:

$$
\begin{aligned}
E_1 &: x_1 && +x_2 - 3x_3 && -x_4 - 2x_5 && = 2,\\
E_2 &: x_1 && +2x_2 + 2x_3 && + 3x_5 && = 2,\\
E_3 &: x_1 && -x_2 + 3x_3 && +2x_4 && = 2,\\
E_4 &: && x_2 && +4x_4 - x_5 && = 3,\\
E_5 &: x_1 && +3x_2 + x_3 && + 5x_5 && = 1.
\end{aligned}
$$

La matriz del sistema es la siguiente:

$$
\mathbf{A} = \begin{bmatrix} 1 & 1 & -3 & -1 & -2 \\ 1 & 2 & 2 & 0 & 3 \\ 1 & -1 & 3 & 2 & 0 \\ 0 & 1 & 0 & 4 & -1 \\ 1 & 3 & 1 & 0 & 5 \end{bmatrix}.
$$

La descomposición LU de la matriz anterior es la siguiente:

$$
\begin{bmatrix} 1 & 1 & -3 & -1 & -2 \\ 1 & 2 & 2 & 0 & 3 \\ 1 & -1 & 3 & 2 & 0 \\ 0 & 1 & 0 & 4 & -1 \\ 1 & 3 & 1 & 0 & 5 \end{bmatrix}
= \begin{bmatrix} 1 & 0 & 0 & 0 & 0 \\ 1 & 1 & 0 & 0 & 0 \\ 1 & -2 & 1 & 0 & 0 \\ 0 & 1 & -0.3125 & 1 & 0 \\ 1 & 2 & -0.375 & 0.191781 & 1 \end{bmatrix} \cdot \begin{bmatrix} 1 & 1 & -3 & -1 & -2 \\ 0 & 1 & 5 & 1 & 5 \\ 0 & 0 & 16 & 5 & 12 \\ 0 & 0 & 0 & 4.5625 & -2.25 \\ 0 & 0 & 0 & 0 & 1.931507 \end{bmatrix}.
$$

En primer lugar resolvemos $\mathbf{Ly} = \mathbf{b}$:

$$\begin{bmatrix} 1 & 0 & 0 & 0 & 0 \\ 1 & 1 & 0 & 0 & 0 \\ 1 & -2 & 1 & 0 & 0 \\ 0 & 1 & -0.3125 & 1 & 0 \\ 1 & 2 & -0.375 & 0.191781 & 1 \end{bmatrix} \cdot \begin{bmatrix} y_1 \\ y_2 \\ y_3 \\ y_4 \\ y_5 \end{bmatrix} = \begin{bmatrix} 2 \\ 2 \\ 2 \\ 3 \\ 1 \end{bmatrix}.$$

$$y_1 = 2,\ y_2 = 2 - y_1 = 0,\ y_3 = 2 + 2y_2 - y_1 = 0,\ y_4 = 3 + 0.3125y_3 - y_2 = 3,$$
$$y_5 = 1 - 0.191781y_4 + 0.375y_3 - 2y_2 - y_1 = -1.5753425.$$

En segundo lugar, resolvemos $\mathbf{Ux} = \mathbf{y}$:

$$\begin{bmatrix} 1 & 1 & -3 & -1 & -2 \\ 0 & 1 & 5 & 1 & 5 \\ 0 & 0 & 16 & 5 & 12 \\ 0 & 0 & 0 & 4.5625 & -2.25 \\ 0 & 0 & 0 & 0 & 1.931507 \end{bmatrix} \cdot \begin{bmatrix} x_1 \\ x_2 \\ x_3 \\ x_4 \\ x_5 \end{bmatrix} = \begin{bmatrix} 2 \\ 0 \\ 0 \\ 3 \\ -1.575342 \end{bmatrix}.$$

La solución del sistema será usando el método de sustitución hacia atrás:

$$x_5 = \frac{-1.575342}{1.931507} = -0.815603,$$
$$x_4 = \frac{3 - (-2.25) \cdot (-0.8156028)}{4.5625} = 0.2553191,$$
$$x_3 = \frac{0 - 12 \cdot (-0.8156028) - 5 \cdot 0.2553191}{16} = 0.5319149,$$
$$x_2 = \frac{0 - 5 \cdot (-0.8156028) - 1 \cdot 0.2553191 - 5 \cdot 0.5319149}{1} = 1.1631206,$$
$$x_1 = \frac{2 - (-2) \cdot (-0.8156028) - (-1) \cdot 0.2553191 - (-3) \cdot 0.5319149 - 1 \cdot 1.1631206}{1}$$
$$= 1.0567376.$$

2.3.4. Algoritmo *LU*

El resultado siguiente dice cuando es posible **factorizar** una matriz $\mathbf{A}$ de la forma $\mathbf{A} = \mathbf{LU}$:

Teorema 2.1 (Factorización *LU*). *Consideremos el sistema de ecuaciones lineal* $\mathbf{Ax} = \mathbf{b}$*, donde* $\mathbf{A}$ *es la matriz del sistema. Si en el* ***algoritmo de eliminación de Gauss*** *no es necesario permutar ninguna fila, esto es, que* $a_{kk}^{(k)} \neq 0$*, para* $k = 1, \ldots, n-1$*, entonces la matriz* $\mathbf{A}$ *se puede factorizar de la forma* $\mathbf{A} = \mathbf{LU}$*, con* $\mathbf{L}$ ***triangular inferior*** *con unos en la diagonal y* $\mathbf{U}$*,* ***triangular superior*** *donde las matrices* $\mathbf{L}$ *y* $\mathbf{U}$ *tienen la expresión siguiente en función de los valores obtenidos en el proceso de* ***eliminación de Gauss****:*

$$\mathbf{A} = \mathbf{L}\cdot\mathbf{U} = \begin{bmatrix} 1 & 0 & 0 & \dots & 0 \\ m_{21} & 1 & 0 & \dots & 0 \\ \vdots & \vdots & \ddots & \vdots & \vdots \\ m_{n1} & m_{n2} & m_{n3} & \dots & 1 \end{bmatrix} \cdot \begin{bmatrix} a_{11}^{(1)} & a_{12}^{(1)} & a_{13}^{(1)} & \dots & a_{1n}^{(1)} \\ 0 & a_{22}^{(2)} & a_{23}^{(2)} & \dots & a_{2n}^{(2)} \\ \vdots & \vdots & \ddots & \vdots & \vdots \\ 0 & 0 & 0 & \dots & a_{nn}^{(n)} \end{bmatrix},$$

donde $m_{ji} = \frac{a_{ji}^{(i)}}{a_{ii}^{(i)}}$.

Demostración. Sea $\mathbf{A}^{(1)} = \mathbf{A}$.

Recordemos que en el primer paso del proceso de eliminación de Gauss, definíamos $m_{j1} = \frac{a_{j1}^{(1)}}{a_{11}^{(1)}}$ y realizábamos las operaciones:

$$(E_j - m_{j1}E_1) \to (E_j),$$

para $j = 2, \dots, n$ obteniendo la matriz $\mathbf{A}^{(2)}$:

$$\mathbf{A}^{(2)} = \begin{bmatrix} a_{11}^{(1)} & a_{12}^{(1)} & \dots & a_{1n}^{(1)} \\ 0 & a_{22}^{(2)} & \dots & a_{2n}^{(2)} \\ \vdots & \vdots & \ddots & \vdots \\ 0 & a_{n2}^{(2)} & \dots & a_{nn}^{(2)} \end{bmatrix}.$$

El paso anterior puede interpretarse desde otro punto de vista.

Si definimos la matriz:

$$\mathbf{M}^{(1)} = \begin{bmatrix} 1 & 0 & 0 & \dots & 0 \\ -m_{21} & 1 & 0 & \dots & 0 \\ \vdots & \vdots & \ddots & \dots & \vdots \\ -m_{n1} & 0 & 0 & \dots & 1 \end{bmatrix},$$

podemos escribir la matriz $\mathbf{A}^{(2)}$ como: $\mathbf{A}^{(2)} = \mathbf{M}^{(1)}\mathbf{A}^{(1)} = \mathbf{M}^{(1)}\mathbf{A}$.

Es sencillo comprobar que la inversa de $\mathbf{M}^{(1)}$ vale:

$$\left(\mathbf{M}^{(1)}\right)^{-1} = \begin{bmatrix} 1 & 0 & 0 & \dots & 0 \\ m_{21} & 1 & 0 & \dots & 0 \\ \vdots & \vdots & \ddots & \dots & \vdots \\ m_{n1} & 0 & 0 & \dots & 1 \end{bmatrix}.$$

Basta comprobar que $\mathbf{M}^{(1)} \cdot \left(\mathbf{M}^{(1)}\right)^{-1} = \mathbf{I}$.

En el segundo paso partíamos de la matriz $\mathbf{A}^{(2)}$, calculábamos los valores $m_{j2} = \frac{a_{j2}^{(2)}}{a_{22}^{(2)}}$ y hacíamos las operaciones:

$$(E_j - m_{j2}E_2) \to (E_j),$$

para $j = 3, ..., n$ obteniendo la matriz $\mathbf{A}^{(3)}$: (donde las ecuaciones E_j se refieren al sistema de ecuaciones con matriz $\mathbf{A}^{(2)}$)

$$\mathbf{A}^{(3)} = \begin{bmatrix} a_{11}^{(1)} & a_{12}^{(1)} & a_{13}^{(1)} & \dots & a_{1n}^{(1)} \\ 0 & a_{22}^{(2)} & a_{23}^{(2)} & \dots & a_{2n}^{(2)} \\ 0 & 0 & a_{33}^{(3)} & \dots & a_{3n}^{(3)} \\ \vdots & \vdots & \vdots & \ddots & \vdots \\ 0 & 0 & a_{n3}^{(3)} & \dots & a_{nn}^{(3)} \end{bmatrix}.$$

Igual que antes, interpretemos este paso desde otro punto de vista. Definimos:

$$\mathbf{M}^{(2)} = \begin{bmatrix} 1 & 0 & 0 & \dots & 0 \\ 0 & 1 & 0 & \dots & 0 \\ 0 & -m_{32} & 1 & \dots & 0 \\ \vdots & \vdots & \vdots & \ddots & \vdots \\ 0 & -m_{n2} & 0 & \dots & 1 \end{bmatrix},$$

cuya inversa es:

$$\left(\mathbf{M}^{(2)}\right)^{-1} = \begin{bmatrix} 1 & 0 & 0 & \dots & 0 \\ 0 & 1 & 0 & \dots & 0 \\ 0 & m_{32} & 1 & \dots & 0 \\ \vdots & \vdots & \vdots & \ddots & \vdots \\ 0 & m_{n2} & 0 & \dots & 1 \end{bmatrix}.$$

Podemos escribir la matriz $\mathbf{A}^{(3)}$ como $\mathbf{A}^{(3)} = \mathbf{M}^{(2)} \cdot \mathbf{A}^{(2)} = \mathbf{M}^{(2)}\mathbf{M}^{(1)}\mathbf{A}$.

Imaginemos que estamos en el paso k-ésimo del proceso de eliminación de Gauss. Entonces tendremos la matriz:

$$\mathbf{A}^{(k)} = \begin{bmatrix} a_{11} & \dots & \dots & \dots & \dots & a_{1n} \\ \vdots & \vdots & \ddots & \vdots & \vdots & \vdots \\ 0 & \dots & 0 & a_{kk}^{(k)} & \dots & a_{kn}^{(k)} \\ \vdots & \vdots & \vdots & \vdots & \ddots & \vdots \\ 0 & \dots & 0 & a_{nk}^{(k)} & \dots & a_{nn}^{(k)} \end{bmatrix}.$$

En este paso, calculábamos los valores $m_{jk} = \frac{a_{jk}^{(k)}}{a_{kk}^{(k)}}$ y hacíamos las operaciones:

$$(E_j - m_{jk}E_k) \to (E_j),$$

para $j = k+1, ..., n$ obteniendo la matriz $\mathbf{A}^{(k+1)}$: (donde las ecuaciones E_j se refieren al sistema de ecuaciones con matriz $\mathbf{A}^{(k)}$)

$$\mathbf{A}^{(k+1)} = \begin{bmatrix} a_{11} & \dots & \dots & \dots & \dots & a_{1n} \\ \vdots & \vdots & \ddots & \vdots & \vdots & \vdots \\ 0 & \dots & 0 & a_{k+1,k+1}^{(k+1)} & \dots & a_{k+1,n}^{(k+1)} \\ \vdots & \vdots & \vdots & \vdots & \vdots & \vdots \\ 0 & \dots & 0 & a_{n,k+1}^{(k+1)} & \dots & a_{n,n}^{(k+1)} \end{bmatrix}.$$

Igual que antes, interpretemos este paso desde otro punto de vista. Definimos:

$$\mathbf{M}^{(k)} = \begin{bmatrix} 1 & 0 & 0 & 0 & \dots & 0 \\ \vdots & \ddots & 0 & 0 & \dots & 0 \\ 0 & \dots & 1 & 0 & \dots & 0 \\ 0 & \dots & -m_{k+1,k} & 1 & \dots & 0 \\ \vdots & \vdots & \vdots & \vdots & \ddots & \vdots \\ 0 & \dots & -m_{n,k} & 0 & \dots & 1 \end{bmatrix},$$

cuya inversa es:

$$\left(\mathbf{M}^{(k)}\right)^{-1} = \begin{bmatrix} 1 & 0 & 0 & 0 & \dots & 0 \\ \vdots & \ddots & 0 & 0 & \dots & 0 \\ 0 & \dots & 1 & 0 & \dots & 0 \\ 0 & \dots & m_{k+1,k} & 1 & \dots & 0 \\ \vdots & \vdots & \vdots & \vdots & \ddots & \vdots \\ 0 & \dots & m_{n,k} & 0 & \dots & 1 \end{bmatrix}.$$

Podemos escribir la matriz $\mathbf{A}^{(k+1)}$ como $\mathbf{A}^{(k+1)} = \mathbf{M}^{(k)} \cdot \mathbf{A}^{(k)} = \mathbf{M}^{(k)}\mathbf{M}^{(k-1)} \dots \mathbf{M}^{(1)}\mathbf{A}$.

En el último paso tendremos la expresión siguiente:

$$\mathbf{A}^{(n)} = \mathbf{M}^{(n-1)}\mathbf{M}^{(n-2)} \dots \mathbf{M}^{(1)}\mathbf{A},$$

donde recordemos que la matriz $\mathbf{A}^{(n)}$ es **triangular superior**.

La expresión anterior puede escribirse de la siguiente manera despejando la matriz original del sistema $\mathbf{A}$:

$$\mathbf{A} = \left(\mathbf{M}^{(1)}\right)^{-1} \left(\mathbf{M}^{(2)}\right)^{-1} \dots \left(\mathbf{M}^{(n-1)}\right)^{-1} \mathbf{A}^{(n)}.$$

Recordemos que las matrices $\left(\mathbf{M}^{(1)}\right)^{-1}$ eran triangulares inferiores con unos en la diagonal. Como el producto de matrices triangulares inferiores con unos en la diagonal sigue siendo una matriz triangular inferior con unos en la diagonal (ejercicio) tenemos que las matrices $\mathbf{L}$ y $\mathbf{U}$ serán:

$$\mathbf{L} = \left(\mathbf{M}^{(1)}\right)^{-1} \left(\mathbf{M}^{(2)}\right)^{-1} \dots \left(\mathbf{M}^{(n-1)}\right)^{-1}, \ \mathbf{U} = \mathbf{A}^{(n)}.$$

Para acabar la demostración faltaría ver que:

$$\mathbf{L} = \begin{bmatrix} 1 & 0 & 0 & \dots & 0 \\ m_{21} & 1 & 0 & \dots & 0 \\ \vdots & \vdots & \ddots & \vdots & \vdots \\ m_{n1} & m_{n2} & m_{n3} & \dots & 1 \end{bmatrix}.$$

Ejercicio 2.2. Demostrar la última expresión de la matriz $\mathbf{L}$.

Indicación: Multiplicar primero $\left(\mathbf{M}^{(1)}\right)^{-1} \left(\mathbf{M}^{(2)}\right)^{-1}$ usando las expresiones de $\left(\mathbf{M}^{(1)}\right)^{-1}$ y $\left(\mathbf{M}^{(2)}\right)^{-1}$ vistas en esta demostración para ver cómo se va comportando el producto para después generalizar el resultado.

□

2.3.5. Algoritmo para calcular las matrices L y U

Una manera de calcular las matrices **L** y **U** es usar el **algoritmo de eliminación de Gauss** y aplicar las expresiones vistas en el resultado anterior.

Sin embargo, este método es tedioso y requiere realizar todo el proceso de **eliminación de Gauss**. Veamos un método mucho más directo.

Recordemos que tenemos una matriz **A**, $n \times n$ tal que se pueden realizar todos los pasos del **algoritmo de eliminación de Gauss** sin permutar filas y queremos hallar las matrices **L triangular inferior** con unos en la diagonal y **U triangular superior** tal que $\mathbf{A} = \mathbf{LU}$.

Para hallar dichas matrices, realizamos los pasos siguientes:

- La primera fila de la matriz **U** coincide con la primera fila de la matriz **A**: $u_{1j} = a_{1j}$, $j = 2, \ldots, n$.
- Calculamos la primera columna de la matriz **L**: $l_{j1} = \frac{a_{j1}}{u_{11}}$.
- A continuación, calculamos la segunda fila de la matriz **U** y a continuación la segunda columna de la matriz **L** con $l_{22} = 1$:

$$\begin{aligned} u_{2j} &= a_{2j} - l_{21}u_{12},\ j = 2, \ldots, n, \\ l_{j2} &= \frac{1}{u_{22}}\left(a_{j2} - l_{j1}u_{12}\right),\ j = 3, \ldots, n. \end{aligned}$$

- Calculamos la tercera fila de la matriz **U** y a continuación la tercera columna de la matriz **L** con $l_{33} = 1$:

$$\begin{aligned} u_{3j} &= a_{3j} - l_{31}u_{1j} - l_{32}u_{2j},\ j = 3, \ldots, n, \\ l_{j3} &= \frac{1}{u_{33}}\left(a_{j3} - l_{j1}u_{13} - l_{j2}u_{23}\right),\ j = 4, \ldots, n. \end{aligned}$$

- En general, supongamos que ya hemos hallado las $i-1$ primeras filas de la matriz **U** y las $i-1$ primeras columnas de la matriz **L**. Entonces, hallamos la fila i-ésima de la matriz **U** y a continuación la columna i-ésima de la matriz **L** con $l_{ii} = 1$:

$$\begin{aligned} u_{ij} &= a_{ij} - \sum_{k=1}^{i-1} l_{ik}u_{kj},\ j = i, \ldots, n, \\ l_{ji} &= \frac{1}{u_{ii}}\left(a_{ji} - \sum_{k=1}^{i-1} l_{jk}u_{ki}\right),\ j = i+1, \ldots, n. \end{aligned}$$

- Al final, calculamos la fila n-ésima de la matriz **U** y a continuación la columna n-ésima de la matriz **L** con $l_{nn} = 1$:

$$u_{nn} = a_{nn} - \sum_{k=1}^{n-1} l_{nk}u_{kn}.$$

2.3.6. Factorización LU. Pseudocódigo

- `INPUT` matriz del sistema $\mathbf{A} = (a_{ij})_{i=1,\ldots,n,j=1,\ldots,n}$.
- `Set` $\mathbf{L} = \mathbf{0}$.
- `Set` $\mathbf{U} = \mathbf{0}$.
- `For i=1,...n`
  - `Set` $l_{ii} = 1$
  - `Set` $u_{1i} = a_{1i}$ (Calculamos la primera fila de $\mathbf{U}$)
  - `Set`$l_{i1} = \frac{a_{i1}}{u_{11}}$ (Calculamos la primera columna de $\mathbf{L}$)
- `For i=2,...n` (Vamos a calcular la fila i de la matriz $\mathbf{U}$ y a continuación la columna i de la matriz $\mathbf{L}$)
  - `Set` $u_{ii} = a_{ii} - \sum_{k=1}^{i-1} l_{ik} u_{ki}$.
  - `For j=i+1,...,n`
    - `Set` $u_{ij} = a_{ij} - \sum_{k=1}^{i-1} l_{ik} u_{kj}$ (fila i-ésima de $\mathbf{U}$)
    - `Set` $l_{ji} = \frac{1}{u_{ii}} \left(a_{ji} - \sum_{k=1}^{i-1} l_{jk} u_{ki} \right)$ (columna i-ésima de $\mathbf{L}$)
- `Print` $\mathbf{L}$, $\mathbf{U}$ (Damos las matrices $\mathbf{L}$ y $\mathbf{U}$)

Consideremos el sistema lineal introducido en el ejemplo 2.2:

$$
\begin{aligned}
E_1 &: x_1 && +x_2 - 3x_3 && -x_4 - 2x_5 && = 2,\\
E_2 &: x_1 && +2x_2 + 2x_3 && + 3x_5 && = 2,\\
E_3 &: x_1 && -x_2 + 3x_3 && +2x_4 && = 2,\\
E_4 &: && x_2 && +4x_4 - x_5 && = 3,\\
E_5 &: x_1 && +3x_2 + x_3 && + 5x_5 && = 1.
\end{aligned}
$$

La matriz del sistema es la siguiente:

$$
\mathbf{A} = \begin{bmatrix} 1 & 1 & -3 & -1 & -2 & 2 \\ 1 & 2 & 2 & 0 & 3 & 2 \\ 1 & -1 & 3 & 2 & 0 & 2 \\ 0 & 1 & 0 & 4 & -1 & 3 \\ 1 & 3 & 1 & 0 & 5 & 1 \end{bmatrix}.
$$

Las matrices resultantes de aplicar el algoritmo de eliminación de Gauss junto con los valores m_{ik} que vamos escribiendo en la matriz $\mathbf{L}$ son los siguientes:

- Paso 1:

$$
\mathbf{A}^{(2)} = \begin{bmatrix} 1 & 1 & -3 & -1 & -2 \\ 0 & 1 & 5 & 1 & 5 \\ 0 & -2 & 6 & 3 & 2 \\ 0 & 1 & 0 & 4 & -1 \\ 0 & 2 & 4 & 1 & 7 \end{bmatrix}, \quad \mathbf{L} = \begin{bmatrix} 1 & 0 & 0 & 0 & 0 \\ 1 & 1 & 0 & 0 & 0 \\ 1 & * & 1 & 0 & 0 \\ 0 & * & * & 1 & 0 \\ 1 & * & * & * & 1 \end{bmatrix}
$$

- Paso 2:

$$\mathbf{A}^{(3)} = \begin{bmatrix} 1 & 1 & -3 & -1 & -2 \\ 0 & 1 & 5 & 1 & 5 \\ 0 & 0 & 16 & 5 & 12 \\ 0 & 0 & -5 & 3 & -6 \\ 0 & 0 & -6 & -1 & -3 \end{bmatrix}, \quad \mathbf{L} = \begin{bmatrix} 1 & 0 & 0 & 0 & 0 \\ 1 & 1 & 0 & 0 & 0 \\ 1 & -2 & 1 & 0 & 0 \\ 0 & 1 & * & 1 & 0 \\ 1 & 2 & * & * & 1 \end{bmatrix}$$

- Paso 3:

$$\mathbf{A}^{(4)} = \begin{bmatrix} 1 & 1 & -3 & -1 & -2 \\ 0 & 1 & 5 & 1 & 5 \\ 0 & 0 & 16 & 5 & 12 \\ 0 & 0 & 0 & 4.5625 & -2.25 \\ 0 & 0 & 0 & 0.875 & 1.5 \end{bmatrix}, \quad \mathbf{L} = \begin{bmatrix} 1 & 0 & 0 & 0 & 0 \\ 1 & 1 & 0 & 0 & 0 \\ 1 & -2 & 1 & 0 & 0 \\ 0 & 1 & -0.3125 & 1 & 0 \\ 1 & 2 & -0.375 & * & 1 \end{bmatrix}$$

- Paso 4:

$$\mathbf{A}^{(5)} = \begin{bmatrix} 1 & 1 & -3 & -1 & -2 \\ 0 & 1 & 5 & 1 & 5 \\ 0 & 0 & 16 & 5 & 12 \\ 0 & 0 & 0 & 4.5625 & -2.25 \\ 0 & 0 & 0 & 0 & 1.931507 \end{bmatrix},$$

$$\mathbf{L} = \begin{bmatrix} 1 & 0 & 0 & 0 & 0 \\ 1 & 1 & 0 & 0 & 0 \\ 1 & -2 & 1 & 0 & 0 \\ 0 & 1 & -0.3125 & 1 & 0 \\ 1 & 2 & -0.375 & 0.191781 & 1 \end{bmatrix}$$

La matriz **U** será:

$$\mathbf{U} = \mathbf{A}^{(5)} = \begin{bmatrix} 1 & 1 & -3 & -1 & -2 \\ 0 & 1 & 5 & 1 & 5 \\ 0 & 0 & 16 & 5 & 12 \\ 0 & 0 & 0 & 4.5625 & -2.25 \\ 0 & 0 & 0 & 0 & 1.931507 \end{bmatrix}.$$

Calculemos las matrices **L** y **U** aplicando el algoritmo.

- Primera fila de **U** coincide con la primera fila de **A**.

$$\mathbf{A} = \begin{bmatrix} 1 & 1 & -3 & -1 & -2 \\ 1 & 2 & 2 & 0 & 3 \\ 1 & -1 & 3 & 2 & 0 \\ 0 & 1 & 0 & 4 & -1 \\ 1 & 3 & 1 & 0 & 5 \end{bmatrix}, \Rightarrow \mathbf{U} = \begin{bmatrix} 1 & 1 & -3 & -1 & -2 \\ 0 & * & * & * & * \\ 0 & 0 & * & * & * \\ 0 & 0 & 0 & * & * \\ 0 & 0 & 0 & 0 & * \end{bmatrix}.$$

- Primera columna de **L** coincide con la primera columna **A** dividido por $u_{11} = 1$:

$$\mathbf{A} = \begin{bmatrix} 1 & 1 & -3 & -1 & -2 \\ 1 & 2 & 2 & 0 & 3 \\ 1 & -1 & 3 & 2 & 0 \\ 0 & 1 & 0 & 4 & -1 \\ 1 & 3 & 1 & 0 & 5 \end{bmatrix}, \Rightarrow \mathbf{L} = \begin{bmatrix} 1 & 0 & 0 & 0 & 0 \\ 1 & 1 & 0 & 0 & 0 \\ 1 & * & 1 & 0 & 0 \\ 0 & * & * & 1 & 0 \\ 1 & * & * & * & 1 \end{bmatrix}.$$

- Segunda fila de **U**: $u_{2j} = a_{2j} - l_{21}u_{1j} = a_{2j} - 1 \cdot u_{1j}$:

$$\begin{aligned} u_{22} &= a_{22} - l_{21}u_{12} = 2 - 1 \cdot 1 = 1, \\ u_{23} &= a_{23} - l_{21}u_{13} = 2 - 1 \cdot (-3) = 5, \\ u_{24} &= a_{24} - l_{21}u_{14} = 0 - 1 \cdot (-1) = 1, \\ u_{25} &= a_{25} - l_{21}u_{15} = 3 - 1 \cdot (-2) = 5. \end{aligned}$$

$$\mathbf{U} = \begin{bmatrix} 1 & 1 & -3 & -1 & -2 \\ 0 & 1 & 5 & 1 & 5 \\ 0 & 0 & * & * & * \\ 0 & 0 & 0 & * & * \\ 0 & 0 & 0 & 0 & * \end{bmatrix}.$$

- Segunda columna de **L**: $l_{j2} = \frac{1}{u_{22}}(a_{j2} - l_{j1}u_{12}) = \frac{1}{1}(a_{j2} - l_{j1} \cdot 1) = a_{j2} - l_{j1}$:

$$\begin{aligned} l_{32} &= a_{32} - l_{31} = -1 - 1 = -2, \\ l_{42} &= a_{42} - l_{41} = 1 - 0 = 1, \\ l_{52} &= a_{52} - l_{51} = 3 - 1 = 2. \end{aligned}$$

$$\mathbf{L} = \begin{bmatrix} 1 & 0 & 0 & 0 & 0 \\ 1 & 1 & 0 & 0 & 0 \\ 1 & -2 & 1 & 0 & 0 \\ 0 & 1 & * & 1 & 0 \\ 1 & 2 & * & * & 1 \end{bmatrix}.$$

- Tercera fila de **U**: $u_{3j} = a_{3j} - l_{31}u_{1j} - l_{32}u_{2j} = a_{3j} - 1 \cdot u_{1j} - (-2)u_{2j}$:

$$\begin{aligned} u_{33} &= a_{33} - l_{31}u_{13} - l_{32}u_{23} = 3 - 1 \cdot (-3) - (-2) \cdot 5 = 16, \\ u_{34} &= a_{34} - l_{31}u_{14} - l_{32}u_{24} = 2 - 1 \cdot (-1) - (-2) \cdot 1 = 5, \\ u_{35} &= a_{35} - l_{31}u_{15} - l_{32}u_{25} = 0 - 1 \cdot (-2) - (-2) \cdot 5 = 12. \end{aligned}$$

$$\mathbf{U} = \begin{bmatrix} 1 & 1 & -3 & -1 & -2 \\ 0 & 1 & 5 & 1 & 5 \\ 0 & 0 & 16 & 5 & 12 \\ 0 & 0 & 0 & * & * \\ 0 & 0 & 0 & 0 & * \end{bmatrix}.$$

- Tercera columna de $\mathbf{L}$: $l_{j3} = \frac{1}{u_{33}}(a_{j3} - l_{j1}u_{13} - l_{j2}u_{23}) = \frac{1}{16}(a_{j3} - l_{j1} \cdot (-3) - l_{j2} \cdot 5)$:

$$l_{43} = \frac{1}{u_{33}}(a_{43} - l_{41}u_{13} - l_{42}u_{23}) = \frac{1}{16}(0 - 0 \cdot (-3) - 1 \cdot 5) = -0.3125,$$
$$l_{53} = \frac{1}{u_{33}}(a_{53} - l_{41}u_{13} - l_{42}u_{23}) = \frac{1}{16}(1 - 1 \cdot (-3) - 2 \cdot 5) = -0.375.$$

$$\mathbf{L} = \begin{bmatrix} 1 & 0 & 0 & 0 & 0 \\ 1 & 1 & 0 & 0 & 0 \\ 1 & -2 & 1 & 0 & 0 \\ 0 & 1 & -0.3125 & 1 & 0 \\ 1 & 2 & -0.375 & * & 1 \end{bmatrix}.$$

- Cuarta fila de $\mathbf{U}$: $u_{4j} = a_{4j} - l_{41}u_{1j} - l_{42}u_{2j} - l_{43}u_{3j} = a_{4j} - 0 \cdot u_{1j} - 1 \cdot u_{2j} - (-0.3125)u_{3j}$:

$$\begin{aligned} u_{44} &= a_{44} - l_{41}u_{14} - l_{42}u_{24} - l_{43}u_{34} = 4 - 0 \cdot (-1) - 1 \cdot 1 - (-0.3125) \cdot 5 \\ &= 4.5625, \\ u_{45} &= a_{45} - l_{41}u_{15} - l_{42}u_{25} - l_{43}u_{35} = -1 - 0 \cdot (-2) - 1 \cdot 5 - (-0.3125) \cdot 12 \\ &= -2.25. \end{aligned}$$

$$\mathbf{U} = \begin{bmatrix} 1 & 1 & -3 & -1 & -2 \\ 0 & 1 & 5 & 1 & 5 \\ 0 & 0 & 16 & 5 & 12 \\ 0 & 0 & 0 & 4.5625 & -2.25 \\ 0 & 0 & 0 & 0 & * \end{bmatrix}.$$

- Cuarta columna de $\mathbf{L}$ o l_{54}:

$$\begin{aligned} l_{54} &= \frac{1}{u_{44}}(a_{54} - l_{51}u_{14} - l_{52}u_{24} - l_{53}u_{34}) \\ &= \frac{1}{4.5625}(0 - 1 \cdot (-1) - 2 \cdot 1 - (-0.375) \cdot 5) = 0.191781. \end{aligned}$$

$$\mathbf{L} = \begin{bmatrix} 1 & 0 & 0 & 0 & 0 \\ 1 & 1 & 0 & 0 & 0 \\ 1 & -2 & 1 & 0 & 0 \\ 0 & 1 & -0.3125 & 1 & 0 \\ 1 & 2 & -0.375 & 0.191781 & 1 \end{bmatrix}.$$

- Por último, quinta fila de $\mathbf{U}$ o u_{55}:

$$\begin{aligned} u_{55} &= a_{55} - l_{51}u_{15} - l_{52}u_{25} - l_{53}u_{35} - l_{54}u_{45} \\ &= 5 - 1 \cdot (-2) - 2 \cdot 5 - (-0.375) \cdot 12 - 0.1917808 \cdot (-2.25) = 1.9315068 : \end{aligned}$$

$$\mathbf{U} = \begin{bmatrix} 1 & 1 & -3 & -1 & -2 \\ 0 & 1 & 5 & 1 & 5 \\ 0 & 0 & 16 & 5 & 12 \\ 0 & 0 & 0 & 4.5625 & -2.25 \\ 0 & 0 & 0 & 0 & 1.931507 \end{bmatrix}.$$

La función en `python` de la descomposición LU se encuentra implementada en

Dicha función se encuentra en la carpeta **Numérico 2** en el fichero `T7MetodosDirectosSistemas.ipynb`, sección 5.

Es decir, dado un sistema lineal de la forma $\mathbf{Ax} = \mathbf{b}$ que suponemos **compatible determinado**, es decir, con solución única, devuelve la solución del sistema usando el método de **descomposición** LU y da la solución del sistema usando la descomposición anterior.

La definición de la matriz del sistema es la siguiente:

```
Ab = [[1, 1, -3, -1, -2, 2],
      [1, 2, 2, 0, 3, 2],
      [1, -1, 3, 2, 0, 2],
      [0, 1, 0, 4, -1, 3],
      [1, 3, 1, 0, 5, 1]]
Ab = np.array(Ab)
```

Para resolver el sistema usando la descomposición LU, usamos las funciones siguientes:

- `LU`: Esta función realiza la descomposición LU de la matriz cuadrada.
- `metodoLU`: Esta función transforma un sistema lineal $\mathbf{Ax} = \mathbf{b}$ al sistema equivalente $\mathbf{LUx} = \mathbf{b}$ usando la función `LU` anterior de modo que primero resuelve el sistema triangular inferior $\mathbf{Ly} = \mathbf{b}$ y finalmente resuelve el sistema triangular superior $\mathbf{Ux} = \mathbf{y}$. Finalmente, devuelve la solución del segundo sistema.

El código de las funciones es el siguiente:

```
def LU(A, verbose = False):
  """
  Esta función realiza la descomposición LU de la matriz cuadrada

  Args:
    A: Array bidimensional de numpy (Matriz cuadrada)
```

```
    verbose: Booleano para mostrar o no los resultados relevantes

  Returns:
    (L, U): Tupla de arrays bidimensionales
  """

  # Pasamos todas las entradas del array bidimensional a tipo float
  A = A.astype("float")
  # Número de filas de A
  n = A.shape[0]
  # Inicializamos las matrices L y U
  L = np.zeros((n, n))
  U = np.zeros((n, n))

  # Calculamos la primera fila de U y la primera columna de L
  U[0, 0] = A[0, 0]
  for i in range(n):
    L[i, i] = 1
    U[0, i] = A[0, i]
    L[i, 0] = A[i, 0] / U[0, 0]

  # Calculamos la fila i-ésima de L y la columna i-ésima de U
  for i in range(1, n):
    sum = 0
    for k in range(i):
      sum += L[i, k] * U[k, i]
    U[i, i] = A[i, i] - sum
    for j in range(i + 1, n):
      sum = 0
      for k in range(i):
        sum += L[i, k] * U[k, j]
      U[i, j] = A[i, j] - sum
      sum = 0
      for k in range(i):
        sum += L[j, k] * U[k, i]
      L[j, i] = 1 / U[i, i] * (A[j, i] - sum)

  if verbose:
    print("L =\n", L)
    print("U =\n", U)

  return (L, U)

def metodoLU(Ab, verbose = False):
  """
  Esta función transforma un sistema lineal Ax = b al
```

```
sistema equivalente LUx = b de modo que primero resuelve
el sistema triangular inferior Ly = b y finalmente
resuelve el sistema triangular superior Ux = y.
Devuelve la solución del segundo sistema

Args:
  Ab: Array bidimensional de numpy (Matriz ampliada del sistema)
  verbose: Booleano para mostrar o no los resultados relevantes

Returns:
  x: Array unidimensional con la solución del sistema
"""

# Pasamos todas las entradas del array bidimensional a tipo float
Ab = Ab.astype("float")
# Número de filas y columnas de la matriz de coeficientes
n = Ab.shape[0]

# Obtenemos matriz de coeficientes y vector de términos
# independientes
A = Ab[:, :-1].copy()
b = Ab[:, -1].copy()
b = b.reshape((n, 1))

# Obtenemos la descomposición LU
L, U = LU(A, verbose = verbose)

# Resolvemos el sistema triangular inferior Ly = b
Lb = np.concatenate((L, b), axis = 1)
y = sustitucionDelante(Lb)

if verbose:
  print("y =", y)

# Resolvemos el sistema triangular superior Ux = y
y = y.reshape((n, 1))
Uy = np.concatenate((U, y), axis = 1)
x = sustitucionAtras(Uy)

print("x =", x)

return x
```

Para aplicar la función, hacemos lo siguiente:

```
x = metodoLU(Ab)

x = [ 1.05673759  1.16312057  0.53191489  0.25531915 -0.81560284]
```

2.3.7. Propiedades de la descomposición LU

Proposición 2.2. *Sea* $\mathbf{A}$ *una matriz* $n \times n$ *que admite* ***descomposición*** LU*. Sean* $\mathbf{L}$ *y* $\mathbf{U}$ *las matrices* ***triangular inferior*** *con unos en la diagonal y* ***triangular superior****, respectivamente tal que* $\mathbf{A} = \mathbf{L} \cdot \mathbf{U}$.

Sea k *un entero entre* 1 *y* n*. Sea* $\mathbf{A}_k$ *la submatriz de* $\mathbf{A}$ *formada por las* k *primeras filas y las* k *primeras columnas. De la misma manera, definimos* $\mathbf{L}_k$ *y* $\mathbf{U}_k$*. Entonces* $\mathbf{A}_k = \mathbf{L}_k \cdot \mathbf{U}_k$*, es decir las submatrices* $\mathbf{L}_k$ *y* $\mathbf{U}_k$ *serían la* ***descomposición*** LU *de la submatriz* $\mathbf{A}_k$.

Demostración. Escribimos $\mathbf{A} = (a_{ij})_{i,j=1,\ldots,n}$, $\mathbf{L} = (l_{ij})_{i,j=1,\ldots,n}$ y $\mathbf{U} = (u_{ij})_{i,j=1,\ldots,n}$. Sea un elemento a_{ij} de la submatriz $\mathbf{A}_k$. Como $\mathbf{A} = \mathbf{L} \cdot \mathbf{U}$, podemos escribir: $a_{ij} = \displaystyle\sum_{p=1}^{n} l_{ip} \cdot u_{pj}$.

Como la matriz $\mathbf{L}$ es triangular inferior $l_{ip} = 0$, $p = i+1, \ldots, n$ y como $\mathbf{U}$ es triangular superior, $u_{pj} = 0$, $p = j+1, \ldots, n$. Sea $m = \max\{i,j\}$, entonces $l_{ip} = u_{pj} = 0$, para $p = m+1, \ldots, n$. Por tanto, $a_{ij} = \displaystyle\sum_{p=1}^{m} l_{ip} \cdot u_{pj}$. Ahora bien, como a_{ij} es un elemento de la submatriz $\mathbf{A}_k$, entonces $m = \max\{i,j\} \leq k$ y por tanto: $a_{ij} = \displaystyle\sum_{p=1}^{k} l_{ip} \cdot u_{pj}$.

En resumen, hemos demostrado que $\mathbf{A}_k = \mathbf{L}_k \cdot \mathbf{U}_k$. □

Consideremos la matriz introducida en el ejemplo 2.2:

$$\mathbf{A} = \begin{bmatrix} 1 & 1 & -3 & -1 & -2 \\ 1 & 2 & 2 & 0 & 3 \\ 1 & -1 & 3 & 2 & 0 \\ 0 & 1 & 0 & 4 & -1 \\ 1 & 3 & 1 & 0 & 5 \end{bmatrix},$$

cuya descomposición LU era la siguiente:

$$\mathbf{L} = \begin{bmatrix} 1 & 0 & 0 & 0 & 0 \\ 1 & 1 & 0 & 0 & 0 \\ 1 & -2 & 1 & 0 & 0 \\ 0 & 1 & -0.3125 & 1 & 0 \\ 1 & 2 & -0.375 & 0.191781 & 1 \end{bmatrix}, \quad \mathbf{U} = \begin{bmatrix} 1 & 1 & -3 & -1 & -2 \\ 0 & 1 & 5 & 1 & 5 \\ 0 & 0 & 16 & 5 & 12 \\ 0 & 0 & 0 & 4.5625 & -2.25 \\ 0 & 0 & 0 & 0 & 1.931507 \end{bmatrix}.$$

- $k = 1$. La submatriz A_1 vale $A_1 = 1$ que trivialmente vale:

$$\mathbf{A}_1 = \mathbf{L}_1 \cdot \mathbf{U}_1, \Rightarrow 1 = 1 \cdot 1.$$

- $k = 2$. La submatriz A_2 vale $A_2 = \begin{bmatrix} 1 & 1 \\ 1 & 2 \end{bmatrix}$ y se verifica que:

$$\mathbf{A}_2 = \mathbf{L}_2 \cdot \mathbf{U}_2, \Rightarrow \begin{bmatrix} 1 & 1 \\ 1 & 2 \end{bmatrix} = \begin{bmatrix} 1 & 0 \\ 1 & 1 \end{bmatrix} \cdot \begin{bmatrix} 1 & 1 \\ 0 & 1 \end{bmatrix}.$$

- $k = 3$. La submatriz A_3 vale $A_3 = \begin{bmatrix} 1 & 1 & -3 \\ 1 & 2 & 2 \\ 1 & -1 & 3 \end{bmatrix}$ y se verifica que:

$$\mathbf{A}_3 = \mathbf{L}_3 \cdot \mathbf{U}_3, \Rightarrow \begin{bmatrix} 1 & 1 & -3 \\ 1 & 2 & 2 \\ 1 & -1 & 3 \end{bmatrix} = \begin{bmatrix} 1 & 0 & 0 \\ 1 & 1 & 0 \\ 1 & -2 & 1 \end{bmatrix} \cdot \begin{bmatrix} 1 & 1 & -3 \\ 0 & 1 & 5 \\ 0 & 0 & 16 \end{bmatrix}.$$

- $k = 4$. La submatriz A_4 vale $A_4 = \begin{bmatrix} 1 & 1 & -3 & -1 \\ 1 & 2 & 2 & 0 \\ 1 & -1 & 3 & 2 \\ 0 & 1 & 0 & 4 \end{bmatrix}$ y se verifica que:

$$\mathbf{A}_4 = \mathbf{L}_4 \cdot \mathbf{U}_4, \Rightarrow \begin{bmatrix} 1 & 1 & -3 & -1 \\ 1 & 2 & 2 & 0 \\ 1 & -1 & 3 & 2 \\ 0 & 1 & 0 & 4 \end{bmatrix}$$
$$= \begin{bmatrix} 1 & 0 & 0 & 0 \\ 1 & 1 & 0 & 0 \\ 1 & -2 & 1 & 0 \\ 0 & 1 & -0.3125 & 1 \end{bmatrix} \cdot \begin{bmatrix} 1 & 1 & -3 & -1 \\ 0 & 1 & 5 & 1 \\ 0 & 0 & 16 & 5 \\ 0 & 0 & 0 & 4.5625 \end{bmatrix}.$$

- $k = 5$: no hace falta comprobar nada ya que la condición a comprobar es la condición de descomposición LU de la matriz $\mathbf{A}$.

Proposición 2.3. *Sea* $\mathbf{A}$ *una matriz* $n \times n$ *que admite* ***descomposición*** LU. *Sean* $\mathbf{L}$ *y* $\mathbf{U}$ *las matrices* ***triangular inferior*** *con unos en la diagonal y* ***triangular superior****, respectivamente tal que* $\mathbf{A} = \mathbf{L} \cdot \mathbf{U}$.

Sea k *un entero entre* 1 *y* n. *Sea* $\mathbf{A}_k$ *la submatriz de* $\mathbf{A}$ *formada por las* k *primeras filas y las* k *primeras columnas.*

Entonces, el determinante de $\mathbf{A}_k$ *vale* $\det(\mathbf{A}_k) = a_{11}^{(1)} \cdots a_{kk}^{(k)}$, *donde* $a_{ii}^{(i)}$ *es el* ***pivote*** *del paso i-ésimo del* ***algoritmo de descomposición de Gauss****.*

Demostración. Usando la proposición anterior tenemos que $\mathbf{A}_k = \mathbf{L}_k \cdot \mathbf{U}_k$ donde $\mathbf{L}_k$ y $\mathbf{U}_k$ recordemos que son las submatrices formadas por las k primeras filas y columnas.

Usando un teorema anterior tenemos que las matrices $\mathbf{L}_k$ y $\mathbf{U}_k$ son las siguientes:

$$\mathbf{L}_k = \begin{bmatrix} 1 & 0 & 0 & \dots & 0 \\ m_{21} & 1 & 0 & \dots & 0 \\ \vdots & \vdots & \ddots & \vdots & \vdots \\ m_{k1} & m_{k2} & m_{k3} & \dots & 1 \end{bmatrix} \quad \mathbf{U}_k = \begin{bmatrix} a_{11}^{(1)} & a_{12}^{(1)} & a_{13}^{(1)} & \dots & a_{1k}^{(1)} \\ 0 & a_{22}^{(2)} & a_{23}^{(2)} & \dots & a_{2k}^{(2)} \\ \vdots & \vdots & \ddots & \vdots & \vdots \\ 0 & 0 & 0 & \dots & a_{kk}^{(k)} \end{bmatrix}.$$

Por tanto,

$$\det(\mathbf{A}_k) = \det(\mathbf{L}_k) \cdot \det(\mathbf{U}_k) = a_{11}^{(1)} \cdots a_{kk}^{(k)},$$

tal como queríamos ver. □

2.3.8. Matrices de permutación

Hemos visto anteriormente que no siempre existe la **descomposición LU** para una matriz **A** de un sistema lineal.

Recordemos que para que dicha descomposición exista, es necesario que $a_{kk}^{(k)} \neq 0$, siendo $a_{kk}^{(k)}$ el elemento diagonal de la matriz $\mathbf{A}^{(k)}$ del **algoritmo de eliminación de Gauss** en el paso k-ésimo.

Cuando explicamos el algoritmo de eliminación de Gauss, si en el paso k, el elemento $a_{kk}^{(k)} = 0$, necesitábamos realizar una **permutación de filas** para poder continuar con el algoritmo.

¿A qué equivale realizar una **permutación de filas** matricialmente hablando?

Para contestar a la pregunta anterior, necesitamos introducir las **matrices de permutación.**

Definición 2.2 (Matriz de permutación)**.** Diremos que una matriz $\mathbf{P}_{ij} = (p_{kl})_{k,l=1,\dots,n}$, $n \times n$, es una **matriz de permutación** si

$$p_{kl} = \begin{cases} 1, & \text{si } k = l \neq i, j, \\ 1, & \text{si } k = i,\ l = j, \\ 1, & \text{si } k = j,\ l = i, \\ 0, & \text{en caso contrario.} \end{cases}$$

Ejemplo 2.4. Consideremos $n = 5$. A continuación mostramos algunas matrices de permutación:

$$\mathbf{P}_{14} = \begin{bmatrix} 0 & 0 & 0 & 1 & 0 \\ 0 & 1 & 0 & 0 & 0 \\ 0 & 0 & 1 & 0 & 0 \\ 1 & 0 & 0 & 0 & 0 \\ 0 & 0 & 0 & 0 & 1 \end{bmatrix}, \ \mathbf{P}_{23} = \begin{bmatrix} 1 & 0 & 0 & 0 & 0 \\ 0 & 0 & 1 & 0 & 0 \\ 0 & 1 & 0 & 0 & 0 \\ 0 & 0 & 0 & 1 & 0 \\ 0 & 0 & 0 & 0 & 1 \end{bmatrix}, \ \mathbf{P}_{35} = \begin{bmatrix} 1 & 0 & 0 & 0 & 0 \\ 0 & 1 & 0 & 0 & 0 \\ 0 & 0 & 0 & 0 & 1 \\ 0 & 0 & 0 & 1 & 0 \\ 0 & 0 & 1 & 0 & 0 \end{bmatrix}.$$

Veamos qué relación existe entre las **matrices de permutación** y la **permutación de filas**:

Proposición 2.4. *Sea* $\mathbf{A}$ *una matriz* $n \times n$. *Entonces la matriz* $\mathbf{A}_{ij}$ *resultante de permutar las filas* i *y* j *vale:*

$$\mathbf{A}_{ij} = \mathbf{P}_{ij} \cdot \mathbf{A}.$$

Demostración. Llamamos $\mathbf{A} = (a_{kl})_{k,l=1,\dots,n}$, $\mathbf{P}_{ij} = (p_{kl})_{k,l=1,\dots,n}$ y $\mathbf{A}_{ij} = (a_{kl}^{(ij)})_{k,l=1,\dots,n}$ a las componentes de la matriz $\mathbf{A}$, $\mathbf{P}$ y $\mathbf{A}_{ij}$, respectivamente.

Sea k una fila de la matriz $\mathbf{A}_{ij}$ donde $k \neq i, j$, en este caso, podemos escribir:

$$a_{kl}^{(ij)} = \sum_{m=1}^{n} p_{km} a_{ml} = a_{kl},$$

ya que $p_{km} = 0$, si $m \neq k$ y $p_{kk} = 1$ para $l = 1, \dots, n$. En resumen, la fila k-ésima de la matriz $\mathbf{A}_{ij}$ coincide con la fila k-ésima de la matriz $\mathbf{A}$.

Sea $k = i$ la fila i-ésima de la matriz $\mathbf{A}_{ij}$. En este caso

$$a_{il}^{(ij)} = \sum_{m=1}^{n} p_{im} a_{ml} = a_{jl},$$

ya que $p_{im} = 0$, si $m \neq j$ y $p_{ij} = 1$ para $l = 1, \dots, n$. En resumen, la fila i-ésima de la matriz $\mathbf{A}^{(ij)}$ coincide con la fila j-ésima de la matriz $\mathbf{A}$.

Usando un razonamiento idéntico, podemos ver que la fila j-ésima de la matriz $\mathbf{A}_{ij}$ coincide con la fila i-ésima de la matriz $\mathbf{A}$.

Acabamos de demostrar que la matriz $\mathbf{P}_{ij} \cdot \mathbf{A}$ coincide con la matriz $\mathbf{A}$ en la que hemos permutado las filas i y j, tal como queríamos demostrar. □

Las matrices de permutación tienen las propiedades siguientes:

- La matriz de permutación $\mathbf{P}_{ij}$ es **simétrica.**
- La matriz de permutación $\mathbf{P}_{ij}$ es **invertible** y además $\mathbf{P}_{ij}^{-1} = \mathbf{P}_{ij}$.

Ejercicio 2.3. Demostrar las dos propiedades anteriores.

2.3.9. Matrices de permutación y descomposición LU

Sea $\mathbf{A}$ la matriz de un sistema lineal de la que no es posible hallar la **descomposición** LU.

Sin embargo, existe una permutación de filas tal que es posible hallar la **descomposición** LU de la matriz resultante de permutar las filas.

Esto es equivalente a decir que existe una **matriz de permutación** $\mathbf{P}_{ij}$ tal que existe la **descomposición** LU de la matriz $\mathbf{P}_{ij}\mathbf{A}$.

Recordemos que la **descomposición** LU se usaba para resolver un sistema lineal $\mathbf{Ax} = \mathbf{b}$. Como no podemos descomponer la matriz $\mathbf{A}$, multiplicando por la **matriz de permutación** $\mathbf{P}_{ij}$ la expresión anterior, tenemos que resolver el sistema anterior es equivalente a resolver: $\mathbf{P}_{ij}\mathbf{Ax} = \mathbf{P}_{ij}\mathbf{b}$.

A continuación, descomponemos la matriz $\mathbf{P}_{ij}\mathbf{A} = \mathbf{LU}$ y resolvemos el sistema anterior. Lo único que cambia es que el **vector independiente b** pasa a ser $\mathbf{P}_{ij}\mathbf{b}$.

Ejemplo 2.5. Consideremos el sistema lineal siguiente donde $a_{11} = 0$:

$$
\begin{aligned}
E_1 &: & x_2 - 3x_3 && -x_4 - 2x_5 && = 2,\\
E_2 &: x_1 & +2x_2 + 2x_3 && + 3x_5 && = 2,\\
E_3 &: x_1 & -x_2 + 3x_3 && +2x_4 && = 2,\\
E_4 &: & x_2 && +4x_4 - x_5 && = 3,\\
E_5 &: x_1 & +3x_2 + x_3 && + 5x_5 && = 1.
\end{aligned}
$$

La matriz del sistema será:

$$
\mathbf{A} = \begin{bmatrix} 0 & 1 & -3 & -1 & -2 \\ 1 & 2 & 2 & 0 & 3 \\ 1 & -1 & 3 & 2 & 0 \\ 0 & 1 & 0 & 4 & -1 \\ 1 & 3 & 1 & 0 & 5 \end{bmatrix}.
$$

Como $a_{11} = 0$, no podemos realizar la descomposición LU.

Entonces nos planteamos hallar la descomposición LU de la matriz

$$
\mathbf{P}_{15}\mathbf{A} = \begin{bmatrix} 1 & 3 & 1 & 0 & 5 \\ 1 & 2 & 2 & 0 & 3 \\ 1 & -1 & 3 & 2 & 0 \\ 0 & 1 & 0 & 4 & -1 \\ 0 & 1 & -3 & -1 & -2 \end{bmatrix},
$$

que resulta de permutar las filas 1 y 5:

$$
\mathbf{L} = \begin{bmatrix} 1 & 0 & 0 & 0 & 0 \\ 1 & 1 & 0 & 0 & 0 \\ 1 & 4 & 1 & 0 & 0 \\ 0 & -1 & -0.5 & 1 & 0 \\ 0 & -1 & 1 & -0.6 & 1 \end{bmatrix}, \quad \mathbf{U} = \begin{bmatrix} 1 & 3 & 1 & 0 & 5 \\ 0 & -1 & 1 & 0 & -2 \\ 0 & 0 & -2 & 2 & 3 \\ 0 & 0 & 0 & 5 & -1.5 \\ 0 & 0 & 0 & 0 & -7.9 \end{bmatrix}.
$$

El sistema que tenemos que resolver es el siguiente:

$$
\begin{bmatrix} 1 & 3 & 1 & 0 & 5 \\ 1 & 2 & 2 & 0 & 3 \\ 1 & -1 & 3 & 2 & 0 \\ 0 & 1 & 0 & 4 & -1 \\ 0 & 1 & -3 & -1 & -2 \end{bmatrix} \begin{bmatrix} x_1 \\ x_2 \\ x_3 \\ x_4 \\ x_5 \end{bmatrix} = \begin{bmatrix} 0 & 0 & 0 & 0 & 1 \\ 0 & 1 & 0 & 0 & 0 \\ 0 & 0 & 1 & 0 & 0 \\ 0 & 0 & 0 & 1 & 0 \\ 1 & 0 & 0 & 0 & 0 \end{bmatrix} \cdot \begin{bmatrix} 2 \\ 2 \\ 2 \\ 3 \\ 1 \end{bmatrix} = \begin{bmatrix} 1 \\ 2 \\ 2 \\ 3 \\ 2 \end{bmatrix}.
$$

En primer lugar resolvemos $\mathbf{Ly} = \mathbf{b}$:

$$\begin{bmatrix} 1 & 0 & 0 & 0 & 0 \\ 1 & 1 & 0 & 0 & 0 \\ 1 & 4 & 1 & 0 & 0 \\ 0 & -1 & -0.5 & 1 & 0 \\ 0 & -1 & 1 & -0.6 & 1 \end{bmatrix} \cdot \begin{bmatrix} y_1 \\ y_2 \\ y_3 \\ y_4 \\ y_5 \end{bmatrix} = \begin{bmatrix} 1 \\ 2 \\ 2 \\ 3 \\ 2 \end{bmatrix}.$$

$y_1 = 1,\ y_2 = 2 - y_1 = 1,\ y_3 = 2 - 4y_2 - y_1 = -3,\ y_4 = 3 + 0.5y_3 + y_2 = 2.5,$
$y_5 = 2 + 0.6y_4 - y_3 + y_2 = 7.5.$

En segundo lugar, resolvemos $\mathbf{Ux} = \mathbf{y}$:

$$\begin{bmatrix} 1 & 3 & 1 & 0 & 5 \\ 0 & -1 & 1 & 0 & -2 \\ 0 & 0 & -2 & 2 & 3 \\ 0 & 0 & 0 & 5 & -1.5 \\ 0 & 0 & 0 & 0 & -7.9 \end{bmatrix} \cdot \begin{bmatrix} x_1 \\ x_2 \\ x_3 \\ x_4 \\ x_5 \end{bmatrix} = \begin{bmatrix} 1 \\ 1 \\ -3 \\ 2.5 \\ 7.5 \end{bmatrix}.$$

La solución del sistema será usando el método de sustitución hacia atrás:

$$\begin{aligned}
x_5 &= \frac{7.5}{-7.9} = -0.949367,\\
x_4 &= \frac{2.5 - (-1.5)\cdot(-0.9493671)}{5} = 0.2151899,\\
x_3 &= \frac{-3 - 3\cdot(-0.9493671) - 2\cdot 0.2151899}{-2} = 0.2911392,\\
x_2 &= \frac{1 - (-2)\cdot(-0.9493671) - 0\cdot 0.2151899 - 1\cdot 0.2911392}{-1} = 1.1898734,\\
x_1 &= \frac{1 - 5\cdot(-0.9493671) - 0\cdot 0.2151899 - 1\cdot 0.2911392 - 3\cdot 1.1898734}{1}\\
&= 1.8860759.
\end{aligned}$$

La función en `python` de la descomposición LU con matrices de permutación se encuentra implementada en

Dicha función se encuentra en la carpeta **Numérico 2** en el fichero `T7MetodosDirectosSistemas.ipynb`, sección 6.

Es decir, dado un sistema lineal de la forma $\mathbf{Ax} = \mathbf{b}$ que suponemos **compatible determinado**, es decir, con solución única, donde la matriz $\mathbf{A}$ no admite descomposición LU y dada una devuelve la solución del sistema usando el método de **descomposición** LU y da la solución del sistema usando la descomposición anterior.

La definición de la matriz del sistema es la siguiente:

```
Ab = [[1, 1, -3, -1, -2, 2],
      [1, 2, 2, 0, 3, 2],
      [1, -1, 3, 2, 0, 2],
      [0, 1, 0, 4, -1, 3],
      [1, 3, 1, 0, 5, 1]]
Ab = np.array(Ab)
```

Para resolver el sistema usando la descomposición LU, usamos las funciones siguientes:

- `LU`: Esta función realiza la descomposición LU de la matriz cuadrada introducida en la sección anterior.
- `P_LU`: Dadas la matriz $\mathbf{A}$ y la matriz de permutación $\mathbf{P}$, esta función realiza la descomposición LU de la matriz cuadrada $\mathbf{P} \cdot \mathbf{A}$.
- `metodoPLU`: Esta función transforma un sistema lineal $\mathbf{Ax} = \mathbf{b}$ al sistema equivalente $\mathbf{PAx} = \mathbf{Pb}$ usando la función `P_LU` anterior de modo que primero resuelve el sistema triangular inferior $\mathbf{Ly} = \mathbf{Pb}$ y finalmente resuelve el sistema triangular superior $\mathbf{Ux} = \mathbf{y}$. Finalmente, devuelve la solución del segundo sistema.

El código de las funciones es el siguiente:

```
def P_LU(A, permutations = None, verbose = False):
    """
    Esta función realiza la descomposición LU de la matriz cuadrada
      realizando las permutaciones indicadas

    Args:
      A: Array bidimensional de numpy (Matriz cuadrada)
      permutations: Lista de tuplas de permutaciones de filas
      verbose: Booleano para mostrar o no los resultados relevantes

    Returns:
      (P, L, U): Tupla de arrays bidimensionales
    """

    # Pasamos todas las entradas del array bidimensional a tipo float
    A = A.astype("float")
    # Número de filas de A
    n = A.shape[0]
    # Inicializamos las matrices P, L y U
    P = np.identity(n)
    L = np.zeros((n, n))
    U = np.zeros((n, n))
```

```
  # Permutamos filas en caso de que sea necesario
  if permutations is not None:
    for (i, j) in permutations:
      row = P[i].copy()
      P[i] = P[j]
      P[j] = row

  A = P.dot(A)

  if verbose:
    print("P =\n", P)

  L, U = LU(A, verbose = verbose)

  return (P, L, U)


def metodoPLU(Ab, permutations = None, verbose = False):
  """
  Esta función transforma un sistema lineal Ax = b al sistema
  equivalente LUx = b de modo que primero resuelve el sistema
  triangular inferior Ly = b y finalmente resuelve el sistema
  triangular superior Ux = y. Devuelve la solución del segundo
  sistema.

  También tiene en cuenta una posible permutación de filas,
  de modo que en este caso transforma el sistema PAx = Pb al
  sistema equivalente LUx = Pb y resuelve los sistemas triangulares
  resultantes para obtener la solución del sistema.

  Args:
    Ab: Array bidimensional de numpy (Matriz ampliada del sistema)
    permutations: Lista de tuplas de permutaciones de filas
    verbose: Booleano para mostrar o no los resultados relevantes

  Returns:
    x: Array unidimensional con la solución del sistema
  """

  # Pasamos todas las entradas del array bidimensional a tipo float
  Ab = Ab.astype("float")
  # Número de filas y columnas de la matriz de coeficientes
  n = Ab.shape[0]

  # Obtenemos matriz de coeficientes y vector de términos
  # independientes
```

```
    A = Ab[:, :-1].copy()
    b = Ab[:, -1].copy()
    b = b.reshape((n, 1))

    # Obtenemos la descomposición LU
    P, L, U = P_LU(A, permutations = permutations, verbose = verbose)
    b = P.dot(b)

    # Resolvemos el sistema triangular inferior Ly = b
    Lb = np.concatenate((L, b), axis = 1)
    y = sustitucionDelante(Lb)

    if verbose:
      print("y =", y)

    # Resolvemos el sistema triangular superior Ux = y
    y = y.reshape((n, 1))
    Uy = np.concatenate((U, y), axis = 1)
    x = sustitucionAtras(Uy)

    if verbose:
      print("x =", x)

    return x
```

Para aplicar la función, hacemos lo siguiente:

```
x = metodoPLU(Ab, permutations = [(0, 4)], verbose = True)
```

```
P =
 [[0. 0. 0. 0. 1.]
 [0. 0. 0. 1. 0.]
 [0. 0. 1. 0. 0.]
 [0. 1. 0. 0. 0.]
 [1. 0. 0. 0. 0.]]
L =
 [[ 1.   0.   0.   0.   0. ]
 [ 0.   1.   0.   0.   0. ]
 [ 1.  -4.   1.   0.   0. ]
 [ 1.  -1.   0.5  1.   0. ]
 [ 0.   1.  -1.5 -4.4  1. ]]
U =
 [[ 1.   3.   1.   0.   5. ]
 [ 0.   1.   0.   4.  -1. ]
 [ 0.   0.   2.  18.  -9. ]
 [ 0.   0.   0.  -5.   1.5]
```

```
 [ 0.   0.   0.   0.  -7.9]]
y = [ 1.   3.  13.  -2.5  7.5]
x = [ 1.88607595  1.18987342  0.29113924  0.21518987 -0.94936709]
```

2.3.10. Matrices diagonal dominantes

Veamos que si la matriz del sistema es estrictamente diagonal dominante, el **algoritmo de eliminación de Gauss** se puede realizar de forma óptima:

Teorema 2.2 (Eliminación de Gauss para matrices diagonal dominantes)**.** *Sea* $\mathbf{A}$ *una matriz* $n \times n$ *estrictamente diagonal dominante. Entonces* $\mathbf{A}$ *es no singular (*$\det(\mathbf{A}) \neq 0$*).*

Consideremos un sistema lineal de la forma $\mathbf{A}\mathbf{x} = \mathbf{b}$ *cuya matriz del sistema es* $\mathbf{A}$*. Entonces el algoritmo de eliminación de Gauss se puede realizar sin permutar filas ni columnas y el método es estable con respecto a los errores de redondeo.*

Demostración. Veamos por reducción al absurdo que la matriz $\mathbf{A}$ es no singular.

Consideremos el sistema lineal homogéneo $\mathbf{A}\mathbf{x} = \mathbf{0}$ y supongamos que tenemos una solución $\mathbf{x} = (x_i)_{i=1,\dots,n} \neq \mathbf{0}$. Sea k el índice tal que:

$$0 < |x_k| = \max_{i=1,\dots,n} |x_i|.$$

Como $\displaystyle\sum_{j=1}^{n} a_{ij}x_j = 0$, para todo $i = 1, \dots, n$, tenemos que para $i = k$,

$$\sum_{j=1}^{n} a_{kj}x_j = a_{kk}x_k + \sum_{j=1, j\neq k}^{n} a_{kj}x_j = 0, \Rightarrow a_{kk}x_k = -\sum_{j=1, j\neq k}^{n} a_{kj}x_j.$$

Usando la desigualdad triangular, tenemos:

$$|a_{kk}||x_k| \leq \sum_{j=1, j\neq k}^{n} |a_{kj}||x_j|, \Rightarrow |a_{kk}| \leq \sum_{j=1, j\neq k}^{n} |a_{kj}| \frac{|x_j|}{|x_k|} \leq \sum_{j=1, j\neq k}^{n} |a_{kj}|.$$

La última desigualdad contradice que la matriz $\mathbf{A}$ sea estrictamente diagonal dominante ya que dicha condición fallaría para la fila k-ésima. Por tanto, la matriz $\mathbf{A}$ es no singular.

Para ver que podemos realizar el algoritmo de eliminación de Gauss sin permutación de filas ni de columnas, demostraremos que las matrices obtenidas por el algoritmo $\mathbf{A}^{(2)}, \mathbf{A}^{(3)}, \dots, \mathbf{A}^{(n)}$ son todas estrictamente diagonal dominantes. Este hecho asegurará que el valor $a_{kk}^{(k)} \neq 0$, para $k = 2, \dots, n$ y por tanto, podemos continuar sin permutar filas ni columnas.

Como la matriz $\mathbf{A}$ es estrictamente diagonal dominante, $a_{11}^{(1)} \neq 0$ y podemos calcular la matriz $\mathbf{A}^{(2)}$:

$$a_{ij}^{(2)} = a_{ij}^{(1)} - \frac{a_{1j}^{(1)} a_{i1}^{(1)}}{a_{11}^{(1)}},$$

para $j = 2, \ldots, n, \; i = 2, \ldots, n$.

Consideremos la fila i de la matriz $\mathbf{A}^{(2)}$, $i = 2, \ldots, n$. Veamos que $|a_{ii}^{(2)}| > \sum_{j=2, j\neq i}^{n} |a_{ij}^{(2)}|$

(pensemos que $a_{i1}^{(2)} = 0, \; i = 2, \ldots, n$)

$$\begin{aligned}\sum_{j=2,j\neq i}^{n} |a_{ij}^{(2)}| &= \sum_{j=2,j\neq i}^{n} \left| a_{ij}^{(1)} - \frac{a_{1j}^{(1)} a_{i1}^{(1)}}{a_{11}^{(1)}} \right| \leq \sum_{j=2,j\neq i}^{n} |a_{ij}^{(1)}| + \sum_{j=2,j\neq i}^{n} \left| \frac{a_{1j}^{(1)} a_{i1}^{(1)}}{a_{11}^{(1)}} \right| \\ &< |a_{ii}^{(1)}| - |a_{i1}^{(1)}| + \frac{|a_{i1}^{(1)}|}{|a_{11}^{(1)}|}(|a_{11}^{(1)}| - |a_{1i}^{(1)}|).\end{aligned}$$

En la última desigualdad hemos usado que la matriz $\mathbf{A}^{(1)} = \mathbf{A}$ es estrictamente diagonal dominante y, por tanto,

$$\sum_{j=2,j\neq i}^{n} |a_{ij}^{(1)}| = \sum_{j=1,j\neq i}^{n} |a_{ij}^{(1)}| - |a_{i1}^{(1)}| < |a_{ii}^{(1)}| - |a_{i1}^{(1)}|,$$

$$\sum_{j=2,j\neq i}^{n} |a_{1j}^{(1)}| = \sum_{j=2}^{n} |a_{1j}^{(1)}| - |a_{1i}^{(1)}| < |a_{11}^{(1)}| - |a_{1i}^{(1)}|.$$

Hemos demostrado que:

$$\begin{aligned}\sum_{j=2,j\neq i}^{n} |a_{ij}^{(2)}| &< |a_{ii}^{(1)}| - |a_{i1}^{(1)}| + \frac{|a_{i1}^{(1)}|}{|a_{11}^{(1)}|}(|a_{11}^{(1)}| - |a_{1i}^{(1)}|) = |a_{ii}^{(1)}| - \frac{|a_{i1}^{(1)}|}{|a_{11}^{(1)}|}|a_{1i}^{(1)}| \\ &\leq \left| a_{ii}^{(1)} - \frac{a_{i1}^{(1)}}{a_{11}^{(1)}} a_{1i}^{(1)} \right| = |a_{ii}^{(2)}|,\end{aligned}$$

como queríamos demostrar. Por tanto, la matriz $\mathbf{A}^{(2)}$ es estrictamente diagonal dominante.

Usando el mismo razonamiento anterior se puede demostrar por inducción que las matrices $\mathbf{A}^{(k)}$, para $k = 2, \ldots, n$ que se van obteniendo en el algoritmo de eliminación de Gauss son diagonal dominantes y por tanto el proceso de Gauss se puede realizar sin permutar filas ni columnas. □

2.3.11. Matrices simétricas y definidas positivas

Sea $\mathbf{A}$ una matriz $n \times n$ **simétrica** y **estrictamente definida positiva**.

Por el **criterio de Sylvester** sabemos que para todo $k = 1, \dots, n$, $\det(\mathbf{A}_k) > 0$, donde $\mathbf{A}_k$ recordemos que es la submatriz formada por las k primeras filas y columnas de la matriz $\mathbf{A}$.

Usando la proposición 2.3, el valor de $\det(\mathbf{A}_k) > 0$ era $\det(\mathbf{A}_k) = a_{11}^{(1)} \cdots a_{kk}^{(k)}$ donde $a_{ii}^{(i)}$ es el **pivote** del paso i-ésimo del **algoritmo de eliminación de Gauss**.

De las dos afirmaciones anteriores, se deduce que, como $\det(\mathbf{A}_k) = a_{11}^{(1)} \cdots a_{kk}^{(k)} > 0$, para $k = 1, \dots, n$, los **pivotes** $a_{kk}^{(k)}$ serán positivos $a_{kk}^{(k)} > 0$ y se puede aplicar por tanto, el **algoritmo de eliminación de Gauss** sin **permutar** filas ni columnas.

En el caso en que la matriz del sistema $\mathbf{A}$ sea simétrica y definida positiva, tenemos el siguiente resultado:

Proposición 2.5 (Descomposición de una matriz simétrica y definida positiva). *Sea* $\mathbf{A}$ *una matriz del sistema lineal* ***simétrica*** *y* ***estrictamente*** *definida positiva. Entonces existen matrices* $\mathbf{L}$ ***triangular inferior*** *con unos en la diagonal y* $\mathbf{D}$ ***matriz diagonal*** *con todos sus elementos* ***positivos*** *tal que* $\mathbf{A} = \mathbf{L} \cdot \mathbf{D} \cdot \mathbf{L}^\top$.

Demostración. Hemos visto anteriormente que la matriz $\mathbf{A}$ admite descomposición *LU* ya que puede realizarse el **algoritmo de eliminación de Gauss** sin permutar filas ni columnas.

Entonces $\mathbf{A} = \mathbf{LU}$. Como $\mathbf{A}^\top = \mathbf{A}$, al ser la matriz $\mathbf{A}$ simétrica, tenemos que:

$$\mathbf{A} = \mathbf{A}^\top = \mathbf{U}^\top \cdot \mathbf{L}^\top.$$

Ahora escribimos la matriz $\mathbf{U}^\top$ como $\mathbf{U}^\top = \tilde{\mathbf{U}}^\top \cdot \mathbf{D}$, donde $\tilde{\mathbf{U}}^\top$ es una matriz **triangular inferior** con unos en la diagonal y $\mathbf{D}$ es la matriz diagonal siguiente:

$$\mathbf{D} = \begin{bmatrix} u_{11} & 0 & \dots & 0 \\ 0 & u_{22} & \dots & 0 \\ \vdots & \vdots & \ddots & \vdots \\ 0 & \dots & 0 & u_{nn} \end{bmatrix}.$$

Como los elementos de la diagonal de $\mathbf{D}$ son los elementos diagonales de la matriz $\mathbf{U}$ y éstos, a su vez, son los pivotes en el algoritmo de eliminación de Gauss, serán positivos.

Entonces tenemos que $\mathbf{A} = \mathbf{A}^\top = \tilde{\mathbf{U}}^\top \mathbf{D} \mathbf{L}^\top = \mathbf{LU}$.

Por la unicidad de la descomposición *LU* tenemos que: $\tilde{\mathbf{U}}^\top = \mathbf{L}, \quad \mathbf{D}\mathbf{L}^\top = \mathbf{U} \Rightarrow \mathbf{A} = \mathbf{LDL}^\top$, tal como queríamos demostrar. □

2.3.12. Factorización LDL$^\top$

Sea $\mathbf{A}$ una matriz simétrica y definida positiva. Vamos a dar el algoritmo para la descomposición $\mathbf{A} = \mathbf{LDL}^\top$.

La idea es ir calculando las columnas de la matriz $\mathbf{L}$ y los elementos diagonales de la matriz $\mathbf{D}$.

- Primer paso: $d_{11} = a_{11}$ y a continuación primera columna de $\mathbf{L}$:

$$l_{j1} = \frac{a_{j1}}{d_{11}}, \; j = 2, \dots, n.$$

- Segundo paso: $d_{22} = a_{22} - l_{21}^2 d_{11}$ y a continuación segunda columna de $\mathbf{L}$:

$$l_{j2} = \frac{1}{d_{22}} \left(a_{j2} - l_{j1} l_{21} d_{11} \right), \; j = 3, \dots, n.$$

- $\vdots$

- Paso i-ésimo: $d_{ii} = a_{ii} - \sum_{j=1}^{i-1} l_{ij}^2 d_{jj}$ y a continuación la columna i-ésima de $\mathbf{L}$:

$$l_{ji} = \frac{1}{d_{ii}} \left(a_{ji} - \sum_{k=1}^{i-1} l_{jk} l_{ik} d_{kk} \right), \; j = i+1, \dots, n.$$

- $\vdots$

- Hasta llegar al paso n-ésimo que calculamos $d_{nn} = a_{nn} - \sum_{j=1}^{n-1} l_{nj}^2 d_{jj}$.

Observación. Para calcular la columna i-ésima de la matriz $\mathbf{L}$ en el paso i-ésimo, l_{ji}, $j = i+1, \dots, n$ se usan las $i-1$ primeras columnas de la matriz $\mathbf{L}$ que ya se suponen calculadas en pasos anteriores, fijarse que en el sumatorio para k salen los valores l_{jk}, l_{ik}, los cuales son elementos de la columna k-ésima, para k desde 1 hasta $i-1$.

2.3.13. Factorización $\mathbf{LDL}^\top$. Pseudocódigo

- `INPUT` matriz del sistema $\mathbf{A} = (a_{ij})_{i=1,\dots,n, j=1,\dots,n}$.
- `Set` $\mathbf{L} = \mathbf{Id}_n$.
- `Set` $d_{11} = \dots = d_{nn} = 0$.
- `For i=1,...n`
    - `Set` $d_{ii} = a_{ii} - \sum_{j=1}^{i-1} l_{ij}^2 d_{jj}$.
    - `For j=i+1,...,n`
    - `Set` $l_{ji} = \frac{1}{d_{ii}} \left(a_{ji} - \sum_{k=1}^{i-1} l_{jk} l_{ik} d_{kk} \right)$
- `Print` $\mathbf{L}$, $d_{11}, \dots, d_{nn}$ (Damos la matriz $\mathbf{L}$ y los valores d_{ii})

Ejemplo 2.6. Consideremos la matriz simétrica y definida positiva siguiente:

$$\mathbf{A} = \begin{bmatrix} 5 & 2 & -2 & -1 & -1 \\ 2 & 7 & 1 & 1 & 6 \\ -2 & 1 & 9 & 2 & 1 \\ -1 & 1 & 2 & 11 & -1 \\ -1 & 6 & 1 & -1 & 13 \end{bmatrix}.$$

Vemos que la matriz anterior es simétrica. Comprobemos, aplicando el criterio de Sylvester que es estrictamente definida positiva:

$$
\begin{aligned}
\det(\mathbf{A}_1) &= 5 > 0,\\
\det(\mathbf{A}_2) &= \det\left(\begin{bmatrix} 5 & 2\\ 2 & 7\end{bmatrix}\right) = 31 > 0,\\
\det(\mathbf{A}_3) &= \det\left(\begin{bmatrix} 5 & 2 & -2\\ 2 & 7 & 1\\ -2 & 1 & 9\end{bmatrix}\right) = 238 > 0,\\
\det(\mathbf{A}_4) &= \det\left(\begin{bmatrix} 5 & 2 & -2 & -1\\ 2 & 7 & 1 & 1\\ -2 & 1 & 9 & 2\\ -1 & 1 & 2 & 11\end{bmatrix}\right) = 2451 > 0,\\
\det(\mathbf{A}_5) &= \det\left(\begin{bmatrix} 5 & 2 & -2 & -1 & -1\\ 2 & 7 & 1 & 1 & 6\\ -2 & 1 & 9 & 2 & 1\\ -1 & 1 & 2 & 11 & -1\\ -1 & 6 & 1 & -1 & 13\end{bmatrix}\right) = 13247 > 0.
\end{aligned}
$$

A continuación apliquemos el algoritmo anterior:

- Paso 1: $d_{11} = a_{11} = 5$. Primer columna de $\mathbf{L}$:

$$
\begin{aligned}
l_{21} &= \frac{a_{21}}{d_{11}} = \frac{2}{5} = 0.4,\\
l_{31} &= \frac{a_{31}}{d_{11}} = \frac{-2}{5} = -0.4,\\
l_{41} &= \frac{a_{41}}{d_{11}} = \frac{-1}{5} = -0.2,\\
l_{51} &= \frac{a_{51}}{d_{11}} = \frac{-1}{5} = -0.2.
\end{aligned}
$$

- Paso 2: $d_{22} = a_{22} - l_{21}^2 d_{11} = 7 - 0.4^2 \cdot 5 = 6.2$. Segunda columna de $\mathbf{L}$:

$$
\begin{aligned}
l_{32} &= \frac{1}{d_{22}}\left(a_{32} - l_{31}l_{21}d_{11}\right) = \frac{1}{6.2}(1 - (-0.4)\cdot 0.4 \cdot 5) = 0.2903226,\\
l_{42} &= \frac{1}{d_{22}}\left(a_{42} - l_{41}l_{21}d_{11}\right) = \frac{1}{6.2}(1 - (-0.2)\cdot 0.4 \cdot 5) = 0.2258065,\\
l_{52} &= \frac{1}{d_{22}}\left(a_{52} - l_{51}l_{21}d_{11}\right) = \frac{1}{6.2}(6 - (-0.2)\cdot 0.4 \cdot 5) = 1.0322581.
\end{aligned}
$$

- Paso 3: $d_{33} = a_{33} - l_{31}^2 d_{11} - l_{32}^2 d_{22} = 9 - (-0.4)^2 \cdot 5 - 0.2903226^2 \cdot 6.2 =$

7.6774194. Tercera columna de **L**:

$$\begin{aligned}
l_{43} &= \frac{1}{d_{33}}\left(a_{43} - l_{41}l_{31}d_{11} - l_{42}l_{32}d_{22}\right)\\
&= \frac{1}{7.6774194}(2 - (-0.2)\cdot(-0.4)\cdot 5 - 0.2258065\cdot 0.2903226\cdot 6.2)\\
&= 0.1554622,\\
l_{53} &= \frac{1}{d_{33}}\left(a_{53} - l_{51}l_{31}d_{11} - l_{52}l_{32}d_{22}\right)\\
&= \frac{1}{7.6774194}(1 - (-0.2)\cdot(-0.4)\cdot 5 - 1.0322581\cdot 0.2903226\cdot 6.2)\\
&= -0.1638655.
\end{aligned}$$

- Paso 4:

$$\begin{aligned}
d_{44} &= a_{44} - l_{41}^2 d_{11} - l_{42}^2 d_{22} - l_{43}^2 d_{33}\\
&= 11 - (-0.2)^2\cdot 5 - 0.2258065^2\cdot 6.2 - 0.1554622^2\cdot 7.6774194\\
&= 10.2983193.
\end{aligned}$$

  Cuarta columna de L:

$$\begin{aligned}
l_{54} &= \frac{1}{d_{44}}\left(a_{54} - l_{51}l_{41}d_{11} - l_{52}l_{42}d_{22} - l_{53}l_{43}d_{33}\right)\\
&= \frac{1}{10.2983193}(-1 - (-0.2)\cdot(-0.2)\cdot 5 - 1.0322581\cdot 0.2258065\cdot 6.2\\
&\quad - (-0.1638655)\cdot 0.1554622\cdot 7.6774194) = -0.2378621.
\end{aligned}$$

- Paso 5 y último:

$$\begin{aligned}
d_{55} &= a_{55} - l_{51}^2 d_{11} - l_{52}^2 d_{22} - l_{53}^2 d_{33} - l_{54}^2 d_{44}\\
&= 13 - (-0.2)^2\cdot 5 - 1.0322581^2\cdot 6.2\\
&\quad - (-0.1638655)^2\cdot 7.6774194 - (-0.2378621)^2\cdot 10.2983193\\
&= 5.4047328.
\end{aligned}$$

Las matrices **L** y **D** serán:

$$\mathbf{L} = \begin{bmatrix} 1 & 0 & 0 & 0 & 0\\ 0.4 & 1 & 0 & 0 & 0\\ -0.4 & 0.290323 & 1 & 0 & 0\\ -0.2 & 0.225806 & 0.155462 & 1 & 0\\ -0.2 & 1.032258 & -0.163866 & -0.237862 & 1 \end{bmatrix},$$

$$\mathbf{D} = \begin{bmatrix} 5 & 0 & 0 & 0 & 0\\ 0 & 6.2 & 0 & 0 & 0\\ 0 & 0 & 7.677419 & 0 & 0\\ 0 & 0 & 0 & 10.298319 & 0\\ 0 & 0 & 0 & 0 & 5.404733 \end{bmatrix}.$$

La función en `python` de la descomposición $LDL^\top$ se encuentra implementada en

Dicha función se encuentra en la carpeta **Numérico 2** en el fichero `T7MetodosDirectosSistemas.ipynb`, sección 7.

Es decir, dada una matriz $\mathbf{A}$, da las matrices $\mathbf{L}$ y $\mathbf{D}$ tal que $\mathbf{A} = \mathbf{LDL}^\top$.

La definición de la matriz es la siguiente:

```
A = [[5, 2, -2, -1, -1],
     [2, 7, 1, 1, 6],
     [-2, 1, 9, 2, 1],
     [-1, 1, 2, 11, -1],
     [-1, 6, 1, -1, 13]]
A = np.array(A)
```

El código de la función es el siguiente:

```
def LDLT(A, verbose = False):
  """
  Esta función realiza la descomposición LDL^T de la matriz cuadrada.

  Args:
    A: Array bidimensional de numpy (Matriz cuadrada)
    verbose: Booleano para mostrar o no los resultados relevantes

  Returns:
    (L, D): Tupla de arrays bidimensionales
  """

  # Pasamos todas las entradas del array bidimensional a tipo float
  A = A.astype("float")
  # Número de filas y columnas de la matriz de coeficientes
  n = A.shape[0]

  # Obtenemos matriz de coeficientes
  L = np.identity(n)
  D = np.zeros((n, n))

  for i in range(n):
    sum = 0
    for k in range(i):
      sum += np.power(L[i, k], 2) * D[k, k]
```

```
    D[i, i] = A[i, i] - sum

    for j in range(i + 1, n):
      sum = 0
      for k in range(i):
        sum += L[j, k] * L[i, k] * D[k, k]
      L[j, i] = 1 / D[i, i] * (A[j, i] - sum)

  if verbose:
    print("L =\n", L)
    print("D =\n", D)

  return (L, D)
```

Para aplicar la función, hacemos lo siguiente:

```
ldlt = LDLT(A, verbose = True)

L =
 [[ 1.          0.          0.          0.          0.        ]
 [ 0.4         1.          0.          0.          0.        ]
 [-0.4         0.29032258  1.          0.          0.        ]
 [-0.2         0.22580645  0.15546218  1.          0.        ]
 [-0.2         1.03225806 -0.16386555 -0.2378621   1.        ]]
D =
 [[ 5.          0.          0.          0.          0.        ]
 [ 0.          6.2         0.          0.          0.        ]
 [ 0.          0.          7.67741935  0.          0.        ]
 [ 0.          0.          0.         10.29831933  0.        ]
 [ 0.          0.          0.          0.          5.40473276]]
```

2.3.14. Número de operaciones

Para resolver un sistema lineal $\mathbf{Ax} = \mathbf{b}$ donde la matriz $\mathbf{A}$ es **simétrica** y **estrictamente definida positiva** necesitamos realizar los pasos siguentes:

- Paso 1: Descomponer la matriz $\mathbf{A}$ usando la descomposición: $\mathbf{A} = \mathbf{LDL}^\top$. El sistema a resolver quedará: $\mathbf{LDL}^\top\mathbf{x} = \mathbf{b}$.
- Paso 2: Resolver el sistema $\mathbf{Ly} = \mathbf{b}$.
- Paso 3: Resolver el sistema $\mathbf{Dz} = \mathbf{y}$.
- Paso 4: Resolver el sistema $\mathbf{L}^\top\mathbf{x} = \mathbf{z}$.

Los pasos 2 y 4 consisten en resolver un sistema lineal **triangular inferior** y **triangular superior**. Vimos en su momento que resolver un sistema **triangular superior** requería $n^2 - n$ **operaciones básicas**.

Se puede ver de la misma manera que resolver un sistema lineal **triangular inferior** requiere también $n^2 - n$ operaciones.

El número de **operaciones básicas** para resolver un **sistema diagonal** (paso 3) vale n ya que el sistema a resolver es el siguiente:

$$\mathbf{Dz} = \mathbf{y}, \Rightarrow \begin{bmatrix} d_{11} & 0 & \dots & 0 \\ 0 & d_{22} & \dots & 0 \\ \vdots & \vdots & \ddots & \vdots \\ 0 & \dots & 0 & d_{nn} \end{bmatrix} \begin{bmatrix} z_1 \\ \vdots \\ z_n \end{bmatrix} = \begin{bmatrix} y_1 \\ \vdots \\ y_n \end{bmatrix}.$$

La solución del mismo es:

$$z_1 = \frac{y_1}{d_{11}}, \dots, z_n = \frac{y_n}{d_{nn}}.$$

En total, hemos realizado n divisiones, lo que equivale a n **operaciones básicas.**

En el paso 1 o en la **factorización** $\mathbf{LDL}^\top$ realizamos las operaciones siguientes en el paso i-ésimo:

- Cálculo de d_{ii}: i sumas/restas y $2(i-1)$ multiplicaciones (en la suma de j desde 1 hasta $i-1$ hay que calcular l_{ij}^2 y seguidamente multiplicar por d_{jj}). En total, $2(i-1) + i = 3i - 2$ operaciones básicas.
- Cálculo de l_{ji}, para $j = i+1, \dots, n$:
  - i sumas/restas y $2(i-1)+1$ multiplicaciones divisiones. En total, $3i-1$ operaciones básicas.
  - En total, para calcular todos los l_{ji}, tenemos que realizar $\sum_{j=i+1}^{n} (3i-1) = (3i-1)(n-i)$ operaciones básicas.

En el paso i-ésimo, tenemos que realizar un total de $3i-2+(3i-1)(n-i)$ operaciones básicas.

Como el índice i va desde 1 hasta n, el número total de operaciones básicas a realizar en el paso 1 será:

$$\sum_{i=1}^{n} (3i - 2 + (3i-1)(n-i)) = \frac{1}{2} n(n(n+2)-1) = \frac{n^3}{2} + n^2 - \frac{n}{2}.$$

En resumen, el número total de operaciones para resolver un sistema lineal $\mathbf{Ax} = \mathbf{b}$, donde la matriz del sistema $\mathbf{A}$ es **simétrica** y **definida positiva** usando la descomposición $\mathbf{A} = \mathbf{LDL}^\top$ viene dado en la tabla siguiente:

Pasos	Número de operaciones
1	$\frac{n^3}{2} + n^2 - \frac{n}{2}$

Pasos	Número de operaciones
2	$n^2 - n$
3	n
4	$n^2 - n$
Total	$\frac{n^3}{2} + 3n^2 - \frac{3n}{2}$

2.3.15. Descomposición de Choleski

Hemos visto que si una matriz $\mathbf{A}$ es **simétrica y definida positiva**, se puede descomponer como: $\mathbf{A} = \mathbf{L}\mathbf{D}\mathbf{L}^\top$, donde $\mathbf{L}$ es una matriz **triangular inferior** con unos en la diagonal y $\mathbf{D}$ es una matriz diagonal con todas sus componentes diagonales positivas.

Usando la descomposición anterior, podemos escribir:

$$\mathbf{A} = \mathbf{L}\mathbf{D}\mathbf{L}^\top = \mathbf{L}\mathbf{D}^{\frac{1}{2}}\mathbf{D}^{\frac{1}{2}}\mathbf{L}^\top,$$

donde

$$\mathbf{D}^{\frac{1}{2}} = \begin{bmatrix} \sqrt{d_{11}} & 0 & \dots & 0 \\ 0 & \sqrt{d_{22}} & \dots & 0 \\ \vdots & \vdots & \ddots & \vdots \\ 0 & \dots & 0 & \sqrt{d_{nn}} \end{bmatrix},$$

suponiendo que la matriz diagonal $\mathbf{D}$ es la siguiente:

$$\mathbf{D} = \begin{bmatrix} d_{11} & 0 & \dots & 0 \\ 0 & d_{22} & \dots & 0 \\ \vdots & \vdots & \ddots & \vdots \\ 0 & \dots & 0 & d_{nn} \end{bmatrix}.$$

Si llamamos $\tilde{\mathbf{L}} = \mathbf{L}\mathbf{D}^{\frac{1}{2}}$, tenemos que la matriz $\mathbf{A}$ puede descomponerse como $\mathbf{A} = \tilde{\mathbf{L}}\tilde{\mathbf{L}}^\top$. A dicha descomposición se le llama **descomposición de Choleski**.

Para realizar la **descomposición de Choleski** usamos un procedimiento similar cuando realizábamos la descomposición $\mathbf{L}\mathbf{D}\mathbf{L}^\top$.

Es decir, vamos calculando las columnas de $\tilde{\mathbf{L}}$:

- Primer paso: $\tilde{l}_{11} = \sqrt{a_{11}}$ y a continuación la primera columna de $\tilde{\mathbf{L}}$: $\tilde{l}_{j1} = \frac{a_{j1}}{\tilde{l}_{11}}$.

- Segundo paso: $\tilde{l}_{22} = \sqrt{a_{22} - \tilde{l}_{21}}$ y a continuación la segunda columna de $\tilde{\mathbf{L}}$: $\tilde{l}_{j2} = \frac{a_{j2} - \tilde{l}_{j1}\tilde{l}_{21}}{\tilde{l}_{22}}$, para $j = 3, \ldots, n$

- $\vdots$

- Paso i-ésimo: $\tilde{l}_{ii} = \left(a_{ii} - \sum_{k=1}^{i-1} \tilde{l}_{ik}^2\right)^{\frac{1}{2}}$ y a continuación la columna i-ésima de $\tilde{\mathbf{L}}$: $\tilde{l}_{ji} = \frac{\left(a_{ji} - \sum_{k=1}^{i-1} \tilde{l}_{jk}\tilde{l}_{ik}\right)}{\tilde{l}_{ii}}$, para $j = i+1, \ldots, n$.

- $\vdots$

- Paso n-ésimo: $\tilde{l}_{nn} = \left(a_{nn} - \sum_{k=1}^{n-1} \tilde{l}_{nk}^2\right)^{\frac{1}{2}}$.

2.3.16. Descomposición de Choleski. Pseudocódigo

- `INPUT` matriz del sistema $\mathbf{A} = (a_{ij})_{i=1,\ldots,n,j=1,\ldots,n}$.
- `Set` $\tilde{\mathbf{L}} = \mathbf{0}$.
- `Set` $\tilde{l}_{11} = \sqrt{a_{11}}$.
- `For i=2,...n`
    - `Set` $\tilde{l}_{j1} = \frac{a_{j1}}{\tilde{l}_{11}}$.
- `For i=2,...n`
    - `Set` $\tilde{l}_{ii} = \left(a_{ii} - \sum_{k=1}^{i-1} \tilde{l}_{ik}^2\right)^{\frac{1}{2}}$.
    - `For j=i+1,...,n`
    - `Set` $\tilde{l}_{ji} = \frac{\left(a_{ji} - \sum_{k=1}^{i-1} \tilde{l}_{jk}\tilde{l}_{ik}\right)}{\tilde{l}_{ii}}$.
- `Set` $\tilde{l}_{nn} = \left(a_{nn} - \sum_{k=1}^{n-1} \tilde{l}_{nk}^2\right)^{\frac{1}{2}}$.
- `Print` $\tilde{\mathbf{L}}$ (Damos la matriz $\tilde{\mathbf{L}}$).

Vamos a hallar la **descomposición de Choleski** de la matriz vista en el ejemplo 2.6:

$$\mathbf{A} = \begin{bmatrix} 5 & 2 & -2 & -1 & -1 \\ 2 & 7 & 1 & 1 & 6 \\ -2 & 1 & 9 & 2 & 1 \\ -1 & 1 & 2 & 11 & -1 \\ -1 & 6 & 1 & -1 & 13 \end{bmatrix}.$$

- Paso 1: $\tilde{l}_{11} = \sqrt{a_{11}} = \sqrt{5} = 2.236068$ y a continuación primera columna de $\tilde{\mathbf{L}}$:

$$
\begin{aligned}
\tilde{l}_{21} &= \frac{a_{21}}{\tilde{l}_{11}} = \frac{2}{2.236068} = 0.894427,\\
\tilde{l}_{31} &= \frac{a_{31}}{\tilde{l}_{11}} = \frac{-2}{2.236068} = -0.894427,\\
\tilde{l}_{41} &= \frac{a_{41}}{\tilde{l}_{11}} = \frac{-1}{2.236068} = -0.447214,\\
\tilde{l}_{51} &= \frac{a_{51}}{\tilde{l}_{11}} = \frac{-1}{2.236068} = -0.447214.
\end{aligned}
$$

$$
\tilde{\mathbf{L}} = \begin{bmatrix} 2.236068 & 0 & 0 & 0 & 0\\ 0.894427 & * & 0 & 0 & 0\\ -0.894427 & * & * & 0 & 0\\ -0.447214 & * & * & * & 0\\ -0.447214 & * & * & * & * \end{bmatrix}.
$$

- Paso 2: $\tilde{l}_{22} = \sqrt{a_{22} - \tilde{l}_{21}^2} = \sqrt{7 - 0.894427^2} = 2.4899799$ y a continuación segunda columna de $\tilde{\mathbf{L}}$:

$$
\begin{aligned}
\tilde{l}_{32} &= \frac{a_{32} - \tilde{l}_{31}\tilde{l}_{21}}{\tilde{l}_{22}} = \frac{1 - (-0.894427)\cdot 0.894427}{2.48998} = 0.722897,\\
\tilde{l}_{42} &= \frac{a_{42} - \tilde{l}_{41}\tilde{l}_{21}}{\tilde{l}_{22}} = \frac{1 - (-0.447214)\cdot 0.894427}{2.48998} = 0.562254,\\
\tilde{l}_{52} &= \frac{a_{52} - \tilde{l}_{51}\tilde{l}_{21}}{\tilde{l}_{22}} = \frac{6 - (-0.447214)\cdot 0.894427}{2.48998} = 2.570302.
\end{aligned}
$$

$$
\tilde{\mathbf{L}} = \begin{bmatrix} 2.236068 & 0 & 0 & 0 & 0\\ 0.894427 & 2.48998 & 0 & 0 & 0\\ -0.894427 & 0.722897 & * & 0 & 0\\ -0.447214 & 0.562254 & * & * & 0\\ -0.447214 & 2.570302 & * & * & * \end{bmatrix}.
$$

- Paso 3: $\tilde{l}_{33} = \sqrt{a_{33} - \tilde{l}_{31}^2 - \tilde{l}_{32}^2} = \sqrt{9 - (-0.894427)^2 - 0.722897^2} =$

2.7708156 y a continuación tercera columna de $\tilde{\mathbf{L}}$:

$$\begin{aligned}
\tilde{l}_{43} &= \frac{a_{43} - \tilde{l}_{41}\tilde{l}_{31} - \tilde{l}_{42}\tilde{l}_{32}}{\tilde{l}_{33}} \\
&= \frac{2 - (-0.447214) \cdot (-0.894427) - 0.562254 \cdot 0.722897}{2.770816} \\
&= 0.430757, \\
\tilde{l}_{53} &= \frac{a_{53} - \tilde{l}_{51}\tilde{l}_{31} - \tilde{l}_{52}\tilde{l}_{32}}{\tilde{l}_{33}} \\
&= \frac{1 - (-0.447214) \cdot (-0.894427) - 2.570302 \cdot 0.722897}{2.770816} \\
&= -0.454041.
\end{aligned}$$

$$\tilde{\mathbf{L}} = \begin{bmatrix} 2.236068 & 0 & 0 & 0 & 0 \\ 0.894427 & 2.48998 & 0 & 0 & 0 \\ -0.894427 & 0.722897 & 2.770816 & 0 & 0 \\ -0.447214 & 0.562254 & 0.430757 & * & 0 \\ -0.447214 & 2.570302 & -0.454041 & * & * \end{bmatrix}.$$

- Paso 4:

$$\begin{aligned}
\tilde{l}_{44} &= \sqrt{a_{44} - \tilde{l}_{41}^2 - \tilde{l}_{42}^2 - \tilde{l}_{43}^2} \\
&= \sqrt{11 - (-0.447214)^2 - 0.562254^2 - 0.430757^2} = 3.2090995,
\end{aligned}$$

y a continuación cuarta columna de $\tilde{\mathbf{L}}$:

$$\begin{aligned}
\tilde{l}_{54} &= \frac{a_{54} - \tilde{l}_{51}\tilde{l}_{41} - \tilde{l}_{52}\tilde{l}_{42} - \tilde{l}_{53}\tilde{l}_{43}}{\tilde{l}_{44}} \\
&= \frac{1}{3.209099}(-1 - (-0.447214) \cdot (-0.447214) - 2.570302 \cdot 0.562254 \\
&\quad - (-0.454041) \cdot 0.430757) \\
&= -0.763323.
\end{aligned}$$

$$\tilde{\mathbf{L}} = \begin{bmatrix} 2.236068 & 0 & 0 & 0 & 0 \\ 0.894427 & 2.48998 & 0 & 0 & 0 \\ -0.894427 & 0.722897 & 2.770816 & 0 & 0 \\ -0.447214 & 0.562254 & 0.430757 & 3.209099 & 0 \\ -0.447214 & 2.570302 & -0.454041 & -0.763323 & * \end{bmatrix}.$$

- Paso 5 y último:

$$
\begin{aligned}
\tilde{l}_{55} &= \sqrt{a_{55} - \tilde{l}_{51}^2 - \tilde{l}_{52}^2 - \tilde{l}_{53}^2 - \tilde{l}_{54}^2} \\
&= \sqrt{13 - (-0.447214)^2 - 2.570302^2 - (-0.454041)^2 - (-0.763323)^2} \\
&= 2.3248081.
\end{aligned}
$$

$$
\tilde{\mathbf{L}} = \begin{bmatrix}
2.236068 & 0 & 0 & 0 & 0 \\
0.894427 & 2.48998 & 0 & 0 & 0 \\
-0.894427 & 0.722897 & 2.770816 & 0 & 0 \\
-0.447214 & 0.562254 & 0.430757 & 3.209099 & 0 \\
-0.447214 & 2.570302 & -0.454041 & -0.763323 & 2.324808
\end{bmatrix}.
$$

La función en `python` de la descomposición de Choleski se encuentra implementada en

Dicha función se encuentra en la carpeta **Numérico 2** en el fichero `T7MetodosDirectosSistemas.ipynb`, sección 8.

Es decir, dada una matriz $\mathbf{A}$, da la matriz $\tilde{\mathbf{L}}$ tal que $\mathbf{A} = \tilde{\mathbf{L}}\tilde{\mathbf{L}}^\top$.

La definición de la matriz es la siguiente:

```
A = [[5, 2, -2, -1, -1],
     [2, 7, 1, 1, 6],
     [-2, 1, 9, 2, 1],
     [-1, 1, 2, 11, -1],
     [-1, 6, 1, -1, 13]]
A = np.array(A)
```

El código de la función es el siguiente:

```
def choleski(A, verbose = False):
  """
  Esta función realiza la descomposición de Choleski de la
  matriz cuadrada.

  Args:
    A: Array bidimensional de numpy (Matriz cuadrada)
    verbose: Booleano para mostrar o no los resultados relevantes

  Returns:
    Lhat: Array bidimensional de numpy
  """
```

```
  # Pasamos todas las entradas del array bidimensional a tipo float
  A = A.astype("float")
  # Número de filas y columnas de la matriz de coeficientes
  n = A.shape[0]

  # Obtenemos matriz de coeficientes
  Lhat = np.zeros((n, n))

  # Primera columna de L
  Lhat[0, 0] = np.sqrt(A[0, 0])
  for i in range(1, n):
    Lhat[i, 0] = A[i, 0] / Lhat[0, 0]

  for i in range(1, n):
    Lhat[i, i] = np.sqrt(A[i, i] - np.sum(np.power(Lhat[i, :i], 2)))

    for j in range(i + 1, n):
      Lhat[j, i] = 1 / Lhat[i, i] *
          (A[j, i] - np.sum(Lhat[j, :i] * Lhat[i, :i]))

  if verbose:
    print("Lhat =\n", Lhat)

  return Lhat
```

Para aplicar la función, hacemos lo siguiente:

```
Lhat = choleski(A, verbose = True)

Lhat =
 [[ 2.23606798  0.          0.          0.          0.        ]
 [ 0.89442719  2.48997992  0.          0.          0.        ]
 [-0.89442719  0.7228974   2.77081565  0.          0.        ]
 [-0.4472136   0.56225353  0.43075705  3.20909946  0.        ]
 [-0.4472136   2.57030185 -0.45404122 -0.76332313  2.32480811]]
```

2.3.17. Matrices tridiagonales. Factorización de Crout

En muchos problemas de *ingeniería* y de *machine learning*, nos aparecen sistemas lineales cuya **matriz del sistema** es **tridiagonal**:

$$\mathbf{A}=\begin{bmatrix} a_{11} & a_{12} & 0 & 0 & \dots & 0 \\ a_{21} & a_{22} & a_{23} & 0 & \dots & 0 \\ 0 & a_{32} & a_{33} & a_{34} & \dots & 0 \\ \vdots & \vdots & \vdots & \ddots & \vdots & \vdots \\ 0 & \dots & 0 & a_{n-1,n-2} & a_{n-1,n-1} & a_{n-1,n} \\ 0 & \dots & \dots & 0 & a_{n,n-1} & a_{n,n} \end{bmatrix}.$$

En este caso, vamos a factorizar la matriz $\mathbf{A}$ de la forma $\mathbf{A} = \mathbf{LU}$ donde las matrices $\mathbf{L}$ y $\mathbf{U}$ tienen la forma siguiente:

$$\mathbf{L}=\begin{bmatrix} l_{11} & 0 & 0 & 0 & \dots & 0 \\ l_{21} & l_{22} & 0 & 0 & \dots & 0 \\ 0 & l_{32} & l_{33} & 0 & \dots & 0 \\ \vdots & \vdots & \vdots & \ddots & \vdots & \vdots \\ 0 & \dots & 0 & l_{n-1,n-2} & a_{n-1,n-1} & 0 \\ 0 & \dots & \dots & 0 & l_{n,n-1} & l_{n,n} \end{bmatrix},$$

$$\mathbf{U}=\begin{bmatrix} 1 & u_{12} & 0 & 0 & \dots & 0 \\ 0 & 1 & u_{23} & 0 & \dots & 0 \\ 0 & 0 & 1 & u_{34} & \dots & 0 \\ \vdots & \vdots & \vdots & \ddots & \vdots & \vdots \\ 0 & \dots & 0 & 0 & 1 & u_{n-1,n} \\ 0 & \dots & \dots & 0 & 0 & 1 \end{bmatrix}.$$

Usando que $\mathbf{A} = \mathbf{LU}$, podemos hallar las componentes de las matrices $\mathbf{L}$ y $\mathbf{U}$. Consideremos la fila i-ésima de la matriz $\mathbf{A}$:

$$(0, \dots, 0, a_{i,i-1}, a_{i,i}, a_{i,i+1}, 0, \dots, 0),$$

entonces:

- el valor $a_{i,i-1}$ se obtiene multiplicando la fila i-ésima de la matriz $\mathbf{L}$

$$(0, \dots, 0, \overbrace{l_{i,i-1}}^{i-1}, \overbrace{l_{ii}}^{i}, 0, \dots, 0)$$

por la columna $i-1$-ésima de la matriz $\mathbf{U}$

$$(0, \dots, 0, \overbrace{u_{i-1,i-2}}^{i-2}, \overbrace{1}^{i-1}, 0, \dots, 0),$$

donde hemos indicado entre llaves las componentes de cada valor:

$$a_{i,i-1} = 0 \cdot u_{i-1,i-2} + l_{i,i-1} \cdot 1 + l_{ii} \cdot 0 = l_{i,i-1}.$$

- el valor $a_{i,i}$ se obtiene multiplicando la fila i-ésima de la matriz **L**

$$(0, \dots, 0, \overbrace{l_{i,i-1}}^{i-1}, \overbrace{l_{ii}}^{i}, 0, \dots, 0)$$

  por la columna i-ésima de la matriz **U**

$$(0, \dots, 0, \overbrace{u_{i-1,i}}^{i-1}, \overbrace{1}^{i}, 0, \dots, 0):$$

$$a_{i,i} = l_{i,i-1} \cdot u_{i-1,i} + l_{ii} \cdot 1 = l_{i,i-1} \cdot u_{i-1,i} + l_{ii}.$$

- el valor $a_{i,i+1}$ se obtiene multiplicando la fila i-ésima de la matriz **L**

$$(0, \dots, 0, \overbrace{l_{i,i-1}}^{i-1}, \overbrace{l_{ii}}^{i}, 0, \dots, 0)$$

  por la columna $i+1$-ésima de la matriz **U**

$$(0, \dots, 0, \overbrace{u_{i,i+1}}^{i}, \overbrace{1}^{i+1}, 0, \dots, 0):$$

$$a_{i,i} = l_{i,i-1} \cdot 0 + l_{i,i} \cdot u_{i,i+1} + 0 \cdot 1 = l_{i,i} \cdot u_{i,i+1}.$$

A partir del primero de los tres resultados anteriores, $a_{i,i-1} = l_{i,i-1}$, podemos calcular los valores $l_{i,i-1}$ que van por debajo de la diagonal de la matriz **L**.

Para $i = 1$ tenemos que $l_{11} = a_{11}$. Entonces usando los dos resultados últimos

$$\begin{aligned} a_{i,i} &= l_{i,i-1} \cdot u_{i-1,i} + l_{i,i}, \\ a_{i,i+1} &= l_{i,i} \cdot u_{i,i+1}, \end{aligned}$$

vamos calculando los valores $u_{i,i+1}$ y l_{ii} alternativamente.

Es decir,

- $i = 1$: $l_{11} = a_{11}$,

$$a_{12} = l_{11} \cdot u_{12}, \Rightarrow u_{12} = \frac{a_{12}}{l_{11}}.$$

- $i = 2$:

$$\begin{aligned} a_{22} &= l_{21} \cdot u_{12} + l_{22}, \Rightarrow l_{22} = a_{22} - l_{21} \cdot u_{12}, \\ a_{23} &= l_{22} \cdot u_{23}, \Rightarrow u_{23} = \frac{a_{23}}{l_{22}}, \end{aligned}$$

- y así sucesivamente hasta llegar a $i = n$.

2.3.18. Factorización de Crout. Pseudocódigo

- `INPUT` matriz del sistema $\mathbf{A} = (a_{ij})_{i=1,\dots,n,j=1,\dots,n}$.
- `Set` $\mathbf{L} = \mathbf{0}$.
- `Set` $\mathbf{U} = \mathbf{Id}_n$.
- `Set` $l_{11} = a_{11}$.
- `Set` $u_{12} = \frac{a_{12}}{l_{11}}$.
- `For i=2,...n-1`
    - `Set` $l_{i,i-1} = a_{i,i-1}$. (fila i-ésima de $\mathbf{L}$)
    - `Set` $l_{ii} = a_{ii} - l_{i,i-1}u_{i-1,i}$.
    - `Set` $u_{i,i+1} = \frac{a_{i,i+1}}{l_{i,i}}$. (columna $i+1$-ésima de $\mathbf{U}$)
- `Set` $l_{n,n-1} = a_{n,n-1}$.
- `Set` $l_{n,n} = a_{n,n} - l_{n,n-1}u_{n-1,n}$
- `Print` $\mathbf{L}$, $\mathbf{U}$.

Ejemplo 2.7. Nos piden resolver el sistema de ecuaciones siguiente:

$$\begin{aligned}
E_1 &: 5x_1 && +8x_2 && && =1,\\
E_2 &: 6x_1 && +6x_2 + 2x_3 && && =-1,\\
E_3 &: && 6x_2 + 6x_3 && +7x_4 && =4,\\
E_4 &: && +4x_3 && +5x_4 + 5x_5 && =2,\\
E_5 &: && && 6x_4 + 6x_5 && =3.
\end{aligned}$$

La matrix del sistema es tridiagonal:

$$\mathbf{A} = \begin{bmatrix} 5 & 8 & 0 & 0 & 0 \\ 6 & 6 & 2 & 0 & 0 \\ 0 & 6 & 6 & 7 & 0 \\ 0 & 0 & 4 & 5 & 5 \\ 0 & 0 & 0 & 6 & 6 \end{bmatrix}.$$

Vamos a usar la descomposición de Crout para resolver el sistema:

- Paso 1: $l_{11} = a_{11} = 5$, $u_{12} = \frac{a_{12}}{l_{11}} = \frac{8}{5} = 1.6$.

$$\mathbf{L} = \begin{bmatrix} 5 & 0 & 0 & 0 & 0 \\ & * & 0 & 0 & 0 \\ 0 & * & * & 0 & 0 \\ 0 & 0 & * & * & 0 \\ 0 & 0 & 0 & * & * \end{bmatrix}, \quad \mathbf{U} = \begin{bmatrix} 1 & 1.6 & 0 & 0 & 0 \\ 0 & 1 & * & 0 & 0 \\ 0 & 0 & 1 & * & 0 \\ 0 & 0 & 0 & 1 & * \\ 0 & 0 & 0 & 0 & 1 \end{bmatrix}.$$

- Paso 2:

$$
\begin{aligned}
l_{21} &= a_{21} = 6,\\
l_{22} &= a_{22} - l_{21}u_{12} = 6 - 6 \cdot 1.6 = -3.6,\\
u_{23} &= \frac{a_{23}}{l_{22}} = \frac{2}{-3.6} = -0.5555556.
\end{aligned}
$$

$$
\mathbf{L} = \begin{bmatrix} 5 & 0 & 0 & 0 & 0\\ 6 & -3.6 & 0 & 0 & 0\\ 0 & * & * & 0 & 0\\ 0 & 0 & * & * & 0\\ 0 & 0 & 0 & * & * \end{bmatrix}, \quad \mathbf{U} = \begin{bmatrix} 1 & 1.6 & 0 & 0 & 0\\ 0 & 1 & -0.555556 & 0 & 0\\ 0 & 0 & 1 & * & 0\\ 0 & 0 & 0 & 1 & *\\ 0 & 0 & 0 & 0 & 1 \end{bmatrix}.
$$

- Paso 3:

$$
\begin{aligned}
l_{32} &= a_{32} = 6,\\
l_{33} &= a_{33} - l_{32}u_{23} = 6 - 6 \cdot (-0.5555556) = 9.3333333,\\
u_{34} &= \frac{a_{34}}{l_{33}} = \frac{7}{9.3333333} = 0.75.
\end{aligned}
$$

$$
\mathbf{L} = \begin{bmatrix} 5 & 0 & 0 & 0 & 0\\ 6 & -3.6 & 0 & 0 & 0\\ 0 & 6 & 9.333333 & 0 & 0\\ 0 & 0 & * & * & 0\\ 0 & 0 & 0 & * & * \end{bmatrix}, \quad \mathbf{U} = \begin{bmatrix} 1 & 1.6 & 0 & 0 & 0\\ 0 & 1 & -0.555556 & 0 & 0\\ 0 & 0 & 1 & 0.75 & 0\\ 0 & 0 & 0 & 1 & *\\ 0 & 0 & 0 & 0 & 1 \end{bmatrix}.
$$

- Paso 4:

$$
\begin{aligned}
l_{43} &= a_{43} = 4,\\
l_{44} &= a_{44} - l_{43}u_{34} = 5 - 4 \cdot (0.75) = 2,\\
u_{45} &= \frac{a_{45}}{l_{44}} = \frac{5}{2} = 2.5.
\end{aligned}
$$

$$
\mathbf{L} = \begin{bmatrix} 5 & 0 & 0 & 0 & 0\\ 6 & -3.6 & 0 & 0 & 0\\ 0 & 6 & 9.333333 & 0 & 0\\ 0 & 0 & 4 & 2 & 0\\ 0 & 0 & 0 & * & * \end{bmatrix}, \quad \mathbf{U} = \begin{bmatrix} 1 & 1.6 & 0 & 0 & 0\\ 0 & 1 & -0.555556 & 0 & 0\\ 0 & 0 & 1 & 0.75 & 0\\ 0 & 0 & 0 & 1 & 2.5\\ 0 & 0 & 0 & 0 & 1 \end{bmatrix}.
$$

- Paso 5 y último:

$$
\begin{aligned}
l_{54} &= a_{54} = 6,\\
l_{55} &= a_{55} - l_{54}u_{45} = 6 - 6 \cdot (2.5) = -9.
\end{aligned}
$$

$$\mathbf{L} = \begin{bmatrix} 5 & 0 & 0 & 0 & 0 \\ 6 & -3.6 & 0 & 0 & 0 \\ 0 & 6 & 9.333333 & 0 & 0 \\ 0 & 0 & 4 & 2 & 0 \\ 0 & 0 & 0 & 6 & -9 \end{bmatrix}, \quad \mathbf{U} = \begin{bmatrix} 1 & 1.6 & 0 & 0 & 0 \\ 0 & 1 & -0.555556 & 0 & 0 \\ 0 & 0 & 1 & 0.75 & 0 \\ 0 & 0 & 0 & 1 & 2.5 \\ 0 & 0 & 0 & 0 & 1 \end{bmatrix}.$$

A continuación, vamos a resolver el sistema.

Como hemos descompuesto $\mathbf{A}$ de la forma $\mathbf{A} = \mathbf{LU}$, resolver el sistema $\mathbf{Ax} = \mathbf{LUx} = \mathbf{b}$ con:

$$\mathbf{A} = \begin{bmatrix} 5 & 8 & 0 & 0 & 0 \\ 6 & 6 & 2 & 0 & 0 \\ 0 & 6 & 6 & 7 & 0 \\ 0 & 0 & 4 & 5 & 5 \\ 0 & 0 & 0 & 6 & 6 \end{bmatrix}, \quad \mathbf{b} = \begin{bmatrix} 1 \\ -1 \\ 4 \\ 2 \\ 3 \end{bmatrix},$$

recordemos que primero tenemos que resolver el sistema $\mathbf{Ly} = \mathbf{b}$, y, una vez hallado $\mathbf{y}$, resolver el sistema $\mathbf{Ux} = \mathbf{y}$ y hallar la solución $\mathbf{x}$.

Resolución de $\mathbf{Ly} = \mathbf{b}$:

$$\begin{aligned} E_1 &: 5y_1 & & & & = 1, \\ E_2 &: 6y_1 & -3.6y_2 & & & = -1, \\ E_3 &: & 6y_2 + 9.333333y_3 & & & = 4, \\ E_4 &: & + 4y_3 & +2y_4 & & = 2, \\ E_5 &: & & 6y_4 - 9y_5 & & = 3. \end{aligned}$$

Usamos el método de sustitución hacia adelante:

$$\begin{aligned} y_1 &= \frac{1}{5} = 0.2, \\ y_2 &= \frac{-1 - 6 \cdot 0.2}{-3.6} = 0.6111111, \\ y_3 &= \frac{4 - 6 \cdot 0.6111111}{9.3333333} = 0.0357143, \\ y_4 &= \frac{2 - 4 \cdot 0.0357143}{2} = 0.9285714, \\ y_5 &= \frac{3 - 6 \cdot 0.9285714}{-9} = 0.2857143. \end{aligned}$$

Resolución de $\mathbf{Ux} = \mathbf{y}$:

$$\begin{array}{llllll}
E_1: x_1 & +1.6x_2 & & & & =0.2, \\
E_2: & x_2 - 0.555556x_3 & & & & =0.6111111, \\
E_3: & & x_3 & +0.75x_4 & & =0.0357143, \\
E_4: & & & x_4 + 2.5x_5 & & =0.9285714, \\
E_5: & & & & x_5 & =0.2857143.
\end{array}$$

Usamos el método de sustitución hacia atrás:

$$\begin{aligned}
x_5 &= 0.2857143, \\
x_4 &= 0.9285714 - 2.5 \cdot 0.2857143 = 0.2142857, \\
x_3 &= 0.0357143 - 0.75 \cdot 0.2142857 = -0.125, \\
x_2 &= 0.6111111 - (-0.5555556) \cdot (-0.125) = 0.5416667, \\
x_1 &= 0.2 - 1.6 \cdot 0.5416667 = -0.6666667.
\end{aligned}$$

La función en `python` de la descomposición de Crout se encuentra implementada en

Dicha función se encuentra en la carpeta **Numérico 2** en el fichero `T7MetodosDirectosSistemas.ipynb`, sección 9.

Es decir, dada una matriz $\mathbf{A}$, da las matrices de factorización de Crout $\mathbf{L}$ y $\mathbf{U}$ tal que $\mathbf{A} = \mathbf{LU}$

La definición de la matriz es la siguiente:

```
A = [[5, 8, 0, 0, 0,],
     [6, 6, 2, 0, 0],
     [0, 6, 6, 7, 0],
     [0, 0, 4, 5, 5],
     [0, 0, 0, 6, 6]]
A = np.array(A)
```

El código de la función es el siguiente:

```
def crout(A, verbose = False):
    """
    Esta función realiza la descomposición de Crout de la matriz
    tridiagonal
```

```
    Args:
      A: Array bidimensional de numpy (Matriz tridiagonal)
      verbose: Booleano para mostrar o no los resultados relevantes

    Returns:
      (L, U): Tupla de arrays bidimensionales
    """

    # Pasamos todas las entradas del array bidimensional a tipo float
    A = A.astype("float")
    # Número de filas de A
    n = A.shape[0]

    # Inicializamos las matrices L y U
    L = np.zeros((n, n))
    U = np.identity(n)

    L[0, 0] = A[0, 0]
    U[0, 1] = A[0, 1] / L[0, 0]

    # Calculamos la fila i-ésima de L y la columna (i + 1)-ésima de U
    for i in range(1, n - 1):
      L[i, i - 1] = A[i, i - 1]
      L[i, i] = A[i, i] - L[i, i - 1] * U[i - 1, i]
      U[i, i + 1] = A[i, i + 1] / L[i, i]

    L[n - 1, n - 2] = A[n - 1, n - 2]
    L[n - 1, n - 1] = A[n - 1, n - 1] -
                      L[n - 1, n - 2] * U[n - 2, n - 1]

    if verbose:
      print("L =\n", L)
      print("U =\n", U)

    return (L, U)
```

Para aplicar la función, hacemos lo siguiente:

```
croutA = crout(A, verbose = True)
```

```
L =
 [[ 5.          0.          0.          0.          0.        ]
 [ 6.         -3.6         0.          0.          0.        ]
 [ 0.          6.          9.33333333  0.          0.        ]
 [ 0.          0.          4.          2.          0.        ]
 [ 0.          0.          0.          6.         -9.        ]]
```

```
U =
[[ 1.          1.6         0.          0.          0.        ]
 [ 0.          1.         -0.55555556  0.          0.        ]
 [ 0.          0.          1.          0.75        0.        ]
 [ 0.          0.          0.          1.          2.5       ]
 [ 0.          0.          0.          0.          1.        ]]
```

2.4. Métodos de ortogonalización

Los métodos de **ortogonalización** para resolver un sistema lineal $\mathbf{Ax} = \mathbf{b}$ consisten en **descomponer** la matriz del sistema $\mathbf{A}$, regular $n \times n$, de la forma $\mathbf{A} = \mathbf{QR}$, donde la matriz $\mathbf{Q}$ es **ortogonal**, ($\mathbf{Q}^\top = \mathbf{Q}^{-1}$) y la matriz $\mathbf{R}$ es **triangular superior**.

Una vez obtenida dicha **descomposición**, resolver el sistema es sencillo:

$$\mathbf{Ax} = \mathbf{b}, \Rightarrow \mathbf{QRx} = \mathbf{b}, \Rightarrow \mathbf{Rx} = \mathbf{Q}^\top \mathbf{b},$$

y solamente tenemos que resolver un sistema **triangular superior** usando el método de **sustitución hacia atrás** explicado anteriormente.

Ejemplo 2.8. Consideremos el siguiente sistema de ecuaciones con 5 ecuaciones y 5 incógnitas:

$$\begin{aligned}
E_1 &: 5x_1 + x_2 - 3x_3 - x_4 - 2x_5 = 2,\\
E_2 &: x_1 + 2x_2 + 2x_3 + 3x_5 = 2,\\
E_3 &: x_1 - x_2 + 3x_3 + 2x_4 = 2,\\
E_4 &: x_2 + 4x_4 - x_5 = 3,\\
E_5 &: x_1 + 3x_2 + x_3 + 5x_5 = 1.
\end{aligned}$$

La matriz del sistema es la siguiente: $\begin{bmatrix} 5 & 1 & -3 & -1 & -2 \\ 1 & 2 & 2 & 0 & 3 \\ 1 & -1 & 3 & 2 & 0 \\ 0 & 1 & 0 & 4 & -1 \\ 1 & 3 & 1 & 0 & 5 \end{bmatrix}$ con la siguiente descomposición QR:

$$\mathbf{A} = \mathbf{Q} \cdot \mathbf{R},$$

$$\begin{bmatrix} 5 & 1 & -3 & -1 & -2 \\ 1 & 2 & 2 & 0 & 3 \\ 1 & -1 & 3 & 2 & 0 \\ 0 & 1 & 0 & 4 & -1 \\ 1 & 3 & 1 & 0 & 5 \end{bmatrix} = \begin{bmatrix} 0.9449 & -0.1677 & -0.2785 & 0.0248 & -0.0287 \\ 0.189 & 0.4636 & 0.4187 & -0.2062 & -0.729 \\ 0.189 & -0.365 & 0.8531 & 0.2022 & 0.2497 \\ 0 & 0.2762 & -0.0682 & 0.9495 & -0.132 \\ 0.189 & 0.7399 & 0.1208 & -0.1199 & 0.6228 \end{bmatrix} \cdot$$

$$\begin{bmatrix} 5.2915 & 1.7008 & -1.7008 & -0.5669 & -0.378 \\ 0 & 3.6204 & 1.0753 & 0.5426 & 5.1494 \\ 0 & 0 & 4.3533 & 1.7119 & 2.4855 \\ 0 & 0 & 0 & 4.1778 & -2.2172 \\ 0 & 0 & 0 & 0 & 1.1165 \end{bmatrix}.$$

El sistema a resolver será:

$$\mathbf{Rx} = \mathbf{Q}^\top \cdot \mathbf{b},$$

$$\begin{bmatrix} 5.2915 & 1.7008 & -1.7008 & -0.5669 & -0.378 \\ 0 & 3.6204 & 1.0753 & 0.5426 & 5.1494 \\ 0 & 0 & 4.3533 & 1.7119 & 2.4855 \\ 0 & 0 & 0 & 4.1778 & -2.2172 \\ 0 & 0 & 0 & 0 & 1.1165 \end{bmatrix} \begin{bmatrix} x_1 \\ x_2 \\ x_3 \\ x_4 \\ x_5 \end{bmatrix} =$$

$$\begin{bmatrix} 0.9449 & 0.189 & 0.189 & 0 & 0.189 \\ -0.1677 & 0.4636 & -0.365 & 0.2762 & 0.7399 \\ -0.2785 & 0.4187 & 0.8531 & -0.0682 & 0.1208 \\ 0.0248 & -0.2062 & 0.2022 & 0.9495 & -0.1199 \\ -0.0287 & -0.729 & 0.2497 & -0.132 & 0.6228 \end{bmatrix} \cdot \begin{bmatrix} 2 \\ 2 \\ 2 \\ 3 \\ 1 \end{bmatrix} = \begin{bmatrix} 2.8347 \\ 1.4304 \\ 1.9028 \\ 2.7703 \\ -0.7893 \end{bmatrix},$$

La solución del sistema será usando el método de sustitución hacia atrás:

$$x_5 = \frac{-0.789298}{1.116499} = -0.706941,$$

$$x_4 = \frac{2.770313 - (-2.2172487) \cdot (-0.7069409)}{4.1777542} = 0.2879177,$$

$$x_3 = \frac{1.9027949 - (2.4855259) \cdot (-0.7069409) - 1.7118895 \cdot 0.2879177}{4.3532693}$$
$$= 0.7275064,$$

$$x_2 = \frac{1}{3.6203788}(1.4303949 - 5.1494217 \cdot (-0.7069409) - 0.5425636 \cdot 0.2879177$$
$$- 1.0752624 \cdot 0.7275064)$$
$$= 1.1413882,$$

$$x_1 = \frac{1}{5.2915026}(2.8347335 - (-0.3779645) \cdot (-0.7069409)$$
$$- (-0.5669467) \cdot 0.2879177 - (-1.7008401) \cdot 0.7275064$$
$$- 1.7008401 \cdot 1.1413882) = 0.3830334.$$

2.4.1. Método de ortogonalización de Gram-Schmidt

El método de **descomposición** QR se basa en el método de **ortogonalización de Gram-Schmidt**. Dicho método resuelve el problema siguiente:

Sean $\mathbf{v}_1, \dots, \mathbf{v}_k \in \mathbb{R}^n$, k vectores **linealmente independientes** en el espacio vectorial $\mathbb{R}^n$ $(n \geq k)$. Queremos hallar $\mathbf{u}_1, \dots, \mathbf{u}_k \in \mathbb{R}^n$, que cumplen lo siguiente:

- Son **ortogonales** dos a dos: $\mathbf{u}_i^\top \cdot \mathbf{u}_j = 0$, si $i \neq j$.
- Son **ortonormales**: $\|\mathbf{u}_i\| = 1$, $i = 1, \dots, k$.
- El **subespacio vectorial** generado por $\mathbf{u}_1, \dots, \mathbf{u}_i$ es el mismo que el **subespacio vectorial** generado por $\mathbf{v}_1, \dots, \mathbf{v}_i$, para $i = 1, \dots, k$:

$$
\begin{aligned}
&< \mathbf{u}_1, \dots, \mathbf{u}_i >= \{\mathbf{x} = \alpha_1 \mathbf{u}_1 + \cdots + \alpha_i \mathbf{u}_i,\ \alpha_1, \dots, \alpha_i \in \mathbb{R}\} \\
&=< \mathbf{v}_1, \dots, \mathbf{v}_i >= \{\mathbf{x} = \beta_1 \mathbf{v}_1 + \cdots + \beta_i \mathbf{v}_i,\ \beta_1, \dots, \beta_i \in \mathbb{R}\}.
\end{aligned}
$$

Los pasos a realizar para resolver el problema anterior son los siguientes:

- Paso 1: Elegimos $\mathbf{u}_1' = \mathbf{v}_1$ y $\mathbf{u}_1 = \frac{\mathbf{u}_1'}{\|\mathbf{u}_1'\|}$.
- Paso 2: como $< \mathbf{u}_1, \mathbf{u}_2 >=< \mathbf{v}_1, \mathbf{v}_2 >=< \mathbf{u}_1, \mathbf{v}_2 >$, definimos: $\mathbf{u}_2' = \mathbf{v}_2 + \lambda_{12} \mathbf{u}_1$ y hallamos λ_{12} imponiendo que $\mathbf{u}_1$ y $\mathbf{u}_2'$ deben ser **ortogonales**:

$$
\begin{aligned}
&\mathbf{u}_1^\top \cdot \mathbf{u}_2' = 0, \Rightarrow \mathbf{u}_1^\top \cdot (\mathbf{v}_2 + \lambda_{12} \mathbf{u}_1) = \mathbf{u}_1^\top \cdot \mathbf{v}_2 + \lambda_{12} \cdot \mathbf{u}_1^\top \cdot \mathbf{u}_1 = 0, \Rightarrow \\
&\lambda_{12} = -\frac{\mathbf{u}_1^\top \cdot \mathbf{v}_2}{\mathbf{u}_1^\top \cdot \mathbf{u}_1} = -\frac{\mathbf{u}_1^\top \cdot \mathbf{v}_2}{\|\mathbf{u}_1\|^2} = -\mathbf{u}_1^\top \cdot \mathbf{v}_2.
\end{aligned}
$$

Entonces,

$$
\mathbf{u}_2' = \mathbf{v}_2 - (\mathbf{u}_1^\top \cdot \mathbf{v}_2) \cdot \mathbf{u}_1,
$$

y por último, para hacer $\mathbf{u}_2$ **ortonormal**, o que su **norma euclídea** sea 1, dividimos $\mathbf{u}_2'$ por su norma:

$$
\mathbf{u}_2 = \frac{\mathbf{u}_2'}{\|\mathbf{u}_2'\|} = \frac{\mathbf{v}_2 - (\mathbf{u}_1^\top \cdot \mathbf{v}_2) \cdot \mathbf{u}_1}{\|\mathbf{v}_2 - (\mathbf{u}_1^\top \cdot \mathbf{v}_2) \cdot \mathbf{u}_1\|}
$$

- Paso i-ésimo. Supongamos que hemos hallado $\mathbf{u}_1, \dots, \mathbf{u}_{i-1}$ que cumplen las condiciones anteriores. Vamos a hallar el valor siguiente $\mathbf{u}_i$.

Como $< \mathbf{u}_1, \dots, \mathbf{u}_{i-1}, \mathbf{u}_i >=< \mathbf{v}_1, \dots, \mathbf{v}_{i-1}, \mathbf{v}_i >=< \mathbf{u}_1, \dots, \mathbf{u}_{i-1}, \mathbf{v}_i >$, definimos:

$$
\mathbf{u}_i' = \mathbf{v}_\mathbf{i} + \sum_{j=1}^{i-1} \lambda_{ji} \cdot \mathbf{u}_j.
$$

Vamos a hallar los valores λ_{ji}.

Como $\mathbf{u}_l^\top \cdot \mathbf{u}_i' = 0$, para $l = 1, ..., i-1$, tenemos que:

$$\mathbf{u}_l^\top \cdot \mathbf{u}_i' = \mathbf{u}_l^\top \cdot \left(\mathbf{v_i} + \sum_{j=1}^{i-1} \lambda_{ji} \cdot \mathbf{u}_j \right) = \mathbf{u}_l^\top \cdot \mathbf{v_i} + \lambda_{li} \cdot (\mathbf{u}_l^\top \cdot \mathbf{u}_l) = 0,$$

y, por tanto, el valor de λ_{li} vale:

$$\lambda_{li} = -\frac{\mathbf{u}_l^\top \cdot \mathbf{v}_i}{\mathbf{u}_l^\top \cdot \mathbf{u}^l} = -\frac{\mathbf{u}_l^\top \cdot \mathbf{v}_i}{\|\mathbf{u}_l\|^2} = -\mathbf{u}_l^\top \cdot \mathbf{v}_i.$$

Por tanto,

$$\mathbf{u}_i' = \mathbf{v_i} - \sum_{j=1}^{i-1} (\mathbf{u}_j^\top \cdot \mathbf{v}_i) \cdot \mathbf{u}_j.$$

y por último, para hacer $\mathbf{u}_i$ **ortonormal**, o que su **norma euclídea** sea 1, lo dividimos por su norma:

$$\mathbf{u}_i = \frac{\mathbf{u}_i'}{\|\mathbf{u}_i'\|} = \frac{\mathbf{v_i} - \sum_{j=1}^{i-1} (\mathbf{u}_j^\top \cdot \mathbf{v}_i) \cdot \mathbf{u}_j}{\|\mathbf{v_i} - \sum_{j=1}^{i-1} (\mathbf{u}_j^\top \cdot \mathbf{v}_i) \cdot \mathbf{u}_j\|}.$$

Hallemos los vectores resultantes de aplicar el método de **ortogonalización de Gram-Schmidt** a las columnas de la matriz del sistema de ecuaciones del ejemplo 2.8:

$$\mathbf{A} = \begin{bmatrix} 5 & 1 & -3 & -1 & -2 \\ 1 & 2 & 2 & 0 & 3 \\ 1 & -1 & 3 & 2 & 0 \\ 0 & 1 & 0 & 4 & -1 \\ 1 & 3 & 1 & 0 & 5 \end{bmatrix}$$

Los vectores $\mathbf{v}_1, \mathbf{v}_2, \mathbf{v}_3, \mathbf{v}_4, \mathbf{v}_5$ serían los siguientes:

$$\mathbf{v}_1 = \begin{bmatrix} 5 \\ 1 \\ 1 \\ 0 \\ 1 \end{bmatrix}, \ \mathbf{v}_2 = \begin{bmatrix} 1 \\ 2 \\ -1 \\ 1 \\ 3 \end{bmatrix}, \ \mathbf{v}_3 = \begin{bmatrix} -3 \\ 2 \\ 3 \\ 0 \\ 1 \end{bmatrix}, \ \mathbf{v}_4 = \begin{bmatrix} -1 \\ 0 \\ 2 \\ 4 \\ 0 \end{bmatrix}, \ \mathbf{v}_5 = \begin{bmatrix} -2 \\ 3 \\ 0 \\ -1 \\ 5 \end{bmatrix}.$$

- El vector $\mathbf{u}_1'$ sería $\mathbf{u}_1' = \mathbf{v}_1$ y el vector $\mathbf{u}_1$ sería:

$$\mathbf{u}_1 = \frac{\mathbf{u}_1'}{\|\mathbf{u}_1'\|} = \frac{1}{\sqrt{5^2 + 1^2 + 1^2 + 0^2 + 1^2}} \begin{bmatrix} 5 \\ 1 \\ 1 \\ 0 \\ 1 \end{bmatrix} = \frac{1}{5.2915026} \begin{bmatrix} 5 \\ 1 \\ 1 \\ 0 \\ 1 \end{bmatrix} = \begin{bmatrix} 0.944911 \\ 0.188982 \\ 0.188982 \\ 0 \\ 0.188982 \end{bmatrix}.$$

- Para calcular $\mathbf{u}_2$, en primer lugar calculamos $\lambda_{12} = -\mathbf{u}_1^\top \cdot \mathbf{v}_2$:

$$\begin{aligned} -\mathbf{u}_1^\top \cdot \mathbf{v}_2 &= -\begin{bmatrix} 0.944911 & 0.188982 & 0.188982 & 0 & 0.188982 \end{bmatrix} \cdot \begin{bmatrix} 1 \\ 2 \\ -1 \\ 1 \\ 3 \end{bmatrix} \\ &= -(0.944911 \cdot 1 + 0.188982 \cdot 2 + 0.188982 \cdot (-1) + 0 \cdot 1 + \\ &\quad 0.188982 \cdot 3) \\ &= -1.70084. \end{aligned}$$

El valor de $\mathbf{u}_2'$ será:

$$\mathbf{u}_2' = \mathbf{v}_2 + \lambda_{12} \cdot \mathbf{u}_1 = \begin{bmatrix} 1 \\ 2 \\ -1 \\ 1 \\ 3 \end{bmatrix} - 1.70084 \cdot \begin{bmatrix} 0.944911 \\ 0.188982 \\ 0.188982 \\ 0 \\ 0.188982 \end{bmatrix} = \begin{bmatrix} -0.607143 \\ 1.678571 \\ -1.321429 \\ 1 \\ 2.678571 \end{bmatrix}.$$

Por último, hacemos que el vector $\mathbf{u}_2$ sea ortonormal o tenga norma euclídea 1:

$$\begin{aligned} \mathbf{u}_2 = \frac{\mathbf{u}_2'}{\|\mathbf{u}_2'\|} &= \frac{1}{\| \begin{bmatrix} -0.607143 & 1.678571 & -1.321429 & 1 & 2.678571 \end{bmatrix} \|} \cdot \begin{bmatrix} -0.607143 \\ 1.678571 \\ -1.321429 \\ 1 \\ 2.678571 \end{bmatrix} \\ &= \frac{1}{3.620379} \cdot \begin{bmatrix} -0.607143 \\ 1.678571 \\ -1.321429 \\ 1 \\ 2.678571 \end{bmatrix} = \begin{bmatrix} -0.167701 \\ 0.463645 \\ -0.364997 \\ 0.276214 \\ 0.739859 \end{bmatrix} \end{aligned}$$

- Recordemos que para calcular $\mathbf{u}_3$, primero calculamos $\mathbf{u}_3'$:

$$\mathbf{u}_3' = \mathbf{v}_3 + \lambda_{13} \cdot \mathbf{u}_{13} + \lambda_{23} \cdot \mathbf{u}_2.$$

Los valores de λ_{13} y λ_{23} son los siguientes:

$$
\begin{aligned}
\lambda_{13} &= -\mathbf{u}_1^\top \cdot \mathbf{v}_3 = -\begin{bmatrix} 0.944911 & 0.188982 & 0.188982 & 0 & 0.188982 \end{bmatrix} \cdot \begin{bmatrix} -3 \\ 2 \\ 3 \\ 0 \\ 1 \end{bmatrix} \\
&= -(0.944911 \cdot (-3) + 0.188982 \cdot 2 + 0.188982 \cdot 3 + 0 \cdot 0 + 0.188982 \cdot 1) \\
&= 1.70084, \\
\lambda_{23} &= -\mathbf{u}_2^\top \cdot \mathbf{v}_3 \\
&= -\begin{bmatrix} -0.167701 & 0.463645 & -0.364997 & 0.276214 & 0.739859 \end{bmatrix} \cdot \begin{bmatrix} -3 \\ 2 \\ 3 \\ 0 \\ 1 \end{bmatrix} \\
&= -(-0.167701 \cdot (-3) + 0.463645 \cdot 2 + (-0.364997) \cdot 3 + 0.276214 \cdot 0 \\
&\quad + 0.739859 \cdot 1) = -1.075262.
\end{aligned}
$$

El valor de $\mathbf{u}_3'$ será:

$$
\begin{aligned}
\mathbf{u}_3' &= \mathbf{v}_3 + \lambda_{13} \cdot \mathbf{u}_1 + \lambda_{23} \cdot \mathbf{u}_2 \\
&= \begin{bmatrix} -3 \\ 2 \\ 3 \\ 0 \\ 1 \end{bmatrix} + 1.70084 \cdot \begin{bmatrix} 0.944911 \\ 0.188982 \\ 0.188982 \\ 0 \\ 0.188982 \end{bmatrix} + (-1.075262) \cdot \begin{bmatrix} -0.167701 \\ 0.463645 \\ -0.364997 \\ 0.276214 \\ 0.739859 \end{bmatrix} \\
&= \begin{bmatrix} -1.212534 \\ 1.822888 \\ 3.713896 \\ -0.297003 \\ 0.525886 \end{bmatrix}.
\end{aligned}
$$

Los valores de λ_{15}, λ_{25}, λ_{35} y λ_{45} s

Por último, hacemos que el vector $\mathbf{u}_3$ sea ortonormal o tenga norma euclídea 1:

$$\mathbf{u}_3 = \frac{\mathbf{u}_3'}{\|\mathbf{u}_3'\|}$$

$$= \frac{1}{\| \begin{bmatrix} -1.212534 & 1.822888 & 3.713896 & -0.297003 & 0.525886 \end{bmatrix} \|} \cdot \begin{bmatrix} -1.212534 \\ 1.822888 \\ 3.713896 \\ -0.297003 \\ 0.525886 \end{bmatrix}$$

$$= \frac{1}{4.353269} \cdot \begin{bmatrix} -1.212534 \\ 1.822888 \\ 3.713896 \\ -0.297003 \\ 0.525886 \end{bmatrix} = \begin{bmatrix} -0.278534 \\ 0.41874 \\ 0.853128 \\ -0.068225 \\ 0.120802 \end{bmatrix}$$

- Recordemos que para calcular $\mathbf{u}_4$, primero calculamos $\mathbf{u}_4'$:

$$\mathbf{u}_4' = \mathbf{v}_4 + \lambda_{14} \cdot \mathbf{u}_1 + \lambda_{24} \cdot \mathbf{u}_2 + \lambda_{34} \cdot \mathbf{u}_3.$$

Los valores de λ_{14}, λ_{24} y λ_{34} son los siguientes:

$$\lambda_{15} = -\mathbf{u}_1^\top \cdot \mathbf{v}_5 = -[0.944911 \quad 0.1$$

$$= -(0.944911 \cdot (-2) + 0.188982$$
$$= 0.377964,$$

$$\lambda_{25} = -\mathbf{u}_2^\top \cdot \mathbf{v}_5$$

$$= -[-0.167701 \quad 0.463645 \quad -$$

$$= -(-0.167701 \cdot (-2) + 0.4636$$
$$+ 0.739859 \cdot 5) = -5.14942$$

$$\lambda_{35} = -\mathbf{u}_3^\top \cdot \mathbf{v}_5$$

$$= -[-0.278534 \quad 0.41874 \quad 0.8$$

$$= -(-0.278534 \cdot (-2) + 0.4187$$
$$+ 0.120802 \cdot 5) = -2.4855$$

$$\lambda_{45} = -\mathbf{u}_4^\top \cdot \mathbf{v}_5$$

$$= -[0.024779 \quad -0.206152 \quad 0.$$

$$= -(0.024779 \cdot (-2) + (-0.206$$
$$+ (-0.11994) \cdot 5) = 2.2172$$

$$\begin{aligned}
\lambda_{14} &= -\mathbf{u}_1^\top \cdot \mathbf{v}_4 = -\begin{bmatrix} 0.944911 & 0.188982 & 0.188982 & 0 & 0.188982 \end{bmatrix} \cdot \begin{bmatrix} -1 \\ 0 \\ 2 \\ 4 \\ 0 \end{bmatrix} \\
&= -(0.944911 \cdot (-1) + 0.188982 \cdot 0 + 0.188982 \cdot 2 + 0 \cdot 4 + 0.188982 \cdot 0) \\
&= 0.566947, \\
\lambda_{24} &= -\mathbf{u}_2^\top \cdot \mathbf{v}_4 \\
&= -\begin{bmatrix} -0.167701 & 0.463645 & -0.364997 & 0.276214 & 0.739859 \end{bmatrix} \cdot \begin{bmatrix} -1 \\ 0 \\ 2 \\ 4 \\ 0 \end{bmatrix} \\
&= -(-0.167701 \cdot (-1) + 0.463645 \cdot 0 + (-0.364997) \cdot 2 + 0.276214 \cdot 4 \\
&\quad + 0.739859 \cdot 0) = -0.542564, \\
\lambda_{34} &= -\mathbf{u}_3^\top \cdot \mathbf{v}_4 \\
&= -\begin{bmatrix} -0.278534 & 0.41874 & 0.853128 & -0.068225 & 0.120802 \end{bmatrix} \cdot \begin{bmatrix} -1 \\ 0 \\ 2 \\ 4 \\ 0 \end{bmatrix} \\
&= -(-0.278534 \cdot (-1) + 0.41874 \cdot 0 + 0.853128 \cdot 2 + (-0.068225) \cdot 4 \\
&\quad + 0.120802 \cdot 0) = -1.71189.
\end{aligned}$$

El valor de $\mathbf{u}'_4$ será:

$$\mathbf{u}'_4 = \mathbf{v}_4 + \lambda_{14} \cdot \mathbf{u}_1 + \lambda_{24} \cdot \mathbf{u}_2 + \lambda_{3}$$

$$= \begin{bmatrix} -1 \\ 0 \\ 2 \\ 4 \\ 0 \end{bmatrix} + 0.566947 \cdot \begin{bmatrix} 0.94491 \\ 0.18898 \\ 0.18898 \\ 0 \\ 0.18898 \end{bmatrix}$$

$$+ (-1.71189) \cdot \begin{bmatrix} -0.27853 \\ 0.41874 \\ 0.853128 \\ -0.06822 \\ 0.120802 \end{bmatrix}$$

Por último, hacemos que el vector $\mathbf{u}_4$ sea

$$\mathbf{u}_4 = \frac{\mathbf{u}'_4}{\|\mathbf{u}'_4\|}$$

$$= \frac{1}{\| [0.103523 \quad -0.861251 \quad 0.844716}$$

$$= \frac{1}{4.177754} \cdot \begin{bmatrix} 0.103523 \\ -0.861251 \\ 0.844716 \\ 3.96693 \\ -0.501078 \end{bmatrix} = \begin{bmatrix} 0.02 \\ -0.2 \\ 0.20 \\ 0.94 \\ -0.1 \end{bmatrix}$$

- Recordemos que para calcular $\mathbf{u}_5$,

$$\mathbf{u}'_5 = \mathbf{v}_5 + \lambda_{15} \cdot \mathbf{u}_1 +$$

El valor de $\mathbf{u}'_5$ será:

$$\mathbf{u}'_5 = \mathbf{v}_5 + \lambda_{15} \cdot \mathbf{u}_1 + \lambda_{25} \cdot \mathbf{u}_2 + \lambda_{35} \cdot \mathbf{u}_3 + \lambda_{45} \cdot \mathbf{u}_4$$

$$= \begin{bmatrix} -2 \\ 3 \\ 0 \\ -1 \\ 5 \end{bmatrix} + 0.377964 \cdot \begin{bmatrix} 0.944911 \\ 0.188982 \\ 0.188982 \\ 0 \\ 0.188982 \end{bmatrix} + (-5.149422) \cdot \begin{bmatrix} -0.167701 \\ 0.463645 \\ -0.364997 \\ 0.276214 \\ 0.739859 \end{bmatrix}$$

$$+ (-2.485526) \cdot \begin{bmatrix} -0.278534 \\ 0.41874 \\ 0.853128 \\ -0.068225 \\ 0.120802 \end{bmatrix} + 2.217249 \cdot \begin{bmatrix} 0.024779 \\ -0.206152 \\ 0.202194 \\ 0.949537 \\ -0.11994 \end{bmatrix}$$

$$= \begin{bmatrix} -0.032045 \\ -0.813955 \\ 0.278796 \\ -0.147409 \\ 0.695387 \end{bmatrix}.$$

Por último, hacemos que el vector $\mathbf{u}_5$ sea ortonormal o tenga norma euclídea 1:

$$\mathbf{u}_5 = \frac{\mathbf{u}'_5}{\|\mathbf{u}'_5\|}$$

$$= \frac{1}{\| [-0.032045 \quad -0.813955 \quad 0.278796 \quad -0.147409 \quad 0.695387] \|} \cdot \begin{bmatrix} -0.032045 \\ -0.813955 \\ 0.278796 \\ -0.147409 \\ 0.695387 \end{bmatrix}$$

$$= \frac{1}{1.116499} \cdot \begin{bmatrix} -0.032045 \\ -0.813955 \\ 0.278796 \\ -0.147409 \\ 0.695387 \end{bmatrix} = \begin{bmatrix} -0.028702 \\ -0.729025 \\ 0.249705 \\ -0.132028 \\ 0.622828 \end{bmatrix}.$$

En resumen, hemos convertido las columnas de la matriz

$$\mathbf{A} = \begin{bmatrix} 5 & 1 & -3 & -1 & -2 \\ 1 & 2 & 2 & 0 & 3 \\ 1 & -1 & 3 & 2 & 0 \\ 0 & 1 & 0 & 4 & -1 \\ 1 & 3 & 1 & 0 & 5 \end{bmatrix},$$

en las columnas de la matriz

$$\mathbf{Q} = \begin{bmatrix} 0.944911 & -0.167701 & -0.278534 & 0.024779 & -0.028702 \\ 0.188982 & 0.463645 & 0.41874 & -0.206152 & -0.729025 \\ 0.188982 & -0.364997 & 0.853128 & 0.202194 & 0.249705 \\ 0 & 0.276214 & -0.068225 & 0.949537 & -0.132028 \\ 0.188982 & 0.739859 & 0.120802 & -0.11994 & 0.622828 \end{bmatrix},$$

de tal forma que si construimos la submatriz formada por las k primeras columnas de la matriz $\mathbf{A}$ y las k primeras columnas de la matriz $\mathbf{Q}$, es decir, dicha submatriz tendrá 5 filas y $2k$ columnas, entonces el rango de dicha submatriz será siempre k, con $k = 1, 2, 3, 4, 5$.

Ejercicio 2.4. Verificar la afirmación anterior para $k = 3$, es decir, demostrar que el rango de la submatriz siguiente es 3:

$$\begin{bmatrix} 5 & 1 & -3 & 0.944911 & -0.167701 & -0.278534 \\ 1 & 2 & 2 & 0.188982 & 0.463645 & 0.41874 \\ 1 & -1 & 3 & 0.188982 & -0.364997 & 0.853128 \\ 0 & 1 & 0 & 0 & 0.276214 & -0.068225 \\ 1 & 3 & 1 & 0.188982 & 0.739859 & 0.120802 \end{bmatrix}.$$

2.4.2. Descomposición QR

El método de **ortogonalización de Gram-Schmidt** es la clave para hallar la **descomposición** QR de una matriz $\mathbf{A}$:

Proposición 2.6 (Descomposición QR). *Sea* $\mathbf{A}$ *una matriz cuadrada* $n \times n$ *no singular. Aplicamos la* ***ortogonalización de Gram-Schmidt*** *a las columnas de la matriz* $\mathbf{A}$.

La matrices $\mathbf{Q}$ *y* $\mathbf{R}$ *de la* ***descomposición*** QR *de la matriz* $\mathbf{A}$ *son las siguientes:*

- *La matriz* $\mathbf{Q}$ *es la matriz cuyas columnas están formadas por los* ***vectores ortonormales*** $\mathbf{u}_1, \dots, \mathbf{u}_n$ *obtenidos mediante el proceso de Gram-Shmidt y*
- *la matriz* $\mathbf{R}$ *es la siguiente:*

$$\mathbf{R} = \begin{bmatrix} \|\mathbf{u}_1'\| & -\lambda_{12} & \dots & -\lambda_{1n} \\ 0 & \|\mathbf{u}_2'\| & \dots & -\lambda_{2n} \\ \vdots & \vdots & \ddots & \vdots \\ 0 & \dots & 0 & \|\mathbf{u}_n'\| \end{bmatrix}.$$

Es decir, la matriz $\mathbf{R}$ *tiene como diagonal la norma euclídea de los vectores* $\mathbf{u}_i'$, $i = 1, \dots, n$ *de la* ***ortogonalización de Gram-Schmidt*** *y* $r_{ij} = -\lambda_{ij}$, *para los elementos fuera de la diagonal con* $j > i$.

Demostración. Sean $\mathbf{v}_1, \ldots, \mathbf{v}_n$ la columnas de la matriz $\mathbf{A}$.

Recordemos la relación que hay entre los vectores $\mathbf{v}_i$ y los vectores $\mathbf{u}_i$:

$$\mathbf{u}_i' = \mathbf{v}_i + \sum_{j=1}^{i-1} \lambda_{ji} \mathbf{u}_j,$$

para $i = 1, \ldots, n$.

Si despejamos $\mathbf{v}_i$ de la expresión anterior, obtenemos:

$$\mathbf{v}_i = \mathbf{u}_i' - \sum_{j=1}^{i-1} \lambda_{ji} \mathbf{u}_j = \|\mathbf{u}_i'\| \cdot \mathbf{u}_i - \sum_{j=1}^{i-1} \lambda_{ji} \mathbf{u}_j.$$

Si escribimos la expresión anterior en componentes, obtenemos:

$$v_{ik} = \|\mathbf{u}_i'\| \cdot u_{ik} - \sum_{j=1}^{i-1} \lambda_{ji} u_{jk},$$

para $k = 1, \ldots, n$, e $i = 1, \ldots, n$, donde v_{ik} es la componente k-ésima del vector $\mathbf{v}_i$ y u_{jk} es la componente k-ésima del vector $\mathbf{u}_j$.

Recordemos que $\mathbf{v}_i$ era la columna i-ésima de la matriz $\mathbf{A}$. Entonces si escribimos $\mathbf{A} = (a_{ij})_{i,j=1,\ldots,n}$, $a_{ij} = v_{ji}$.

Sea la matriz $\mathbf{Q}$ ortogonal cuyas columnas son los vectores ortonormales $\mathbf{u}_1, \ldots, \mathbf{u}_n$. Entonces si escribimos $\mathbf{Q} = (q_{ij})_{i,j=1,\ldots,n}$, $q_{ij} = u_{ji}$.

Por último definimos la matriz $\mathbf{R} = (r_{ij})_{i,j=1,\ldots,n}$ tal como está definida en la proposición.

Entonces, la expresión anterior puede escribirse de la forma siguiente:

$$a_{ki} = \|\mathbf{u}_i'\| \cdot q_{ki} - \sum_{j=1}^{i-1} \lambda_{ji} q_{kj} = \sum_{j=1}^{i-1} q_{kj} r_{ji} + q_{ki} \cdot r_{ii} = \sum_{j=1}^{i} q_{kj} r_{ji}.$$

La expresión anterior es equivalente a afirmar que $\mathbf{A} = \mathbf{QR}$, tal como queríamos demostrar. □

2.4.3. Método QR. Pseudocódigo

- `INPUT número de incógnitas y ecuaciones` n,
  `matriz` $\mathbf{A} = (a_{ij})_{i=1,\ldots,n,j=1,\ldots,n}$,
  `vector de términos independientes` $\mathbf{b} = (b_i)_{i=1,\ldots,n}$.
- `Set` $\mathbf{Q} = \mathbf{0}$ (inicializamos la matriz $\mathbf{Q}$ a $\mathbf{0}$)
- `Set` $\mathbf{R} = \mathbf{0}$ (inicializamos la matriz $\mathbf{R}$ a $\mathbf{0}$)
- `Set` $\mathbf{Q}[:,1] = \mathbf{A}[:,1]/\|\mathbf{A}[:,1]\|_2$. (la primera columna de la matriz $\mathbf{Q}$ es la primera columna de la matriz $\mathbf{A}$ normalizada)

- `Set` $\mathbf{R}[1,1] = \|\mathbf{A}[:,1]\|_2$ (definimos $R[1,1]$ como la norma euclídea de la primera columna de la matriz $\mathbf{A}$)
- `For i=2,...,n`
  - `For j=1,...,i-1`
    - `Set` $\mathbf{R}[j,i] = \mathbf{Q}[:,j] \cdot \mathbf{A}[:,i]$ (la componente (j,i) de la matriz R es el producto escalar de la columna j-ésima de la matriz $\mathbf{Q}$ por la columna i-ésima de la matriz $\mathbf{A}$ cambiado de signo.)
  - `Set` $\mathbf{u}'_i = \mathbf{A}[:,i] - \sum_{j=1}^{i-1} \mathbf{R}[j,i] \cdot \mathbf{Q}[:,j]$ (calculamos el vector $\mathbf{u}'_i$)
  - `Set` $\mathbf{R}[i,i] = \|\mathbf{u}'_i\|_2$ (calculamos $R[i,i]$)
  - `Set` $\mathbf{Q}[:,i] = \frac{\mathbf{u}'_i}{\|\mathbf{u}'_i\|_2}$ (definimos la columna i-ésima de la matriz $\mathbf{Q}$)
- `Resolvemos` $\mathbf{Rx} = \mathbf{Q}^\top \mathbf{b}$ `por sustitución hacia atrás.`
- `Print x` (damos la solución del sistema)

Para la matriz del ejemplo 2.8:

$$\mathbf{A} = \begin{bmatrix} 5 & 1 & -3 & -1 & -2 \\ 1 & 2 & 2 & 0 & 3 \\ 1 & -1 & 3 & 2 & 0 \\ 0 & 1 & 0 & 4 & -1 \\ 1 & 3 & 1 & 0 & 5 \end{bmatrix},$$

la matriz $\mathbf{Q}$ sería la matriz cuyas columnas son los vectores $\mathbf{u}_1, \mathbf{u}_2, \mathbf{u}_3, \mathbf{u}_4$ y $\mathbf{u}_5$:

$$\mathbf{Q} = \begin{bmatrix} 0.944911 & -0.167701 & -0.278534 & 0.024779 & -0.028702 \\ 0.188982 & 0.463645 & 0.41874 & -0.206152 & -0.729025 \\ 0.188982 & -0.364997 & 0.853128 & 0.202194 & 0.249705 \\ 0 & 0.276214 & -0.068225 & 0.949537 & -0.132028 \\ 0.188982 & 0.739859 & 0.120802 & -0.11994 & 0.622828 \end{bmatrix}.$$

Los valores λ_{ij} ya fueron calculados y eran:

$$\lambda_{12} = -1.70084,\ \lambda_{13} = 1.70084,\ \lambda_{14} = 0.566947,\ \lambda_{15} = 0.377964,$$
$$\lambda_{23} = -1.075262,\ \lambda_{24} = -0.542564,\ \lambda_{25} = -5.149422,$$
$$\lambda_{34} = -1.71189,\ \lambda_{35} = -2.485526,$$
$$\lambda_{45} = 2.217249.$$

Los valores de las normas euclídeas de los vectores $\mathbf{u}'_1, \mathbf{u}'_2, \mathbf{u}'_3, \mathbf{u}'_4$ y $\mathbf{u}'_5$ valen:

$$\|\mathbf{u}'_1\| = \|\mathbf{v}_1\| = 5.291503,\ \|\mathbf{u}'_2\| = 3.620379,\ \|\mathbf{u}'_3\| = 4.353269,\ \|\mathbf{u}'_4\| = 4.177754,$$
$$\|\mathbf{u}'_5\| = 1.116499.$$

La matriz $\mathbf{R}$ será, entonces,

$$\mathbf{R} = \begin{bmatrix} 5.291503 & 1.70084 & -1.70084 & -0.566947 & -0.377964 \\ 0 & 3.620379 & 1.075262 & 0.542564 & 5.149422 \\ 0 & 0 & 4.353269 & 1.71189 & 2.485526 \\ 0 & 0 & 0 & 4.177754 & -2.217249 \\ 0 & 0 & 0 & 0 & 1.116499 \end{bmatrix}.$$

La función en `python` del método QR se encuentra implementada en

Dicha función se encuentra en la carpeta **Numérico 2** en el fichero `T7MetodosDirectosSistemas.ipynb`, sección 10.

Es decir, dado un sistema lineal $\mathbf{Ax} = \mathbf{b}$ que suponemos **compatible determinado**, devuelve la solución del sistema usando la **descomposición** QR de la matriz del sistema $\mathbf{A}$.

Para resolver el sistema usando la descomposición QR, usamos las funciones siguientes:

- `QR`: dada una matriz $\mathbf{A}$, da la descomposición QR de la matriz anterior, es decir, da la matriz ortogonal $\mathbf{Q}$ y la matriz triangular superior $\mathbf{R}$ tal que $\mathbf{A} = \mathbf{QR}$.
- `metodoQR`: dado un sistema de ecuaciones $\mathbf{Ax} = \mathbf{b}$ da la solución del sistema $\mathbf{x}$ a partir de la descomposición QR de la matriz del sistema $\mathbf{A}$ usando la función anterior `QR`.

La definición de la matriz del sistema es la siguiente:

```
Ab = [[5, 1, -3, -1, -2, 2],
      [1, 2, 2, 0, 3, 2],
      [1, -1, 3, 2, 0, 2],
      [0, 1, 0, 4, -1, 3],
      [1, 3, 1, 0, 5, 1]]
Ab = np.array(Ab)
```

El código de las funciones es el siguiente:

```
def QR(A, verbose = False):
  """
  Esta función calcula la descomposición QR de la matriz cuadrada.

  Args:
    A: Array bidimensional de numpy (Matriz cuadrada)
```

```
    verbose: Booleano para mostrar o no los resultados relevantes

  Returns:
    (Q, R): Tupla de arrays multidimensionales
  """

  # Pasamos todas las entradas del array bidimensional a tipo float
  A = A.astype("float")
  # Número de filas de la matriz
  n = A.shape[0]

  # Inicializamos las matrices Q y R
  Q = np.zeros((n, n))
  R = np.zeros((n, n))

  Q[:, 0] = A[:, 0] / np.linalg.norm(A[:, 0])
  R[0, 0] = np.linalg.norm(A[:, 0])

  for i in range(1, n):
    for j in range(i):
      R[j, i] = np.sum(Q[:, j] * A[:, i])

    sum = 0
    for k in range(i):
      sum += -R[k, i] * Q[:, k]
    u = A[:, i] + sum
    R[i, i] = np.linalg.norm(u)
    Q[:, i] = u / np.linalg.norm(u)

  if verbose:
    print("Q =\n", Q)
    print("R =\n", R)

  return (Q, R)

def metodoQR(Ab, verbose = False):
  """
  Esta función transforma un sistema lineal Ax = b al sistema
  equivalente Rx = Q^Tb mediante el método QR. Resuelve el sistema
  triangular superior usando el método de sustitución hacia atrás.

  Args:
    Ab: Array bidimensional de numpy (Matriz ampliada del sistema)
    verbose: Booleano para mostrar o no los resultados relevantes

  Returns:
```

```
    x: Array unidimensional con la solución del sistema
  """

  # Pasamos todas las entradas del array bidimensional a tipo float
  Ab = Ab.astype("float")
  # Número de filas y columnas de la matriz de coeficientes
  n = Ab.shape[0]

  # Obtenemos matriz de coeficientes y vector de términos
  # independientes
  A = Ab[:, :-1].copy()
  b = Ab[:, -1].copy()
  b = b.reshape((n, 1))

  Q, R = QR(A, verbose = verbose)

  Qtb = Q.transpose().dot(b)
  RQtb = np.concatenate((R, Qtb), axis = 1)

  x = sustitucionAtras(RQtb)

  if verbose:
    print("x =", x)

  return x
```

Para aplicar la función, hacemos lo siguiente:

```
x = metodoQR(Ab, verbose = True)

Q =
 [[ 0.94491118 -0.16770147 -0.27853413  0.0247795  -0.02870176]
 [ 0.18898224  0.46364524  0.41874007 -0.20615164 -0.72902473]
 [ 0.18898224 -0.36499732  0.85312812  0.20219381  0.24970532]
 [ 0.          0.27621419 -0.06822521  0.94953653 -0.1320281 ]
 [ 0.18898224  0.73985943  0.12080244 -0.11993965  0.62282821]]
R =
 [[ 5.29150262  1.70084013 -1.70084013 -0.56694671 -0.37796447]
 [ 0.          3.62037883  1.07526238  0.54256358  5.14942166]
 [ 0.          0.          4.35326931  1.71188951  2.48552587]
 [ 0.          0.          0.          4.17775424 -2.21724868]
 [ 0.          0.          0.          0.          1.1164985 ]]
x = [ 0.38303342  1.14138817  0.72750643  0.28791774 -0.70694087]
```

2.5. Aplicaciones

Vamos a ver cómo podemos usar las técnicas de resolución de sistemas lineales por **métodos directos** para calcular:

- la inversa de una matriz **regular** $\mathbf{A}$ cuadrada $n \times n$,
- el determinante de una matriz **regular** $\mathbf{A}$ cuadrada $n \times n$.

2.5.1. Inversa de una matriz A

Dada una matriz cuadrada $n \times n$ y regular $\mathbf{A}$, hallar la **matriz inversa** $\mathbf{A}^{-1}$ equivale a hallar una matriz $n \times n$, $\mathbf{A}^{-1}$ tal que:

$$\mathbf{A} \cdot \mathbf{A}^{-1} = \mathbf{I}_n,$$

donde $\mathbf{I}_n$ es la matriz **identidad** $n \times n$:

$$\mathbf{I}_n = \begin{bmatrix} 1 & 0 & \dots & 0 \\ 0 & 1 & \dots & 0 \\ \vdots & \vdots & \ddots & \vdots \\ 0 & 0 & \dots & 1 \end{bmatrix}.$$

Sea $\mathbf{c}_i$ la **columna** i**-ésima** de la **matriz inversa** $\mathbf{A}^{-1}$. Usando la condición anterior, tenemos que dicha columna $\mathbf{c}_i$ verifica el siguiente **sistema lineal**:

$$\mathbf{A} \cdot \mathbf{c}_i = \mathbf{e}_i := \begin{bmatrix} 0 \\ \vdots \\ \overset{i)}{\widehat{1}} \\ \vdots \\ 0 \end{bmatrix}.$$

Dicho de otra manera, hallar la **matriz inversa** $\mathbf{A}^{-1}$ es equivalente a resolver n sistemas lineales todos con la misma matriz del sistema $\mathbf{A}$ pero con diferentes **vectores de términos independientes**.

La resolución del sistema anterior corresponde a la columna i-ésima de la matriz inversa $\mathbf{A}^{-1}$, $\mathbf{c}_i$.

La matriz inversa $\mathbf{A}^{-1}$ será pues: $\mathbf{A}^{-1} = (\mathbf{c}_1, \dots, \mathbf{c}_n)$.

Como la **matriz del sistema** es la misma para los n sistemas lineales anteriores, podemos hallar la inversa usando los métodos vistos anteriormente:

- Descomposición LU. Si descomponemos la matriz $\mathbf{A}$ de la forma $\mathbf{A} = \mathbf{LU}$, resolvemos $\mathbf{LUc}_i = \mathbf{e}_i$, para $i = 1, \dots, n$, usando el método de resolución LU visto anteriormente, es decir,

- hallamos primero $\mathbf{y}_i$ resolviendo $\mathbf{L}\mathbf{y}_i = \mathbf{e}_i$ y seguidamente,
- hallamos $\mathbf{c}_i$ resolviendo $\mathbf{U}\mathbf{c}_i = \mathbf{y}_i$.

- Descomposición QR. Si descomponemos la matriz $\mathbf{A}$ de la forma $\mathbf{A} = \mathbf{QR}$, hacemos lo siguiente para hallar $\mathbf{A}^{-1}$:

$$\mathbf{A} \cdot \mathbf{A}^{-1} = \mathbf{Id}_n, \Rightarrow \mathbf{Q} \cdot \mathbf{R} \cdot \mathbf{A}^{-1} = \mathbf{Id}_n, \Rightarrow \mathbf{R} \cdot \mathbf{A}^{-1} = \mathbf{Q}^\top \cdot \mathbf{Id}_n = \mathbf{Q}^\top.$$

  En este segundo caso, para hallar la **columna** i-ésima de la **matriz inversa** $\mathbf{c}_i$, hemos de resolver el **sistema de ecuaciones**

$$\mathbf{R} \cdot \mathbf{c}_i = \mathbf{qt}_i,$$

  donde $\mathbf{qt}_i$ es la columna i-ésima de la matriz $\mathbf{Q}^\top$ que correspondería a la fila i-ésima de la matriz $\mathbf{Q}$. Fijémonos que la matriz del sistema $\mathbf{R}$ es **triangular superior**. Por tanto, se puede resolver usando la técnica de **sustitución hacia atrás**.

Vamos a hallar la inversa de la matriz vista en el ejemplo 2.8:

$$\mathbf{A} = \begin{bmatrix} 5 & 1 & -3 & -1 & -2 \\ 1 & 2 & 2 & 0 & 3 \\ 1 & -1 & 3 & 2 & 0 \\ 0 & 1 & 0 & 4 & -1 \\ 1 & 3 & 1 & 0 & 5 \end{bmatrix},$$

usando la descomposición LU. Dicha descomposición es la siguiente:

$$\mathbf{L} = \begin{bmatrix} 1 & 0 & 0 & 0 & 0 \\ 0.2 & 1 & 0 & 0 & 0 \\ 0.2 & -0.666667 & 1 & 0 & 0 \\ 0 & 0.555556 & -0.270833 & 1 & 0 \\ 0.2 & 1.555556 & -0.458333 & 0.211982 & 1 \end{bmatrix},$$

$$\mathbf{U} = \begin{bmatrix} 5 & 1 & -3 & -1 & -2 \\ 0 & 1.8 & 2.6 & 0.2 & 3.4 \\ 0 & 0 & 5.333333 & 2.333333 & 2.666667 \\ 0 & 0 & 0 & 4.520833 & -2.166667 \\ 0 & 0 & 0 & 0 & 1.792627 \end{bmatrix}.$$

- Primera columna de $\mathbf{A}^{-1}$. Primero resolvemos:

$$\mathbf{L} \cdot \mathbf{y}_1 = \mathbf{e}_1, \Rightarrow \begin{bmatrix} 1 & 0 & 0 & 0 & 0 \\ 0.2 & 1 & 0 & 0 & 0 \\ 0.2 & -0.666667 & 1 & 0 & 0 \\ 0 & 0.555556 & -0.270833 & 1 & 0 \\ 0.2 & 1.555556 & -0.458333 & 0.211982 & 1 \end{bmatrix} \cdot \begin{bmatrix} y_{11} \\ y_{21} \\ y_{31} \\ y_{41} \\ y_{51} \end{bmatrix} = \begin{bmatrix} 1 \\ 0 \\ 0 \\ 0 \\ 0 \end{bmatrix}.$$

  Hallamos el vector $\mathbf{y}_1$ usando la técnica de sustitución hacia adelante:

$$y_{11} = 1,\ y_{21} = 0 - 0.2y_{11} = -0.2,\ y_{31} = 0 + 0.666667y_{21} - 0.2y_{11} = -0.333333,$$
$$y_{41} = 0 + 0.270833y_{31} - 0.555556y_{21} = 0.0208333,$$
$$y_{51} = 0 - 0.211982y_{41} + 0.458333y_{31} - 1.555556y_{21} - 0.2y_{11} = -0.0460829.$$

El vector $\mathbf{y}_1$ vale: $\begin{bmatrix} 1 \\ -0.2 \\ -0.333333 \\ 0.020833 \\ -0.046083 \end{bmatrix}$.

A continuación, calculamos la primera columna $\mathbf{c}_1$ de la matriz $\mathbf{A}^{-1}$ resolviendo:

$$\mathbf{U}\cdot\mathbf{c}_1 = \mathbf{y}_1,\quad \begin{bmatrix} 5 & 1 & -3 & -1 & -2 \\ 0 & 1.8 & 2.6 & 0.2 & 3.4 \\ 0 & 0 & 5.333333 & 2.333333 & 2.666667 \\ 0 & 0 & 0 & 4.520833 & -2.166667 \\ 0 & 0 & 0 & 0 & 1.792627 \end{bmatrix} \cdot \begin{bmatrix} c_{11} \\ c_{21} \\ c_{31} \\ c_{41} \\ c_{51} \end{bmatrix} = \begin{bmatrix} 1 \\ -0.2 \\ -0.333333 \\ 0.020833 \\ -0.046083 \end{bmatrix}.$$

$$c_{51} = \frac{-0.046083}{1.792627} = -0.025707,$$
$$c_{41} = \frac{0.020833 - (-2.1666667)\cdot c_{51}}{4.5208333} = -0.0077121,$$
$$c_{31} = \frac{-0.3333333 - 2.6666667\cdot c_{51} - 2.3333333\cdot c_{41}}{5.3333333} = -0.0462725,$$
$$c_{21} = \frac{-0.2 - 3.4\cdot c_{51} - 0.2\cdot c_{41} - 2.6\cdot c_{31}}{1.8} = 0.0051414,$$
$$c_{11} = \frac{1 - (-2)\cdot c_{51} - (-1)\cdot c_{41} - (-3)\cdot c_{31} - 1\cdot c_{21}}{5} = 0.159383.$$

- Segunda columna de $\mathbf{A}^{-1}$. Primero resolvemos:

$$\mathbf{L}\cdot\mathbf{y}_2 = \mathbf{e}_2,\ \Rightarrow \begin{bmatrix} 1 & 0 & 0 & 0 & 0 \\ 0.2 & 1 & 0 & 0 & 0 \\ 0.2 & -0.666667 & 1 & 0 & 0 \\ 0 & 0.555556 & -0.270833 & 1 & 0 \\ 0.2 & 1.555556 & -0.458333 & 0.211982 & 1 \end{bmatrix} \cdot \begin{bmatrix} y_{12} \\ y_{22} \\ y_{32} \\ y_{42} \\ y_{52} \end{bmatrix} = \begin{bmatrix} 0 \\ 1 \\ 0 \\ 0 \\ 0 \end{bmatrix}.$$

Hallamos el vector $\mathbf{y}_2$ usando la técnica de sustitución hacia adelante:

$$y_{12} = 0,\ y_{22} = 1 - 0.2y_{12} = 1,\ y_{32} = 0 + 0.666667y_{22} - 0.2y_{12} = 0.666667,$$
$$y_{42} = 0 + 0.270833y_{32} - 0.555556y_{22} = -0.375,$$
$$y_{52} = 0 - 0.211982y_{42} + 0.458333y_{32} - 1.555556y_{22} - 0.2y_{12} = -1.1705069.$$

El vector $\mathbf{y}_2$ vale: $\begin{bmatrix} 0 \\ 1 \\ 0.666667 \\ -0.375 \\ -1.170507 \end{bmatrix}$.

A continuación, calculamos la segunda columna $\mathbf{c}_2$ de la matriz $\mathbf{A}^{-1}$ resolviendo:

$$\mathbf{U}\cdot\mathbf{c}_2 = \mathbf{y}_2, \quad \begin{bmatrix} 5 & 1 & -3 & -1 & -2 \\ 0 & 1.8 & 2.6 & 0.2 & 3.4 \\ 0 & 0 & 5.333333 & 2.333333 & 2.666667 \\ 0 & 0 & 0 & 4.520833 & -2.166667 \\ 0 & 0 & 0 & 0 & 1.792627 \end{bmatrix} \cdot \begin{bmatrix} c_{12} \\ c_{22} \\ c_{32} \\ c_{42} \\ c_{52} \end{bmatrix} = \begin{bmatrix} 0 \\ 1 \\ 0.666667 \\ -0.375 \\ -1.170507 \end{bmatrix}.$$

$$\begin{aligned}
c_{52} &= \frac{-1.170507}{1.792627} = -0.652956, \\
c_{42} &= \frac{-0.375-(-2.1666667)\cdot c_{52}}{4.5208333} = -0.3958869, \\
c_{32} &= \frac{0.6666667 - 2.6666667\cdot c_{52} - 2.3333333\cdot c_{42}}{5.3333333} = 0.6246787, \\
c_{22} &= \frac{1 - 3.4\cdot c_{52} - 0.2\cdot c_{42} - 2.6\cdot c_{32}}{1.8} = 0.9305913, \\
c_{12} &= \frac{0-(-2)\cdot c_{52} - (-1)\cdot c_{42} - (-3)\cdot c_{32} - 1\cdot c_{22}}{5} = -0.151671.
\end{aligned}$$

- Tercera columna de $\mathbf{A}^{-1}$. Primero resolvemos:

$$\mathbf{L}\cdot\mathbf{y}_3 = \mathbf{e}_3, \Rightarrow \begin{bmatrix} 1 & 0 & 0 & 0 & 0 \\ 0.2 & 1 & 0 & 0 & 0 \\ 0.2 & -0.666667 & 1 & 0 & 0 \\ 0 & 0.555556 & -0.270833 & 1 & 0 \\ 0.2 & 1.555556 & -0.458333 & 0.211982 & 1 \end{bmatrix} \cdot \begin{bmatrix} y_{13} \\ y_{23} \\ y_{33} \\ y_{43} \\ y_{53} \end{bmatrix} = \begin{bmatrix} 0 \\ 0 \\ 1 \\ 0 \\ 0 \end{bmatrix}.$$

Hallamos el vector $\mathbf{y}_3$ usando la técnica de sustitución hacia adelante:

$$\begin{aligned}
& y_{13} = 0,\ y_{23} = 0 - 0.2y_{13} = 0,\ y_{33} = 1 + 0.666667y_{23} - 0.2y_{13} = 1, \\
& y_{43} = 0 + 0.270833y_{33} - 0.555556y_{23} = 0.2708333, \\
& y_{53} = 0 - 0.211982y_{43} + 0.458333y_{33} - 1.555556y_{23} - 0.2y_{13} = 0.4009217.
\end{aligned}$$

El vector $\mathbf{y}_3$ vale: $\begin{bmatrix} 0 \\ 0 \\ 1 \\ 0.270833 \\ 0.400922 \end{bmatrix}$.

A continuación, calculamos la tercera columna $\mathbf{c}_3$ de la matriz $\mathbf{A}^{-1}$ resolviendo:

$$\mathbf{U}\cdot\mathbf{c}_3=\mathbf{y}_3,\quad \begin{bmatrix}5 & 1 & -3 & -1 & -2\\ 0 & 1.8 & 2.6 & 0.2 & 3.4\\ 0 & 0 & 5.333333 & 2.333333 & 2.666667\\ 0 & 0 & 0 & 4.520833 & -2.166667\\ 0 & 0 & 0 & 0 & 1.792627\end{bmatrix}\cdot\begin{bmatrix}c_{13}\\ c_{23}\\ c_{33}\\ c_{43}\\ c_{53}\end{bmatrix}=\begin{bmatrix}0\\ 0\\ 1\\ 0.270833\\ 0.400922\end{bmatrix}.$$

$$\begin{aligned}
c_{53}&=\frac{0.400922}{1.792627}=0.22365,\\
c_{43}&=\frac{0.270833-(-2.1666667)\cdot c_{53}}{4.5208333}=0.1670951,\\
c_{33}&=\frac{1-2.6666667\cdot c_{53}-2.3333333\cdot c_{43}}{5.3333333}=0.0025707,\\
c_{23}&=\frac{0-3.4\cdot c_{53}-0.2\cdot c_{43}-2.6\cdot c_{33}}{1.8}=-0.4447301,\\
c_{13}&=\frac{0-(-2)\cdot c_{53}-(-1)\cdot c_{43}-(-3)\cdot c_{33}-1\cdot c_{23}}{5}=0.2133676.
\end{aligned}$$

- Cuarta columna de $\mathbf{A}^{-1}$. Primero resolvemos:

$$\mathbf{L}\cdot\mathbf{y}_4=\mathbf{e}_4,\ \Rightarrow \begin{bmatrix}1 & 0 & 0 & 0 & 0\\ 0.2 & 1 & 0 & 0 & 0\\ 0.2 & -0.666667 & 1 & 0 & 0\\ 0 & 0.555556 & -0.270833 & 1 & 0\\ 0.2 & 1.555556 & -0.458333 & 0.211982 & 1\end{bmatrix}\cdot\begin{bmatrix}y_{14}\\ y_{24}\\ y_{34}\\ y_{44}\\ y_{54}\end{bmatrix}=\begin{bmatrix}0\\ 0\\ 0\\ 1\\ 0\end{bmatrix}.$$

Hallamos el vector $\mathbf{y}_4$ usando la técnica de sustitución hacia adelante:

$$\begin{aligned}
&y_{14}=0,\ y_{24}=0-0.2y_{14}=0,\ y_{34}=0+0.666667y_{24}-0.2y_{14}=0,\\
&y_{44}=1+0.270833y_{34}-0.555556y_{24}=1,\\
&y_{54}=0-0.211982y_{44}+0.458333y_{34}-1.555556y_{24}-0.2y_{14}=-0.2119816.
\end{aligned}$$

El vector $\mathbf{y}_4$ vale: $\begin{bmatrix}0\\ 0\\ 0\\ 1\\ -0.211982\end{bmatrix}.$

A continuación, calculamos la cuarta columna $\mathbf{c}_4$ de la matriz $\mathbf{A}^{-1}$ resolviendo:

$$\mathbf{U}\cdot\mathbf{c}_4=\mathbf{y}_4,\quad \begin{bmatrix}5 & 1 & -3 & -1 & -2\\ 0 & 1.8 & 2.6 & 0.2 & 3.4\\ 0 & 0 & 5.333333 & 2.333333 & 2.666667\\ 0 & 0 & 0 & 4.520833 & -2.166667\\ 0 & 0 & 0 & 0 & 1.792627\end{bmatrix}\cdot\begin{bmatrix}c_{14}\\ c_{24}\\ c_{34}\\ c_{44}\\ c_{54}\end{bmatrix}=\begin{bmatrix}0\\ 0\\ 0\\ 1\\ -0.211982\end{bmatrix}.$$

$$c_{54} = \frac{-0.211982}{1.792627} = -0.118252,$$
$$c_{44} = \frac{1-(-2.1666667)\cdot c_{54}}{4.5208333} = 0.1645244,$$
$$c_{34} = \frac{0-2.6666667\cdot c_{54}-2.3333333\cdot c_{44}}{5.3333333} = -0.0128535,$$
$$c_{24} = \frac{0-3.4\cdot c_{54}-0.2\cdot c_{44}-2.6\cdot c_{34}}{1.8} = 0.2236504,$$
$$c_{14} = \frac{0-(-2)\cdot c_{54}-(-1)\cdot c_{44}-(-3)\cdot c_{34}-1\cdot c_{24}}{5} = -0.066838.$$

- Quinta columna de $\mathbf{A}^{-1}$. Primero resolvemos:

$$\mathbf{L}\cdot\mathbf{y}_5 = \mathbf{e}_5,\ \Rightarrow \begin{bmatrix} 1 & 0 & 0 & 0 & 0 \\ 0.2 & 1 & 0 & 0 & 0 \\ 0.2 & -0.666667 & 1 & 0 & 0 \\ 0 & 0.555556 & -0.270833 & 1 & 0 \\ 0.2 & 1.555556 & -0.458333 & 0.211982 & 1 \end{bmatrix}\cdot\begin{bmatrix} y_{15} \\ y_{25} \\ y_{35} \\ y_{45} \\ y_{55} \end{bmatrix} = \begin{bmatrix} 0 \\ 0 \\ 0 \\ 0 \\ 1 \end{bmatrix}.$$

Hallamos el vector $\mathbf{y}_5$ usando la técnica de sustitución hacia adelante:

$$y_{15} = 0,\ y_{25} = 0-0.2y_{15} = 0,\ y_{35} = 0+0.666667y_{25}-0.2y_{15} = 0,$$
$$y_{45} = 0+0.270833y_{35}-0.555556y_{25} = 0,$$
$$y_{55} = 1-0.211982y_{45}+0.458333y_{35}-1.555556y_{25}-0.2y_{15} = 1.$$

El vector $\mathbf{y}_5$ vale: $\begin{bmatrix} 0 \\ 0 \\ 0 \\ 0 \\ 1 \end{bmatrix}$.

A continuación, calculamos la quinta columna $\mathbf{c}_5$ de la matriz $\mathbf{A}^{-1}$ resolviendo:

$$\mathbf{U}\cdot\mathbf{c}_5 = \mathbf{y}_5,\quad \begin{bmatrix} 5 & 1 & -3 & -1 & -2 \\ 0 & 1.8 & 2.6 & 0.2 & 3.4 \\ 0 & 0 & 5.333333 & 2.333333 & 2.666667 \\ 0 & 0 & 0 & 4.520833 & -2.166667 \\ 0 & 0 & 0 & 0 & 1.792627 \end{bmatrix}\cdot\begin{bmatrix} c_{15} \\ c_{25} \\ c_{35} \\ c_{45} \\ c_{55} \end{bmatrix} = \begin{bmatrix} 0 \\ 0 \\ 0 \\ 0 \\ 1 \end{bmatrix}.$$

$$
\begin{aligned}
c_{55} &= \frac{1}{1.792627} = 0.557841,\\
c_{45} &= \frac{0-(-2.1666667)\cdot c_{55}}{4.5208333} = 0.2673522,\\
c_{35} &= \frac{0-2.6666667\cdot c_{55}-2.3333333\cdot c_{45}}{5.3333333} = -0.3958869,\\
c_{25} &= \frac{0-3.4\cdot c_{55}-0.2\cdot c_{45}-2.6\cdot c_{35}}{1.8} = -0.5115681,\\
c_{15} &= \frac{0-(-2)\cdot c_{55}-(-1)\cdot c_{45}-(-3)\cdot c_{35}-1\cdot c_{25}}{5} = 0.1413882.
\end{aligned}
$$

La matriz inversa $\mathbf{A}^{-1}$ será:

$$
\mathbf{A}^{-1} = \begin{bmatrix}
0.159383 & -0.151671 & 0.213368 & -0.066838 & 0.141388\\
0.005141 & 0.930591 & -0.44473 & 0.22365 & -0.511568\\
-0.046272 & 0.624679 & 0.002571 & -0.012853 & -0.395887\\
-0.007712 & -0.395887 & 0.167095 & 0.164524 & 0.267352\\
-0.025707 & -0.652956 & 0.22365 & -0.118252 & 0.557841
\end{bmatrix}.
$$

La función en `python` del cálculo de la inversa de una matriz usando la descomposición *LU* se encuentra implementada en

Dicha función se encuentra en la carpeta **Numérico 2** en el fichero `T7MetodosDirectosSistemas.ipynb`, sección 11, subsección 1.

La función usa la función `metodoLU` introducida en la sección de descomposición *LU* 2.3.6.

La definición de la matriz es la siguiente:

```
A = [[5, 1, -3, -1, -2],
     [1, 2, 2, 0, 3],
     [1, -1, 3, 2, 0],
     [0, 1, 0, 4, -1],
     [1, 3, 1, 0, 5]]
A = np.array(A)
```

El código de la función es el siguiente:

```
def inversaLU(A, verbose = False):
  """
  Esta función calcula la inversa de una matriz cuadrada
  mediante descomposición LU
```

```
    Args:
      A: Array bidimensional de numpy (Matriz cuadrada)
      verbose: Booleano para mostrar o no los resultados relevantes

    Returns:
      Ainv: Array bidimensional (Matriz inversa)
    """

    n = A.shape[0]

    I = np.identity(n)
    Ainv = np.empty((n, n))

    for i in range(n):
      yi = I[:, i].reshape((n, 1))
      Ayi = np.concatenate((A, yi), axis = 1)
      ci = metodoLU(Ayi, verbose = verbose)
      Ainv[:, i] = ci

    if verbose:
      print("Ainv =\n", Ainv)

    return Ainv
```

Para aplicar la función, hacemos lo siguiente:

```
Ainv = inversaLU(A, verbose = False)
```

```
x = [ 0.15938303  0.00514139 -0.04627249 -0.00771208 -0.02570694]
x = [-0.15167095  0.93059126  0.62467866 -0.39588689 -0.6529563 ]
x = [ 0.21336761 -0.44473008  0.00257069  0.16709512  0.22365039]
x = [-0.06683805  0.22365039 -0.01285347  0.16452442 -0.11825193]
x = [ 0.14138817 -0.51156812 -0.39588689  0.26735219  0.55784062]
Ainv =
 [[ 0.15938303 -0.15167095  0.21336761 -0.06683805  0.14138817]
 [ 0.00514139  0.93059126 -0.44473008  0.22365039 -0.51156812]
 [-0.04627249  0.62467866  0.00257069 -0.01285347 -0.39588689]
 [-0.00771208 -0.39588689  0.16709512  0.16452442  0.26735219]
 [-0.02570694 -0.6529563   0.22365039 -0.11825193  0.55784062]]
```

Observación. El vector $\mathbf{y}_i$ es de la forma:

$$\mathbf{y}_i = \begin{bmatrix} 0 \\ \vdots \\ 0 \\ \overset{i)}{\widehat{1}} \\ y_{i+1,i} \\ \vdots \\ y_{n,i} \end{bmatrix}.$$

Por tanto, sólo hace falta hallar $n-i$ componentes de dicho vector.

Hallemos la inversa de la matriz $\mathbf{A} = \begin{bmatrix} 5 & 1 & -3 & -1 & -2 \\ 1 & 2 & 2 & 0 & 3 \\ 1 & -1 & 3 & 2 & 0 \\ 0 & 1 & 0 & 4 & -1 \\ 1 & 3 & 1 & 0 & 5 \end{bmatrix}$ del ejemplo 2.8 usando la descomposición QR.

La descomposición QR de la matriz $\mathbf{A}$ es la siguiente:

$$\mathbf{Q} = \begin{bmatrix} 0.944911 & -0.167701 & -0.278534 & 0.024779 & -0.028702 \\ 0.188982 & 0.463645 & 0.41874 & -0.206152 & -0.729025 \\ 0.188982 & -0.364997 & 0.853128 & 0.202194 & 0.249705 \\ 0 & 0.276214 & -0.068225 & 0.949537 & -0.132028 \\ 0.188982 & 0.739859 & 0.120802 & -0.11994 & 0.622828 \end{bmatrix},$$

$$\mathbf{R} = \begin{bmatrix} 5.291503 & 1.70084 & -1.70084 & -0.566947 & -0.377964 \\ 0 & 3.620379 & 1.075262 & 0.542564 & 5.149422 \\ 0 & 0 & 4.353269 & 1.71189 & 2.485526 \\ 0 & 0 & 0 & 4.177754 & -2.217249 \\ 0 & 0 & 0 & 0 & 1.116499 \end{bmatrix}.$$

- Primera columna $\mathbf{c}_1$ de $\mathbf{A}^{-1}$. Hemos de resolver el sistema siguiente $\mathbf{R} \cdot \mathbf{c}_1 = \mathbf{qt}_1$, donde recordemos que $\mathbf{qt}_1$ sería la primera fila de la matriz $\mathbf{Q}$:

$$\begin{bmatrix} 5.291503 & 1.70084 & -1.70084 & -0.566947 & -0.377964 \\ 0 & 3.620379 & 1.075262 & 0.542564 & 5.149422 \\ 0 & 0 & 4.353269 & 1.71189 & 2.485526 \\ 0 & 0 & 0 & 4.177754 & -2.217249 \\ 0 & 0 & 0 & 0 & 1.116499 \end{bmatrix} \cdot \begin{bmatrix} c_{11} \\ c_{21} \\ c_{31} \\ c_{41} \\ c_{51} \end{bmatrix} = \begin{bmatrix} 0.944911 \\ -0.167701 \\ -0.278534 \\ 0.024779 \\ -0.028702 \end{bmatrix}.$$

Usamos la técnica de sustitución hacia atrás:

$$
\begin{aligned}
c_{51} &= \frac{-0.028702}{1.116499} = -0.025707,\\
c_{41} &= \frac{0.024779 - (-2.2172487) \cdot c_{51}}{4.1777542} = -0.0077121,\\
c_{31} &= \frac{-0.2785341 - 2.4855259 \cdot c_{51} - 1.7118895 \cdot c_{41}}{4.3532693} = -0.0462725,\\
c_{21} &= \frac{-0.1677015 - 5.1494217 \cdot c_{51} - 0.5425636 \cdot c_{41} - 1.0752624 \cdot c_{31}}{3.6203788}\\
&= 0.0051414,\\
c_{11} &= \frac{1}{5.291503}(0.944911 - (-0.377964) \cdot c_{51} - (-0.566947) \cdot c_{41} - (-1.70084) \cdot c_{31}\\
&\quad - 1.70084 \cdot c_{21}) = 0.159383.
\end{aligned}
$$

- Segunda columna $\mathbf{c}_2$ de $\mathbf{A}^{-1}$. Hemos de resolver el sistema siguiente $\mathbf{R} \cdot \mathbf{c}_2 = \mathbf{qt}_2$, donde recordemos que $\mathbf{qt}_2$ sería la segunda fila de la matriz $\mathbf{Q}$:

$$
\begin{bmatrix}
5.291503 & 1.70084 & -1.70084 & -0.566947 & -0.377964\\
0 & 3.620379 & 1.075262 & 0.542564 & 5.149422\\
0 & 0 & 4.353269 & 1.71189 & 2.485526\\
0 & 0 & 0 & 4.177754 & -2.217249\\
0 & 0 & 0 & 0 & 1.116499
\end{bmatrix}
\cdot
\begin{bmatrix} c_{12}\\ c_{22}\\ c_{32}\\ c_{42}\\ c_{52} \end{bmatrix}
=
\begin{bmatrix} 0.188982\\ 0.463645\\ 0.41874\\ -0.206152\\ -0.729025 \end{bmatrix}.
$$

Usamos la técnica de sustitución hacia atrás:

$$
\begin{aligned}
c_{52} &= \frac{-0.729025}{1.116499} = -0.652956,\\
c_{42} &= \frac{-0.206152 - (-2.2172487) \cdot c_{52}}{4.1777542} = -0.3958869,\\
c_{32} &= \frac{0.4187401 - 2.4855259 \cdot c_{52} - 1.7118895 \cdot c_{42}}{4.3532693} = 0.6246787,\\
c_{22} &= \frac{0.4636452 - 5.1494217 \cdot c_{52} - 0.5425636 \cdot c_{42} - 1.0752624 \cdot c_{32}}{3.6203788}\\
&= 0.9305913,\\
c_{12} &= \frac{1}{5.2915026}(0.1889822 - (-0.3779645) \cdot c_{52} - (-0.5669467) \cdot c_{42}\\
&\quad - (-1.7008401) \cdot c_{32} - 1.7008401 \cdot c_{22}) = -0.151671.
\end{aligned}
$$

- Tercera columna $\mathbf{c}_3$ de $\mathbf{A}^{-1}$. Hemos de resolver el sistema siguiente $\mathbf{R} \cdot \mathbf{c}_3 =$

$\mathbf{qt}_3$, donde recordemos que $\mathbf{qt}_3$ sería la tercera fila de la matriz $\mathbf{Q}$:

$$\begin{bmatrix} 5.291503 & 1.70084 & -1.70084 & -0.566947 & -0.377964 \\ 0 & 3.620379 & 1.075262 & 0.542564 & 5.149422 \\ 0 & 0 & 4.353269 & 1.71189 & 2.485526 \\ 0 & 0 & 0 & 4.177754 & -2.217249 \\ 0 & 0 & 0 & 0 & 1.116499 \end{bmatrix} \cdot \begin{bmatrix} c_{13} \\ c_{23} \\ c_{33} \\ c_{43} \\ c_{53} \end{bmatrix}$$
$$= \begin{bmatrix} 0.188982 \\ -0.364997 \\ 0.853128 \\ 0.202194 \\ 0.249705 \end{bmatrix}.$$

Usamos la técnica de sustitución hacia atrás:

$$\begin{aligned} c_{53} &= \frac{0.249705}{1.116499} = 0.22365, \\ c_{43} &= \frac{0.202194 - (-2.2172487) \cdot c_{53}}{4.1777542} = 0.1670951, \\ c_{33} &= \frac{0.8531281 - 2.4855259 \cdot c_{53} - 1.7118895 \cdot c_{43}}{4.3532693} = 0.0025707, \\ c_{23} &= \frac{-0.3649973 - 5.1494217 \cdot c_{53} - 0.5425636 \cdot c_{43} - 1.0752624 \cdot c_{33}}{3.6203788} \\ &= -0.4447301, \\ c_{13} &= \frac{1}{5.2915026}(0.1889822 - (-0.3779645) \cdot c_{53} - (-0.5669467) \cdot c_{43} \\ &\quad - (-1.7008401) \cdot c_{33} - 1.7008401 \cdot c_{23}) = 0.2133676. \end{aligned}$$

- Cuarta columna $\mathbf{c}_4$ de $\mathbf{A}^{-1}$. Hemos de resolver el sistema siguiente $\mathbf{R} \cdot \mathbf{c}_4 = \mathbf{qt}_4$, donde recordemos que $\mathbf{qt}_4$ sería la cuarta fila de la matriz $\mathbf{Q}$:

$$\begin{bmatrix} 5.291503 & 1.70084 & -1.70084 & -0.566947 & -0.377964 \\ 0 & 3.620379 & 1.075262 & 0.542564 & 5.149422 \\ 0 & 0 & 4.353269 & 1.71189 & 2.485526 \\ 0 & 0 & 0 & 4.177754 & -2.217249 \\ 0 & 0 & 0 & 0 & 1.116499 \end{bmatrix} \cdot \begin{bmatrix} c_{14} \\ c_{24} \\ c_{34} \\ c_{44} \\ c_{54} \end{bmatrix}$$
$$= \begin{bmatrix} 0 \\ 0.276214 \\ -0.068225 \\ 0.949537 \\ -0.132028 \end{bmatrix}.$$

Usamos la técnica de sustitución hacia atrás:

$$
\begin{aligned}
c_{54} &= \frac{-0.132028}{1.116499} = -0.118252, \\
c_{44} &= \frac{0.949537 - (-2.2172487) \cdot c_{54}}{4.1777542} = 0.1645244, \\
c_{34} &= \frac{-0.0682252 - 2.4855259 \cdot c_{54} - 1.7118895 \cdot c_{44}}{4.3532693} = -0.0128535, \\
c_{24} &= \frac{0.2762142 - 5.1494217 \cdot c_{54} - 0.5425636 \cdot c_{44} - 1.0752624 \cdot c_{34}}{3.6203788} \\
&= 0.2236504, \\
c_{14} &= \frac{1}{5.2915026}(0 - (-0.3779645) \cdot c_{54} - (-0.5669467) \cdot c_{44} \\
&\quad - (-1.7008401) \cdot c_{34} - 1.7008401 \cdot c_{24}) = -0.066838.
\end{aligned}
$$

- Quinta columna $\mathbf{c}_5$ de $\mathbf{A}^{-1}$. Hemos de resolver el sistema siguiente $\mathbf{R} \cdot \mathbf{c}_5 = \mathbf{qt}_5$, donde recordemos que $\mathbf{qt}_5$ sería la quinta fila de la matriz $\mathbf{Q}$:

$$
\begin{bmatrix}
5.291503 & 1.70084 & -1.70084 & -0.566947 & -0.377964 \\
0 & 3.620379 & 1.075262 & 0.542564 & 5.149422 \\
0 & 0 & 4.353269 & 1.71189 & 2.485526 \\
0 & 0 & 0 & 4.177754 & -2.217249 \\
0 & 0 & 0 & 0 & 1.116499
\end{bmatrix}
\cdot
\begin{bmatrix}
c_{15} \\ c_{25} \\ c_{35} \\ c_{45} \\ c_{55}
\end{bmatrix}
=
\begin{bmatrix}
0.188982 \\ 0.739859 \\ 0.120802 \\ -0.11994 \\ 0.622828
\end{bmatrix}.
$$

Usamos la técnica de sustitución hacia atrás:

$$
\begin{aligned}
c_{55} &= \frac{0.622828}{1.116499} = 0.557841, \\
c_{45} &= \frac{-0.11994 - (-2.2172487) \cdot c_{55}}{4.1777542} = 0.2673522, \\
c_{35} &= \frac{0.1208024 - 2.4855259 \cdot c_{55} - 1.7118895 \cdot c_{45}}{4.3532693} = -0.3958869, \\
c_{25} &= \frac{0.7398594 - 5.1494217 \cdot c_{55} - 0.5425636 \cdot c_{45} - 1.0752624 \cdot c_{35}}{3.6203788} \\
&= -0.5115681, \\
c_{15} &= \frac{1}{5.2915026}(0.1889822 - (-0.3779645) \cdot c_{55} - (-0.5669467) \cdot c_{45} \\
&\quad - (-1.7008401) \cdot c_{35} - 1.7008401 \cdot c_{25}) = 0.1413882.
\end{aligned}
$$

La función en python del cálculo de la inversa de una matriz usando la descomposición QR se encuentra implementada en

Dicha función se encuentra en la carpeta **Numérico 2** en el fichero T7MetodosDirectosSistemas.ipynb, sección 11, subsección 2.

La función usa las funciones QR introducida en la sección 2.4.3 y sustitucionAtras introducida en la sección 2.2.1.

La definición de la matriz es la siguiente:

```
A = [[5, 1, -3, -1, -2],
     [1, 2, 2, 0, 3],
     [1, -1, 3, 2, 0],
     [0, 1, 0, 4, -1],
     [1, 3, 1, 0, 5]]
A = np.array(A)
```

El código de la función es el siguiente:

```
def inversaQR(A, verbose = False):
  """
  Esta función calcula la inversa de una matriz cuadrada
  mediante método QR

  Args:
    A: Array bidimensional de numpy (Matriz cuadrada)
    verbose: Booleano para mostrar o no los resultados relevantes

  Returns:
    Ainv: Array bidimensional (Matriz inversa)
  """

  n = A.shape[0]

  Ainv = np.empty((n, n))

  Q, R = QR(A, verbose = verbose)

  for i in range(n):
    qti = Q[i, :].reshape((n, 1))
    Rqti = np.concatenate((R, qti), axis = 1)
    ci = sustitucionAtras(Rqti)
    Ainv[:, i] = ci
```

```
  print("Ainv =\n", Ainv)

  return Ainv
```

Para aplicar la función, hacemos lo siguiente:

```
Ainv = inversaQR(A, verbose = False)
```

```
Ainv =
 [[ 0.15938303 -0.15167095  0.21336761 -0.06683805  0.14138817]
 [ 0.00514139  0.93059126 -0.44473008  0.22365039 -0.51156812]
 [-0.04627249  0.62467866  0.00257069 -0.01285347 -0.39588689]
 [-0.00771208 -0.39588689  0.16709512  0.16452442  0.26735219]
 [-0.02570694 -0.6529563   0.22365039 -0.11825193  0.55784062]]
```

2.5.2. Determinante de una matriz A

Para calcular el determinante de una matriz $\mathbf{A}$ cuadrada $n \times n$, podemos aprovechar la **descomposición** LU de dicha matriz y afirmar que $\det(\mathbf{A}) = \det(\mathbf{L}) \cdot \det(\mathbf{U})$.

Ahora bien, como la matriz $\mathbf{L}$ es triangular inferior con 1 en la diagonal, $\det(\mathbf{L}) = 1$ y como la matriz $\mathbf{U} = (u_{ij})_{i,j=1,\ldots,n}$ es triangular superior, $\det(\mathbf{U}) = u_{11} \cdots u_{nn}$.

En resumen, $\det(\mathrm{A}) = u_{11} \cdots u_{nn}$.

Observación. Si quisiéramos usar la descomposición QR de la matriz $\mathbf{A}$, sólo podemos conocer $|\det(\mathbf{A})|$ ya que $\det(\mathbf{A}) = \det(\mathbf{Q}) \cdot \det(\mathbf{R})$.

La matriz $\mathbf{Q}$, al ser ortogonal, verifica que $\det(\mathbf{Q}) = \pm 1$ y la matriz $\mathbf{R} = (r_{ij})_{i,j=1,\ldots,n}$ al ser triangular superior, verifica que $\det(\mathbf{R}) = r_{11} \cdots r_{nn}$.

En resumen, $\det(\mathrm{A}) = \pm r_{11} \cdots r_{nn}$. Por tanto, sólo podemos conocer $|\det(\mathbf{A})|$.

Vamos a hallar el determinante de la matriz introducida en el ejemplo 2.8:

$$\mathbf{A} = \begin{bmatrix} 5 & 1 & -3 & -1 & -2 \\ 1 & 2 & 2 & 0 & 3 \\ 1 & -1 & 3 & 2 & 0 \\ 0 & 1 & 0 & 4 & -1 \\ 1 & 3 & 1 & 0 & 5 \end{bmatrix},$$

usando la descomposición LU. Recordemos que dicha descomposición era la siguiente:

$$\mathbf{L} = \begin{bmatrix} 1 & 0 & 0 & 0 & 0 \\ 0.2 & 1 & 0 & 0 & 0 \\ 0.2 & -0.666667 & 1 & 0 & 0 \\ 0 & 0.555556 & -0.270833 & 1 & 0 \\ 0.2 & 1.555556 & -0.458333 & 0.211982 & 1 \end{bmatrix},$$

$$\mathbf{U} = \begin{bmatrix} 5 & 1 & -3 & -1 & -2 \\ 0 & 1.8 & 2.6 & 0.2 & 3.4 \\ 0 & 0 & 5.333333 & 2.333333 & 2.666667 \\ 0 & 0 & 0 & 4.520833 & -2.166667 \\ 0 & 0 & 0 & 0 & 1.792627 \end{bmatrix}.$$

El determinante de la matriz **A** vale:

$$\det(\mathbf{A}) = u_{11} \cdot u_{22} \cdot u_{33} \cdot u_{44} \cdot u_{55} = 5 \cdot 1.8 \cdot 5.333333 \cdot 4.520833 \cdot 1.792627 = 389.$$

La función en `python` del cálculo del determinante de una matriz usando la descomposición LU se encuentra implementada en

Dicha función se encuentra en la carpeta **Numérico 2** en el fichero `T7MetodosDirectosSistemas.ipynb`, sección 12, subsección 1.

La función usa la función `LU` introducida en la sección 2.3.6.

La definición de la matriz es la siguiente:

```
A = [[5, 1, -3, -1, -2],
     [1, 2, 2, 0, 3],
     [1, -1, 3, 2, 0],
     [0, 1, 0, 4, -1],
     [1, 3, 1, 0, 5]]
A = np.array(A)
```

El código de la función es el siguiente:

```
def detLU(A, verbose = False):
  """
  Esta función calcula el determinante de una matriz cuadrada
  mediante el cálculo de las matrices L y U, resultantes
  de la descomposición LU

  Args:
    A: Array bidimensional de numpy (Matriz cuadrada)
    verbose: Booleano para mostrar o no los resultados relevantes
```

```
    Returns:
      det: Float (Determinante de la matriz)
    """

    L, U = LU(A, verbose = verbose)
    det = np.prod(np.diag(U))

    if verbose:
      print("det(A) =", det)

    return det
```

Para aplicar la función, hacemos lo siguiente:

```
detA = detLU(A, verbose = True)
```

```
L =
 [[ 1.          0.          0.          0.          0.        ]
 [ 0.2         1.          0.          0.          0.        ]
 [ 0.2        -0.66666667  1.          0.          0.        ]
 [ 0.          0.55555556 -0.27083333  1.          0.        ]
 [ 0.2         1.55555556 -0.45833333  0.21198157  1.        ]]
U =
 [[ 5.          1.         -3.         -1.         -2.        ]
 [ 0.          1.8         2.6         0.2         3.4       ]
 [ 0.          0.          5.33333333  2.33333333  2.66666667]
 [ 0.          0.          0.          4.52083333 -2.16666667]
 [ 0.          0.          0.          0.          1.79262673]]
det(A) = 389.0000000000006
```

2.6. Análisis del error

Cuando resolvemos un sistema lineal $\mathbf{A}\mathbf{x} = \mathbf{b}$, la **matriz del sistema A** y el **vector de términos independientes b** pueden estar afectados por un error en los datos.

Entonces, en realidad, resolvemos el sistema

$$(\mathbf{A} + \delta(\mathbf{A}))(\mathbf{x} + \delta(\mathbf{x})) = \mathbf{b} + \delta(\mathbf{b}),$$

donde $\mathbf{A} + \delta(\mathbf{A})$ sería la **matriz del sistema** *perturbada* o con error y $\mathbf{b} + \delta(\mathbf{b})$ sería el **vector de términos independientes** *perturbado* o con error.

En la expresión anterior, indicamos por $\mathbf{x}$ la **solución exacta** o sin errores del sistema lineal y $\mathbf{x} + \delta(\mathbf{x})$ la solución del sistema lineal perturbado o con error.

La cuestión que nos planteamos es cómo **afectan** dichos errores a la **solución del sistema** $\mathbf{x}+\delta(\mathbf{x})$ o, dicho de otra forma, ¿existe alguna forma de controlar el **error de la solución del sistema**, $\delta(\mathbf{x})$ en función de alguna característica de la **matriz del sistema A** y el **vector de términos independientes b**?

2.6.1. Error en la matriz del sistema

Supongamos de cara a simplificar nuestro problema que sólo existe error en los datos de la **matriz del sistema A**. En este caso, resolvemos el sistema siguiente:

$$(\mathbf{A} + \delta(\mathbf{A}))(\mathbf{x} + \delta(\mathbf{x})) = \mathbf{b}.$$

Si desarrollamos la expresión anterior, obtenemos:

$$\mathbf{A}\mathbf{x} + \mathbf{A}\delta(\mathbf{x}) + \ (\mathbf{A})\mathbf{x} + \delta(\mathbf{A})\delta(\mathbf{x}) = \mathbf{b}.$$

Usando que $\mathbf{A}\mathbf{x} = \mathbf{b}$ y despreciando el término $\delta(\mathbf{A})\delta(\mathbf{x})$ ya que es el producto de dos errores y su valor será muy pequeño en comparación con los demás, nos queda:

$$\mathbf{A}\delta(\mathbf{x}) + \ (\mathbf{A})\mathbf{x} \approx \mathbf{0}, \ \Rightarrow \mathbf{A}\delta(\mathbf{x}) \approx - \ (\mathbf{A})\mathbf{x}, \ \Rightarrow \delta(\mathbf{x}) \approx -\mathbf{A}^{-1} \ (\mathbf{A})\mathbf{x}.$$

Tomando una norma vectorial $\|\cdot\|$ y su normal matricial correspondiente, obtenemos que:

$$\|\delta(\mathbf{x})\| \approx \|\mathbf{A}^{-1}\delta(\mathbf{A})\mathbf{x}\| \leq \|\mathbf{A}^{-1}\| \cdot \|\delta(\mathbf{A})\| \cdot \|\mathbf{x}\| = \|\mathbf{A}^{-1}\| \cdot \|\mathbf{A}\| \frac{\|\delta(\mathbf{A})\|}{\|\mathbf{A}\|} \cdot \|\mathbf{x}\|.$$

Es decir,

$$\frac{\|\delta(\mathbf{x})\|}{\|\mathbf{x}\|} \leq \|\mathbf{A}^{-1}\| \cdot \|\mathbf{A}\| \cdot \frac{\|\delta(\mathbf{A})\|}{\|\mathbf{A}\|}.$$

La expresión anterior dice que el **error relativo** cometido en la **solución del sistema lineal** está acotado por la cantidad $\|\mathbf{A}^{-1}\| \cdot \|\mathbf{A}\|$ por el **error relativo** de la **matriz del sistema**.

A la cantidad $\mu(\mathbf{A}) := \|\mathbf{A}^{-1}\| \cdot \|\mathbf{A}\|$ se le llama **número de condición de la matriz A** y, como hemos visto, juega un papel fundamental a la hora de **controlar** el error relativo cometido en la solución del sistema.

Es decir, si el **número de condición** de una matriz es grande, el sistema lineal correspondiente será **inestable** en el sentido de que una pequeña **perturbación** en la matriz del sistema dará lugar a una solución con un **error relativo grande.**

2.6.2. Error en el vector de términos independientes

Supongamos ahora que sólo existe error en los datos del **vector de términos independientes b**. En este caso, resolvemos el sistema siguiente:

$$\mathbf{A}(\mathbf{x}+\delta(\mathbf{x})) = \mathbf{b}+\delta(\mathbf{b}).$$

Si desarrollamos la expresión anterior, obtenemos:

$$\mathbf{A}\mathbf{x}+\mathbf{A}\delta(\mathbf{x}) = \mathbf{b}+\delta(\mathbf{b}).$$

Usando que $\mathbf{A}\mathbf{x}=\mathbf{b}$, nos queda:

$$\mathbf{A}\delta(\mathbf{x}) = \delta(\mathbf{b}), \Rightarrow \delta(\mathbf{x}) = \mathbf{A}^{-1}\delta(\mathbf{b}).$$

Tomando igual que antes una norma vectorial $\|\cdot\|$ y su normal matricial correspondiente, obtenemos que:

$$\frac{\|\delta(\mathbf{x})\|}{\|\mathbf{x}\|} = \frac{\|\mathbf{A}^{-1}\delta(\mathbf{b})\|}{\|\mathbf{A}^{-1}\mathbf{b}\|}.$$

A continuación veamos que $\frac{1}{\|\mathbf{A}^{-1}b\|} \leq \frac{\|\mathbf{A}\|}{\|\mathbf{b}\|}$:

$$\|\mathbf{b}\| = \|\mathbf{A}\mathbf{A}^{-1}\mathbf{b}\| \leq \|\mathbf{A}\|\cdot\|\mathbf{A}^{-1}\mathbf{b}\|, \Rightarrow \frac{\|\mathbf{b}\|}{\|\mathbf{A}\|} \leq \|\mathbf{A}^{-1}\mathbf{b}\|, \Rightarrow \frac{\|\mathbf{A}\|}{\|\mathbf{b}\|} \geq \frac{1}{\|\mathbf{A}^{-1}\mathbf{b}\|}.$$

Por tanto,

$$\frac{\|\delta(\mathbf{x})\|}{\|\mathbf{x}\|} = \frac{\|\mathbf{A}^{-1}\delta(\mathbf{b})\|}{\|\mathbf{A}^{-1}\mathbf{b}\|} \leq \|\mathbf{A}^{-1}\|\cdot\|\mathbf{A}\|\cdot\frac{\|\delta(\mathbf{b})\|}{\|\mathbf{b}\|} = \mu(\mathbf{A})\cdot\frac{\|\delta(\mathbf{b})\|}{\|\mathbf{b}\|}.$$

Dicho en otras palabras, el **error relativo de la solución del sistema** es menor que el **número de condición** de la matriz del sistema por el **error relativo del vector de términos independientes**.

En resumen, si el **número de condición** de una matriz es grande, el sistema lineal correspondiente será **inestable** en el sentido de que una pequeña **perturbación** en el vector de términos independientes dará lugar a una solución con un **error relativo grande.**

2.6.3. Error en ambos

Supongamos ahora que tenemos error en los datos de la **matriz del sistema A** y en el **vector de términos independientes b**. En este caso, resolvemos el sistema siguiente:

$$(\mathbf{A}+\delta(\mathbf{A}))(\mathbf{x}+\delta(\mathbf{x})) = \mathbf{b}+\delta(\mathbf{b}).$$

En este caso, puede demostrarse la desigualdad siguiente fijada una norma vectorial junto con la correspondiente norma matricial:

$$\frac{\|\delta(\mathbf{x})\|}{\|\mathbf{x}\|} \leq \mu(\mathbf{A})\left(\frac{\|\delta(\mathbf{b})\|}{\|\mathbf{b}\|}+\frac{\|\delta(\mathbf{A})\|}{\|\mathbf{A}\|}\cdot\frac{\|\mathbf{x}+\delta(\mathbf{x})\|}{\|\mathbf{x}\|}\right).$$

Observaciones:

- El número de condición de la matriz del sistema es fundamental para estudiar la estabilidad de las soluciones, es decir, si el error relativo de la solución del sistema es grande o no.
- En la práctica $\|\mathbf{x}+\delta(\mathbf{x})\| \approx \|\mathbf{x}\|$.
- Si $\mathbf{U}$ es una matriz ortogonal, y la norma considerada es la norma euclídea, entonces en general $\mu_2(\mathbf{UA}) = \|\mathbf{UA}\|_2 \cdot \|(\mathbf{UA})^{-1}\|_2 = \mu_2(\mathbf{A})$ ya que:

$$\begin{aligned}
\mu_2(\mathbf{UA}) &= \|\mathbf{UA}\|_2 \cdot \|(\mathbf{UA})^{-1}\|_2 = \sqrt{\rho((\mathbf{UA})^\top \mathbf{UA})} \cdot \sqrt{\rho(((\mathbf{UA})^{-1})^\top (\mathbf{UA})^{-1})} \\
&= \sqrt{\rho(\mathbf{A}^\top \mathbf{U}^\top \mathbf{UA})} \cdot \sqrt{\rho((\mathbf{A}^{-1}\mathbf{U}^{-1})^\top \mathbf{A}^{-1}\mathbf{U}^{-1})} \\
&= \sqrt{\rho(\mathbf{A}^\top \mathbf{A})} \cdot \sqrt{\rho((\mathbf{A}^{-1}\mathbf{U}^\top)^\top \mathbf{A}^{-1}\mathbf{U}^\top)} \\
&= \|\mathbf{A}\|_2 \cdot \sqrt{\rho(\mathbf{U}(\mathbf{A}^{-1})^\top \mathbf{A}^{-1}\mathbf{U}^\top)} = \|\mathbf{A}\|_2 \cdot \sqrt{\rho((\mathbf{A}^{-1})^\top \mathbf{A}^{-1})} \\
&= \|\mathbf{A}\|_2 \cdot \|\mathbf{A}^{-1}\|_2 = \mu_2(\mathbf{A}),
\end{aligned}$$

  donde $\rho(\cdot)$ representa el radio espectral de una matriz y hemos usado que $\mathbf{U}^{-1} = \mathbf{U}^\top$.

En el penúltimo paso hemos utilizado que los valores propios de la matriz $\mathbf{U}(\mathbf{A}^{-1})^\top \mathbf{A}^{-1}\mathbf{U}^\top$ son los mismos que los valores propios de la matriz $\mathbf{A}^{-1})^\top \mathbf{A}^{-1}$ ya que la primera representa un cambio de base respecto de la segunda matriz. Por tanto, tendrán el mismo radio espectral, como vimos en el capítulo de Preliminares.

Si resolvemos el sistema lineal $\mathbf{Ax} = \mathbf{b}$ usando la descomposición QR, tenemos que, usando la propiedad anterior, $\mu_2(\mathbf{R}) = \mu_2(\mathbf{Q}^\top \mathbf{A}) = \mu_2(\mathbf{A})$ al ser la matriz $\mathbf{Q}^\top$ ortogonal.

Entonces, cuando resolvemos el sistema triangular superior $\mathbf{Rx} = \mathbf{Q}^\top \mathbf{b}$, la **propagación de los errores de la solución x** no empeoran con respecto a la resolución del sistema original $\mathbf{Ax} = \mathbf{b}$ al tener las dos matrices del sistema el mismo **número de condición.**

Consideremos el sistema de ecuaciones siguiente visto en el ejemplo 2.3:

$$\begin{aligned}
0.010534x_1 + 0.02x_2 &= -1, \\
x_1 + 2x_2 &= 3.
\end{aligned}$$

La matriz del sistema es $\mathbf{A} = \begin{bmatrix} 0.010534 & 0.02 \\ 1 & 2 \end{bmatrix}$ cuya norma euclídea vale $\|\mathbf{A}\|_2 = 2.2361822$.

La inversa de la matriz anterior vale $\mathbf{A}^{-1} = \begin{bmatrix} 1872.659176 & -18.726592 \\ -936.329588 & 9.863296 \end{bmatrix}$ cuya norma euclídea vale $\|\mathbf{A}^{-1}\|_2 = 2093.803538$.

El número de condición de la matriz del sistema vale:

$$\mu_2(\mathbf{A}) = \|\mathbf{A}\|_2 \cdot \|\mathbf{A}^{-1}\|_2 = 2.2361822 \cdot 2093.803538 = 4682.126158.$$

El número de condición anterior es grande. Por tanto, la solución del sistema será inestable y sensible a los errores en la matriz del sistema y al vector de términos independientes.

Capítulo 3

Métodos iterativos

Los **métodos iterativos** son una categoría de enfoques que buscan **aproximar** la **solución de un sistema lineal** mediante la aplicación repetida de un **proceso iterativo.**

Los **métodos iterativos** son útiles para **sistemas grandes y dispersos. No requieren el almacenamiento** de la matriz completa y son **menos costosos** computacionalmente en ciertos contextos.

Sin embargo, la **convergencia** no está **garantizada** para todos los sistemas. La **elección** de la **condición inicial** y el **criterio de parada** son aspectos cruciales.

Estos métodos son ampliamente utilizados en **simulaciones numéricas, resolución de ecuaciones diferenciales parciales, optimización** y en problemas que involucran matrices grandes y dispersas, como en la **modelización de redes.**

Dado un sistema lineal $\mathbf{A}\mathbf{x} = \mathbf{b}$, un **método iterativo** para resolver dicho sistema consiste en hallar una sucesión de **soluciones aproximadas** $(\mathbf{x}^{(k)})_{k=0}^{\infty}$ tal que $\lim_{k\to\infty} \mathbf{x}^{(k)} = \mathbf{x}$ donde $\mathbf{x}$ es la solución del sistema.

Cuando escribimos que $\lim_{k\to\infty} \mathbf{x}^{(k)} = \mathbf{x}$, queremos decir que dada una **norma matricial** $\|\cdot\|$, $\lim_{k\to\infty} \|\mathbf{x}^{(k)} - \mathbf{x}\| = 0$.

Los **algoritmos numéricos** basado en **métodos iterativos** tienen las propiedades siguientes:

- obtienen una solución **aproximada**, al contrario de lo que pasaba con los **métodos directos** que hallaban una solución **exacta** del sistema lineal. Es decir, suponiendo que no hay errores en los datos ni en las operaciones aritméticas, la solución obtenida por un **método iterativo** es aproximada.
- el número de pasos que hay que realizar para hallar la solución de un sistema lineal no está predeterminado de entrada.

Tenemos entonces que establecer un criterio de parada de cara a obtener una **solución aproximada** del sistema lineal dado un **umbral de error** ϵ.

Concretamente, sea $(\mathbf{x}^{(k)})_{k=0}^{\infty}$ la **sucesión de soluciones aproximadas** cuyo límite es la solución exacta $\mathbf{x}$ del sistema lineal, $\|\cdot\|$ una norma vectorial y ϵ un **umbral de error**.

Existen dos criterios de parada:

- hallar el entero k tal que $\|\mathbf{x}^{(k)} - \mathbf{x}^{(k-1)}\| < \epsilon$, (criterio del error absoluto)
- hallar el entero k tal que $\frac{\|\mathbf{x}^{(k)} - \mathbf{x}^{(k-1)}\|}{\|\mathbf{x}^{(k)}\|} < \epsilon$, (criterio del error relativo)

y adoptamos $\mathbf{x}^{(k)}$ como **solución aproximada** del sistema lineal.

3.1. Construcción de la sucesión $\mathbf{x}^{(k)}$

Los **métodos iterativos** que vamos a ver construyen la sucesión de **aproximaciones** a la solución de forma **iterativa** usando una expresión de la forma siguiente:

$$\mathbf{x}^{(k)} = \mathbf{T}\mathbf{x}^{(k-1)} + \mathbf{c},$$

donde $\mathbf{T}$ es la llamada **matriz de iteración** y $\mathbf{c}$ el **vector independiente** del **método iterativo** en cuestión.

El **método iterativo** necesita una aproximación inicial $\mathbf{x}^{(0)}$ que podemos suponer que vale $\mathbf{0}$ o cualquier valor que queramos.

Veremos posteriomente que la **convergencia del método iterativo** depende sólo de la **matriz de iteración T**.

¿Cómo se construye la expresión anterior que nos define la **sucesión de aproximaciones** $\mathbf{x}^{(k)}$?

La **idea clave** es **transformar** el sistema a resolver $\mathbf{A}\mathbf{x} = \mathbf{b}$ en un **sistema equivalente** de la forma $\mathbf{x} = \mathbf{T}\mathbf{x} + \mathbf{c}$ ya que si la **sucesión de aproximaciones** $\mathbf{x}^{(k)}$ converge a la **solución** del sistema $\mathbf{x}$, dicha solución debe verificar $\mathbf{x} = \mathbf{T}\mathbf{x} + \mathbf{c}$.

3.2. Métodos de Jacobi y Gauss Seidel

3.2.1. Método de Jacobi

Supongamos que los coeficientes a_{ii} de la matriz $\mathbf{A} = (a_{ij})_{i,j=1,\ldots,n}$ del sistema a resolver $\mathbf{A}\mathbf{x} = \mathbf{b}$ son todos diferentes de cero.

Fijaos que siempre existe una permutación de filas para que dicha condición se cumpla ya que, en caso contrario, la matriz del sistema sería **singular** y el sistema no tendría **solución única**.

Entonces para transformar el sistema $\mathbf{Ax} = \mathbf{b}$ en un sistema equivalente de la forma $\mathbf{x} = \mathbf{Tx} + \mathbf{c}$, podemos aislar las incógnitas x_i de la ecuación i-ésima de la forma siguiente:

$$\begin{aligned} E_i :& a_{i1}x_1 + a_{i2}x_2 + \cdots + a_{ii}x_i + \cdots + a_{in}x_n = b_i, \Rightarrow \\ x_i =& \frac{1}{a_{ii}}(b_i - (a_{i1}x_1 + \cdots + a_{i,i-1}x_{i-1} + a_{i,i+1}x_{i+1} + \cdots + a_{in}x_n)) \end{aligned}$$

Entonces, la **matriz de iteración** $\mathbf{T}_J$ y el **vector independiente** $\mathbf{c}_J$ serán los siguientes:

$$\mathbf{T}_J = \begin{bmatrix} 0 & -\frac{a_{12}}{a_{11}} & \dots & -\frac{a_{1n}}{a_{11}} \\ -\frac{a_{21}}{a_{22}} & 0 & \dots & -\frac{a_{2n}}{a_{22}} \\ \vdots & \vdots & \ddots & \vdots \\ -\frac{a_{n1}}{a_{nn}} & -\frac{a_{n2}}{a_{nn}} & \dots & 0 \end{bmatrix} \quad \mathbf{c}_J = \begin{bmatrix} \frac{b_1}{a_{11}} \\ \frac{b_2}{a_{22}} \\ \vdots \\ \frac{b_n}{a_{nn}} \end{bmatrix}.$$

La sucesión $\mathbf{x}^{(k)}$ se generará de la forma siguiente:

$$\begin{bmatrix} x_1^{(k)} \\ x_2^{(k)} \\ \vdots \\ x_n^{(k)} \end{bmatrix} = \begin{bmatrix} 0 & -\frac{a_{12}}{a_{11}} & \dots & -\frac{a_{1n}}{a_{11}} \\ -\frac{a_{21}}{a_{22}} & 0 & \dots & -\frac{a_{2n}}{a_{22}} \\ \vdots & \vdots & \ddots & \vdots \\ -\frac{a_{n1}}{a_{nn}} & -\frac{a_{n2}}{a_{nn}} & \dots & 0 \end{bmatrix} \begin{bmatrix} x_1^{(k-1)} \\ x_2^{(k-1)} \\ \vdots \\ x_n^{(k-1)} \end{bmatrix} + \begin{bmatrix} \frac{b_1}{a_{11}} \\ \frac{b_2}{a_{22}} \\ \vdots \\ \frac{b_n}{a_{nn}} \end{bmatrix}$$

Vamos a escribir la **matriz de iteración del método de Jacobi** de otra forma.

Descomponemos la **matriz del sistema** $\mathbf{A} = (a_{ij})_{i,j=1,\dots,n}$ de la forma siguiente:

$$\mathbf{A} = \mathbf{D} + \mathbf{L} + \mathbf{U},$$

donde las matrices $\mathbf{D}$, $\mathbf{L}$ y $\mathbf{U}$ contienen los **elementos diagonales**, los elementos por **debajo de la diagonal** y por **encima de la diagonal** respectivamente:

$$\mathbf{D} = \begin{bmatrix} a_{11} & 0 & \dots & 0 \\ 0 & a_{22} & \dots & 0 \\ \vdots & \vdots & \ddots & \vdots \\ 0 & 0 & \dots & a_{nn} \end{bmatrix}, \ \mathbf{L} = \begin{bmatrix} 0 & 0 & \dots & 0 \\ a_{21} & 0 & \dots & 0 \\ \vdots & \vdots & \ddots & \vdots \\ a_{n1} & a_{n2} & \dots & 0 \end{bmatrix}, \ \mathbf{U} = \begin{bmatrix} 0 & a_{12} & \dots & a_{1n} \\ 0 & 0 & \dots & a_{2n} \\ \vdots & \vdots & \ddots & \vdots \\ 0 & 0 & \dots & 0 \end{bmatrix}.$$

El sistema $\mathbf{Ax} = \mathbf{b}$ puede escribirse como:

$$(\mathbf{D} + \mathbf{L} + \mathbf{U})\mathbf{x} = \mathbf{b}.$$

Vamos a deducir el método de Jacobi a partir de las matrices anteriores.

- Dejamos los elementos diagonales y "pasamos" los demás elementos al término de la derecha:
$$\mathbf{Dx} = -(\mathbf{L} + \mathbf{U})\mathbf{x} + \mathbf{b}.$$

- Despejamos el vector $\mathbf{x}$:

$$\mathbf{x} = -\mathbf{D}^{-1}(\mathbf{L}+\mathbf{U})\mathbf{x} + \mathbf{D}^{-1}\mathbf{b}.$$

La **sucesión de aproximaciones** será:

$$\mathbf{x}^{(k)} = -\mathbf{D}^{-1}(\mathbf{L}+\mathbf{U})\mathbf{x}^{(k-1)} + \mathbf{D}^{-1}\mathbf{b}.$$

Entonces, la **matriz de iteración** y el **vector independiente** del método de Jacobi serán:

$$\mathbf{T}_J = -\mathbf{D}^{-1}(\mathbf{L}+\mathbf{U}), \quad \mathbf{c}_J = \mathbf{D}^{-1}\mathbf{b}.$$

3.2.2. Método de Jacobi. Pseudocódigo

Vamos a dar el pseudocódigo del método de Jacobi usando como **criterio de parada** el **criterio del error absoluto.**

Para tener el pseudocódigo usando como **criterio de parada** el **criterio del error relativo** basta cambiar la línea de código

$\|\mathbf{x}-\mathbf{X0}\| <$ `TOL then`

por

$\frac{\|\mathbf{x}-\mathbf{X0}\|}{\|\mathbf{x}\|} <$ `TOL then.`

- `INPUT` matriz del sistema $\mathbf{A} = (a_{ij})_{i=1,\ldots,n, j=1,\ldots,n}$, vector de términos independientes $\mathbf{b} = (b_i)_{i=1,\ldots,n}$, valor inicial $\mathbf{X0} = \mathbf{x}^{(0)}$, error absoluto o tolerancia `TOL`, número máximo de iteraciones `Nmax`.
- `Set k=1.`
- `While k <= Nmax`
  - `For i=1,...,n`
    - `Set` $x_i = \frac{1}{a_{ii}}\left(-\sum_{j=1,j\neq i}^{n} a_{ij}X0_j + b_i\right)$.
  - `If` $\|\mathbf{x}-\mathbf{X0}\| <$ `TOL then`
    - `Print` $x_1, \ldots, x_n$
    - `STOP.`
  - `Set k=k+1.`
  - `For i=1,...,n`
    - `Set` $X0_i = x_i$.
- `Print número máximo de iteraciones alcanzado. El método no converge.`
- `STOP.`

Ejemplo 3.1. Consideremos el siguiente sistema de 4 ecuaciones con 4 incógnitas:

$$\begin{aligned}
E_1 &: 22x_1 + 5x_2 + 5x_3 + 6x_4 = 5,\\
E_2 &: 5x_1 + 19x_2 + 3x_3 + 6x_4 = 7,\\
E_3 &: 5x_1 + 5x_2 + 24x_3 + 5x_4 = 8,\\
E_4 &: 7x_1 + 7x_2 + 4x_3 + 25x_4 = 5.
\end{aligned}$$

Para aplicar el método de Jacobi al sistema anterior, despejamos las incógnitas x_i de sus respectivas ecuaciones:

$$\begin{aligned}
E_1 : x_1 &= \frac{5}{22} - \left(\frac{5}{22}x_2 + \frac{5}{22}x_3 + \frac{6}{22}x_4\right),\\
E_2 : x_2 &= \frac{7}{19} - \left(\frac{5}{19}x_1 + \frac{3}{19}x_3 + \frac{6}{19}x_4\right),\\
E_3 : x_3 &= \frac{8}{24} - \left(\frac{5}{24}x_1 + \frac{5}{24}x_2 + \frac{5}{24}x_4\right),\\
E_4 : x_4 &= \frac{5}{25} - \left(\frac{7}{25}x_1 + \frac{7}{25}x_2 + \frac{4}{25}x_3\right).
\end{aligned}$$

Entonces, a partir de un vector inicial de aproximación $\mathbf{x}^{(0)}$, por ejemplo $\mathbf{x}^{(0)} = \begin{bmatrix}0\\0\\0\\0\end{bmatrix}$, definimos la sucesión de aproximaciones de la solución $(\mathbf{x}^{(k)})_{k\geq 0}$ de la forma siguiente:

$$\begin{aligned}
x_1^{(k)} &= \frac{5}{22} - \left(\frac{5}{22}x_2^{(k-1)} + \frac{5}{22}x_3^{(k-1)} + \frac{6}{22}x_4^{(k-1)}\right),\\
x_2^{(k)} &= \frac{7}{19} - \left(\frac{5}{19}x_1^{(k-1)} + \frac{3}{19}x_3^{(k-1)} + \frac{6}{19}x_4^{(k-1)}\right),\\
x_3^{(k)} &= \frac{8}{24} - \left(\frac{5}{24}x_1^{(k-1)} + \frac{5}{24}x_2^{(k-1)} + \frac{5}{24}x_4^{(k-1)}\right),\\
x_4^{(k)} &= \frac{5}{25} - \left(\frac{7}{25}x_1^{(k-1)} + \frac{7}{25}x_2^{(k-1)} + \frac{4}{25}x_3^{(k-1)}\right).
\end{aligned}$$

Las primeras aproximaciones son las siguientes:

$$\mathbf{x}^{(0)} = \begin{bmatrix}0\\0\\0\\0\end{bmatrix},\ \mathbf{x}^{(1)} = \begin{bmatrix}0.227273\\0.368421\\0.333333\\0.2\end{bmatrix},\ \mathbf{x}^{(2)} = \begin{bmatrix}0.013238\\0.192823\\0.167564\\-0.020128\end{bmatrix},\ \mathbf{x}^{(3)} = \begin{bmatrix}0.150856\\0.344836\\0.294597\\0.115493\end{bmatrix},\ldots$$

Si queremos que el error absoluto entre la aproximación $\mathbf{x}^{(k)}$ y $\mathbf{x}^{(k-1)}$ sea menor que 10^{-7}, es decir $\|\mathbf{x}^{(k)} - \mathbf{x}^{(k-1)}\| \leq 10^{-7}$, tenemos que realizar $k = 46$ iteraciones y la aproximación vale: $\mathbf{x}^{(46)} = \begin{bmatrix}0.091578\\0.288732\\0.242711\\0.05468\end{bmatrix}$.

Si queremos que el error relativo entre la aproximación $\mathbf{x}^{(k)}$ y $\mathbf{x}^{(k-1)}$ sea menor que 10^{-7}, es decir $\frac{\|\mathbf{x}^{(k)}-\mathbf{x}^{(k-1)}\|}{\|\mathbf{x}^{(k)}\|} \leq 10^{-7}$, tenemos que realizar $k = 49$ iteraciones y la aproximación vale: $\mathbf{x}^{(49)} = \begin{bmatrix} 0.091578 \\ 0.288732 \\ 0.242711 \\ 0.05468 \end{bmatrix}$.

La función en `python` del método de Jacobi se encuentra implementada en

Dicha función se encuentra en la carpeta **Numérico 2** en el fichero `T8MetodosIterativos.ipynb`, sección 1.

En primer lugar hay que cargar las librerías que usan las funciones del capítulo:

```
import numpy as np
import math
import pandas as pd
import plotly.graph_objects as go
```

Seguidamente definimos la funciones siguientes:

- `stopCriterion`: Función que, dados dos vectores $\mathbf{x}$ y $\mathbf{x}_0$, devuelve el valor $\|\mathbf{x}-\mathbf{x}_0\|$ si el valor de la variable `criterion` vale `ABS` y devuelve el valor $\frac{\|\mathbf{x}-\mathbf{x}_0\|}{\|\mathbf{x}\|}$ en caso contrario. Esta función permitirá elegir el criterio de parada cuando tengamos una sucesión $\mathbf{x}^{(k)}$ de valores aproximados: si `criterion` vale `ABS` elegimos como criterio de parada que la norma de la diferencia entre los dos últimos valores de la sucesión (vendría a ser como un error "absoluto") sea menor que una cierta tolerancia y en caso contrario, elegimos como criterio de parada que la norma de la diferencia entre los dos últimos valores de la sucesión dividido por la norma del último valor de la sucesión (vendría a ser como un error "relativo") sea menor que una cierta tolerancia.
- `radioEspectral`: Función que, dada una matriz $\mathbf{A}$, devuelve el radio espectral de la misma.
- `DLU`: Función que, dada una matriz $\mathbf{A}$, devuelve tres matrices $\mathbf{D}$ (diagonal), $\mathbf{L}$ (triangular inferior) y $\mathbf{U}$ (triangular superior) tal que la matriz $\mathbf{A}$ se descompone como $\mathbf{A} = \mathbf{D} + \mathbf{L} + \mathbf{U}$.
- `Tw`: Función que, dada una matriz $\mathbf{A}$ y un parámetro w, devuelve la matriz de iteración $\mathbf{T}_w$ del método SOR.

El código de las funciones anteriores es el siguiente:

```
def stopCriterion(x, x0, criterion = "ABS"):
    """
```

```
    Esta función devuelve el valor según el criterio de parada

    Args:
      x: Array unidimensional que representa el punto actual
         de iteración
      x0: Array unidimensional que representa el punto anterior
         de iteración
      criterion: String (Criterio de parada: ABS o REL)

    Returns:
      Float (error absoluto o relativo, en función de criterion)
    """

    if criterion.upper() == "ABS":
      return np.linalg.norm(x - x0)
    else:
      return np.linalg.norm(x - x0) / np.linalg.norm(x)


def radioEspectral(A):
    """
    Esta función devuelve el radio espectral de la matriz cuadrada A

    Args:
      A: Array bidimensional de numpy (Matriz cuadrada)

    Returns:
      radio_espectral: Float (Radio espectral de A)
    """

    vaps = np.linalg.eigvals(A)
    radio_espectral = max(abs(vaps))

    return radio_espectral

def DLU(A):
    """
    Esta función descompone la matriz cuadrada A en la suma D + L + U
    siendo D una matriz diagonal, L una matriz triangular inferior y
    U una matriz triangular superior

    Args:
      A: Array bidimensional de numpy (Matriz cuadrada)

    Returns:
      (D, L, U): Tupla de 3 arrays bidimensionales de numpy
```

```
        * D: matriz diagonal;
        * L: matriz triangular inferior;
        * U: matriz triangular superior
  """
  n = A.shape[0]
  D = np.zeros((n, n))
  L = np.zeros((n, n))
  U = np.zeros((n, n))

  for i in range(n):
    for j in range(n):
      if i < j:
        U[i, j] = A[i, j]
      elif i > j:
        L[i, j] = A[i, j]
      else:
        D[i, j] = A[i, j]


  return (D, L, U)

def Tw(A, w):
  """
  Esta función calcula la matriz de iteración T del método
  SOR en función del parámetro w

  Args:
    A: Array bidimensional de numpy (Matriz cuadrada)
    w: Float (Parámetro w del método SOR)

  Returns:
    T: Array bidimensional de numpy (Matriz cuadrada)
  """
  D, L, U = DLU(A)
  T = np.matmul(np.linalg.inv(D + w * L), (1 - w) * D - w * U)

  return T
```

La definición de la matriz del sistema es la siguiente:

```
Ab = [[22, 5, 5, 6, 5],
     [5, 19, 3, 6, 7],
     [5, 5, 24, 5, 8],
     [7, 7, 4, 25, 5]]
Ab = np.array(Ab)
```

El código de la función correspondiente al método de Jacobi es el siguiente:

```
def jacobi(Ab, x0, TOL = 1e-07, nmax = 100, stop = "ABS",
           verbose = False):
  """
  Esta función resuelve un sistema lineal Ax = b mediante el método
  de Jacobi

  Args:
    Ab: Array bidimensional de numpy (Matriz ampliada del sistema)
    x0: Array unidimensional (Valor inicial)
    TOL: Float (Tolerancia)
    nmax: Float (Número máximo de iteraciones)
    stop: String (Criterio de parada: ABS o REL)
    verbose: Booleano para mostrar o no los resultados relevantes

  Returns:
    x: Array unidimensional (Solución del sistema)
  """

  n = Ab.shape[0]
  x = np.empty(n)

  if stop.upper() not in ["ABS", "REL"]:
    print("El criterio de parada introducido no es válido")
    return

  k = 1 # Contador de iteraciones
  while k <= nmax:
    for i in range(n):
      sum = 0
      for j in range(n):
        if j != i:
          sum += Ab[i][j] * x0[j]
      x[i] = 1 / Ab[i][i] * (-sum + Ab[i][n])

    if verbose:
      print("x^({}) = {}".format(k, x))

    if stopCriterion(x, x0, criterion = stop) < TOL:
      print("Número total de iteraciones:", k)
      print("x =", x)
      return x

    k += 1
    x0 = x.copy()
```

```
    print("Número máximo de iteraciones alcanzado.")
    print("El método no converge.")
    return
```

Para aplicar la función, hacemos lo siguiente:

```
x0 = np.array([0, 0, 0, 0])
x = jacobi(Ab, x0, 1e-04, 100, stop = "ABS", verbose = True)
```

```
x^(1) = [0.22727273 0.36842105 0.33333333 0.2        ]
x^(2) = [ 0.01323764  0.19282297  0.1675638  -0.02012759]
x^(3) = [0.15085599 0.3448361  0.29459729 0.11549282]
x^(4) = [0.05044891 0.24573533 0.20600314 0.01407065]
x^(5) = [0.12076744 0.31817485 0.2686969  0.08410791]
x^(6) = [0.07095426 0.26765393 0.22436454 0.03410465]
x^(7) = [0.10614908 0.30355301 0.25568482 0.06929138]
x^(8) = [0.08127557 0.27823431 0.23354303 0.04437384]
x^(9) = [0.09885774 0.29614474 0.24919089 0.06197035]
x^(10) = [0.08643181 0.28349034 0.23813066 0.04952876]
x^(11) = [0.09521465 0.2924356  0.24594773 0.05832089]
x^(12) = [0.08900718 0.28611359 0.24042268 0.05210629]
x^(13) = [0.09339459 0.29058202 0.24432769 0.05649856]
x^(14) = [0.09029364 0.28742382 0.24156768 0.05339412]
x^(15) = [0.09248535 0.289656   0.24351842 0.05558828]
x^(16) = [0.09093628 0.28807833 0.24213966 0.05403747]
x^(17) = [0.09203115 0.28919341 0.24311415 0.05513356]
x^(18) = [0.09125731 0.28840529 0.24242539 0.05435886]
x^(19) = [0.09180425 0.28896232 0.2429122  0.05490641]
x^(20) = [0.09141768 0.28856862 0.24256813 0.05451941]
x^(21) = [0.0916909  0.28884688 0.24281131 0.05479294]
x^(22) = [0.09149779 0.28865021 0.24263943 0.05459961]
x^(23) = [0.09163428 0.28878921 0.24276091 0.05473625]
x^(24) = [0.09153781 0.28869097 0.24267505 0.05463968]
x^(25) = [0.09160599 0.28876041 0.24273574 0.05470793]
x^(26) = [0.0915578  0.28871133 0.24269285 0.05465969]
Número total de iteraciones: 26
x = [0.0915578  0.28871133 0.24269285 0.05465969]
```

3.2.3. Método de Gauss-Seidel

El método de **Gauss-Seidel** consiste en aplicar el **método de Jacobi** con una modificación: las componentes del vector $\mathbf{x}^{(k)}$ de la iteración actual, $x_i^{(k)}$, que se van calculando, se usan para el cálculo de las componentes $x_{i+1}^{(k)}, \dots, x_n^{(k)}$ de dicho vector.

Es decir, la sucesión de aproximaciones se calcula de la forma siguiente:

$$\begin{aligned}
x_1^{(k)} &= \frac{1}{a_{11}}(b_1 - (a_{12}x_2^{(k-1)} + \cdots + a_{1n}x_n^{(k-1)})),\\
x_2^{(k)} &= \frac{1}{a_{22}}(b_2 - (a_{21}x_1^{(k)} + a_{23}x_3^{(k-1)} + \cdots + a_{2n}x_n^{(k-1)})),\\
&\vdots\\
x_i^{(k)} &= \frac{1}{a_{ii}}(b_i - (a_{i1}x_1^{(k)} + \cdots + a_{i,i-1}x_{i-1}^{(k)} + a_{i,i+1}x_{i+1}^{(k-1)} + \cdots + a_{in}x_n^{(k-1)})),\\
&\vdots\\
x_n^{(k)} &= \frac{1}{a_{nn}}(b_n - (a_{n1}x_1^{(k)} + \cdots + a_{n,n-1}x_{n-1}^{(k)})).
\end{aligned}$$

Matricialmente, la **sucesión de aproximaciones** se calcularía de la forma siguiente:

$$\begin{bmatrix} x_1^{(k)} \\ x_2^{(k)} \\ \vdots \\ x_n^{(k)} \end{bmatrix} = \begin{bmatrix} 0 & 0 & \dots & 0 \\ -\frac{a_{21}}{a_{22}} & 0 & \dots & 0 \\ \vdots & \vdots & \ddots & \vdots \\ -\frac{a_{n1}}{a_{nn}} & -\frac{a_{n2}}{a_{nn}} & \dots & 0 \end{bmatrix} \begin{bmatrix} x_1^{(k)} \\ x_2^{(k)} \\ \vdots \\ x_n^{(k)} \end{bmatrix} + \begin{bmatrix} 0 & -\frac{a_{12}}{a_{11}} & \dots & -\frac{a_{1n}}{a_{11}} \\ 0 & 0 & \dots & -\frac{a_{2n}}{a_{22}} \\ \vdots & \vdots & \ddots & \vdots \\ 0 & 0 & \dots & 0 \end{bmatrix} \begin{bmatrix} x_1^{(k-1)} \\ x_2^{(k-1)} \\ \vdots \\ x_n^{(k-1)} \end{bmatrix} + \begin{bmatrix} \frac{b_1}{a_{11}} \\ \frac{b_2}{a_{22}} \\ \vdots \\ \frac{b_n}{a_{nn}} \end{bmatrix}.$$

Llamando $\mathbf{T}_1$ y $\mathbf{T}_2$ a las matrices siguientes:

$$\mathbf{T}_1 = \begin{bmatrix} 0 & 0 & \dots & 0 \\ -\frac{a_{21}}{a_{22}} & 0 & \dots & 0 \\ \vdots & \vdots & \ddots & \vdots \\ -\frac{a_{n1}}{a_{nn}} & -\frac{a_{n2}}{a_{nn}} & \dots & 0 \end{bmatrix}, \ \mathbf{T}_2 = \begin{bmatrix} 0 & -\frac{a_{12}}{a_{11}} & \dots & -\frac{a_{1n}}{a_{11}} \\ 0 & 0 & \dots & -\frac{a_{2n}}{a_{22}} \\ \vdots & \vdots & \ddots & \vdots \\ 0 & 0 & \dots & 0 \end{bmatrix},$$

el método de Gauss-Seidel puede escribirse de la forma siguiente:

$$\mathbf{x}^{(k)} = \mathbf{T}_1\mathbf{x}^{(k)} + \mathbf{T}_2\mathbf{x}^{(k-1)} + \mathbf{c}_J,$$

o, si se quiere:

$$(\mathbf{Id} - \mathbf{T}_1)\mathbf{x}^{(k)} = \mathbf{T}_2\mathbf{x}^{(k-1)} + \mathbf{c}_J, \Rightarrow \mathbf{x}^{(k)} = (\mathbf{Id} - \mathbf{T}_1)^{-1}\mathbf{T}_2\mathbf{x}^{(k-1)} + (\mathbf{Id} - \mathbf{T}_1)^{-1}\mathbf{c}_J.$$

La **matriz de iteración del método de Gauss Seidel** será:

$$\mathbf{T}_{GS} = (\mathbf{Id} - \mathbf{T}_1)^{-1}\mathbf{T}_2,$$

y el **vector independiente** será:

$$\mathbf{c}_{GS} = (\mathbf{Id} - \mathbf{T}_1)^{-1}\mathbf{c}_J.$$

Observación. La matriz $\mathbf{Id} - \mathbf{T}_1$ es invertible ya que:

$$\mathbf{Id} - \mathbf{T}_1 = \begin{bmatrix} 1 & 0 & \dots & 0 \\ \frac{a_{21}}{a_{22}} & 1 & \dots & 0 \\ \vdots & \vdots & \ddots & \vdots \\ \frac{a_{n1}}{a_{nn}} & \frac{a_{n2}}{a_{nn}} & \dots & 1 \end{bmatrix},$$

es triangular inferior con unos en la diagonal. Su determinante será, por tanto, 1.

Deduzcamos la **matriz de iteración** y el **vector independiente** del método de Gauss-Seidel a partir de la descomposición de la matriz del sistema $\mathbf{A}$ que vimos anteriormente:

$$\mathbf{A} = \mathbf{D} + \mathbf{L} + \mathbf{U}.$$

El sistema que tenemos que resolver és $\mathbf{Ax} = \mathbf{b}$ o, si se quiere: $(\mathbf{D} + \mathbf{L} + \mathbf{U})\mathbf{x} = \mathbf{b}$:

- Dejamos los elementos diagonales y "pasamos" los demás elementos al término de la derecha:

$$\mathbf{Dx} = -(\mathbf{L} + \mathbf{U})\mathbf{x} + \mathbf{b}.$$

- "Separamos" las componentes calculadas de las no calculadas del vector $\mathbf{x}$:

$$\mathbf{Dx} = -\mathbf{Lx} - \mathbf{Ux} + \mathbf{b}.$$

- Si escribimos la expresión anterior en función de la **sucesión de aproximaciones $\mathbf{x}^{(k)}$** obtenemos:

$$\mathbf{Dx}^{(k)} = -\mathbf{Lx}^{(k)} - \mathbf{Ux}^{(k-1)} + \mathbf{b}.$$

- "Pasamos" al término de la izquierda todo lo que depende de $\mathbf{x}^{(k)}$:

$$(\mathbf{D} + \mathbf{L})\mathbf{x}^{(k)} = -\mathbf{Ux}^{(k-1)} + \mathbf{b}.$$

- Despejamos $\mathbf{x}^{(k)}$:

$$\mathbf{x}^{(k)} = -(\mathbf{D} + \mathbf{L})^{-1}\mathbf{Ux}^{(k-1)} + (\mathbf{D} + \mathbf{L})^{-1}\mathbf{b}.$$

Entonces, la **matriz de iteración** y el **vector independiente** del método de Gauss-Seidel serán:

$$\mathbf{T}_{GS} = -(\mathbf{D} + \mathbf{L})^{-1}\mathbf{U}, \quad \mathbf{c}_{GS} = (\mathbf{D} + \mathbf{L})^{-1}\mathbf{b}.$$

3.2.4. Método de Gauss-Seidel. Pseudocódigo

Vamos a dar el pseudocódigo del método de Gauss-Seidel usando como **criterio de parada** el **criterio del error absoluto**.

- `INPUT` matriz del sistema $\mathbf{A} = (a_{ij})_{i=1,\ldots,n,j=1,\ldots,n}$, vector de términos independientes $\mathbf{b} = (b_i)_{i=1,\ldots,n}$, valor inicial $\mathbf{X0} = \mathbf{x}^{(0)}$, error absoluto o tolerancia `TOL`, número máximo de iteraciones `Nmax`.
- `Set k=1.`
- `While k <= Nmax`
  - `For i=1,...,n`
    - `Set` $x_i = \frac{1}{a_{ii}}\left(-\sum_{j=1}^{i-1} a_{ij}x_j - \sum_{j=i+1}^{n} a_{ij}X0_j + b_i\right)$.
  - `If` $\|\mathbf{x} - \mathbf{X0}\| <$ `TOL then`
    - `Print` $x_1, \ldots, x_n$
    - `STOP.`
  - `Set k=k+1.`
  - `For i=1,...,n`
    - `Set` $X0_i = x_i$.
- `Print número máximo de iteraciones alcanzado. El método no converge.`
- `STOP.`

Apliquemos el método de Gauss-Seidel al sistema de 4 ecuaciones con 4 incógnitas anterior correspondiente al ejemplo 3.1:

$$
\begin{aligned}
E_1 &: 22x_1 + 5x_2 + 5x_3 + 6x_4 = 5,\\
E_2 &: 5x_1 + 19x_2 + 3x_3 + 6x_4 = 7,\\
E_3 &: 5x_1 + 5x_2 + 24x_3 + 5x_4 = 8,\\
E_4 &: 7x_1 + 7x_2 + 4x_3 + 25x_4 = 5.
\end{aligned}
$$

A partir de un vector inicial de aproximación $\mathbf{x}^{(0)}$, por ejemplo $\mathbf{x}^{(0)} = \begin{bmatrix} 0\\0\\0\\0 \end{bmatrix}$, definimos la sucesión de aproximaciones de la solución $(\mathbf{x}^{(k)})_{k\geq 0}$ de la forma siguiente:

$$
\begin{aligned}
x_1^{(k)} &= \frac{5}{22} - \left(\frac{5}{22}x_2^{(k-1)} + \frac{5}{22}x_3^{(k-1)} + \frac{6}{22}x_4^{(k-1)}\right),\\
x_2^{(k)} &= \frac{7}{19} - \left(\frac{5}{19}x_1^{(k)} + \frac{3}{19}x_3^{(k-1)} + \frac{6}{19}x_4^{(k-1)}\right),\\
x_3^{(k)} &= \frac{8}{24} - \left(\frac{5}{24}x_1^{(k)} + \frac{5}{24}x_2^{(k)} + \frac{5}{24}x_4^{(k-1)}\right),\\
x_4^{(k)} &= \frac{5}{25} - \left(\frac{7}{25}x_1^{(k)} + \frac{7}{25}x_2^{(k)} + \frac{4}{25}x_3^{(k)}\right).
\end{aligned}
$$

Las primeras aproximaciones son las siguientes:

$$\mathbf{x}^{(0)} = \begin{bmatrix} 0 \\ 0 \\ 0 \\ 0 \end{bmatrix},\ \mathbf{x}^{(1)} = \begin{bmatrix} 0.227273 \\ 0.308612 \\ 0.221691 \\ 0.014482 \end{bmatrix},\ \mathbf{x}^{(2)} = \begin{bmatrix} 0.1028 \\ 0.301792 \\ 0.246026 \\ 0.04735 \end{bmatrix},\ \mathbf{x}^{(3)} = \begin{bmatrix} 0.089855 \\ 0.290976 \\ 0.244129 \\ 0.054307 \end{bmatrix}, \ldots$$

Si queremos que el error absoluto entre la aproximación $\mathbf{x}^{(k)}$ y $\mathbf{x}^{(k-1)}$ sea menor que 10^{-7}, es decir $\|\mathbf{x}^{(k)} - \mathbf{x}^{(k-1)}\| \leq 10^{-7}$, tenemos que realizar $k = 11$ iteraciones y la aproximación vale: $\mathbf{x}^{(11)} = \begin{bmatrix} 0.091578 \\ 0.288732 \\ 0.242711 \\ 0.05468 \end{bmatrix}$.

Si queremos que el error relativo entre la aproximación $\mathbf{x}^{(k)}$ y $\mathbf{x}^{(k-1)}$ sea menor que 10^{-7}, es decir $\frac{\|\mathbf{x}^{(k)} - \mathbf{x}^{(k-1)}\|}{\|\mathbf{x}^{(k)}\|} \leq 10^{-7}$, tenemos que realizar $k = 11$ iteraciones y la aproximación vale: $\mathbf{x}^{(11)} = \begin{bmatrix} 0.091578 \\ 0.288732 \\ 0.242711 \\ 0.05468 \end{bmatrix}$.

Vemos que en este caso el método de Gauss-Seidel requiere menos iteraciones para converger que el método de Jacobi usando el mismo criterio de parada.

Sin embargo, hay casos en que ocurre el efecto contrario: es el método de Jacobi que converge más rápidamente.

Como veremos más adelante, depende de las matrices de iteración de los dos métodos.

La función en `python` del método de Gauss-Seidel se encuentra implementada en

Dicha función se encuentra en la carpeta **Numérico 2** en el fichero `T8MetodosIterativos.ipynb`, sección 2.

La definición de la matriz del sistema es la siguiente:

```
Ab = [[22, 5, 5, 6, 5],
      [5, 19, 3, 6, 7],
      [5, 5, 24, 5, 8],
      [7, 7, 4, 25, 5]]
Ab = np.array(Ab)
```

El código de la función es el siguiente:

```
def gaussSeidel(Ab, x0, TOL = 1e-07, nmax = 100, stop = "ABS",
                verbose = False):
  """
  Esta función resuelve un sistema lineal Ax = b mediante el método
  de Gauss-Seidel

  Args:
    Ab: Array bidimensional de numpy (Matriz ampliada del sistema)
    x0: Array unidimensional (Valor inicial)
    TOL: Float (Tolerancia)
    nmax: Float (Número máximo de iteraciones)
    stop: String (Criterio de parada: ABS o REL)
    verbose: Booleano para mostrar o no los resultados relevantes

  Returns:
    x: Array unidimensional (Solución del sistema)
  """

  n = Ab.shape[0]
  x = np.empty(n)

  if stop.upper() not in ["ABS", "REL"]:
    print("El criterio de parada introducido no es válido")
    return

  k = 1 # Contador de iteraciones
  while k <= nmax:
    for i in range(n):
      sum1 = 0
      sum2 = 0
      for j in range(i):
        sum1 += Ab[i][j] * x[j]
      for j in range(i + 1, n):
        sum2 += Ab[i][j] * x0[j]
      x[i] = 1 / Ab[i][i] * (-sum1 -sum2 + Ab[i][n])

    if verbose:
      print("x^({}) = {}".format(k, x))

    if stopCriterion(x, x0, criterion = stop) < TOL:
      print("Número total de iteraciones:", k)
      print("x =", x)
      return x

    k += 1
    x0 = x.copy()
```

```
  print("Número máximo de iteraciones alcanzado.")
  print("El método no converge.")
  return
```

Para aplicar la función, hacemos lo siguiente:

```
x0 = np.array([0, 0, 0, 0])
x = gaussSeidel(Ab, x0, 1e-07, 50, stop = "ABS", verbose = False)

x^(1) = [0.22727273 0.30861244 0.22169059 0.01448166]
x^(2) = [0.10279977 0.30179155 0.24602646 0.0473502 ]
x^(3) = [0.08985494 0.29097604 0.24412892 0.0543067 ]
x^(4) = [0.09084705 0.28881778 0.2429226  0.05482623]
x^(5) = [0.09147003 0.28868024 0.24271323 0.05472381]
x^(6) = [0.09157681 0.28871755 0.24270455 0.05468485]
x^(7) = [0.09158093 0.28873014 0.24270918 0.05467943]
x^(8) = [0.09157849 0.28873176 0.24271048 0.05467945]
x^(9) = [0.09157782 0.28873172 0.24271063 0.05467963]
x^(10) = [0.09157775 0.28873166 0.24271062 0.05467967]
x^(11) = [0.09157775 0.28873165 0.24271061 0.05467967]
Número total de iteraciones: 11
x = [0.09157775 0.28873165 0.24271061 0.05467967]
```

3.3. Métodos de iteración generales

En esta sección vamos a estudiar un **método iterativo general** para resolver un sistema lineal $\mathbf{Ax} = \mathbf{b}$ donde la **sucesión de aproximaciones** $\mathbf{x}^{(k)}$ viene dada en forma recurrente por la expresión siguiente:

$$\mathbf{x}^{(k)} = \mathbf{T}\mathbf{x}^{(k-1)} + \mathbf{c},$$

donde $\mathbf{T}$ es la **matriz de iteración** y $\mathbf{c}$, el **vector independiente**, usando un vector $\mathbf{x}^{(0)}$ inicial.

Los métodos de **Jacobi** y **Gauss-Seidel** serían casos particulares de métodos iterativos definidos usando la expresión anterior.

3.3.1. Estudio de la convergencia

Tal como comentamos en su momento, para hallar la recurrencia que gobierna la **sucesión de aproximaciones** $\mathbf{x}^{(k)}$, tranformamos el sistema lineal $\mathbf{Ax} = \mathbf{b}$ en el sistema lineal equivalente $\mathbf{x} = \mathbf{Tx} + \mathbf{c}$ y, a partir de la última expresión, definimos la recurrencia de las aproximaciones $\mathbf{x}^{(k)}$.

Entonces, si la **sucesión de aproximaciones** $\mathbf{x}^{(k)}$ converge a la solución $\mathbf{x}$, ésta verificará:

$$\mathbf{x} = \mathbf{T}\mathbf{x} + \mathbf{c}, \Rightarrow (\mathbf{Id} - \mathbf{T})\mathbf{x} = \mathbf{c}, \Rightarrow \mathbf{x} = (\mathbf{Id} - \mathbf{T})^{-1}\mathbf{c}.$$

Veamos a continuación si somos capaces de escribir la **sucesión de aproximaciones** $\mathbf{x}^{(k)}$ en función de la **aproximación inicial** $\mathbf{x}^{(0)}$:

$$\begin{aligned}
\mathbf{x}^{(1)} &= \mathbf{T}\mathbf{x}^{(0)} + \mathbf{c},\\
\mathbf{x}^{(2)} &= \mathbf{T}\mathbf{x}^{(1)} + \mathbf{c} = \mathbf{T}(\mathbf{T}\mathbf{x}^{(0)} + \mathbf{c}) + \mathbf{c} = \mathbf{T}^2\mathbf{x}^{(0)} + \mathbf{T}\mathbf{c} + \mathbf{c},\\
\mathbf{x}^{(3)} &= \mathbf{T}\mathbf{x}^{(2)} + \mathbf{c} = \mathbf{T}(\mathbf{T}^2\mathbf{x}^{(0)} + \mathbf{T}\mathbf{c} + \mathbf{c}) + \mathbf{c} = \mathbf{T}^3\mathbf{x}^{(0)} + \mathbf{T}^2\mathbf{c} + \mathbf{T}c + \mathbf{c}.
\end{aligned}$$

En general, puede demostrarse fácilmente por **inducción** que:

$$\mathbf{x}^{(k)} = \mathbf{T}^k\mathbf{x}^{(0)} + \mathbf{T}^{k-1}\mathbf{c} + \cdots + \mathbf{T}\mathbf{c} + \mathbf{c} = \mathbf{T}^k\mathbf{x}^{(0)} + \left(\sum_{i=0}^{k-1}\mathbf{T}^i\right)\mathbf{c}.$$

Teniendo en cuenta que el límite $\mathbf{x}$ de la **sucesión de aproximaciones**, en caso de existir, verifica que $\mathbf{x} = (\mathbf{Id} - \mathbf{T})^{-1}\mathbf{c}$, intuitivamente y usando la expresión anterior,

$$\mathbf{x}^{(k)} = \mathbf{T}^k\mathbf{x}^{(0)} + \left(\sum_{i=0}^{k-1}\mathbf{T}^i\right)\mathbf{c},$$

parece que para que la sucesión de aproximaciones sea convergente, la sucesión de matrices $\mathbf{T}^k$ debe tender a la matriz $\mathbf{0}$ y que el sumatorio anterior de matrices $\left(\sum_{i=0}^{k-1}\mathbf{T}^i\right)$ debe tender a $(\mathbf{Id} - \mathbf{T})^{-1}$.

El siguiente lema es un primer intento de responder a las cuestiones planteadas:

Lema 3.1 (Convergencia de una serie de matrices)**.** *Sea* $\mathbf{T}$ *una matriz cuadrada* $n \times n$ *cuyo* ***radio espectral*** *es menor que* 1, $\rho(\mathbf{T}) < 1$. *Entonces,*

$$(\mathbf{Id} - \mathbf{T})^{-1} = \mathbf{Id} + \mathbf{T} + \mathbf{T}^2 + \cdots = \sum_{j=0}^{\infty}\mathbf{T}^j.$$

Es decir, la serie o la suma infinita de matrices $\sum_{j=0}^{\infty}\mathbf{T}^j$ es convergente si el radio espectral de la matriz $\mathbf{T}$ de la que hallamos las potencias es menor que 1.

Demostración. En primer lugar, fijémonos que si λ es un valor propio de $\mathbf{T}$, entonces $1 - \lambda$ es un valor propio de $\mathbf{Id} - \mathbf{T}$ y al contrario, si μ es un valor propio de $\mathbf{Id} - \mathbf{T}$ entonces $1 - \mu$ es valor propio de $\mathbf{T}$

- si λ es un valor propio de $\mathbf{T}$, existe un vector propio $\mathbf{x}$ tal que $\mathbf{T}\mathbf{x} = \lambda\mathbf{x}$. Entonces,
$$(\mathbf{Id} - \mathbf{T})\mathbf{x} = \mathbf{x} - \mathbf{T}\mathbf{x} = \mathbf{x} - \lambda\mathbf{x} = (1 - \lambda)\mathbf{x},$$
lo que significa que dicho vector propio $\mathbf{x}$ es vector propio de la matriz $\mathbf{Id} - \mathbf{T}$ de valor propio $1 - \lambda$.

- si μ es un valor propio de $\mathbf{Id} - \mathbf{T}$, existe un vector propio $\mathbf{x}$ tal que $(\mathbf{Id} - \mathbf{T})\mathbf{x} = \mu\mathbf{x}$. Entonces,
$$\mathbf{T}\mathbf{x} = (\mathbf{Id} - (\mathbf{Id} - \mathbf{T}))\mathbf{x} = \mathbf{x} - \mu\mathbf{x} = (1 - \mu)\mathbf{x},$$
lo que significa que dicho vector propio $\mathbf{x}$ es vector propio de la matriz $\mathbf{T}$ de valor propio $1 - \mu$.

Como el radio espectral de $\mathbf{T}$ es menor que 1, $\rho(\mathbf{T}) < 1$, 1 no puede ser valor propio de $\mathbf{T}$ ya que en este caso, $\rho(\mathbf{T}) = \text{máx}_\lambda |\lambda| \geq 1$ y tendríamos una contradicción.

Por tanto, por lo dicho anteriormente, 0 no puede ser valor propio de $\mathbf{Id} - \mathbf{T}$ ya que si lo fuera, $1 - 0 = 1$ sería valor propio de la matriz $\mathbf{T}$ y acabamos de decir que esto es imposible.

Decir que 0 no es valor propio de la matriz $\mathbf{Id} - \mathbf{T}$ es equivalente a decir que el determinante de dicha matriz es distinto de 0 (recordad que los valores propios λ de una matriz general $\mathbf{B}$ cumplen $\det(\mathbf{B} - \lambda\mathbf{Id}) = 0$, entonces si 0 no es valor propio de la matriz $\mathbf{Id} - \mathbf{T}$, el determinante de la matriz $\det(\mathbf{Id} - \mathbf{T} - 0\mathbf{Id}) = \det(\mathbf{Id} - \mathbf{T})$ no puede ser 0).

Por tanto, la matriz $\mathbf{Id} - \mathbf{T}$ es invertible y la matriz $(\mathbf{Id} - \mathbf{T})^{-1}$ existe.

Sea $\mathbf{S}_m = \mathbf{Id} + \mathbf{T} + \cdots + \mathbf{T}^m$.

Calculemos $(\mathbf{Id} - \mathbf{T})\mathbf{S}_m$:

$$(\mathbf{Id} - \mathbf{T})\mathbf{S}_m = \mathbf{S}_m - \mathbf{T}\mathbf{S}_m = \mathbf{Id} + \mathbf{T} + \cdots + \mathbf{T}^m - (\mathbf{T} + \cdots + \mathbf{T}^{m+1}) = \mathbf{Id} - \mathbf{T}^{m+1}.$$

Veamos a continuación que $\lim\limits_{m\to\infty} \mathbf{Id} - \mathbf{T}^{m+1} = \mathbf{Id}$, para una cierta norma matricial $\|\cdot\|$:
$$\lim_{m\to\infty} \|\mathbf{Id} - (\mathbf{Id} - \mathbf{T}^{m+1})\| = \lim_{m\to\infty} \|\mathbf{T}^{m+1}\| \leq \lim_{m\to\infty} \|\mathbf{T}\|^{m+1}.$$

Como $\rho(\mathbf{T}) < 1$, existe $\epsilon > 0$ tal que $\rho(\mathbf{T}) + \epsilon < 1$. Para dicho $\epsilon > 0$ existe una norma matricial $\|\cdot\|$ tal que $\|\mathbf{T}\| \leq \rho(\mathbf{T}) + \epsilon < 1$.

Como $\|\mathbf{T}\| < 1$, $\lim\limits_{m\to\infty} \|\mathbf{T}\|^{m+1} = 0$ y por tanto, $\lim\limits_{m\to\infty} \|\mathbf{Id} - (\mathbf{Id} - \mathbf{T}^{m+1})\| = 0$, tal como queríamos ver.

Ahora, como $\lim\limits_{m\to\infty} \mathbf{Id} - \mathbf{T}^{m+1} = \mathbf{Id}$, tendremos que:

$$\lim_{m\to\infty} (\mathbf{Id} - \mathbf{T})\mathbf{S}_m = \mathbf{Id}, \Rightarrow \lim_{m\to\infty} \mathbf{S}_m = (\mathbf{Id} - \mathbf{T})^{-1}, \Rightarrow \sum_{j=0}^{\infty} \mathbf{T}^j = (\mathbf{Id} - \mathbf{T})^{-1},$$

tal como queríamos ver. □

Ya tenemos los ingredientes necesarios para demostrar el teorema que dice cuando un **método iterativo** es convergente:

Teorema 3.1 (Condición necesaria y suficiente de convergencia). *Sea* $\mathbf{x}^{(k)}$ *una* ***sucesión de aproximaciones*** *para hallar la solución del sistema lineal* $\mathbf{Ax} = \mathbf{b}$ *a partir de la recurrencia* $\mathbf{x}^{(k)} = \mathbf{Tx}^{(k-1)} + \mathbf{c}$. *Entonces la sucesión anterior* ***converge*** *si, y sólo si, el radio espectral de la* ***matriz de iteración*** $\mathbf{T}$ *es menor que* 1, $\rho(\mathbf{T}) < 1$.

Demostración. Supongamos primero que $\rho(\mathbf{T}) < 1$. Usando la demostración del lema anterior tenemos que existe una norma matricial $\|\cdot\|$ tal que $\|\mathbf{T}\| < 1$. Por tanto, $\lim\limits_{m\to\infty} \mathbf{T}^m = \mathbf{0}$.

Usando el lema otra vez, tenemos que $\sum\limits_{j=0}^{\infty} \mathbf{T}^j = (\mathbf{Id} - \mathbf{T})^{-1}$.

Por último como

$$\mathbf{x}^{(k)} = \mathbf{T}^k\mathbf{x}^{(0)} + \left(\sum_{i=0}^{k-1} \mathbf{T}^i\right)\mathbf{c},$$

haciendo límite en la expresión anterior, tenemos:

$$\lim_{k\to\infty} \mathbf{x}^{(k)} = \mathbf{0}\mathbf{x}^{(0)} + (\mathbf{Id} - \mathbf{T})^{-1}\mathbf{c} = (\mathbf{Id} - \mathbf{T})^{-1}\mathbf{c},$$

tal como queríamos demostrar.

Supongamos ahora que la sucesión de aproximaciones $\mathbf{x}^{(k)}$ converge a $\mathbf{x}$ tal que $\mathbf{x} = \mathbf{Tx} + \mathbf{c}$.

Veamos que para cualquier vector $\mathbf{z} \in \mathbb{R}^n$, $\lim\limits_{m\to\infty} \mathbf{T}^m\mathbf{z} = \mathbf{0}$.

Se puede demostrar que la condición anterior equivale a afirmar que $\rho(\mathbf{T}) < 1$.

Sea pues un vector $\mathbf{z}$. Sea $\mathbf{x}^{(0)} = \mathbf{x} - \mathbf{z}$ el valor inicial de la sucesión de aproximaciones. Como $\lim\limits_{k\to\infty} \mathbf{x}^{(k)} = \mathbf{x}$,

$$\mathbf{x} - \mathbf{x}^{(k)} = (\mathbf{Tx} + \mathbf{c}) - (\mathbf{Tx}^{(k-1)} + \mathbf{c}) = \mathbf{T}(\mathbf{x} - \mathbf{x}^{(k-1)}).$$

Entonces:

$$\mathbf{x}-\mathbf{x}^{(k)} = \mathbf{T}(\mathbf{x}-\mathbf{x}^{(k-1)}) = \mathbf{T}^2(\mathbf{x}-\mathbf{x}^{(k-2)}) = \cdots = \mathbf{T}^k(\mathbf{x}-\mathbf{x}^{(0)}) = \mathbf{T}^k(\mathbf{x}-(\mathbf{x}-\mathbf{z})) = \mathbf{T}^k\mathbf{z}.$$

Como $\lim\limits_{k\to\infty} \mathbf{x} - \mathbf{x}^{(k)} = \mathbf{0}$, tenemos que $\lim\limits_{k\to\infty} \mathbf{T}^k\mathbf{z} = \mathbf{0}$ tal como queríamos demostrar.

□

El teorema anterior es importante porque da una condición **necesaria y suficiente** para que la **sucesión de aproximaciones** $\mathbf{x}^{(k)}$ converja.

Sin embargo, no es aplicable en la práctica ya que hallar el **radio espectral** de una matriz es un problema mucho más **complejo** desde el punto de vista del análisis numèrico que resolver un sistema lineal.

El corolario siguiente intenta resolver este problema, es decir, da una condición suficiente de convergencia en función de la **norma de la matriz del sistema**:

Corolario 3.1. *Sea* $\mathbf{x}^{(k)}$ ***una sucesión de aproximaciones*** *para hallar la solución del sistema lineal* $\mathbf{A}\mathbf{x} = \mathbf{b}$ *a partir de la recurrencia* $\mathbf{x}^{(k)} = \mathbf{T}\mathbf{x}^{(k-1)} + \mathbf{c}$.

Si existe una ***norma matricial*** *para la cual, la norma de la* ***matriz de iteración*** $\mathbf{T}$ *es menor que 1,* $\|\mathbf{T}\| < 1$*, entonces la* ***sucesión de aproximaciones*** $\mathbf{x}^{(k)}$ *converge a la solución del sistema anterior* $\mathbf{x}$ *para cualquier* ***aproximación inicial*** $\mathbf{x}^{(0)}$ *y además los* ***errores cometidos*** *vienen acotados por las expresiones siguientes:*

- $\|\mathbf{x}^{(k)} - \mathbf{x}\| \leq \|\mathbf{T}\|^k \|\mathbf{x}^{(0)} - \mathbf{x}\|$,
- $\|\mathbf{x}^{(k)} - \mathbf{x}\| \leq \frac{\|\mathbf{T}\|^k}{1-\|\mathbf{T}\|} \|\mathbf{x}^{(1)} - \mathbf{x}^{(0)}\|$.

Demostración. Como cualquier norma matricial verifica que $\rho(\mathbf{T}) \leq \|\mathbf{T}\|$, y por hipótesis $\|\mathbf{T}\| < 1$, se cumplirá que $\rho(\mathbf{T}) \leq \|\mathbf{T}\| < 1$. Por tanto, usando el teorema anterior, tendremos que la sucesión de aproximaciones $\mathbf{x}^{(k)}$ convergerá hacia la solución del sistema $\mathbf{x}$.

Veamos las cotas de los errores.

Sabemos que en general, para todo k (ver la demostración del teorema),

$$\mathbf{x}^{(k)} - \mathbf{x} = \mathbf{T}(\mathbf{x}^{(k-1)} - \mathbf{x}),$$

donde recordemos que $\mathbf{x}$ es la solución del sistema lineal o el límite de la sucesión de aproximaciones $\mathbf{x}^{(k)}$: $\mathbf{x} = \lim\limits_{k\to\infty} \mathbf{x}^{(k)}$.

Aplicando la expresión anterior k veces tenemos que:

$$\mathbf{x}^{(k)} - \mathbf{x} = \mathbf{T}(\mathbf{x}^{(k-1)} - \mathbf{x}) = \mathbf{T}^2(\mathbf{x}^{(k-2)} - \mathbf{x}) = \cdots = \mathbf{T}^k(\mathbf{x}^{(0)} - \mathbf{x}).$$

Por tanto:

$$\|\mathbf{x}^{(k)} - \mathbf{x}\| = \|\mathbf{T}^k(\mathbf{x}^{(0)} - \mathbf{x})\| \leq \|\mathbf{T}^k\| \|\mathbf{x}^{(0)} - \mathbf{x}\| \leq \|\mathbf{T}\|^k \|\mathbf{x}^{(0)} - \mathbf{x}\|,$$

tal como queríamos ver.

Veamos la segunda desigualdad.

Antes de nada, comprobemos que para todo l se cumple que:

$$\|\mathbf{x}^{(l)} - \mathbf{x}^{(l-1)}\| \leq \|\mathbf{T}\|^{l-1} \|\mathbf{x}^{(1)} - \mathbf{x}^{(0)}\|.$$

Efectivamente,

$$\begin{aligned}
\|\mathbf{x}^{(l)} - \mathbf{x}^{(l-1)}\| &= \|\mathbf{T}\mathbf{x}^{(l-1)} + \mathbf{c} - (\mathbf{T}\mathbf{x}^{(l-2)} + \mathbf{c})\| = \|\mathbf{T}(\mathbf{x}^{(l-1)} - \mathbf{x}^{(l-2)})\| \\
&= \|\mathbf{T}^2(\mathbf{x}^{(l-2)} - \mathbf{x}^{(l-3)})\| = \cdots = \|\mathbf{T}^{l-1}(\mathbf{x}^{(1)} - \mathbf{x}^{(0)})\| \\
&\leq \|\mathbf{T}^{l-1}\| \|\mathbf{x}^{(1)} - \mathbf{x}^{(0)}\| \leq \|\mathbf{T}\|^{l-1} \|\mathbf{x}^{(1)} - \mathbf{x}^{(0)}\|.
\end{aligned}$$

Sea $m > k$. Aplicando la desigualdad triangular y la desigualdad anterior, tenemos que:

$$\begin{aligned}\|\mathbf{x}^{(m)} - \mathbf{x}^{(k)}\| &\leq \|\mathbf{x}^{(m)} - \mathbf{x}^{(m-1)}\| + \|\mathbf{x}^{(m-1)} - \mathbf{x}^{(m-2)}\| + \cdots + \|\mathbf{x}^{(k+1)} - \mathbf{x}^{(k)}\| \\ &\leq \left(\|\mathbf{T}\|^{m-1} + \|\mathbf{T}\|^{m-2} + \cdots + \|\mathbf{T}\|^{k}\right) \|\mathbf{x}^{(1)} - \mathbf{x}^{(0)}\| \\ &\leq \left(\sum_{i=k}^{\infty} \|\mathbf{T}\|^{i}\right) \|\mathbf{x}^{(1)} - \mathbf{x}^{(0)}\| = \frac{\|\mathbf{T}\|^{k}}{1 - \|\mathbf{T}\|} \|\mathbf{x}^{(1)} - \mathbf{x}^{(0)}\|,\end{aligned}$$

Como la parte de la "derecha" de la desigualdad anterior no depende de m, hacemos tender m hacia ∞ y, como $\lim\limits_{m \to \infty} \mathbf{x}^{(m)} = \mathbf{x}$, obtenemos

$$\|\mathbf{x} - \mathbf{x}^{(k)}\| \leq \frac{\|\mathbf{T}\|^{k}}{1 - \|\mathbf{T}\|} \|\mathbf{x}^{(1)} - \mathbf{x}^{(0)}\|,$$

tal como queríamos demostrar. □

Observación. La primera desigualdad del teorema no tiene aplicación práctica al no conocer $\mathbf{x}$ pero nos indica que cuanto menor sea la norma de la **matriz de iteración**, más "rápidamente" tenderá a cero el error cometido $\|\mathbf{x}^{(k)} - \mathbf{x}\|$.

Sin embargo, usando la segunda desigualdad podemos estimar el número de iteraciones máximo a realizar para que el error $\|\mathbf{x}^{(k)} - \mathbf{x}\|$ sea menor que una cierta **tolerancia** ϵ ya que:

$$\|\mathbf{x}^{(k)} - \mathbf{x}\| \leq \frac{\|\mathbf{T}\|^{k}}{1 - \|\mathbf{T}\|} \|\mathbf{x}^{(1)} - \mathbf{x}^{(0)}\| \leq \epsilon, \Rightarrow \|\mathbf{T}\|^{k} \leq \frac{\epsilon(1 - \|\mathbf{T}\|)}{\|\mathbf{x}^{(1)} - \mathbf{x}^{(0)}\|}.$$

Tomando logaritmos en la expresión anterior, tenemos que el **número máximo de iteraciones** a realizar para obtener una **tolerancia** menor que ϵ vale:

$$k \leq \frac{\ln\left(\frac{\epsilon(1-\|\mathbf{T}\|)}{\|\mathbf{x}^{(1)}-\mathbf{x}^{(0)}\|}\right)}{\ln \|\mathbf{T}\|} = \frac{\ln \epsilon + \ln(1 - \|\mathbf{T}\|) - \ln(\|\mathbf{x}^{(1)} - \mathbf{x}^{(0)}\|)}{\ln \|\mathbf{T}\|}.$$

3.3.2. Métodos de Jacobi y Gauss-Seidel. Convergencia

Los métodos de **Jacobi** y **Gauss-Seidel** definían la **sucesión de aproximaciones** $\mathbf{x}^{(k)}$ de la forma siguiente:

- Método de Jacobi:

$$\mathbf{x}^{(k)} = \mathbf{T}_J \mathbf{x}^{(k-1)} + \mathbf{c}_J.$$

- Método de Gauss-Seidel:

$$\mathbf{x}^{(k)} = \mathbf{T}_{GS} \mathbf{x}^{(k-1)} + \mathbf{c}_{GS}.$$

Las **matrices de iteración** eran las siguientes:

$$\mathbf{T}_J = -\mathbf{D}^{-1}(\mathbf{L}+\mathbf{U}), \quad \mathbf{T}_{GS} = -(\mathbf{D}+\mathbf{L})^{-1}\mathbf{U},$$

donde las matrices $\mathbf{D}$, $\mathbf{L}$ y $\mathbf{U}$ eran la matriz diagonal, la matriz triangular inferior y la matriz triangular superior de la matriz del sistema a resolver $\mathbf{A}$: $\mathbf{A} = \mathbf{D}+\mathbf{L}+\mathbf{U}$.

Aplicando lo visto anteriormente, si el **radio espectral de la matriz de iteración de Jacobi** $\rho(\mathbf{T}_J) < 1$ es menor que 1, el **método de Jacobi** será **convergente** y lo mismo para el **método de Gauss Seidel**, es decir, si $\rho(\mathbf{T}_{GS}) < 1$ es menor que 1, el **método de Gauss-Seidel** será **convergente**.

De la misma manera, si existe una **norma matricial** para la que $\|\mathbf{T}_J\| < 1$, el **método de Jacobi** también será **convergente** y lo mismo para el **método de Gauss-Seidel**, es decir, si existe una **norma matricial** para la que $\|\mathbf{T}_{GS}\| < 1$, el **método de Gauss-Seidel** también será **convergente** y además en estos casos tenemos una manera de estimar el **número de iteraciones** para que el error entre $\mathbf{x}^{(k)}$ y la solución exacta $\mathbf{x}$ sea menor que una cierta **tolerancia** ϵ.

Veamos que si la matriz del sistema $\mathbf{A} = (a_{ij})_{i,j=1,\ldots,n}$ es **estrictamente diagonal dominante**, donde recordemos que significa que

$$|a_{ii}| > \sum_{j=1, j\neq i}^{n} |a_{ij}|, \ i = 1,\ldots,n,$$

los métodos de **Jacobi** y **Gauss-Seidel** convergen:

Proposición 3.1 (Convergencia de los métodos de Jacobi y Gauss-Seidel cuando la matriz del sistema es estrictamente diagonal dominante). *Sea* $\mathbf{x}_J^{(k)}$, $\mathbf{x}_{GS}^{(k)}$ *las **sucesiones de aproximaciones** generadas por los métodos de Jacobi y Gauss-Seidel, respectivamente, para hallar la solución del sistema lineal* $\mathbf{A}\mathbf{x} = \mathbf{b}$. *Si la matriz del sistema* $\mathbf{A}$ *es **estrictamente diagonal dominante**, las sucesiones anteriores convergen a la solución de sistema* $\mathbf{x}$.

Para demostrar la proposición anterior veremos que $\|\mathbf{T}_J\|_\infty < 1$ y $\|\mathbf{T}_{GS}\|_\infty < 1$. Entonces, usando el corolario anterior, podemos afirmar que las **sucesiones de aproximaciones** generadas por los **métodos de Jacobi** y **Gauss-Seidel** convergen.

Demostración. Recordemos que dada una matriz cualquiera $\mathbf{B} = (b_{ij})_{i,j=1,\ldots,n}$, la **norma infinito** de dicha matriz es el máximo de la suma de las componentes en valor absoluto de todas las filas:

$$\|\mathbf{B}\|_\infty = \max_{i=1,\ldots,n} \sum_{j=1}^{n} |b_{ij}|.$$

Veamos primero que la norma infinito de la matriz de iteración del método de Jacobi es menor que 1, $\|\mathbf{T}_J\|_\infty < 1$.

Recordemos que

$$\mathbf{T}_J = -\mathbf{D}^{-1}(\mathbf{L}+\mathbf{U}) = \begin{bmatrix} 0 & -\frac{a_{12}}{a_{11}} & \dots & -\frac{a_{1n}}{a_{11}} \\ -\frac{a_{21}}{a_{22}} & 0 & \dots & -\frac{a_{2n}}{a_{22}} \\ \vdots & \vdots & \ddots & \vdots \\ -\frac{a_{n1}}{a_{nn}} & -\frac{a_{n2}}{a_{nn}} & \dots & 0 \end{bmatrix}.$$

Dada la fila i-ésima, la suma en valor absoluto de sus componentes valdrá: $\sum_{j=1,j\neq i}^{n} \left|\frac{a_{ij}}{a_{ii}}\right|$. Dicha suma estará acotada por:

$$\sum_{j=1,j\neq i}^{n} \left|\frac{a_{ij}}{a_{ii}}\right| = \frac{1}{|a_{ii}|} \sum_{j=1,j\neq i}^{n} |a_{ij}| < 1,$$

ya que como la matriz del sistema $\mathbf{A}$ es estrictamente diagonal dominante,

$$\sum_{j=1,j\neq i}^{n} |a_{ij}| < |a_{ii}|, \Rightarrow \frac{1}{|a_{ii}|} \sum_{j=1,j\neq i}^{n} |a_{ij}| < 1.$$

Por tanto,

$$\|\mathbf{T}_J\|_\infty = \max_{i=1,\dots,n} \sum_{j=1,j\neq i}^{n} \left|\frac{a_{ij}}{a_{ii}}\right| < 1,$$

tal como queríamos demostrar.

Veamos a continuación que $\|\mathbf{T}_{GS}\|_\infty < 1$.

Recordemos que: $\mathbf{T}_{GS} = -(\mathbf{D}+\mathbf{L})^{-1}\mathbf{U}$.

El valor de la norma infinito de la matriz de iteración de Gauss-Seidel se puede calcular de la forma siguiente:

$$\|\mathbf{T}_{GS}\|_\infty = \max_{\mathbf{x}} \frac{\|\mathbf{T}_{GS}\mathbf{x}\|_\infty}{\|\mathbf{x}\|_\infty}.$$

Sea $\mathbf{x} \in \mathbb{R}^n$ fijo. Llamamos $\mathbf{y} = \mathbf{T}_{GS}\mathbf{x}$. Entonces la norma infinito de la matriz de iteración de Gauss-Seidel puede escribirse como:

$$\|\mathbf{T}_{GS}\|_\infty = \max_{\mathbf{x}} \frac{\|\mathbf{y}\|_\infty}{\|\mathbf{x}\|_\infty}.$$

Sea k la componente que hace máximo las componentes del vector $\mathbf{y}$ en valor absoluto, es decir,

$$|y_k| = \|\mathbf{y}\|_\infty = \max_{i=1,\dots,n} |y_i|.$$

Como $\mathbf{y} = \mathbf{T}_{GS}\mathbf{x}$, tenemos que $\mathbf{y} = -(\mathbf{D}+\mathbf{L})^{-1}\mathbf{U}\mathbf{x}$.

Por tanto,

$$(\mathbf{D}+\mathbf{L})\mathbf{y} = -\mathbf{U}\mathbf{x}.$$

Si escribimos la componente k-ésima de la expresión anterior, obtenemos:

$$a_{kk}y_k + \sum_{j=1}^{k-1} a_{kj}y_j = -\sum_{j=k+1}^{n} a_{kj}x_j.$$

Por tanto,

$$\begin{aligned}\left|\sum_{j=k+1}^{n} a_{kj}x_j\right| &= \left|a_{kk}y_k + \sum_{j=1}^{k-1} a_{kj}y_j\right| \geq |a_{kk}||y_k| - \sum_{j=1}^{k-1} |a_{kj}||y_j| \\ &\geq |a_{kk}||y_k| - |y_k|\sum_{j=1}^{k-1} |a_{kj}| \\ &= |a_{kk}|\|\mathbf{y}\|_\infty - \|\mathbf{y}\|_\infty \sum_{j=1}^{k-1} |a_{kj}| = \|\mathbf{y}\|_\infty \left(|a_{kk}| - \sum_{j=1}^{k-1} |a_{kj}|\right).\end{aligned}$$

Por otro lado,

$$\left|\sum_{j=k+1}^{n} a_{kj}x_j\right| \leq \|\mathbf{x}\|_\infty \sum_{j=k+1}^{n} |a_{kj}|.$$

En resumen, acabamos de demostrar que:

$$\|\mathbf{y}\|_\infty \left(|a_{kk}| - \sum_{j=1}^{k-1} |a_{kj}|\right) \leq \|\mathbf{x}\|_\infty \sum_{j=k+1}^{n} |a_{kj}|,$$

o, si se quiere,

$$\frac{\|\mathbf{y}\|_\infty}{\|\mathbf{x}\|_\infty} \leq \frac{\sum_{j=k+1}^{n} |a_{kj}|}{|a_{kk}| - \sum_{j=1}^{k-1} |a_{kj}|},$$

pero como la matriz del sistema $\mathbf{A}$ es estrictamente diagonal dominante,

$$\sum_{j=1}^{k-1} |a_{kj}| + \sum_{j=k+1}^{n} |a_{kj}| < |a_{kk}|,$$

o, lo que es lo mismo,

$$\sum_{j=k+1}^{n} |a_{kj}| < |a_{kk}| - \sum_{j=1}^{k-1} |a_{kj}|, \Rightarrow \frac{\sum_{j=k+1}^{n} |a_{kj}|}{|a_{kk}| - \sum_{j=1}^{k-1} |a_{kj}|} < 1.$$

Acabamos de demostrar que para cualquier $\mathbf{x} \in \mathbb{R}^n$, con $\mathbf{y} = \mathbf{T}_{GS}\mathbf{x}$, $\frac{\|\mathbf{y}\|_\infty}{\|\mathbf{x}\|_\infty} < 1$.

Por tanto,

$$\|\mathbf{T}_{GS}\|_\infty = \max_{\mathbf{x}} \frac{\|\mathbf{y}\|_\infty}{\|\mathbf{x}\|_\infty} < 1,$$

tal como queríamos demostrar. □

Consideremos el sistema del ejemplo 3.1:

$$\begin{aligned} E_1 &: 22x_1 + 5x_2 + 5x_3 + 6x_4 = 5, \\ E_2 &: 5x_1 + 19x_2 + 3x_3 + 6x_4 = 7, \\ E_3 &: 5x_1 + 5x_2 + 24x_3 + 5x_4 = 8, \\ E_4 &: 7x_1 + 7x_2 + 4x_3 + 25x_4 = 5. \end{aligned}$$

Vemos que la matriz $\mathbf{A}$ del sistema:

$$\mathbf{A} = \begin{bmatrix} 22 & 5 & 5 & 6 \\ 5 & 19 & 3 & 6 \\ 5 & 5 & 24 & 5 \\ 7 & 7 & 4 & 25 \end{bmatrix},$$

es estrictamente diagonal dominante ya que

$$22 > 5+5+6 = 16,\ 19 > 5+3+6 = 14,\ 24 > 5+5+5 = 15,\ 25 > 7+7+4 = 18.$$

Comprobemos que la matriz de iteración del método de Jacobi tiene norma infinito menor que 1.

La descomposición de la matriz $\mathbf{A}$ del sistema ($\mathbf{A} = \mathbf{D} + \mathbf{L} + \mathbf{U}$) será:

$$\begin{bmatrix} 22 & 5 & 5 & 6 \\ 5 & 19 & 3 & 6 \\ 5 & 5 & 24 & 5 \\ 7 & 7 & 4 & 25 \end{bmatrix} = \begin{bmatrix} 22 & 0 & 0 & 0 \\ 0 & 19 & 0 & 0 \\ 0 & 0 & 24 & 0 \\ 0 & 0 & 0 & 25 \end{bmatrix} + \begin{bmatrix} 0 & 0 & 0 & 0 \\ 5 & 0 & 0 & 0 \\ 5 & 5 & 0 & 0 \\ 7 & 7 & 4 & 0 \end{bmatrix} + \begin{bmatrix} 0 & 5 & 5 & 6 \\ 0 & 0 & 3 & 6 \\ 0 & 0 & 0 & 5 \\ 0 & 0 & 0 & 0 \end{bmatrix}$$

La matriz de iteración del método de Jacobi será:

$$\begin{aligned} \mathbf{T}_J &= -\mathbf{D}^{-1}(\mathbf{L} + \mathbf{U}) \\ &= -\begin{bmatrix} 0.045455 & 0 & 0 & 0 \\ 0 & 0.052632 & 0 & 0 \\ 0 & 0 & 0.041667 & 0 \\ 0 & 0 & 0 & 0.04 \end{bmatrix} \cdot \left(\begin{bmatrix} 0 & 0 & 0 & 0 \\ 5 & 0 & 0 & 0 \\ 5 & 5 & 0 & 0 \\ 7 & 7 & 4 & 0 \end{bmatrix} + \begin{bmatrix} 0 & 5 & 5 & 6 \\ 0 & 0 & 3 & 6 \\ 0 & 0 & 0 & 5 \\ 0 & 0 & 0 & 0 \end{bmatrix} \right) \\ &= \begin{bmatrix} 0 & -0.227273 & -0.227273 & -0.272727 \\ -0.263158 & 0 & -0.157895 & -0.315789 \\ -0.208333 & -0.208333 & 0 & -0.208333 \\ -0.28 & -0.28 & -0.16 & 0 \end{bmatrix}. \end{aligned}$$

La norma infinito de la matriz anterior vale: 0.7368421.

Para obtener un error $\|\mathbf{x}^{(k)} - \mathbf{x}\| < \epsilon$ que cierta tolerancia ϵ, donde $\mathbf{x}$ es la solución exacta del sistema tenemos que realizar como máximo:

$$k \leq \frac{\ln \epsilon + \ln(1 - \|\mathbf{T}_J\|) - \ln(\|\mathbf{x}^{(1)} - \mathbf{x}^{(0)}\|)}{\ln \|\mathbf{T}_J\|},$$

iteraciones.

Por ejemplo, suponiendo que $\mathbf{x}^{(0)} = \mathbf{0}$ y $\epsilon = 10^{-7}$, el valor de $\mathbf{x}_1$ vale $\mathbf{x}_1 = \begin{bmatrix} 0.227273 \\ 0.368421 \\ 0.333333 \\ 0.2 \end{bmatrix}$, hemos de realizar como máximo:

$$k \leq \left\lceil \frac{\ln 0.0000001 + \ln(1 - 0.736842) - \ln(0.368421)}{\ln(0.736842)} \right\rceil$$
$$= \left\lceil \frac{-16.118096 - 1.335001 - (-0.998529)}{-0.305382} \right\rceil = 54 \text{ iteraciones.}$$

Comprobemos que la matriz de iteración del método de Gauss-Seidel tiene norma infinito menor que 1.

La matriz de iteración del método de Gauss-Seidel será:

$$\mathbf{T}_{GS} = -(\mathbf{D} + \mathbf{L})^{-1}\mathbf{U}$$
$$= -\begin{bmatrix} 0.045455 & 0 & 0 & 0 \\ -0.011962 & 0.052632 & 0 & 0 \\ -0.006978 & -0.010965 & 0.041667 & 0 \\ -0.008262 & -0.012982 & -0.006667 & 0.04 \end{bmatrix} \cdot \begin{bmatrix} 0 & 5 & 5 & 6 \\ 0 & 0 & 3 & 6 \\ 0 & 0 & 0 & 5 \\ 0 & 0 & 0 & 0 \end{bmatrix}$$
$$= \begin{bmatrix} 0 & -0.227273 & -0.227273 & -0.272727 \\ 0 & 0.059809 & -0.098086 & -0.244019 \\ 0 & 0.034888 & 0.067783 & -0.100678 \\ 0 & 0.041308 & 0.080255 & 0.160797 \end{bmatrix}.$$

La norma infinito de la matriz anterior vale: 0.7272727.

Para obtener un error $\|\mathbf{x}^{(k)} - \mathbf{x}\| < \epsilon$ que cierta tolerancia ϵ, donde $\mathbf{x}$ es la solución exacta del sistema tenemos que realizar como máximo:

$$k \leq \frac{\ln \epsilon + \ln(1 - \|\mathbf{T}_{GS}\|) - \ln(\|\mathbf{x}^{(1)} - \mathbf{x}^{(0)}\|)}{\ln \|\mathbf{T}_{GS}\|},$$

iteraciones.

Por ejemplo, suponiendo que $\mathbf{x}^{(0)} = \mathbf{0}$ y $\epsilon = 10^{-7}$, el valor de $\mathbf{x}_1$ vale $\mathbf{x}_1 = \begin{bmatrix} 0.227273 \\ 0.308612 \\ 0.221691 \\ 0.014482 \end{bmatrix}$, hemos de realizar como máximo:

$$k \leq \left\lceil \frac{\ln 0.0000001 + \ln(1 - 0.727273) - \ln(0.308612)}{\ln(0.727273)} \right\rceil$$
$$= \left\lceil \frac{-16.118096 - 1.299283 - (-1.175669)}{-0.318454} \right\rceil = 52 \text{ iteraciones.}$$

3.4. Métodos de sobrerelajación (SOR)

Hemos visto en la sección anterior que la clave para ver si la **sucesión de aproximaciones** $\mathbf{x}^{(k)}$ es el **radio espectral** de la **matriz de iteración** $\mathbf{T}$ de tal forma que la **sucesión de aproximaciones** se define como:

$$\mathbf{x}^{(k)} = \mathbf{T}\mathbf{x}^{(k-1)} + \mathbf{c}.$$

Concretamente, si el **radio espectral de la matriz de iteración** es menor que 1, $\rho(\mathbf{T}) < 1$, la **sucesión de aproximaciones** $\mathbf{x}^{(k)}$ convergerá a la solución exacta del sistema lineal $\mathbf{x}$.

La idea sería diseñar un método dependiendo de un parámetro y estudiar para qué valores del parámetro el radio espectral de la **matriz de iteración** correspondiente tiene un valor lo más pequeño posible.

Para ello, vamos a hallar un método iterativo dependiendo de un parámetro w hallando un sistema equivalente al sistema a resolver $\mathbf{A}\mathbf{x} = \mathbf{b}$.

3.4.1. Métodos SOR

Recordemos que podemos descomponer la **matriz del sistema A** en la parte **diagonal D**, la parte **triangular inferior L** y la parte **triangular superior U**: $\mathbf{A} = \mathbf{D} + \mathbf{L} + \mathbf{U}$.

Escribamos el sistema $\mathbf{A}\mathbf{x} = \mathbf{b}$ en un sistema equivalente introduciendo un parámetro w:

$$\begin{aligned} \mathbf{A}\mathbf{x} = \mathbf{b}, \Rightarrow (\mathbf{D} + \mathbf{L} + \mathbf{U})\mathbf{x} &= \mathbf{b}, \\ w(\mathbf{D} + \mathbf{L} + \mathbf{U})\mathbf{x} &= w\mathbf{b}, \\ (w\mathbf{D} + w\mathbf{L} + w\mathbf{U})\mathbf{x} &= w\mathbf{b}, \\ (\mathbf{D} + (w-1)\mathbf{D} + w\mathbf{L} + w\mathbf{U})\mathbf{x} &= w\mathbf{b}, \\ (\mathbf{D} + w\mathbf{L})\mathbf{x} &= ((1-w)\mathbf{D} - w\mathbf{U})\mathbf{x} + w\mathbf{b}. \end{aligned}$$

La **sucesión de aproximaciones** $\mathbf{x}_w^{(k)}$ definida por los métodos anteriores parametrizados por el **parámetro** w viene dada por:

$$(\mathbf{D} + w\mathbf{L})\mathbf{x}_w^{(k)} = ((1-w)\mathbf{D} - w\mathbf{U})\mathbf{x}_w^{(k-1)} + w\mathbf{b}$$

La **matriz de iteración** del método anterior parametrizado por el **parámetro** w será: $\mathbf{T}_w = (\mathbf{D} + w\mathbf{L})^{-1}((1-w)\mathbf{D} - w\mathbf{U})$ con **vector independiente** $\mathbf{c}_w = w(\mathbf{D} + w\mathbf{L})^{-1}\mathbf{b}$.

Fijarse que para $w = 1$, redescubrimos el conocido **método de Gauss-Seidel**. Por tanto, los métodos anteriores pueden considerarse una generalización del **método de Gauss-Seidel**.

Los métodos anteriores se denominan **métodos de relajación**. Si $0 < w < 1$, el método se denomina método de **infrarelajación** y si $w > 1$, método de **sobrerelajación**. Dichos métodos se abrevian con **métodos SOR**. (*successive over-relaxation*)

3.4.2. Método SOR. Pseudocódigo

Vamos a dar el pseudocódigo del método SOR usando como **criterio de parada** el **criterio del error absoluto**.

- `INPUT` matriz del sistema $\mathbf{A} = (a_{ij})_{i=1,\dots,n,j=1,\dots,n}$, vector de términos independientes $\mathbf{b} = (b_i)_{i=1,\dots,n}$, valor inicial $\mathbf{X0} = \mathbf{x}^{(0)}$, error absoluto o tolerancia `TOL`, número máximo de iteraciones `Nmax`, valor del parámetro w.
- `Set k=1.`
- `While k <= Nmax`
    - `For i=1,...,n`
        - `Set` $x_i = (1-w)X0_i + \frac{w}{a_{ii}}\left(-\sum_{j=1}^{i-1} a_{ij}x_j - \sum_{j=i+1}^{n} a_{ij}X0_j + b_i\right)$.
    - `If` $\|\mathbf{x} - \mathbf{X0}\| <$ `TOL then`
        - `Print` $x_1, \dots, x_n$
        - `STOP.`
    - `Set k=k+1.`
    - `For i=1,...,n`
        - `Set` $X0_i = x_i$.
- `Print número máximo de iteraciones alcanzado. El método no converge.`
- `STOP.`

Vamos a aplicar el método SOR al sistema anterior de 4 ecuaciones con 4 incógnitas del ejemplo 3.1:

$$
\begin{aligned}
E_1 &: 22x_1 + 5x_2 + 5x_3 + 6x_4 = 5,\\
E_2 &: 5x_1 + 19x_2 + 3x_3 + 6x_4 = 7,\\
E_3 &: 5x_1 + 5x_2 + 24x_3 + 5x_4 = 8,\\
E_4 &: 7x_1 + 7x_2 + 4x_3 + 25x_4 = 5.
\end{aligned}
$$

Fijado un parámetro w, a partir de un vector inicial de aproximación $\mathbf{x}_w^{(0)}$, por ejemplo $\mathbf{x}_w^{(0)} = \begin{bmatrix} 0 \\ 0 \\ 0 \\ 0 \end{bmatrix}$, definimos la sucesión de aproximaciones de la solución $(\mathbf{x}_w^{(k)})_{k\geq 0}$

de la forma siguiente:

$$
\begin{aligned}
x_{1,w}^{(k)} &= \frac{5w}{22} + (1-w)x_{1,w}^{(k-1)} - \left(\frac{5}{22}w \cdot x_{2,w}^{(k-1)} + \frac{5}{22}w \cdot x_{3,w}^{(k-1)} + \frac{6}{22}w \cdot x_{4,w}^{(k-1)}\right),\\
x_{2,w}^{(k)} &= \frac{7w}{19} + (1-w)x_{2,w}^{(k-1)} - \left(\frac{5}{19}w \cdot x_{1,w}^{(k)} + \frac{3}{19}w \cdot x_{3,w}^{(k-1)} + \frac{6}{19}w \cdot x_{4,w}^{(k-1)}\right),\\
x_{3,w}^{(k)} &= \frac{8w}{24} + (1-w)x_{3,w}^{(k-1)} - \left(\frac{5}{24}w \cdot x_{1,w}^{(k)} + \frac{5}{24}w \cdot x_{2,w}^{(k)} + \frac{5}{24}w \cdot x_{4,w}^{(k-1)}\right),\\
x_{4,w}^{(k)} &= \frac{5w}{25} + (1-w)x_{4,w}^{(k-1)} - \left(\frac{7}{25}w \cdot x_{1,w}^{(k)} + \frac{7}{25}w \cdot x_{2,w}^{(k)} + \frac{4}{25}w \cdot x_{3,w}^{(k)}\right).
\end{aligned}
$$

Fijado $w = 1.5$, las primeras aproximaciones son las siguientes:

$$
\mathbf{x}_w^{(0)} = \begin{bmatrix} 0\\0\\0\\0 \end{bmatrix},\ \mathbf{x}_w^{(1)} = \begin{bmatrix} 0.340909\\0.418062\\0.262821\\-0.081845 \end{bmatrix},\ \mathbf{x}_w^{(2)} = \begin{bmatrix} -0.028183\\0.331247\\0.299458\\0.141766 \end{bmatrix},\ \mathbf{x}_w^{(3)} = \begin{bmatrix} 0.081992\\0.216566\\0.212669\\0.052682 \end{bmatrix},\dots
$$

Si queremos que el error absoluto entre la aproximación $\mathbf{x}_w^{(k)}$ y $\mathbf{x}_w^{(k-1)}$ sea menor que 10^{-7}, es decir $\|\mathbf{x}_w^{(k)} - \mathbf{x}_w^{(k-1)}\| \leq 10^{-7}$, tenemos que realizar $k = 29$ iteraciones y la aproximación vale: $\mathbf{x}^{(29)} = \begin{bmatrix} 0.091578\\0.288732\\0.242711\\0.05468 \end{bmatrix}$.

Si queremos que el error relativo entre la aproximación $\mathbf{x}_w^{(k)}$ y $\mathbf{x}_w^{(k-1)}$ sea menor que 10^{-7}, es decir $\frac{\|\mathbf{x}_w^{(k)} - \mathbf{x}_w^{(k-1)}\|}{\|\mathbf{x}_w^{(k)}\|} \leq 10^{-7}$, tenemos que realizar $k = 31$ iteraciones y la aproximación vale: $\mathbf{x}^{(31)} = \begin{bmatrix} 0.091578\\0.288732\\0.242711\\0.05468 \end{bmatrix}$.

La función en `python` del método SOR se encuentra implementada en

Dicha función se encuentra en la carpeta **Numérico 2** en el fichero `T8MetodosIterativos.ipynb`, sección 3.

La definición de la matriz del sistema es la siguiente:

```
Ab = [[22, 5, 5, 6, 5],
      [5, 19, 3, 6, 7],
      [5, 5, 24, 5, 8],
      [7, 7, 4, 25, 5]]
Ab = np.array(Ab)
```

El código de la función es el siguiente:

```
def SOR(Ab, x0, w, TOL = 1e-07, nmax = 100, stop = "ABS",
        verbose = False):
  """
  Esta función resuelve un sistema lineal Ax = b mediante el método
  SOR

  Args:
    Ab: Array bidimensional de numpy (Matriz ampliada del sistema)
    x0: Array unidimensional (Valor inicial)
    w: Float (Parámetro w del método SOR)
    TOL: Float (Tolerancia)
    nmax: Float (Número máximo de iteraciones)
    stop: String (Criterio de parada: ABS o REL)
    verbose: Booleano para mostrar o no los resultados relevantes

  Returns:
    x: Array unidimensional (Solución del sistema)
  """

  n = Ab.shape[0]
  x = np.empty(n)

  if stop.upper() not in ["ABS", "REL"]:
    print("El criterio de parada introducido no es válido")
    return

  k = 1 # Contador de iteraciones
  while k <= nmax:
    for i in range(n):
      sum1 = 0
      sum2 = 0
      for j in range(i):
        sum1 += Ab[i][j] * x[j]
      for j in range(i + 1, n):
        sum2 += Ab[i][j] * x0[j]
      x[i] = (1 - w) * x0[i] + w / Ab[i][i] *
                (-sum1 -sum2 + Ab[i][n])

    if verbose:
      print("x^({}) = {}".format(k, x))

    if stopCriterion(x, x0, criterion = stop) < TOL:
      if verbose:
        print("Número total de iteraciones:", k)
        print("x =", x)
      return x
```

```
        k += 1
        x0 = x.copy()

    print("Número máximo de iteraciones alcanzado.")
    print("El método no converge.")
    return
```

Para aplicar la función, hacemos lo siguiente:

```
x0 = np.array([0, 0, 0, 0])
x = SOR(Ab, x0, w = 1.5, TOL = 1e-07, nmax = 50, stop = "ABS",
        verbose = True)

x^(1) = [ 0.34090909  0.4180622   0.26282147 -0.0818451 ]
x^(2) = [-0.0281828   0.33124681  0.29945836  0.14176566]
x^(3) = [0.08199233 0.21656628 0.21266949 0.05268188]
x^(4) = [0.13203087 0.31690732 0.23690898 0.02824686]
x^(5) = [0.07453711 0.29526526 0.25715513 0.06884235]
x^(6) = [0.08715263 0.2770819  0.23608591 0.05593971]
x^(7) = [0.09950478 0.29239959 0.24200577 0.04934893]
x^(8) = [0.08878486 0.29069217 0.244989   0.05714782]
x^(9) = [0.09051943 0.28646041 0.2418406  0.05505281]
x^(10) = [0.09302515 0.28932523 0.2423912  0.05371254]
x^(11) = [0.09115624 0.28913501 0.24317822 0.05505863]
x^(12) = [0.09133657 0.28833492 0.24255773 0.0547948 ]
x^(13) = [0.09183862 0.28880872 0.24264547 0.0544958 ]
x^(14) = [0.09151848 0.28881904 0.24279185 0.05474029]
x^(15) = [0.09152511 0.28866078 0.24268964 0.05470627]
x^(16) = [0.09162451 0.288741   0.24269525 0.05464649]
x^(17) = [0.09157    0.28874939 0.24272554 0.05468848]
x^(18) = [0.0915669  0.28871936 0.24270763 0.0546857 ]
x^(19) = [0.09158593 0.28873242 0.24270742 0.05467366]
x^(20) = [0.09157696 0.28873518 0.24271323 0.0546809 ]
x^(21) = [0.09157556 0.28872955 0.24271026 0.05468094]
x^(22) = [0.09157917 0.28873162 0.24270995 0.05467861]
x^(23) = [0.09157772 0.28873234 0.24271107 0.05467982]
x^(24) = [0.09157733 0.2887313  0.24271058 0.05467993]
x^(25) = [0.091578   0.28873162 0.24271048 0.05467948]
x^(26) = [0.09157777 0.28873178 0.24271069 0.05467968]
x^(27) = [0.09157768 0.28873159 0.24271061 0.05467972]
x^(28) = [0.0915778  0.28873164 0.24271058 0.05467964]
x^(29) = [0.09157776 0.28873168 0.24271062 0.05467967]
Número total de iteraciones: 29
x = [0.09157776 0.28873168 0.24271062 0.05467967]
```

3.4.3. Convergencia en los métodos SOR

El siguiente resultado dice que para que un **método iterativo SOR** converja, el parámetro tiene que estar necesariamente entre 0 y 2:

Teorema 3.2 (Teorema de Kahan). *Sea* $\mathbf{x}_w^{(k)}$ *una* ***sucesión de aproximaciones*** *para hallar la solución del sistema lineal* $\mathbf{A}\mathbf{x} = \mathbf{b}$ *a partir de la recurrencia* $\mathbf{x}_w^{(k)} = \mathbf{T}_w\mathbf{x}_w^{(k-1)} + \mathbf{c}_w$ *dada por un método SOR.*

Supongamos que $a_{ii} \neq 0$*, para todo* $i = 1, 2, \dots, n$*. Entonces el* ***radio espectral*** *de la matriz de iteración* $\mathbf{T}_w$ *cumple:* $\rho(\mathbf{T}_w) \geq |w - 1|$.

Corolario 3.2. *Sea* $\mathbf{x}_w^{(k)}$ *una* ***sucesión de aproximaciones*** *para hallar la solución del sistema lineal* $\mathbf{A}\mathbf{x} = \mathbf{b}$ *a partir de la recurrencia* $\mathbf{x}_w^{(k)} = \mathbf{T}_w\mathbf{x}_w^{(k-1)} + \mathbf{c}_w$ *dada por un método SOR.*

Si $a_{ii} \neq 0$*,* $i = 1, \dots, n$ *y si la* ***sucesión de aproximaciones*** *anterior converge, el valor del* ***parámetro*** w *está entre* 0 *y* 2*:* $0 < w < 2$.

Demostración. Como la sucesión de aproximaciones $\mathbf{x}_w^{(k)}$ converge, usando el Teorema de convergencia general, tenemos que $\rho(\mathbf{T}_w) < 1$.

Usando el Teorema de Kahan, tenemos que:

$$1 > \rho(\mathbf{T}_w) \geq |w - 1|.$$

Como $|w - 1| < 1$, significa que $-1 < w - 1 < 1$ o, lo que es lo mismo, $0 < w < 2$, tal como queríamos demostrar. □

Demostración del Teorema de Kahan

Demostración. Fijamos un valor del parámetro w. Sean $\lambda_1, \dots, \lambda_n$ los valores propios (posiblemente repetidos y/o complejos) de la matriz de iteración $\mathbf{T}_w$.

Tendremos que el determinante de dicha matriz será el producto de los valores propios λ_i, $i = 1, \dots, n$:

$$\det(\mathbf{T}_w) = \prod_{i=1}^{n} \lambda_i.$$

A continuación, recordemos la expresión de la matriz de iteración $\mathbf{T}_w$: $\mathbf{T}_w = (\mathbf{D} - w\mathbf{L})^{-1}((1 - w)\mathbf{D} - w\mathbf{U})$. Entonces,

$$\begin{aligned}\det(\mathbf{T}_w) &= \det\left((\mathbf{D} - w\mathbf{L})^{-1}\right) \cdot \det((1 - w)\mathbf{D} - w\mathbf{U}) \\ &= \frac{1}{\det(\mathbf{D} - w\mathbf{L})} \cdot \det((1 - w)\mathbf{D} - w\mathbf{U}).\end{aligned}$$

Ahora bien, $\det(\mathbf{D} - w\mathbf{L}) = \det(\mathbf{D})$ ya que la matriz $\mathbf{D} - w\mathbf{L}$ es triangular inferior con valores d_{ii}, $i = 1, \dots, n$ en su diagonal y, por tanto, $\det(\mathbf{D} - w\mathbf{L}) = d_{11} \cdots d_{nn} = \det(\mathbf{D})$.

Por otro lado, $\det((1-w)\mathbf{D}-w\mathbf{U}) = (1-w)^n\det(\mathbf{D})$, ya que la matriz $(1-w)\mathbf{D}-w\mathbf{U}$ es triangular superior con valores $(1-w)d_{ii}$, $i = 1, \ldots, n$ en su diagonal y, por tanto, $\det((1-w)\mathbf{D}-w\mathbf{U}) = (1-w)d_{11}\cdots(1-w)d_{nn} = (1-w)^n d_{11}\cdots d_{nn} = (1-w)^n\det(\mathbf{D})$.

El determinante de la matriz de iteración $\mathbf{T}_w$, será, pues,

$$\det(\mathbf{T}_w) = \frac{1}{\det(\mathbf{D})} \cdot (1-w)^n \det(\mathbf{D}) = (1-w)^n.$$

Sea ahora λ_k el valor propio que da el radio espectral de la matriz de iteración $\mathbf{T}_w$, es decir, $\rho(\mathbf{T}_w) = \max_{i=1,\ldots,n} |\lambda_i| = |\lambda_k|$.

Podemos acotar el módulo del determinante de dicha matriz por:

$$|1-w|^n = |\det(\mathbf{T}_w)| = \left|\prod_{i=1}^{n} \lambda_i\right| = \prod_{i=1}^{n} |\lambda_i| \leq |\lambda_k|^n = |\rho(\mathbf{T}_w)|^n.$$

Entonces, $|1-w| \leq |\rho(\mathbf{T}_w)|$, tal como queríamos demostrar. □

En el gráfico siguiente mostramos el radio espectral de la matriz $\mathbf{T}_w$ para los datos del ejemplo 3.1 que hemos ido desarrollando en función del parámetro w:

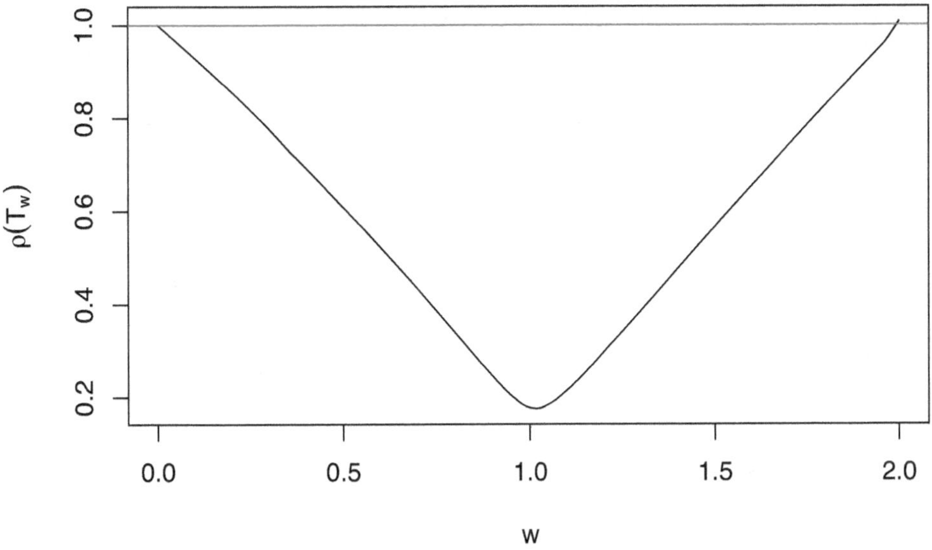

Observamos que el valor de w para el que el radio espectral de la matriz $\rho(\mathbf{T}_w)$ sea mínimo vale 1.02 con un valor del radio espectral de 0.1755293.

Para dicho valor de w, las primeras aproximaciones son las siguientes:

$$\mathbf{x}_w^{(0)} = \begin{bmatrix} 0 \\ 0 \\ 0 \\ 0 \end{bmatrix}, \quad \mathbf{x}_w^{(1)} = \begin{bmatrix} 0.231818 \\ 0.313565 \\ 0.224106 \\ 0.011665 \end{bmatrix}, \quad \mathbf{x}_w^{(2)} = \begin{bmatrix} 0.099295 \\ 0.303015 \\ 0.247548 \\ 0.048467 \end{bmatrix}, \quad \mathbf{x}_w^{(3)} = \begin{bmatrix} 0.088719 \\ 0.290435 \\ 0.244179 \\ 0.054894 \end{bmatrix}, \ldots$$

Si queremos que el error absoluto entre la aproximación $\mathbf{x}_w^{(k)}$ y $\mathbf{x}_w^{(k-1)}$ sea menor que 10^{-7}, es decir $\|\mathbf{x}_w^{(k)} - \mathbf{x}_w^{(k-1)}\| \leq 10^{-7}$, tenemos que realizar $k = 10$ iteraciones y la aproximación vale: $\mathbf{x}^{(10)} = \begin{bmatrix} 0.091578 \\ 0.288732 \\ 0.242711 \\ 0.05468 \end{bmatrix}$.

Observamos también que el método SOR converge para $w \in (0, 2)$.

Si queremos que el error relativo entre la aproximación $\mathbf{x}_w^{(k)}$ y $\mathbf{x}_w^{(k-1)}$ sea menor que 10^{-7}, es decir $\frac{\|\mathbf{x}_w^{(k)} - \mathbf{x}_w^{(k-1)}\|}{\|\mathbf{x}_w^{(k)}\|} \leq 10^{-7}$, tenemos que realizar $k = 11$ iteraciones y la aproximación vale: $\mathbf{x}^{(11)} = \begin{bmatrix} 0.091578 \\ 0.288732 \\ 0.242711 \\ 0.05468 \end{bmatrix}$.

Hallar el valor del parámetro w óptimo a partir del radio espectral no se puede llevar a la práctica ya que como hemos comentado anteriormente, el cálculo del radio espectral de una matriz es un problema mucho más complejo que resolver un sistema de ecuaciones.

Lo que podríamos hacer es hallar el valor del parámetro w que minimiza la norma infinito de la matriz de iteración $\mathbf{T}_w$. El gráfico siguiente muestra la norma infinito de la matriz $\mathbf{T}_w$ para el ejemplo que hemos ido desarrollando en función del parámetro w:

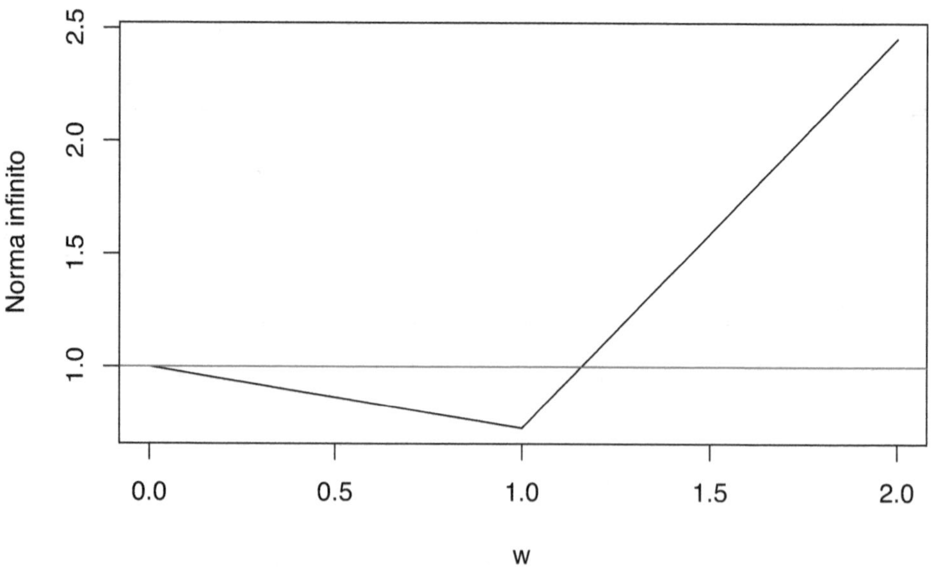

Observamos que el valor del parámetro óptimo usando el criterio de la norma infinito se alcanza para $w = 1$, es decir, el método de Gauss-Seidel!

Observamos también que, según dicho criterio, podemos asegurar que el método SOR converge para $w \in (0, 1.16)$.

La función en **python** del gráfico del valor óptimo del radio espectral de T_w en función del parámetro w se encuentra implementada en

Dicha función se encuentra en la carpeta **Numérico 2** en el fichero `T8MetodosIterativos.ipynb`, sección 4, subsección 1.

La definición de la matriz del sistema es la siguiente:

```
Ab = [[22, 5, 5, 6, 5],
     [5, 19, 3, 6, 7],
     [5, 5, 24, 5, 8],
     [7, 7, 4, 25, 5]]
Ab = np.array(Ab)
A = Ab[:, :-1]
```

El código de la función es el siguiente:

```
# Creamos una lista con diferentes valores para el parámetro w
# y otra lista con el correspondiente radio espectral para la
# matriz Tw
w = np.arange(0, 2.5, 0.01)
T_w = list(map(lambda x : radioEspectral(Tw(A, x)), w))

# Dibujamos el radio espectral de Tw en función de w
layout = go.Layout(
    title = "Radio Espectral en función de w",
    xaxis=dict(
        title=r'$w$'
    ),
    yaxis=dict(
        title=r'$\rho(T_w)$'
    )
)
fig = go.Figure(layout = layout)
fig.add_trace(go.Scatter(x = w, y = T_w,
                         mode = 'lines'))
fig.show()
```

El gráfico del radio espectral de la matriz en función del parámetro w se puede observar en la figura 3.1.

La función en **python** del gráfico del valor óptimo de la norma infinito de T_w en función del parámetro w se encuentra en la carpeta **Numérico 2** en el fichero `T8MetodosIterativos.ipynb`, sección 4, subsección 2.

Considerando la misma matriz anterior, el código de la función es el siguiente:

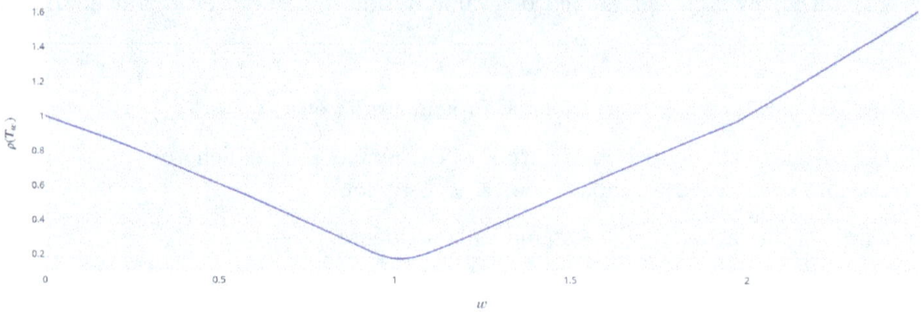

Figura 3.1: Gráfico del radio espectral $\rho(T_w)$ en función de w.

```
# Creamos una lista con diferentes valores para el parámetro w
# y otra lista con el correspondiente radio espectral para la
# matriz Tw
w = np.arange(0, 2.5, 0.01)
norm_inf = list(map(lambda x : np.linalg.norm(Tw(A, x), np.inf), w))

# Dibujamos la norma infinito de Tw en función de w

layout = go.Layout(
    title = "Norma Infinito en función de w",
    xaxis=dict(
        title=r'$w$'
    ),
    yaxis=dict(
        title=r'$||T_w||_{\infty}$'
    )
)
fig = go.Figure(layout = layout)
fig.add_trace(go.Scatter(x = w, y = norm_inf,
                         mode = 'lines'))
fig.show()
```

El gráfico del radio espectral de la matriz en función del parámetro w se puede observar en la figura 3.2.

Tal como vimos en el ejemplo anterior, la convergencia de un método SOR no está asegurada para cualquier valor $w \in (0, 2)$.

Sin embargo, existe el resultado siguiente:

Teorema 3.3 (Teorema de Ostrowski-Reich). *Si la matriz del sistema* $\mathbf{A}$ *es **simétrica y definida positiva** y* $0 < w < 2$, *el método iterativo SOR converge para **cualquier aproximación inicial*** $\mathbf{x}^{(0)}$.

El resultado siguiente dice cuál es el valor de w óptimo, es decir, el valor que

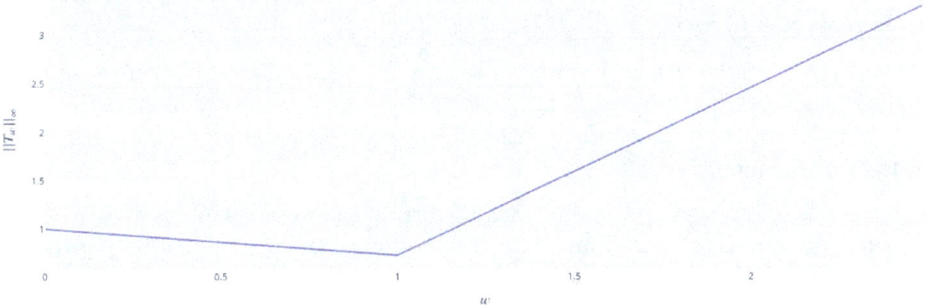

Figura 3.2: Gráfico de la norma infinito de T_w ($\|T_w\|_\infty$) en función de w.

minimiza el **radio espectral** de la **matriz de iteración** $\mathbf{T}_w$ en el caso en que la matriz del sistema $\mathbf{A}$ cumpla las condiciones siguientes:

Teorema 3.4. *Si la matriz* $\mathbf{A}$ *del sistema es* ***simétrica, definida positiva y tridiagonal****, el* ***radio espectral*** *de la* ***matriz de iteración*** *del método de* ***Gauss-Seidel*** *es el* ***cuadrado*** *del* ***radio espectral*** *de la* ***matriz de iteración*** *del método de* ***Jacobi****,* $\rho(\mathbf{T}_{GS}) = \rho(\mathbf{T}_J)^2 < 1$ *y además dichos métodos son* ***convergentes****.*

El valor del ***parámetro*** w ***óptimo*** *es el siguiente:* $\tilde{w} = \frac{2}{1+\sqrt{1-\rho(\mathbf{T}_J)^2}} = \frac{2}{\rho(\mathbf{T}_J)^2}\left(1-\sqrt{1-\rho(\mathbf{T}_J)^2}\right)$*, con valor de* ***radio espectral:*** $\rho(\mathbf{T}_{\tilde{w}}) = \tilde{w}-1 = \frac{2}{\rho(\mathbf{T}_J)^2}\left(2-\rho(\mathbf{T}_J)^2-2\sqrt{1-\rho(\mathbf{T}_J)^2}\right)$.

3.5. Métodos iterativos vs. métodos directos

Cuando la dimensión de la matriz del sistema lineal a resolver $\mathbf{Ax} = \mathbf{b}$ no es demasiado grande, es mejor usar los **métodos directos** al ser éstos más **eficientes** en este caso y proporcionar **soluciones exactas**.

En cambio, si la dimensión de la matriz del sistema lineal es muy grande y es una **matriz sparse** que significa que tiene muchos ceros sin ninguna estructura predefinida, es mejor usar **métodos iterativos** ya que ahorran en **almacenamiento** y tienen un **coste computacional** más bajo que los **métodos directos**. Los sistemas de este segundo tipo aparecen en *problemas de frontera en ecuaciones en derivadas parciales* así como en *problemas de redes neuronales en el campo de la inteligencia artificial.*

3.6. El método del gradiente conjugado

El método del **gradiente conjugado**, como veremos, puede usarse como **método directo** donde resuelve el sistema lineal $\mathbf{Ax} = \mathbf{b}$ en n pasos o como **método iterativo** hallando **soluciones aproximadas** del sistema anterior.

Como **método directo**, es **computacionalmente** más **costoso** que el **método de Gauss con pivotaje.**

Sin embargo, como **método iterativo**, es muy útil para resolver **sistemas sparse**, es decir, sistemas lineales donde la matriz del sistema $\mathbf{A}$ tiene dimensiones $n \times n$ muy grandes y con muchos **ceros**. Este tipo de sistemas aparecen en el análisis de **redes neuronales.**

Recordemos que dentro del ámbito del álgebra lineal, suponemos que los vectores vienen representados en columnas. En este contexto, $\mathbf{u}^\top \mathbf{v}$ simboliza el **producto escalar** entre los vectores $\mathbf{u}$ y $\mathbf{v}$.

El método del **gradiente conjugado** está basado en el resultado siguiente:

Teorema 3.5. *Consideremos el sistema lineal* $\mathbf{Ax} = \mathbf{b}$, *donde la matriz del sistema* $\mathbf{A}$ *es* ***simétrica y definida positiva.***

Entonces, el vector $\tilde{\mathbf{x}}$ *es solución del sistema anterior* $\mathbf{Ax} = \mathbf{b}$ *si, y sólo si,* $\tilde{\mathbf{x}}$ *minimiza la función siguiente* $g(\mathbf{x}) = \mathbf{x}^\top(\mathbf{Ax}) - 2(\mathbf{x}^\top\mathbf{b})$.

Demostración. Sean $\mathbf{x}$ y $\mathbf{v} \neq \mathbf{0}$ dos vectores fijos y $t \in \mathbb{R}$ un valor real. Entonces:

$$\begin{aligned} g(\mathbf{x} + t\mathbf{v}) &= (\mathbf{x} + t\mathbf{v})^\top(\mathbf{A}(\mathbf{x} + t\mathbf{v})) - 2((\mathbf{x} + t\mathbf{v})^\top\mathbf{b}) \\ &= \mathbf{x}^\top(\mathbf{Ax}) + t(\mathbf{x}^\top(\mathbf{Av})) + t(\mathbf{v}^\top(\mathbf{Ax})) + t^2(\mathbf{v}^\top(\mathbf{Av})) - 2(\mathbf{x}^\top\mathbf{b}) - 2t(\mathbf{v}^\top\mathbf{b}). \end{aligned}$$

Por ser la matriz $\mathbf{A}$ simétrica ($\mathbf{A} = \mathbf{A}^\top$), $\mathbf{x}^\top(\mathbf{Av}) = \mathbf{v}^\top(\mathbf{Ax})$ ya que:

$$\mathbf{x}^\top(\mathbf{Av}) = \mathbf{x}^\top\mathbf{Av} = \mathbf{v}^\top\mathbf{A}^\top\mathbf{x} = \mathbf{v}^\top\mathbf{Ax} = \mathbf{v}^\top(\mathbf{Ax}).$$

Entonces,

$$\begin{aligned} g(\mathbf{x} + t\mathbf{v}) &= t^2(\mathbf{v}^\top(\mathbf{Av})) + 2t(\mathbf{v}^\top(\mathbf{Ax}) - \mathbf{v}^\top\mathbf{b}) + \mathbf{x}^\top(\mathbf{Ax}) - 2(\mathbf{x}^\top\mathbf{b}) \\ &= t^2(\mathbf{v}^\top(\mathbf{Av})) - 2t\mathbf{v}^\top(\mathbf{b} - \mathbf{Ax}) + g(\mathbf{x}). \end{aligned}$$

Si definimos $h(t) = g(\mathbf{x} + t\mathbf{v})$ como una función real de variable real, vemos que la función h es una función de segundo grado, es decir, es una parábola y como el coeficiente de t^2, $\mathbf{v}^\top(\mathbf{Av}) = \mathbf{v}^\top\mathbf{Av} \geq 0$, al ser la matriz $\mathbf{A}$ definida positiva, tiene un mínimo en $\tilde{t}$ que verifica $h'(\tilde{t}) = 0$:

$$h'(t) = 2t(\mathbf{v}^\top(\mathbf{Av})) - 2\mathbf{v}^\top(\mathbf{b} - \mathbf{Ax}) = 0.$$

El valor de $\tilde{t}$ será:

$$\tilde{t} = \frac{\mathbf{v}^\top(\mathbf{b} - \mathbf{Ax})}{\mathbf{v}^\top(\mathbf{Av})}.$$

El valor de $h(\tilde{t}) = g(\mathbf{x} + \tilde{t}\mathbf{v})$ vale:

$$\begin{aligned} h(\tilde{t}) &= g(\mathbf{x} + \tilde{t}\mathbf{v}) = \tilde{t}^2(\mathbf{v}^\top(\mathbf{Av})) - 2\tilde{t}\mathbf{v}^\top(\mathbf{b} - \mathbf{Ax}) + g(\mathbf{x}) \\ &= \left(\frac{\mathbf{v}^\top(\mathbf{b} - \mathbf{Ax})}{\mathbf{v}^\top(\mathbf{Av})}\right)^2 (\mathbf{v}^\top(\mathbf{Av})) - 2\frac{\mathbf{v}^\top(\mathbf{b} - \mathbf{Ax})}{\mathbf{v}^\top(\mathbf{Av})}\mathbf{v}^\top(\mathbf{b} - \mathbf{Ax}) + g(\mathbf{x}) \\ &= g(\mathbf{x}) - \frac{(\mathbf{v}^\top(\mathbf{b} - \mathbf{Ax}))^2}{\mathbf{v}^\top(\mathbf{Av})}. \end{aligned}$$

Observamos que $g(\mathbf{x} + \tilde{t}\mathbf{v}) < g(\mathbf{x})$ a no ser que $\mathbf{v}^\top(\mathbf{b} - \mathbf{A}\mathbf{x}) = 0$ en cuyo caso $g(\mathbf{x}) = g(\mathbf{x} + \tilde{t}\mathbf{v})$.

Pasemos a continuación a demostrar el teorema.

Supongamos que $\hat{\mathbf{x}}$ es la solución del sistema lineal $\mathbf{A}\hat{\mathbf{x}} = \mathbf{b}$. Entonces $\mathbf{v}^\top(\mathbf{b} - \mathbf{A}\hat{\mathbf{x}}) = 0$, para cualquier vector $\mathbf{v}$. En este caso, tendremos que $g(\mathbf{x})$ no puede ser menor que $g(\hat{\mathbf{x}})$, para cualquier $\mathbf{x}$ ya que si consideramos $\mathbf{v} = (\mathbf{x} - \hat{\mathbf{x}})$ y $t = 1$,

$$g(\mathbf{x}) = g\left(\hat{\mathbf{x}} + t\mathbf{v}\right) = t^2\mathbf{v}^\top(\mathbf{A}\mathbf{v}) + g(\hat{\mathbf{x}}) \geq g(\hat{\mathbf{x}}),$$

al ser la matriz $\mathbf{A}$ definida positiva y, por tanto, $\mathbf{v}^\top(\mathbf{A}\mathbf{v}) \geq 0$.

Por tanto, $\hat{\mathbf{x}}$ minimiza la función $g(\mathbf{x})$.

Supongamos ahora que $\hat{\mathbf{x}}$ minimiza la función $g(\mathbf{x})$. Entonces para cualquier vector $\mathbf{v}$, se cumplirá que $g(\hat{\mathbf{x}} + \tilde{t}\mathbf{v}) \geq g(\hat{\mathbf{x}})$, donde $\tilde{t} = \frac{\mathbf{v}^\top(\mathbf{b} - \mathbf{A}\hat{\mathbf{x}})}{\mathbf{v}^\top(\mathbf{A}\mathbf{v})}$ pero hemos visto que:

$$g(\hat{\mathbf{x}} + \tilde{t}\mathbf{v}) = g(\hat{\mathbf{x}}) - \frac{(\mathbf{v}^\top(\mathbf{b} - \mathbf{A}\hat{\mathbf{x}}))^2}{\mathbf{v}^\top(\mathbf{A}\mathbf{v})}.$$

Entonces, necesariamente $\mathbf{v}^\top(\mathbf{b} - \mathbf{A}\hat{\mathbf{x}}) = 0$, para cualquier vector $\mathbf{v}$, lo que implica que $\mathbf{b} - \mathbf{A}\hat{\mathbf{x}} = \mathbf{0}$, o, lo que es lo mismo, que $\hat{\mathbf{x}}$ es la solución del sistema $\mathbf{A}\hat{\mathbf{x}} = \mathbf{b}$, tal como queríamos demostrar. □

3.6.1. Algoritmo del gradiente conjugado

Para desarrollar el algoritmo del **gradiente conjugado**, supongamos que tenemos $\mathbf{x}$ una solución aproximada del sistema $\mathbf{A}\mathbf{x} = \mathbf{b}$ y consideramos un vector $\mathbf{v} \neq \mathbf{0}$.

La idea es buscar una **dirección** para **avanzar** a partir de la solución aproximada anterior $\mathbf{x}$ que nos dé una aproximación mejor de tal forma que **minimice la función** $g(\mathbf{x})$ definida anteriormente ya que el teorema anterior dice que cuanto mejor minimicemos la función $g(\mathbf{x})$, mejor solución hallaremos del sistema lineal $\mathbf{A}\mathbf{x} = \mathbf{b}$.

Sea $\mathbf{r} = \mathbf{b} - \mathbf{A}\mathbf{x}$ el **residuo asociado** a la solución aproximada $\mathbf{x}$ y sea $t = \frac{\mathbf{v}^\top\mathbf{r}}{\mathbf{v}^\top\mathbf{A}\mathbf{v}}$, el valor que hace que la función $g(\mathbf{x} + t\mathbf{v})$ sea mínimo en la dirección $\mathbf{v}$, tal como vimos en la demostración del teorema.

Definimos $\hat{\mathbf{x}} = \mathbf{x} + t\mathbf{v}$ la **nueva aproximación** a partir de la **dirección** $\mathbf{v}$ que sabemos que es la mejor ya que $\hat{\mathbf{x}}$ minimiza $g(\mathbf{x})$ en la dirección $\mathbf{v}$, es decir, minimiza la función $h(t) = g(\mathbf{x} + t\mathbf{v})$.

A partir de las consideraciones anteriores, ya tenemos el **algoritmo preliminar del gradiente conjugado**:

- Sea $\mathbf{x}^{(0)}$ una aproximación inicial y sea $\mathbf{v}^{(1)} \neq \mathbf{0}$ una **dirección de búsqueda inicial**. Sea $\mathbf{r}^{(0)} = \mathbf{b} - \mathbf{A}\mathbf{x}^{(0)}$.

- Calculamos $\mathbf{x}^{(1)}$ de la siguiente forma:

$$t_1 = \frac{(\mathbf{v}^{(1)})^\top(\mathbf{r}^{(0)})}{(\mathbf{v}^{(1)})^\top(\mathbf{A}\mathbf{v}^{(1)})}, \quad \mathbf{x}^{(1)} = \mathbf{x}^{(0)} + t_1\mathbf{v}^{(1)}.$$

- En general, supongamos que tenemos $\mathbf{x}^{(0)}, \dots, \mathbf{x}^{(k-1)}$ y **direcciones de búsqueda** $\mathbf{v}^{(1)}, \dots, \mathbf{v}^{(k)}$. Sea $\mathbf{r}^{(k-1)} = \mathbf{b} - \mathbf{A}\mathbf{x}^{(k-1)}$. Definimos:

$$t_k = \frac{(\mathbf{v}^{(k)})^\top(\mathbf{r}^{(k-1)})}{(\mathbf{v}^{(k)})^\top(\mathbf{A}\mathbf{v}^{(k)})}, \quad \mathbf{x}^{(k)} = \mathbf{x}^{(k-1)} + t_k\mathbf{v}^{(k)}.$$

En la descripción del **algoritmo anterior**, no se indica cómo encontrar las **direcciones de búsqueda**. Éste es el motivo que sea una **versión preliminar**.

Dada una **aproximación inicial**, la **dirección de búsqueda** tiene que ser aquélla que tenga una **máxima disminución** en la función $g(\mathbf{x})$.

Dada una función de n variables $g(\mathbf{x})$ y una aproximación inicial $\mathbf{x}$ sabemos a partir del **Análisis multivariante** que la **dirección de disminución máxima** de la función $g(\mathbf{x})$ viene dada por el gradiente de g:

$$\nabla g(\mathbf{x}) = \left(\frac{\partial g}{\partial x_1}(\mathbf{x}), \frac{\partial g}{\partial x_2}(\mathbf{x}), \dots, \frac{\partial g}{\partial x_n}(\mathbf{x})\right).$$

Hallemos pues el **gradiente** de la función $g(\mathbf{x})$.

Recordemos que la función $g(\mathbf{x}) = g(x_1, \dots, x_n)$ era la siguiente:

$$g(\mathbf{x}) = \mathbf{x}^\top(\mathbf{A}\mathbf{x}) - 2(\mathbf{x}^\top\mathbf{b}) = \sum_{i,j=1}^{n} a_{ij}x_ix_j - 2\sum_{i=1}^{n} x_ib_i.$$

El valor de $\frac{\partial g}{\partial x_k}(\mathbf{x})$ será: $\displaystyle\frac{\partial g}{\partial x_k}(\mathbf{x}) = 2\sum_{i=1}^{n} a_{ki}x_i - 2b_k.$

Matricialmente:

$$\nabla g(\mathbf{x}) = 2\mathbf{A}\mathbf{x} - 2\mathbf{b} = 2(\mathbf{A}\mathbf{x} - \mathbf{b}) = -2\mathbf{r},$$

donde recordemos que $\mathbf{r}$ es el **residuo**: $\mathbf{r} = \mathbf{b} - \mathbf{A}\mathbf{x}$.

Entonces en el algoritmo anterior, la **dirección de búsqueda** en el paso k-ésimo será: $\mathbf{v}^{(k)} = \mathbf{r}^{(k-1)} = \mathbf{b} - \mathbf{A}\mathbf{x}^{(k-1)}$.

El método que usa la **dirección de búsqueda** anterior se denomina **método del máximo descenso**. Dicho método es raramente usado en la resolución de sistemas lineales debido a la **lentitud de la convergencia** del mismo. Sin embargo, sí se usa en problemas de resolución de **sistemas no lineales** y problemas de **optimización**.

Una manera de **acelerar la convergencia** es usar un conjunto de **direcciones de búsqueda** $\mathbf{v}^{(1)}, \dots, \mathbf{v}^{(k)}$ que sean $\mathbf{A}$-ortogonales, es decir, $(\mathbf{v}^{(i)})^\top(\mathbf{A}\mathbf{v}^{(j)}) = 0$, si $i \neq j$.

Antes de describir cómo hallar las **direcciones de búsqueda** anteriores, enunciemos el teorema que nos asegura que si las **direcciones de búsqueda** son **A**-ortogonales, resolvemos el sistema lineal en n pasos:

Teorema 3.6. *Sean* $\mathbf{v}^{(1)}, \dots, \mathbf{v}^{(n)}$, *$n$ vectores no nulos* **A-ortogonales**. *Sea* $\mathbf{x}^{(0)}$ *un vector* ***inicial*** *arbitrario. Definimos,*

$$t_k = \frac{(\mathbf{v}^{(k)})^\top (b - \mathbf{A}\mathbf{x}^{(k-1)})}{(\mathbf{v}^{(k)})^\top (\mathbf{A}\mathbf{v}^{(k)})}, \quad \mathbf{x}^{(k)} = \mathbf{x}^{(k-1)} + t_k \mathbf{v}^{(k)},$$

para $k = 1, \dots, n$. Entonces, suponiendo que no hay errores de redondeo ni errores en las operaciones, *el vector* $\mathbf{x}^{(n)}$ *es la* ***solución del sistema lineal*** $\mathbf{A}\mathbf{x} = \mathbf{b}$, *es decir,* $\mathbf{A}\mathbf{x}^{(n)} = \mathbf{b}$.

Antes de demostrar el teorema, demostremos el lema siguiente:

Lema 3.2. *Sean* $\mathbf{v}^{(1)}, \dots, \mathbf{v}^{(n)}$, *$n$ vectores no nulos* **A-ortogonales**, *donde la matriz* $\mathbf{A}$ *es* ***simétrica, definida positiva y no singular.***. *Entonces los vectores anteriores* $\mathbf{v}^{(1)}, \dots, \mathbf{v}^{(n)}$ *son* ***linealmente independientes.***

Demostración. Para ver que los vectores $\mathbf{v}^{(1)}, \dots, \mathbf{v}^{(n)}$ son linealmente independientes, supondremos una combinación lineal de los mismos igual a cero y tenemos que ver que todos los coeficientes de dicha combinación lineal son cero.

Es decir, suponemos:

$$a_1 \mathbf{v}^{(1)} + a_2 \mathbf{v}^{(2)} + \dots + a_n \mathbf{v}^{(n)} = \mathbf{0},$$

implica necesariamente que los valores a_i son cero: $a_i = 0, \ i = 1, \dots, n$.

Como $a_1 \mathbf{v}^{(1)} + a_2 \mathbf{v}^{(2)} + \dots + a_n \mathbf{v}^{(n)} = \mathbf{0}$, se cumplirá que para todo $j = 1, \dots, n$,

$$(a_1 \mathbf{v}^{(1)} + a_2 \mathbf{v}^{(2)} + \dots + a_n \mathbf{v}^{(n)})^\top \mathbf{A}\mathbf{v}^{(j)} = \mathbf{0}^\top \mathbf{A}\mathbf{v}^{(j)} = 0.$$

Usando que los vectores $\mathbf{v}^{(1)}, \dots, \mathbf{v}^{(n)}$ son $\mathbf{A}$-ortogonales, es decir, $(\mathbf{v}^{(i)})^\top \mathbf{A}\mathbf{v}^{(j)} = 0$, para $i \neq j$, podemos escribir la expresión anterior como:

$$(a_1 \mathbf{v}^{(1)} + a_2 \mathbf{v}^{(2)} + \dots + \mathbf{v}^{(n)})^\top \mathbf{A}\mathbf{v}^{(j)} = \sum_{i=1}^{n} a_i (\mathbf{v}^{(i)})^\top \mathbf{A}\mathbf{v}^{(j)} = a_j (\mathbf{v}^{(j)})^\top \mathbf{A}\mathbf{v}^{(j)} = 0.$$

Entonces, o $a_j = 0$ o $(\mathbf{v}^{(j)})^\top \mathbf{A}\mathbf{v}^{(j)} = 0$. Veamos que la segunda condición no puede ser, de hecho, veamos que para cualquier vector $\mathbf{x} \neq \mathbf{0}$, $\mathbf{x}^\top \mathbf{A}\mathbf{x} \neq 0$. Si vemos la condición anterior, ya habremos demostrado el lema, ya que los valores $a_j = 0$, para $j = 1, \dots, n$, lo que significa que los vectores $\mathbf{v}^{(1)}, \dots, \mathbf{v}^{(n)}$ son linealmente independientes.

Sea entonces un vector $\mathbf{x} \neq \mathbf{0}$. Como la matriz $\mathbf{A}$ es simétrica, definida positiva y no singular, sabemos que existe una base $\mathbf{w}^{(1)}, \mathbf{w}^{(2)}, \dots, \mathbf{w}^{(n)}$ de vectores propios de valores propios $\lambda_1 > 0, \dots, \lambda_n > 0$ todos estrictamente positivos y además ortogonales entre sí: $(\mathbf{w}^{(i)})^\top \mathbf{w}^{(j)} = 0, \ i \neq j$.

Entonces el vector $\mathbf{x}$ se puede escribir como $\mathbf{x} = \alpha_1 \mathbf{w}^{(1)} + \cdots + \alpha_n \mathbf{w}^{(n)} = \sum_{i=1}^{n} \alpha_i \mathbf{w}^{(i)}$, para coeficientes α_i no todos cero, $i = 1, \dots, n$.

Supongamos que $\mathbf{x}^\top \mathbf{A}\mathbf{x} = 0$. Usando la descomposición anterior, tenemos que:

$$\begin{aligned}\mathbf{x}^\top \mathbf{A}\mathbf{x} &= \left(\sum_{i=1}^{n} \alpha_i \mathbf{w}^{(i)}\right)^\top \mathbf{A} \left(\sum_{i=1}^{n} \alpha_i \mathbf{w}^{(i)}\right) = \sum_{i,j=1}^{n} \alpha_i \alpha_j (\mathbf{w}^{(i)})^\top \mathbf{A}\mathbf{w}^{(j)} \\ &= \sum_{i,j=1}^{n} \alpha_i \alpha_j \lambda_j (\mathbf{w}^{(i)})^\top \mathbf{w}^{(j)} = \sum_{i=1}^{n} \lambda_i \alpha_i^2 (\mathbf{w}^{(i)})^\top \mathbf{w}^{(i)} = \sum_{i=1}^{n} \lambda_i \alpha_i^2 \|\mathbf{w}^{(i)}\|_2^2 = 0.\end{aligned}$$

Hemos obtenido que la suma de n valores positivos son cero, lo que significa que para todo $i = 1, \dots, n$, $\lambda_i \alpha_i^2 = 0$ pero $\lambda_i > 0$, lo que significa que $\alpha_i^2 = 0$, para $i = 1, \dots, n$. En este caso: $\mathbf{x} = \sum_{i=1}^{n} \alpha_i \mathbf{w}^{(i)} = \mathbf{0}$, lo que contradice lo que supusimos que $\mathbf{x} \neq \mathbf{0}$. Esto significa que $\mathbf{x}^\top \mathbf{A}\mathbf{x} \neq 0$ tal como queríamos demostrar. □

Veamos a continuación la demostración del teorema.

Demostración. Como para $k = 1, \dots, n$, $\mathbf{x}^{(k)} = \mathbf{x}^{(k-1)} + t_k \mathbf{v}^{(k)}$, tenemos que el valor de $\mathbf{A}\mathbf{x}^{(n)}$ será:

$$\begin{aligned}\mathbf{A}\mathbf{x}^{(n)} &= \mathbf{A}\mathbf{x}^{(n-1)} + t_n \mathbf{A}\mathbf{v}^{(n)} = \mathbf{A}(\mathbf{x}^{(n-2)} + t_{n-1}\mathbf{v}^{(n-1)}) + t_n \mathbf{A}\mathbf{v}^{(n)} \\ &= \mathbf{A}\mathbf{x}^{(n-2)} + t_{n-1}\mathbf{A}\mathbf{v}^{(n-1)} + t_n \mathbf{A}\mathbf{v}^{(n)} \\ &= \cdots = \mathbf{A}\mathbf{x}^{(0)} + t_1 \mathbf{A}\mathbf{v}^{(1)} + t_2 \mathbf{A}\mathbf{v}^{(2)} + \cdots + t_n \mathbf{A}\mathbf{v}^{(n)}.\end{aligned}$$

Entonces:

$$\mathbf{A}\mathbf{x}^{(n)} - \mathbf{b} = \mathbf{A}\mathbf{x}^{(0)} - \mathbf{b} + t_1 \mathbf{A}\mathbf{v}^{(1)} + t_2 \mathbf{A}\mathbf{v}^{(2)} + \cdots + t_n \mathbf{A}\mathbf{v}^{(n)}.$$

Si multiplicamos la expresión anterior por cada vector $\mathbf{v}^{(j)}$ obtenemos:

$$\begin{aligned}(\mathbf{A}\mathbf{x}^{(n)} - \mathbf{b})^\top \mathbf{v}^{(j)} = (\mathbf{A}\mathbf{x}^{(0)} - \mathbf{b})^\top \mathbf{v}^{(j)} + t_1 (\mathbf{A}\mathbf{v}^{(1)})^\top \mathbf{v}^{(j)} + t_2 (\mathbf{A}\mathbf{v}^{(2)})^\top \mathbf{v}^{(j)} + \cdots \\ + t_n (\mathbf{A}\mathbf{v}^{(n)})^\top \mathbf{v}^{(j)}.\end{aligned}$$

Usando que los vectores $\mathbf{v}^{(j)}$ son $\mathbf{A}$-ortogonales, $((\mathbf{v}^{(i)})^\top \mathbf{A}\mathbf{v}^{(j)} = 0,\ i \neq j)$, la expresión anterior será:

$$(\mathbf{A}\mathbf{x}^{(n)} - \mathbf{b})^\top \mathbf{v}^{(j)} = (\mathbf{A}\mathbf{x}^{(0)} - \mathbf{b})^\top \mathbf{v}^{(j)} + t_j (\mathbf{A}\mathbf{v}^{(j)})^\top \mathbf{v}^{(j)}.$$

Ahora, usando que

$$t_j (\mathbf{v}^{(j)})^\top \mathbf{A}\mathbf{v}^{(j)} = \frac{(\mathbf{v}^{(j)})^\top (\mathbf{b} - \mathbf{A}\mathbf{x}^{(j-1)})}{(\mathbf{v}^{(j)})^\top (\mathbf{A}\mathbf{v}^{(j)})} \left((\mathbf{v}^{(j)})^\top \mathbf{A}\mathbf{v}^{(j)}\right) = (\mathbf{v}^{(j)})^\top (\mathbf{b} - \mathbf{A}\mathbf{x}^{(j-1)}),$$

obtenemos:

$$\begin{aligned}
t_j(\mathbf{v}^{(j)})^\top \mathbf{A}\mathbf{v}^{(j)} &= (\mathbf{v}^{(j)})^\top(\mathbf{b}-\mathbf{A}\mathbf{x}^{(j-1)}) \\
&= (\mathbf{v}^{(j)})^\top(\mathbf{b}-\mathbf{A}\mathbf{x}^{(0)}+\mathbf{A}\mathbf{x}^{(0)}-\mathbf{A}\mathbf{x}^{(1)}+\cdots-\mathbf{A}\mathbf{x}^{(j-2)}+\mathbf{A}\mathbf{x}^{(j-2)}-\mathbf{A}\mathbf{x}^{(j-1)}) \\
&= (\mathbf{v}^{(j)})^\top(\mathbf{b}-\mathbf{A}\mathbf{x}^{(0)})+(\mathbf{v}^{(j)})^\top(\mathbf{A}\mathbf{x}^{(0)}-\mathbf{A}\mathbf{x}^{(1)})+\cdots+(\mathbf{v}^{(j)})^\top(\mathbf{A}\mathbf{x}^{(j-2)}-\mathbf{A}\mathbf{x}^{(j-1)}).
\end{aligned}$$

Ahora bien, como $\mathbf{x}^{(i)} = \mathbf{x}^{(i-1)} + t_i\mathbf{v}^{(i)}$, tenemos que $\mathbf{A}\mathbf{x}^{(i)} = \mathbf{A}\mathbf{x}^{(i-1)} + t_i\mathbf{A}\mathbf{v}^{(i)}$ y, por tanto,

$$\mathbf{A}\mathbf{x}^{(i-1)} - \mathbf{A}\mathbf{x}^{(i)} = -t_i\mathbf{A}\mathbf{v}^{(i)}.$$

Entonces,

$$t_j(\mathbf{v}^{(j)})^\top \mathbf{A}\mathbf{v}^{(j)} = (\mathbf{v}^{(j)})^\top(\mathbf{b}-\mathbf{A}\mathbf{x}^{(0)}) - t_1(\mathbf{v}^{(j)})^\top\mathbf{A}\mathbf{v}^{(1)} - \cdots - t_{j-1}(\mathbf{v}^{(j)})^\top\mathbf{A}\mathbf{v}^{(j-1)}.$$

Usando otra vez que los vectores $\mathbf{v}^{(j)}$ son $\mathbf{A}$-ortogonales, $(\mathbf{v}^{(j)})^\top\mathbf{A}\mathbf{v}^{(i)} = 0$, para $i = 1, \dots, j-1$, obtenemos:

$$t_j(\mathbf{v}^{(j)})^\top \mathbf{A}\mathbf{v}^{(j)} = (\mathbf{v}^{(j)})^\top(\mathbf{b}-\mathbf{A}\mathbf{x}^{(0)}).$$

Entonces el valor de $(\mathbf{A}\mathbf{x}^{(n)} - \mathbf{b})^\top\mathbf{v}^{(j)}$ será:

$$\begin{aligned}
(\mathbf{A}\mathbf{x}^{(n)} - \mathbf{b})^\top\mathbf{v}^{(j)} &= (\mathbf{A}\mathbf{x}^{(0)} - \mathbf{b})^\top\mathbf{v}^{(j)} + t_j(\mathbf{A}\mathbf{v}^{(j)})^\top\mathbf{v}^{(j)} \\
&= (\mathbf{A}\mathbf{x}^{(0)} - \mathbf{b})^\top\mathbf{v}^{(j)} + (\mathbf{v}^{(j)})^\top(\mathbf{b}-\mathbf{A}\mathbf{x}^{(0)}) \\
&= (\mathbf{A}\mathbf{x}^{(0)} - \mathbf{b})^\top\mathbf{v}^{(j)} + (\mathbf{b}-\mathbf{A}\mathbf{x}^{(0)})^\top\mathbf{v}^{(j)} = \mathbf{0}^\top\mathbf{v}^{(j)} = 0.
\end{aligned}$$

Como el vector $\mathbf{A}\mathbf{x}^{(n)} - \mathbf{b}$ es ortogonal a todos los vectores $\mathbf{v}^{(j)}$, $j = 1, \dots, n$ y éstos son linealmente independientes usando el lema anterior, tenemos que $\mathbf{A}\mathbf{x}^{(n)} - \mathbf{b} = \mathbf{0}$, tal como queríamos demostrar. □

Antes de enunciar el algoritmo veamos que si los vectores $\mathbf{v}^{(j)}$ son **$\mathbf{A}$-ortogonales**, entonces los **residuos** $\mathbf{r}^{(k)} = \mathbf{b} - \mathbf{A}\mathbf{x}^{(k)}$ y los vectores $\mathbf{v}^{(j)}$ son **ortogonales**:

Proposición 3.2. *Sean* $\mathbf{v}^{(1)}, \dots, \mathbf{v}^{(n)}$, *$n$ vectores no nulos* ***$\mathbf{A}$-ortogonales***. *Sea* $\mathbf{x}^{(0)}$ *un vector* ***inicial*** *arbitrario y sea* $\mathbf{r}^{(0)} = \mathbf{b} - \mathbf{A}\mathbf{x}^{(0)}$. *Definimos:*

$$t_k = \frac{(\mathbf{v}^{(k)})^\top(b - \mathbf{A}\mathbf{x}^{(k-1)})}{(\mathbf{v}^{(k)})^\top(\mathbf{A}\mathbf{v}^{(k)})}, \quad \mathbf{x}^{(k)} = \mathbf{x}^{(k-1)} + t_k\mathbf{v}^{(k)}, \quad \mathbf{r}^{(k)} = \mathbf{b} - \mathbf{A}\mathbf{x}^{(k)},$$

para $k = 1, \dots, n$. Entonces los vectores $\mathbf{v}^{(j)}$, *$j = 1, \dots, k$ son* ***ortogonales*** *al vector* $\mathbf{r}^{(k)}$: $(\mathbf{r}^{(k)})^\top\mathbf{v}^{(j)} = 0$, *$j = 1, \dots, k$.*

Demostración. Vamos a demostrar la proposición anterior por inducción sobre k.

Supongamos $k = 1$. Veamos que $(\mathbf{r}^{(1)})^\top\mathbf{v}^{(1)} = 0$:

$$\begin{aligned}
(\mathbf{r}^{(1)})^\top\mathbf{v}^{(1)} &= (\mathbf{b} - \mathbf{A}\mathbf{x}^{(1)})^\top\mathbf{v}^{(1)} = (\mathbf{b} - \mathbf{A}(\mathbf{x}^{(0)} + t_1\mathbf{v}^{(1)}))^\top\mathbf{v}^{(1)} \\
&= (\mathbf{b} - \mathbf{A}\mathbf{x}^{(0)})^\top\mathbf{v}^{(1)} - t_1(\mathbf{A}\mathbf{v}^{(1)})^\top\mathbf{v}^{(1)} = 0,
\end{aligned}$$

donde la última igualdad se verifica por definición de t_1.

Supongamos ahora que $(\mathbf{r}^{(k-1)})^\top \mathbf{v}^{(j)} = 0$, para $j = 1, \dots, k-1$. Veamos que si j está entre 1 y k, entonces $(\mathbf{r}^{(k)})^\top \mathbf{v}^{(j)} = 0$.

Supongamos primero que j está entre 1 y $k-1$. En este caso, tenemos que:

$$\begin{aligned}(\mathbf{r}^{(k)})^\top \mathbf{v}^{(j)} &= (\mathbf{b} - \mathbf{A}\mathbf{x}^{(k)})^\top \mathbf{v}^{(j)} = (\mathbf{b} - \mathbf{A}(\mathbf{x}^{(k-1)} + t_k \mathbf{v}^{(k)}))^\top \mathbf{v}^{(j)} \\ &= (\mathbf{b} - \mathbf{A}\mathbf{x}^{(k-1)})^\top \mathbf{v}^{(j)} - t_k (\mathbf{A}\mathbf{v}^{(k)})^\top \mathbf{v}^{(j)} = (\mathbf{r}^{(k-1)})^\top \mathbf{v}^{(j)} - t_k (\mathbf{A}\mathbf{v}^{(k)})^\top \mathbf{v}^{(j)}.\end{aligned}$$

El valor $(\mathbf{r}^{(k-1)})^\top \mathbf{v}^{(j)} = 0$ es cero por hipótesis de inducción y el valor $(\mathbf{A}\mathbf{v}^{(k)})^\top \mathbf{v}^{(j)} = 0$ porque los vectores $\mathbf{v}^{(j)}$ son A-ortogonales. Por tanto, queda demostrado que $(\mathbf{r}^{(k)})^\top \mathbf{v}^{(j)} = 0$, si j está entre 1 y $k-1$.

Supongamos ahora que $j = k$. En este caso tenemos:

$$\begin{aligned}(\mathbf{r}^{(k)})^\top \mathbf{v}^{(k)} &= (\mathbf{b} - \mathbf{A}\mathbf{x}^{(k)})^\top \mathbf{v}^{(k)} = (\mathbf{b} - \mathbf{A}(\mathbf{x}^{(k-1)} + t_k \mathbf{v}^{(k)}))^\top \mathbf{v}^{(k)} \\ &= (\mathbf{b} - \mathbf{A}\mathbf{x}^{(k-1)})^\top \mathbf{v}^{(k)} - t_k (\mathbf{A}\mathbf{v}^{(k)})^\top \mathbf{v}^{(k)} = 0,\end{aligned}$$

por definición de t_k. □

El **algoritmo del gradiente conjugado** se basa en definir la sucesión de **soluciones aproximadas** $\mathbf{x}^{(k)}$ a partir de una solución inicial $\mathbf{x}^{(0)}$ usando la **recurrencia** vista anteriormente:

$$t_k = \frac{(\mathbf{v}^{(k)})^\top (b - \mathbf{A}\mathbf{x}^{(k-1)})}{(\mathbf{v}^{(k)})^\top (\mathbf{A}\mathbf{v}^{(k)})} = \frac{(\mathbf{v}^{(k)})^\top \mathbf{r}^{(k-1)}}{(\mathbf{v}^{(k)})^\top (\mathbf{A}\mathbf{v}^{(k)})}, \quad \mathbf{x}^{(k)} = \mathbf{x}^{(k-1)} + t_k \mathbf{v}^{(k)},$$

eligiendo los vectores $\mathbf{v}^{(k)}$, $\mathbf{A}$-ortogonales y además se verificará que los residuos $\mathbf{r}^{(k)} = \mathbf{b} - \mathbf{A}\mathbf{x}^{(k)}$ serán ortogonales entre sí: ${\mathbf{r}^{(i)}}^\top \mathbf{r}^{(j)} = 0$, para $i \neq j$.

Veamos cómo funciona.

Sea $\mathbf{x}^{(0)}$ una **aproximación inicial** con **residuo inicial** $\mathbf{r}^{(0)} = \mathbf{b} - \mathbf{A}\mathbf{x}^{(0)}$.

- Elegimos $\mathbf{v}^{(1)} = \mathbf{r}^{(0)}$. La **aproximación** $\mathbf{x}^{(1)}$ es de la forma $\mathbf{x}^{(1)} = \mathbf{x}^{(0)} + t_1 \mathbf{v}^{(1)}$, donde $t_1 = \frac{(\mathbf{v}^{(1)})^\top (b - \mathbf{A}\mathbf{x}^{(0)})}{(\mathbf{v}^{(1)})^\top (\mathbf{A}\mathbf{v}^{(1)})} = \frac{(\mathbf{v}^{(1)})^\top \mathbf{r}^{(0)}}{(\mathbf{v}^{(1)})^\top (\mathbf{A}\mathbf{v}^{(1)})}$.
- Seguidamente tenemos que hallar $\mathbf{x}^{(2)} = \mathbf{x}^{(1)} + t_2 \mathbf{v}^{(2)}$.
  - Escribimos $\mathbf{v}^{(2)}$ de la forma: $\mathbf{v}^{(2)} = \mathbf{r}^{(1)} + s_1 \mathbf{v}^{(1)}$.
  - Como $\mathbf{v}^{(1)}$ y $\mathbf{v}^{(2)}$ son $\mathbf{A}$-ortogonales,

    $${\mathbf{v}^{(1)}}^\top \mathbf{A}\mathbf{v}^{(2)} = 0, \Rightarrow {\mathbf{v}^{(1)}}^\top \mathbf{A}\mathbf{r}^{(1)} + s_1 {\mathbf{v}^{(1)}}^\top \mathbf{A}\mathbf{v}^{(1)} = 0,$$

    de donde deducimos que $s_1 = -\frac{{\mathbf{v}^{(1)}}^\top \mathbf{A}\mathbf{r}^{(1)}}{{\mathbf{v}^{(1)}}^\top \mathbf{A}\mathbf{v}^{(1)}}$.
- Cálculo de t_2 y $\mathbf{x}^{(2)}$:

- Cálculo de t_2:

$$t_2 = \frac{(\mathbf{v}^{(2)})^\top \mathbf{r}^{(1)}}{(\mathbf{v}^{(2)})^\top (\mathbf{A}\mathbf{v}^{(2)})} = \frac{(\mathbf{r}^{(1)} + s_1 \mathbf{v}^{(1)})^\top \mathbf{r}^{(1)}}{(\mathbf{v}^{(2)})^\top (\mathbf{A}\mathbf{v}^{(2)})},$$
$$= \frac{(\mathbf{r}^{(1)})^\top \mathbf{r}^{(1)}}{(\mathbf{v}^{(2)})^\top (\mathbf{A}\mathbf{v}^{(2)})} + s_1 \frac{(\mathbf{v}^{(1)})^\top \mathbf{r}^{(1)}}{(\mathbf{v}^{(2)})^\top (\mathbf{A}\mathbf{v}^{(2)})}$$

- Por último tenemos la aproximación $\mathbf{x}^{(2)} = \mathbf{x}^{(1)} + t_2 \mathbf{v}^{(2)}$.

- En general, supongamos que hemos hallado las aproximaciones

$$\mathbf{x}^{(0)}, \mathbf{x}^{(1)}, \dots, \mathbf{x}^{(k-1)},$$

con **direcciones conjugadas**

$$\mathbf{v}^{(1)}, \dots, \mathbf{v}^{(k-1)},$$

que suponemos $\mathbf{A}$-ortogonales, es decir $(\mathbf{v}^{(i)})^\top \mathbf{A}\mathbf{v}^{(j)} = 0$, para $i, j = 1, \dots, k-1$ con $i \neq j$.

  - La nueva aproximación $\mathbf{x}^{(k)}$ se escribe de la forma: $\mathbf{x}^{(k)} = \mathbf{x}^{(k-1)} + t_k \mathbf{v}^{(k)}$.

- Escribimos la nueva **dirección conjugada** $\mathbf{v}^{(k)}$ como $\mathbf{v}^{(k)} = \mathbf{r}^{(k-1)} + s_{k-1}\mathbf{v}^{(k-1)}$. Como $\mathbf{v}^{(k)}$ y $\mathbf{v}^{(k-1)}$ son $\mathbf{A}$-ortogonales, tenemos que:

$$\mathbf{v}^{(k-1)^\top} \mathbf{A}\mathbf{v}^{(k)} = 0, \Rightarrow \mathbf{v}^{(k-1)^\top} \mathbf{A}\mathbf{r}^{(k-1)} + s_{k-1}\mathbf{v}^{(k-1)^\top} \mathbf{A}\mathbf{v}^{(k-1)} = 0,$$

de donde deducimos que $s_{k-1} = -\frac{\mathbf{v}^{(k-1)^\top} \mathbf{A}\mathbf{r}^{(k-1)}}{\mathbf{v}^{(k-1)^\top} \mathbf{A}\mathbf{v}^{(k-1)}}$.

Se puede demostrar usando *técnicas avanzadas de álgebra lineal* que $(\mathbf{v}^{(i)})^\top \mathbf{A}\mathbf{v}^{(k)} = 0$, para $i = 1, \dots, k-2$. Por tanto, los vectores $\mathbf{v}^{(1)}, \dots, \mathbf{v}^{(k)}$ serán A-ortogonales.

- Cálculo de t_k y $\mathbf{x}^{(k)}$:

  - Cálculo de t_k:

$$t_k = \frac{(\mathbf{v}^{(k)})^\top \mathbf{r}^{(k-1)}}{(\mathbf{v}^{(k)})^\top (\mathbf{A}\mathbf{v}^{(k)})} = \frac{(\mathbf{r}^{(k-1)} + s_{k-1} \mathbf{v}^{(k-1)})^\top \mathbf{r}^{(k-1)}}{(\mathbf{v}^{(k)})^\top (\mathbf{A}\mathbf{v}^{(k)})},$$
$$= \frac{(\mathbf{r}^{(k-1)})^\top \mathbf{r}^{(k-1)}}{(\mathbf{v}^{(k)})^\top (\mathbf{A}\mathbf{v}^{(k)})} + s_{k-1} \frac{(\mathbf{v}^{(k-1)})^\top \mathbf{r}^{(k-1)}}{(\mathbf{v}^{(k)})^\top (\mathbf{A}\mathbf{v}^{(k)})} = \frac{(\mathbf{r}^{(k-1)})^\top \mathbf{r}^{(k-1)}}{(\mathbf{v}^{(k)})^\top (\mathbf{A}\mathbf{v}^{(k)})}.$$

En la última igualdad hemos usado la proposición anterior que asegura que $(\mathbf{r}^{(k-1)})^\top \mathbf{v}^{(k-1)} = 0$.

  - Por último tenemos la aproximación $\mathbf{x}^{(k)} = \mathbf{x}^{(k-1)} + t_k \mathbf{v}^{(k)}$.

Observación. Los **residuos** $\mathbf{r}^{(k)}$ cumplen la expresión siguiente:

$$\begin{aligned}\mathbf{r}^{(k)} &= \mathbf{b}-\mathbf{A}\mathbf{x}^{(k)} = \mathbf{b}-\mathbf{A}(\mathbf{x}^{(k-1)}+t_k\mathbf{v}^{(k)}) = \mathbf{b}-\mathbf{A}\mathbf{x}^{(k-1)}-t_k\mathbf{A}\mathbf{v}^{(k)}\\ &= \mathbf{r}^{(k-1)}-t_k\mathbf{A}\mathbf{v}^{(k)}\end{aligned}$$

A partir de la expresión anterior, tenemos que:

$$(\mathbf{r}^{(k)})^\top\mathbf{r}^{(k)} = (\mathbf{r}^{(k)})^\top\mathbf{r}^{(k-1)} - t_k(\mathbf{r}^{(k)})^\top(\mathbf{A}\mathbf{v}^{(k)}) = -t_k(\mathbf{r}^{(k)})^\top\mathbf{A}\mathbf{v}^{(k)}.$$

Además, a partir de la definición de t_k, tenemos que:

$$(\mathbf{v}^{(k)})^\top\mathbf{A}\mathbf{v}^{(k)} = \frac{1}{t_k}(\mathbf{v}^{(k)})^\top\mathbf{r}^{(k-1)}.$$

Por último, podemos simplificar el valor de s_k de la forma siguiente:

$$\begin{aligned}s_k &= -\frac{(\mathbf{v}^{(k)})^\top\mathbf{A}\mathbf{r}^{(k)}}{\mathbf{v}^{(k)\top}\mathbf{A}\mathbf{v}^{(k)}} = -\frac{(\mathbf{r}^{(k)})^\top\mathbf{A}\mathbf{v}^{(k)}}{\mathbf{v}^{(k)\top}\mathbf{A}\mathbf{v}^{(k)}} = \frac{\frac{1}{t_k}(\mathbf{r}^{(k)})^\top\mathbf{r}^{(k)}}{\frac{1}{t_k}(\mathbf{v}^{(k)})^\top\mathbf{r}^{(k-1)}}\\ &= \frac{(\mathbf{r}^{(k)})^\top\mathbf{r}^{(k)}}{(\mathbf{r}^{(k-1)})^\top\mathbf{v}^{(k)}} = \frac{(\mathbf{r}^{(k)})^\top\mathbf{r}^{(k)}}{(\mathbf{r}^{(k-1)})^\top(\mathbf{r}^{(k-1)}+s_{k-1}\mathbf{v}^{(k-1)})}\\ &= \frac{(\mathbf{r}^{(k)})^\top\mathbf{r}^{(k)}}{(\mathbf{r}^{(k-1)})^\top\mathbf{r}^{(k-1)}+s_{k-1}(\mathbf{r}^{(k-1)})^\top\mathbf{v}^{(k-1)}} = \frac{(\mathbf{r}^{(k)})^\top\mathbf{r}^{(k)}}{(\mathbf{r}^{(k-1)})^\top\mathbf{r}^{(k-1)}}.\end{aligned}$$

En la última igualdad hemos usado la proposición anterior que asegura que $(\mathbf{r}^{(k-1)})^\top\mathbf{v}^{(k-1)} = 0$.

En resumen, el algoritmo del gradiente conjugado se compone de los pasos siguientes:

- Paso 0: empezamos con una **aproximación inicial** $\mathbf{x}^{(0)}$ y un **residuo inicial** $\mathbf{r}^{(0)} = \mathbf{b}-\mathbf{A}\mathbf{x}^{(0)}$.
- Paso 1: consideramos como **dirección inicial** $\mathbf{v}^{(1)}$, $\mathbf{v}^{(1)} = \mathbf{r}^{(0)}$.
  - Calculamos $\mathbf{x}^{(1)} = \mathbf{x}^{(0)} + t_1\mathbf{v}^{(1)}$, con $t_1 = \frac{(\mathbf{r}^{(0)})^\top\mathbf{r}^{(0)}}{(\mathbf{v}^{(1)})^\top(\mathbf{A}\mathbf{v}^{(1)})}$.
- ...
- Paso k: suponemos calculadas las **aproximaciones** $\mathbf{x}^{(0)},\dots,\mathbf{x}^{(k-1)}$, los **residuos** $\mathbf{r}^{(0)},\dots,\mathbf{r}^{(k-1)}$ y las **direcciones** $\mathbf{v}^{(1)},\dots,\mathbf{v}^{(k-1)}$.
  - Calculamos $\mathbf{v}^{(k)}$: $\mathbf{v}^{(k)} = \mathbf{r}^{(k-1)} + s_{k-1}\mathbf{v}^{(k-1)}$, con $s_{k-1} = \frac{(\mathbf{r}^{(k-1)})^\top\mathbf{r}^{(k-1)}}{(\mathbf{r}^{(k-2)})^\top\mathbf{r}^{(k-2)}}$.
  - Calculamos $\mathbf{x}^{(k)} = \mathbf{x}^{(k-1)} + t_k\mathbf{v}^{(k)}$, con $t_k = \frac{(\mathbf{r}^{(k-1)})^\top\mathbf{r}^{(k-1)}}{(\mathbf{v}^{(k)})^\top(\mathbf{A}\mathbf{v}^{(k)})}$.

hasta llegar al paso $k = n$ donde $\mathbf{x}^{(n)}$ es la solución del sistema $\mathbf{A}\mathbf{x} = \mathbf{b}$.

3.6.2. Pseudocódigo del gradiente conjugado

- `INPUT` matriz del sistema $\mathbf{A} = (a_{ij})_{i=1,\ldots,n,j=1,\ldots,n}$, vector de términos independientes $\mathbf{b} = (b_i)_{i=1,\ldots,n}$, valor inicial $\mathbf{x} = \mathbf{x}^{(0)}$.
- `Set` $\mathbf{r} = \mathbf{b} - \mathbf{A}\mathbf{x}$. (Calculamos $\mathbf{r}^{(0)}$)
- `Set` $\mathbf{v} = \mathbf{r}$. (Calculamos $\mathbf{v}^{(1)}$)
- `Set` $t = \frac{\mathbf{r}^\top \mathbf{r}}{\mathbf{v}^\top \mathbf{A}\mathbf{v}}$. (Calculamos t_1)
- `Set` $\mathbf{x} = \mathbf{x} + t\mathbf{v}$. (Calculamos $\mathbf{x}^{(1)}$)
- `Set` $\mathbf{r}_1 = \mathbf{b} - \mathbf{A}\mathbf{x}$. (Calculamos $\mathbf{r}^{(1)}$)
- `For k=2,...,n`
  - `Set` $s = \frac{(\mathbf{r}_1)^\top \mathbf{r}_1}{\mathbf{r}^\top \mathbf{r}}$. (Calculamos s_{k-1})
  - `Set` $\mathbf{v} = \mathbf{r}_1 + s\mathbf{v}$. (Calculamos $\mathbf{v}^{(k)}$)
  - `Set` $t = \frac{(\mathbf{r}_1)^\top \mathbf{r}_1}{\mathbf{v}^\top \mathbf{A}\mathbf{v}}$. (Calculamos t_k)
  - `Set` $\mathbf{x} = \mathbf{x} + t\mathbf{v}$. (Calculamos $\mathbf{x}^{(k)}$)
  - `Set` $\mathbf{r} = \mathbf{r}_1$. (Actualizamos $\mathbf{r}^{(k-1)}$ para el cálculo de s_{k-1} en la próxima iteración)
  - `Set` $\mathbf{r}_1 = \mathbf{b} - \mathbf{A}\mathbf{x}$. (Calculamos $\mathbf{r}^{(k)}$)
- `Print` $\mathbf{x}$ (Solución del sistema $\mathbf{A}\mathbf{x} = \mathbf{b}$)

Ejemplo 3.2. Consideremos el siguiente sistema de ecuaciones de 5 ecuaciones con 5 incógnitas:

$$\begin{aligned} E_1 &: 5.4x_1 + 5x_2 + 4.4x_3 + 5x_4 + 3.4x_5 = 1, \\ E_2 &: 5x_1 + 6x_2 + 3x_3 + 4.8x_4 + 2.6x_5 = 2, \\ E_3 &: 4.4x_1 + 3x_2 + 4.8x_3 + 4.6x_4 + 4x_5 = 3, \\ E_4 &: 5x_1 + 4.8x_2 + 4.6x_3 + 6x_4 + 4.6x_5 = 4, \\ E_5 &: 3.4x_1 + 2.6x_2 + 4x_3 + 4.6x_4 + 4.2x_5 = 5. \end{aligned}$$

Vamos a resolverlo usando el método del gradiente conjugado.

- Paso 0: consideramos $\mathbf{x}^{(0)} = \begin{bmatrix} 0 \\ 0 \\ 0 \\ 0 \\ 0 \end{bmatrix}$. El **residuo inicial** $\mathbf{r}^{(0)}$ será:

$$\mathbf{r}^{(0)} = \mathbf{b} - \mathbf{A}\mathbf{x}^{(0)} = \begin{bmatrix} 1 \\ 2 \\ 3 \\ 4 \\ 5 \end{bmatrix} - \begin{bmatrix} 5.4 & 5 & 4.4 & 5 & 3.4 \\ 5 & 6 & 3 & 4.8 & 2.6 \\ 4.4 & 3 & 4.8 & 4.6 & 4 \\ 5 & 4.8 & 4.6 & 6 & 4.6 \\ 3.4 & 2.6 & 4 & 4.6 & 4.2 \end{bmatrix} \cdot \begin{bmatrix} 0 \\ 0 \\ 0 \\ 0 \\ 0 \end{bmatrix} = \begin{bmatrix} 1 \\ 2 \\ 3 \\ 4 \\ 5 \end{bmatrix}.$$

- Paso 1: la **dirección inicial** $\mathbf{v}^{(1)}$ será $\mathbf{v}^{(1)} = \mathbf{r}^{(0)} = \begin{bmatrix}1\\2\\3\\4\\5\end{bmatrix}$. A continuación calculamos:

$$t_1 = \frac{(\mathbf{r}^{(0)})^\top \mathbf{r}^{(0)}}{(\mathbf{v}^{(1)})^\top (\mathbf{A}\mathbf{v}^{(1)})} = \frac{\begin{bmatrix}1 & 2 & 3 & 4 & 5\end{bmatrix}\begin{bmatrix}1\\2\\3\\4\\5\end{bmatrix}}{\begin{bmatrix}1 & 2 & 3 & 4 & 5\end{bmatrix}\left(\begin{bmatrix}5.4 & 5 & 4.4 & 5 & 3.4\\5 & 6 & 3 & 4.8 & 2.6\\4.4 & 3 & 4.8 & 4.6 & 4\\5 & 4.8 & 4.6 & 6 & 4.6\\3.4 & 2.6 & 4 & 4.6 & 4.2\end{bmatrix}\begin{bmatrix}1\\2\\3\\4\\5\end{bmatrix}\right)}$$

$$= \frac{55}{973.2} = 0.056515.$$

La aproximación $\mathbf{x}^{(1)}$ será:

$$\mathbf{x}^{(1)} = \mathbf{x}^{(0)} + t_1\mathbf{v}^{(1)} = \begin{bmatrix}0\\0\\0\\0\\0\end{bmatrix} + 0.0565\begin{bmatrix}1\\2\\3\\4\\5\end{bmatrix} = \begin{bmatrix}0.056515\\0.113029\\0.169544\\0.226058\\0.282573\end{bmatrix}.$$

- Paso 2: la **dirección** $\mathbf{v}^{(2)}$ será $\mathbf{v}^{(2)} = \mathbf{r}^{(1)} + s_1\mathbf{v}^{(1)}$. Calculemos previamente el valor de $\mathbf{r}^{(1)}$:

$$\mathbf{r}^{(1)} = \mathbf{b} - \mathbf{A}\mathbf{x}^{(1)}$$

$$= \begin{bmatrix}1\\2\\3\\4\\5\end{bmatrix} - \begin{bmatrix}5.4 & 5 & 4.4 & 5 & 3.4\\5 & 6 & 3 & 4.8 & 2.6\\4.4 & 3 & 4.8 & 4.6 & 4\\5 & 4.8 & 4.6 & 6 & 4.6\\3.4 & 2.6 & 4 & 4.6 & 4.2\end{bmatrix}\begin{bmatrix}0.056515\\0.113029\\0.169544\\0.226058\\0.282573\end{bmatrix} = \begin{bmatrix}-2.707357\\-1.289149\\-0.571722\\-0.2612\\1.609125\end{bmatrix}.$$

El valor de s_1 vale:

$$s_1 = \frac{(\mathbf{r}^{(1)})^\top \mathbf{r}^{(1)}}{(\mathbf{r}^{(0)})^\top \mathbf{r}^{(0)}} = \frac{\begin{bmatrix}-2.7074 & -1.2891 & -0.5717 & -0.2612 & 1.6091\end{bmatrix}\begin{bmatrix}-2.7074\\-1.2891\\-0.5717\\-0.2612\\1.6091\end{bmatrix}}{\begin{bmatrix}1 & 2 & 3 & 4 & 5\end{bmatrix}\begin{bmatrix}1\\2\\3\\4\\5\end{bmatrix}}$$

$$= 0.217747$$

El valor de $\mathbf{v}^{(2)}$ vale:

$$\mathbf{v}^{(2)} = \mathbf{r}^{(1)} + s_1\mathbf{v}^{(1)} = \begin{bmatrix}-2.707357\\-1.289149\\-0.571722\\-0.2612\\1.609125\end{bmatrix} + 0.217747\begin{bmatrix}1\\2\\3\\4\\5\end{bmatrix} = \begin{bmatrix}-2.489611\\-0.853656\\0.081518\\0.609786\\2.697857\end{bmatrix}.$$

A continuación calculamos:

$$t_2 = \frac{(\mathbf{r}^{(1)})^\top \mathbf{r}^{(1)}}{(\mathbf{v}^{(2)})^\top (\mathbf{A}\mathbf{v}^{(2)})},$$

donde

$$(\mathbf{r}^{(1)})^\top \mathbf{r}^{(1)} = \begin{bmatrix}-2.707357 & -1.289149 & -0.571722 & -0.2612 & 1.609125\end{bmatrix}\begin{bmatrix}-2.707357\\-1.289149\\-0.571722\\-0.2612\\1.609125\end{bmatrix}$$

$$= 11.976062,$$

$$(\mathbf{v}^{(2)})^\top (\mathbf{A}\mathbf{v}^{(2)}) = \begin{bmatrix}-2.489611 & -0.853656 & 0.081518 & 0.609786 & 2.697857\end{bmatrix}\cdot$$

$$\left(\begin{bmatrix}5.4 & 5 & 4.4 & 5 & 3.4\\5 & 6 & 3 & 4.8 & 2.6\\4.4 & 3 & 4.8 & 4.6 & 4\\5 & 4.8 & 4.6 & 6 & 4.6\\3.4 & 2.6 & 4 & 4.6 & 4.2\end{bmatrix}\begin{bmatrix}-2.489611\\-0.853656\\0.081518\\0.609786\\2.697857\end{bmatrix}\right) = 29.248458.$$

Por tanto:

$$t_2 = \frac{11.976062}{29.248458} = 0.40946.$$

Por último el valor de $\mathbf{x}^{(2)}$ será:

$$\mathbf{x}^{(2)} = \mathbf{x}^{(1)} + t_2\mathbf{v}^{(2)} = \begin{bmatrix}0.056515\\0.113029\\0.169544\\0.226058\\0.282573\end{bmatrix} + 0.40946\begin{bmatrix}-2.489611\\-0.853656\\0.081518\\0.609786\\2.697857\end{bmatrix} = \begin{bmatrix}-0.96288\\-0.236508\\0.202922\\0.475741\\1.387237\end{bmatrix}.$$

- Paso 3: la **dirección** $\mathbf{v}^{(3)}$ será $\mathbf{v}^{(3)} = \mathbf{r}^{(2)} + s_2\mathbf{v}^{(2)}$. Calculemos previamente el valor de $\mathbf{r}^{(2)}$:

$$\mathbf{r}^{(2)} = \mathbf{b} - \mathbf{A}\mathbf{x}^{(2)} = \begin{bmatrix} 1 \\ 2 \\ 3 \\ 4 \\ 5 \end{bmatrix} - \begin{bmatrix} 5.4 & 5 & 4.4 & 5 & 3.4 \\ 5 & 6 & 3 & 4.8 & 2.6 \\ 4.4 & 3 & 4.8 & 4.6 & 4 \\ 5 & 4.8 & 4.6 & 6 & 4.6 \\ 3.4 & 2.6 & 4 & 4.6 & 4.2 \end{bmatrix} \begin{bmatrix} -0.96288 \\ -0.236508 \\ 0.202922 \\ 0.475741 \\ 1.387237 \end{bmatrix}$$

$$= \begin{bmatrix} -0.60607 \\ 1.734314 \\ -0.765182 \\ -0.219534 \\ 0.062225 \end{bmatrix}.$$

El valor de s_2 vale:

$$s_2 = \frac{(\mathbf{r}^{(2)})^\top \mathbf{r}^{(2)}}{(\mathbf{r}^{(1)})^\top \mathbf{r}^{(1)}}$$

$$= \frac{\begin{bmatrix} -0.60607 & 1.734314 & -0.765182 & -0.219534 & 0.062225 \end{bmatrix} \begin{bmatrix} -0.60607 \\ 1.734314 \\ -0.765182 \\ -0.219534 \\ 0.062225 \end{bmatrix}}{\begin{bmatrix} -2.707357 & -1.289149 & -0.571722 & -0.2612 & 1.609125 \end{bmatrix} \begin{bmatrix} -2.707357 \\ -1.289149 \\ -0.571722 \\ -0.2612 \\ 1.609125 \end{bmatrix}}$$

$$= 0.335063$$

El valor de $\mathbf{v}^{(3)}$ vale:

$$\mathbf{v}^{(3)} = \mathbf{r}^{(2)} + s_2\mathbf{v}^{(2)} = \begin{bmatrix} -0.60607 \\ 1.734314 \\ -0.765182 \\ -0.219534 \\ 0.062225 \end{bmatrix} + 0.335063 \begin{bmatrix} -2.489611 \\ -0.853656 \\ 0.081518 \\ 0.609786 \\ 2.697857 \end{bmatrix} = \begin{bmatrix} -1.440247 \\ 1.448285 \\ -0.737868 \\ -0.015217 \\ 0.966177 \end{bmatrix}.$$

A continuación calculamos:

$$t_3 = \frac{(\mathbf{r}^{(2)})^\top \mathbf{r}^{(2)}}{(\mathbf{v}^{(3)})^\top (\mathbf{A}\mathbf{v}^{(3)})},$$

donde

$$(\mathbf{r}^{(2)})^\top \mathbf{r}^{(2)} = \begin{bmatrix} -0.60607 & 1.734314 & -0.765182 & -0.219534 & 0.062225 \end{bmatrix} \begin{bmatrix} -0.60607 \\ 1.734314 \\ -0.765182 \\ -0.219534 \\ 0.062225 \end{bmatrix}$$

$$= 4.012737,$$

$$(\mathbf{v}^{(3)})^\top (\mathbf{A}\mathbf{v}^{(3)}) = \begin{bmatrix} -1.440247 & 1.448285 & -0.737868 & -0.015217 & 0.966177 \end{bmatrix} \cdot$$

$$\left(\begin{bmatrix} 5.4 & 5 & 4.4 & 5 & 3.4 \\ 5 & 6 & 3 & 4.8 & 2.6 \\ 4.4 & 3 & 4.8 & 4.6 & 4 \\ 5 & 4.8 & 4.6 & 6 & 4.6 \\ 3.4 & 2.6 & 4 & 4.6 & 4.2 \end{bmatrix} \begin{bmatrix} -1.440247 \\ 1.448285 \\ -0.737868 \\ -0.015217 \\ 0.966177 \end{bmatrix} \right) = 4.489297.$$

Por tanto:

$$t_3 = \frac{4.012737}{4.489297} = 0.893845.$$

Por último el valor de $\mathbf{x}^{(3)}$ será:

$$\mathbf{x}^{(3)} = \mathbf{x}^{(2)} + t_3 \mathbf{v}^{(3)} = \begin{bmatrix} -0.96288 \\ -0.236508 \\ 0.202922 \\ 0.475741 \\ 1.387237 \end{bmatrix} + 0.893845 \begin{bmatrix} -1.440247 \\ 1.448285 \\ -0.737868 \\ -0.015217 \\ 0.966177 \end{bmatrix} = \begin{bmatrix} -2.250239 \\ 1.058035 \\ -0.456618 \\ 0.46214 \\ 2.25085 \end{bmatrix}.$$

- Paso 4: la **dirección** $\mathbf{v}^{(4)}$ será $\mathbf{v}^{(4)} = \mathbf{r}^{(3)} + s_3 \mathbf{v}^{(3)}$. Calculemos previamente el valor de $\mathbf{r}^{(3)}$:

$$\mathbf{r}^{(3)} = \mathbf{b} - \mathbf{A}\mathbf{x}^{(3)} = \begin{bmatrix} 1 \\ 2 \\ 3 \\ 4 \\ 5 \end{bmatrix} - \begin{bmatrix} 5.4 & 5 & 4.4 & 5 & 3.4 \\ 5 & 6 & 3 & 4.8 & 2.6 \\ 4.4 & 3 & 4.8 & 4.6 & 4 \\ 5 & 4.8 & 4.6 & 6 & 4.6 \\ 3.4 & 2.6 & 4 & 4.6 & 4.2 \end{bmatrix} \begin{bmatrix} -2.250239 \\ 1.058035 \\ -0.456618 \\ 0.46214 \\ 2.25085 \end{bmatrix}$$

$$= \begin{bmatrix} -0.093352 \\ 0.20236 \\ 0.789473 \\ -0.853676 \\ 0.146983 \end{bmatrix}.$$

El valor de s_3 vale:

$$s_3 = \frac{(\mathbf{r}^{(3)})^\top \mathbf{r}^{(3)}}{(\mathbf{r}^{(2)})^\top \mathbf{r}^{(2)}}$$

$$= \frac{\begin{bmatrix} -0.093352 & 0.20236 & 0.789473 & -0.853676 & 0.146983 \end{bmatrix} \begin{bmatrix} -0.093352 \\ 0.20236 \\ 0.789473 \\ -0.853676 \\ 0.146983 \end{bmatrix}}{\begin{bmatrix} -0.60607 & 1.734314 & -0.765182 & -0.219534 & 0.062225 \end{bmatrix} \begin{bmatrix} -0.60607 \\ 1.734314 \\ -0.765182 \\ -0.219534 \\ 0.062225 \end{bmatrix}}$$

$$= 0.354695$$

El valor de $\mathbf{v}^{(4)}$ vale:

$$\mathbf{v}^{(4)} = \mathbf{r}^{(3)} + s_3 \mathbf{v}^{(3)} = \begin{bmatrix} -0.093352 \\ 0.20236 \\ 0.789473 \\ -0.853676 \\ 0.146983 \end{bmatrix} + 0.354695 \begin{bmatrix} -1.440247 \\ 1.448285 \\ -0.737868 \\ -0.015217 \\ 0.966177 \end{bmatrix} = \begin{bmatrix} -0.6042 \\ 0.71606 \\ 0.527754 \\ -0.859073 \\ 0.489681 \end{bmatrix}.$$

A continuación calculamos:

$$t_4 = \frac{(\mathbf{r}^{(3)})^\top \mathbf{r}^{(3)}}{(\mathbf{v}^{(4)})^\top (\mathbf{A}\mathbf{v}^{(4)})},$$

donde:

$$(\mathbf{r}^{(3)})^\top \mathbf{r}^{(3)} = \begin{bmatrix} -0.093352 & 0.20236 & 0.789473 & -0.853676 & 0.146983 \end{bmatrix} \begin{bmatrix} -0.093352 \\ 0.20236 \\ 0.789473 \\ -0.853676 \\ 0.146983 \end{bmatrix}$$

$$= 1.423297,$$

$$(\mathbf{v}^{(4)})^\top (\mathbf{A}\mathbf{v}^{(4)}) = \begin{bmatrix} -0.6042 & 0.71606 & 0.527754 & -0.859073 & 0.489681 \end{bmatrix} \cdot$$

$$\left(\begin{bmatrix} 5.4 & 5 & 4.4 & 5 & 3.4 \\ 5 & 6 & 3 & 4.8 & 2.6 \\ 4.4 & 3 & 4.8 & 4.6 & 4 \\ 5 & 4.8 & 4.6 & 6 & 4.6 \\ 3.4 & 2.6 & 4 & 4.6 & 4.2 \end{bmatrix} \begin{bmatrix} -0.6042 \\ 0.71606 \\ 0.527754 \\ -0.859073 \\ 0.489681 \end{bmatrix} \right) = 0.077495.$$

Por tanto:

$$t_4 = \frac{1.423297}{0.077495} = 18.366386.$$

Por último el valor de $\mathbf{x}^{(4)}$ será:

$$\mathbf{x}^{(4)} = \mathbf{x}^{(3)} + t_4\mathbf{v}^{(4)} = \begin{bmatrix} -2.250239 \\ 1.058035 \\ -0.456618 \\ 0.46214 \\ 2.25085 \end{bmatrix} + 18.366386 \begin{bmatrix} -0.6042 \\ 0.71606 \\ 0.527754 \\ -0.859073 \\ 0.489681 \end{bmatrix} = \begin{bmatrix} -13.34721 \\ 14.20946 \\ 9.236323 \\ -15.315927 \\ 11.244528 \end{bmatrix}.$$

- Paso 5 y último: la **dirección** $\mathbf{v}^{(5)}$ será $\mathbf{v}^{(5)} = \mathbf{r}^{(4)} + s_4\mathbf{v}^{(4)}$. Calculemos previamente el valor de $\mathbf{r}^{(4)}$:

$$\mathbf{r}^{(4)} = \mathbf{b} - \mathbf{A}\mathbf{x}^{(4)} = \begin{bmatrix} 1 \\ 2 \\ 3 \\ 4 \\ 5 \end{bmatrix} - \begin{bmatrix} 5.4 & 5 & 4.4 & 5 & 3.4 \\ 5 & 6 & 3 & 4.8 & 2.6 \\ 4.4 & 3 & 4.8 & 4.6 & 4 \\ 5 & 4.8 & 4.6 & 6 & 4.6 \\ 3.4 & 2.6 & 4 & 4.6 & 4.2 \end{bmatrix} \begin{bmatrix} -13.34721 \\ 14.20946 \\ 9.236323 \\ -15.315927 \\ 11.244528 \end{bmatrix}$$

$$= \begin{bmatrix} -0.263948 \\ 0.050997 \\ 0.240146 \\ 0.214289 \\ -0.283128 \end{bmatrix}.$$

El valor de s_4 vale:

$$s_4 = \frac{(\mathbf{r}^{(4)})^\top \mathbf{r}^{(4)}}{(\mathbf{r}^{(3)})^\top \mathbf{r}^{(3)}}$$

$$= \frac{\begin{bmatrix} -0.263948 & 0.050997 & 0.240146 & 0.214289 & -0.283128 \end{bmatrix} \begin{bmatrix} -0.263948 \\ 0.050997 \\ 0.240146 \\ 0.214289 \\ -0.283128 \end{bmatrix}}{\begin{bmatrix} -0.093352 & 0.20236 & 0.789473 & -0.853676 & 0.146983 \end{bmatrix} \begin{bmatrix} -0.093352 \\ 0.20236 \\ 0.789473 \\ -0.853676 \\ 0.146983 \end{bmatrix}}$$

$$= 0.179878$$

El valor de $\mathbf{v}^{(5)}$ vale:

$$\mathbf{v}^{(5)} = \mathbf{r}^{(4)} + s_4\mathbf{v}^{(4)} = \begin{bmatrix} -0.263948 \\ 0.050997 \\ 0.240146 \\ 0.214289 \\ -0.283128 \end{bmatrix} + 0.179878 \begin{bmatrix} -0.6042 \\ 0.71606 \\ 0.527754 \\ -0.859073 \\ 0.489681 \end{bmatrix} = \begin{bmatrix} -0.37263 \\ 0.179801 \\ 0.335077 \\ 0.05976 \\ -0.195045 \end{bmatrix}.$$

A continuación calculamos:

$$t_5 = \frac{(\mathbf{r}^{(4)})^\top \mathbf{r}^{(4)}}{(\mathbf{v}^{(5)})^\top (\mathbf{A}\mathbf{v}^{(5)})},$$

donde

$$\begin{aligned}
(\mathbf{r}^{(4)})^\top \mathbf{r}^{(4)} &= \begin{bmatrix} -0.263948 & 0.050997 & 0.240146 & 0.214289 & -0.283128 \end{bmatrix} \begin{bmatrix} -0.263948 \\ 0.050997 \\ 0.240146 \\ 0.214289 \\ -0.283128 \end{bmatrix} \\
&= 0.25602, \\
(\mathbf{v}^{(5)})^\top (\mathbf{A}\mathbf{v}^{(5)}) &= \begin{bmatrix} -0.37263 & 0.179801 & 0.335077 & 0.05976 & -0.195045 \end{bmatrix} \cdot \\
&\left(\begin{bmatrix} 5.4 & 5 & 4.4 & 5 & 3.4 \\ 5 & 6 & 3 & 4.8 & 2.6 \\ 4.4 & 3 & 4.8 & 4.6 & 4 \\ 5 & 4.8 & 4.6 & 6 & 4.6 \\ 3.4 & 2.6 & 4 & 4.6 & 4.2 \end{bmatrix} \begin{bmatrix} -0.37263 \\ 0.179801 \\ 0.335077 \\ 0.05976 \\ -0.195045 \end{bmatrix} \right) = 0.003112.
\end{aligned}$$

Por tanto:

$$t_5 = \frac{0.25602}{0.003112} = 82.260682.$$

Por último el valor de $\mathbf{x}^{(5)}$ y solución del sistema $\mathbf{A}\mathbf{x} = \mathbf{b}$ será:

$$\mathbf{x}^{(5)} = \mathbf{x}^{(4)} + t_5 \mathbf{v}^{(5)} = \begin{bmatrix} -13.34721 \\ 14.20946 \\ 9.236323 \\ -15.315927 \\ 11.244528 \end{bmatrix} + 82.260682 \begin{bmatrix} -0.37263 \\ 0.179801 \\ 0.335077 \\ 0.05976 \\ -0.195045 \end{bmatrix} = \begin{bmatrix} -44 \\ 29 \\ 36.8 \\ -10.4 \\ -4.8 \end{bmatrix}.$$

La función en `python` del método del gradiente conjugado se encuentra implementada en

Dicha función se encuentra en la carpeta **Numérico 2** en el fichero `T8MetodosIterativos.ipynb`, sección 5.

La definición de la matriz del sistema es la siguiente:

```
Ab = [[5.4, 5, 4.4, 5, 3.4, 1],
      [5, 6, 3, 4.8, 2.6, 2],
      [4.4, 3, 4.8, 4.6, 4, 3],
      [5, 4.8, 4.6, 6, 4.6, 4],
      [3.4, 2.6, 4, 4.6, 4.2, 5]]
Ab = np.array(Ab)
```

El código de la función es el siguiente:

```
def gradienteConjugado(Ab, x0, verbose = False):
    """
    Esta función resuelve un sistema lineal Ax = b mediante el método
    de Gradiente Conjugado

    Args:
      Ab: Array bidimensional de numpy (Matriz ampliada del sistema)
      x0: Array unidimensional (Valor inicial)
      verbose: Booleano para mostrar o no los resultados relevantes

    Returns:
      x: Array unidimensional (Solución del sistema)
    """

    n = Ab.shape[0]
    x = x0.copy().reshape((n, 1))

    # Obtenemos matriz de coeficientes y vector de términos
    # independientes
    A = Ab[:, :-1].copy()
    b = Ab[:, -1].copy()
    b = b.reshape((n, 1))

    r = b - A.dot(x)
    v = r.copy()
    t = float((r.transpose().dot(r)) /
              (v.transpose().dot(A.dot(v)))[0])
    if verbose:
      print("x^(0) = ", x.reshape((n)))
      print("r^(0) = ", r.reshape((n)))

      print("\nv^(1) = ", v.reshape((n)))
      print("t^(1) =", t)

    x = x + t * v
    r1 = b - A.dot(x)
    if verbose:
      print("x^(1) = {}".format(x.reshape((n))))
      print("r^(1) = {}".format(r1.reshape((n))))

    for k in range(2, n + 1):
      s = float((r1.transpose().dot(r1)) / (r.transpose().dot(r))[0])
      v = r1 + s * v
      t = float((r1.transpose().dot(r1)) /
                (v.transpose().dot(A.dot(v)))[0])
      x = x + t * v
```

```
    r = r1.copy()
    r1 = b - A.dot(x)

    if verbose:
      print("\ns^({}) = {}".format(k - 1, s))
      print("v^({}) = {}".format(k, v.reshape((n))))
      print("t^({}) = {}".format(k, t))
      print("x^({}) = {}".format(k, x.reshape((n))))
      print("r^({}) = {}".format(k, r1.reshape((n))))

  x = x.reshape((n))
  if verbose:
    print("\nx =", x)
  return x
```

Para aplicar la función, hacemos lo siguiente:

```
x0 = np.array([0, 0, 0, 0, 0])
x = gradienteConjugado(Ab, x0, verbose = True)

x^(0) =  [0 0 0 0 0]
r^(0) =  [1. 2. 3. 4. 5.]

v^(1) =  [1. 2. 3. 4. 5.]
t^(1) = 0.05651459103986848
x^(1) = [0.05651459 0.11302918 0.16954377 0.22605836 0.28257296]
r^(1) = [-2.70735717 -1.2891492  -0.57172215 -0.26120016  1.60912454]

s^(1) = 0.21774658251751122
v^(2) = [-2.48961059 -0.85365603  0.08151759  0.60978617  2.69785745]
t^(2) = 0.4094595990894715
x^(2) = [-0.96288036 -0.23650848  0.20292193  0.47574116  1.38723659]
r^(2) = [-0.60607038  1.73431416 -0.76518195 -0.21953367  0.06222452]

s^(2) = 0.3350631651491514
v^(3) = [-1.44024719  1.44828547 -0.73786841 -0.01521679  0.96617718]
t^(3) = 0.8938453288374014
x^(3) = [-2.25023858  1.05803472 -0.4566183   0.46213971  2.25084954]
r^(3) = [-0.09335174  0.20236006  0.78947259 -0.85367573  0.14698335]

s^(3) = 0.3546949108868546
v^(4) = [-0.60420009  0.71605954  0.52775442 -0.85907305  0.48968148]
t^(4) = 18.3663855715145
x^(4) = [-13.34721043  14.20946039   9.23632294 -15.31592718  11.24452848]
r^(4) = [-0.26394752  0.05099739  0.2401457   0.21428881 -0.28312792]

s^(4) = 0.17987813077385958
v^(5) = [-0.3726299   0.17980084  0.33507718  0.05976035 -0.19504493]
t^(5) = 82.26068152885945
x^(5) = [-44.   29.   36.8 -10.4  -4.8]
r^(5) = [-4.11206456e-08 -3.81805920e-08 -3.65609765e-08 -4.41618653e-08
 -3.29771819e-08]
```

```
x = [-44.   29.   36.8 -10.4  -4.8]
```

Capítulo 4

Aproximación de valores y vectores propios.

El cálculo de **valores y vectores propios** es una tarea esencial en diversas disciplinas **científicas y de ingeniería.** Los métodos numéricos proporcionan herramientas **eficaces** para abordar este problema, especialmente cuando las **matrices** involucradas son **grandes** o cuando se busca una **solución aproximada.**

Los métodos numéricos para calcular **valores y vectores propios** abordan el desafío de manera **eficiente**, ya que el **cálculo analítico** puede volverse **impracticable** para **matrices grandes o complicadas.**

Los métodos numéricos permiten el **cálculo eficiente de valores y vectores propios**, incluso para **matrices grandes y complejas.**

Sin embargo, la **convergencia y la estabilidad** pueden ser **problemas** en algunos casos. Además, la **elección** de un buen **vector inicial** es crucial en muchos métodos.

El **cálculo de valores y vectores propios** es fundamental en campos como la **física, la ingeniería estructural, la teoría de grafos, el aprendizaje automático y la simulación numérica.**

Recordemos la definición de **valor y vector propio** de una matriz cuadrada $\mathbf{A}$:

Definición 4.1 (Valor y vector propio de una matriz)**.** Dada una matriz cuadrada $\mathbf{A}$, $n \times n$, diremos que $\mathbf{v} \neq 0$ es un **vector propio** de **valor propio** λ de la matriz $\mathbf{A}$ si

$$\mathbf{A} \cdot \mathbf{v} = \lambda \mathbf{v}.$$

Es decir, el "efecto" que tiene la matriz $\mathbf{A}$ sobre el vector $\mathbf{v}$ es alargándolo o reduciéndolo un factor λ.

El cálculo de **valores y vectores propios** tiene multitud de aplicaciones en *machine learning*, entre otras,

- El cálculo de los **vectores y valores propios** es clave en la **diagonalización** de una matriz **A**, es decir, los **vectores propios** son **representativos** de dicha matriz y realizan una tarea similar a los **codificadores automáticos** en las **redes neuronales profundas**.

- El **análisis de componentes principales (ACP)** es una herramienta para encontrar patrones en **datos multidimensionales** como puede ser en **análisis de imágenes**. Los profesionales del aprendizaje automático a veces usan el **ACP** para preprocesar datos para sus **redes neuronales**. Al centrar, rotar y escalar los datos, el **ACP** prioriza la **dimensionalidad** y puede mejorar la **velocidad de convergencia de la red neuronal** y la calidad general de los resultados.

Recordemos que para hallar los **valores propios** de una matriz **A**, hemos de hallar los ceros de la denominada **ecuación característica** de **A**:

$$p_A(\lambda) = \det(\mathbf{A} - \lambda \cdot \mathbf{I}_n) = 0.$$

La función $p_A(\lambda)$ es un polinomio de grado n en λ. Por tanto, hallar **valores propios** es equivalente a hallar ceros del **polinomio característico** $p_A(\lambda)$.

Una vez hallado un valor propio λ_1 de la matriz A, para hallar los **vectores propios** $\mathbf{v}_1$ de **valor propio** λ_1, hemos de resolver la ecuación:

$$\mathbf{A} \cdot \mathbf{v}_1 = \lambda_1 \mathbf{v}_1, \Rightarrow (\mathbf{A} - \lambda_1 \mathbf{I}_n) \cdot \mathbf{v}_1 = \mathbf{0}.$$

La ecuación anterior es **lineal, homogénea e indeterminada**, es decir, tiene muchas soluciones.

Repasar el capítulo de *Álgebra lineal numérica* para ver algún ejemplo de cálculo así como las propiedades de los **valores y vectores propios** de una matriz cuadrada **A**.

4.1. El método de la potencia

El **método de la potencia** es un **método iterativo** que calcula el **valor propio** de módulo **máximo** con un **vector propio** asociado de la matriz cuadrada.

Usando **variaciones** del método, se pueden hallar los demás **valores propios** junto con los **vectores propios** asociados.

Para poder aplicar el **método de la potencia**, necesitamos suponer que la matriz **A**, de dimensiones $n \times n$ es diagonalizable, es decir, que **A** tiene n valores propios $\lambda_1, \lambda_2, \dots, \lambda_n$ que supondremos ordenados donde λ_1 tiene el módulo máximo:

$$|\lambda_1| > |\lambda_2| \geq |\lambda_3| \geq \cdots \geq |\lambda_n|.$$

Fijémonos que los valores propios λ_i, $i = 2, \dots, n$ pueden ser repetidos.

Como la matriz $\mathbf{A}$ es **diagonalizable**, sean $\mathbf{v}^{(1)}, \mathbf{v}^{(2)}, \dots, \mathbf{v}^{(n)}$ unos **vectores propios** asociados a cada **valor propio** λ_i, es decir, $\mathbf{A}\mathbf{v}^{(i)} = \lambda_i \mathbf{v}^{(i)}$, $i = 1, \dots, n$.

Veamos cómo funciona el método.

Sea $\mathbf{x}$ un vector cualquiera. Como los **vectores propios** $\mathbf{v}^{(1)}, \mathbf{v}^{(2)}, \dots, \mathbf{v}^{(n)}$ son **linealmente independientes**, forman una base del espacio vectorial $\mathbb{R}^n$, y por tanto, existen unos valores $\alpha_1, \dots, \alpha_n$ tal que:

$$\mathbf{x} = \alpha_1 \mathbf{v}^{(1)} + \cdots + \alpha_n \mathbf{v}^{(n)} = \sum_{i=1}^{n} \alpha_i \mathbf{v}^{(i)}.$$

Si calculamos los vectores $\mathbf{A}\mathbf{x}, \mathbf{A}^2\mathbf{x}, \dots, \mathbf{A}^k\mathbf{x}, \dots$, obtenemos:

$$\begin{aligned}
\mathbf{A}\mathbf{x} &= \mathbf{A}(\alpha_1 \mathbf{v}^{(1)} + \cdots + \alpha_n \mathbf{v}^{(n)}) = \alpha_1 \mathbf{A}\mathbf{v}^{(1)} + \cdots + \alpha_n \mathbf{A}\mathbf{v}^{(n)} \\
&= \alpha_1 \lambda_1 \mathbf{v}^{(1)} + \cdots + \alpha_n \lambda_n \mathbf{v}^{(n)} = \sum_{i=1}^{n} \alpha_i \lambda_i \mathbf{v}^{(i)}, \\
&\vdots \\
\mathbf{A}^k\mathbf{x} &= \mathbf{A}^k(\alpha_1 \mathbf{v}^{(1)} + \cdots + \alpha_n \mathbf{v}^{(n)}) = \alpha_1 \mathbf{A}^k\mathbf{v}^{(1)} + \cdots + \alpha_n \mathbf{A}^k\mathbf{v}^{(n)} \\
&= \alpha_1 \lambda_1^k \mathbf{v}^{(1)} + \cdots + \alpha_n \lambda_n^k \mathbf{v}^{(n)} = \sum_{i=1}^{n} \alpha_i \lambda_i^k \mathbf{v}^{(i)}, \\
&\vdots
\end{aligned}$$

Tenemos por tanto que, en general para un entero k positivo, $\mathbf{A}^k\mathbf{x} = \sum_{i=1}^{n} \alpha_i \lambda_i^k \mathbf{v}^{(i)}$.

La expresión se puede escribir de la forma siguiente:

$$\mathbf{A}^k\mathbf{x} = \sum_{i=1}^{n} \alpha_i \lambda_i^k \mathbf{v}^{(i)} = \lambda_1^k \sum_{i=1}^{n} \alpha_i \left(\frac{\lambda_i}{\lambda_1}\right)^k \mathbf{v}^{(i)}.$$

Como $|\lambda_1| > |\lambda_i|$, para $i = 2, \dots, n$, tenemos que $\left|\frac{\lambda_i}{\lambda_1}\right| < 1$ y, por tanto, $\lim\limits_{k\to\infty} \left(\frac{\lambda_i}{\lambda_1}\right)^k = 0$.

Usando la expresión anterior, podemos afirmar que si $\alpha_1 \neq 0$,

$$\lim_{k\to\infty} \mathbf{A}^k\mathbf{x} = \lim_{k\to\infty} \lambda_1^k \alpha_1 \mathbf{v}^{(1)} = \begin{cases} \mathbf{0}, & \text{si } |\lambda_1| < 1, \\ \infty, & \text{si } |\lambda_1| > 1, \\ \alpha_1 \mathbf{v}^{(1)}, & \text{si } \lambda_1 = 1, \\ \text{diverge}, & \text{si } |\lambda_1| = 1 \text{ y } \lambda_1 \neq 1. \end{cases}$$

Una vez vistos los preliminares, expliquemos cómo podemos hallar el **valor propio** λ_1 junto con un **vector propio** $\mathbf{v}^{(1)}$ hallando una sucesión de valores reales $(\mu^{(n)})_{n=0,1,\dots}$ y una sucesión de vectores $(\mathbf{x}^{(n)})_{n=0,1,\dots}$ que convergen a λ_1 y $\mathbf{v}^{(1)}$ respectivamente.

- Paso 1. Supongamos que elegimos un vector $\mathbf{x}^{(0)} \neq \mathbf{0}$ tal que el coeficiente α_1 en la descomposición de $\mathbf{x}^{(0)}$ usando los vectores propios no es cero:

$$\mathbf{x}^{(0)} = \alpha_1 \mathbf{v}^{(1)} + \cdots + \alpha_n \mathbf{v}^{(n)} = \sum_{i=1}^{n} \alpha_i \mathbf{v}^{(i)}, \quad \alpha_1 \neq 0.$$

  Supongamos también que $\|\mathbf{x}^{(0)}\|_\infty = 1$. Si no fuera así, consideramos: $\frac{\mathbf{x}^{(0)}}{\|\mathbf{x}^{(0)}\|_\infty}$ como vector inicial $\mathbf{x}^{(0)}$ y ya se verificará. Recordemos que $\|\mathbf{x}^{(0)}\|_\infty = \max_{i=1,\dots,n} |x_i^{(0)}| = 1$. Por tanto, existirá una componente del vector $\mathbf{x}^{(0)}$ a la que llamaremos m_0 tal que $|x_{m_0}^{(0)}| = 1$. Definimos $\mathbf{y}^{(1)} = \mathbf{A}\mathbf{x}^{(0)} = \sum_{i=1}^{n} \alpha_i \lambda_i \mathbf{v}^{(i)}$. Definimos $\mu^{(1)} = \frac{y_{m_0}^{(1)}}{x_{m_0}^{(0)}}$, es decir, el cociente entre las componentes m_0 de los vectores $\mathbf{y}^{(1)}$ y $\mathbf{x}^{(0)}$.

- Paso 1. (continuación) Podemos escribir $\mu^{(1)}$ como:

$$\mu^{(1)} = \frac{y_{m_0}^{(1)}}{x_{m_0}^{(0)}} = \frac{\alpha_1 \lambda_1 v_{m_0}^{(1)} + \sum_{i=2}^{n} \alpha_i \lambda_i v_{m_0}^{(i)}}{\alpha_1 \mathbf{v}_{m_0}^{(1)} + \sum_{i=2}^{n} \alpha_i v_{m_0}^{(i)}}.$$

  Definimos $\mathbf{x}^{(1)} = \frac{\mathbf{y}^{(1)}}{\|\mathbf{y}^{(1)}\|_\infty}$.

- Paso 2. Como $\|\mathbf{x}^{(1)}\|_\infty = 1$, existe una componente de dicho vector m_1 tal que $|x_{m_1}^{(1)}| = 1$. Definimos $\mathbf{y}^{(2)} = \mathbf{A}\mathbf{x}^{(1)} = \dfrac{1}{\|\mathbf{y}^{(1)}\|_\infty}\mathbf{A}\mathbf{y}^{(1)} = \dfrac{1}{\|\mathbf{y}^{(1)}\|_\infty}\mathbf{A}^2\mathbf{x}^{(0)} = \dfrac{1}{\|\mathbf{y}^{(1)}\|_\infty} \sum_{i=1}^{n} \alpha_i \lambda_i^2 \mathbf{v}^{(i)}$. Definimos $\mu^{(2)} = \frac{y_{m_1}^{(2)}}{x_{m_1}^{(1)}}$, es decir, el cociente entre las componentes m_1 de los vectores $\mathbf{y}^{(2)}$ y $\mathbf{x}^{(1)}$.

- Paso 2. (continuación) Podemos escribir $\mu^{(2)}$ como:

$$\begin{aligned} \mu^{(2)} = \frac{y_{m_1}^{(2)}}{x_{m_1}^{(1)}} &= \frac{(\alpha_1 \lambda_1^2 v_{m_1}^{(1)} + \sum_{i=2}^{n} \alpha_i \lambda_i^2 v_{m_1}^{(i)})/\|\mathbf{y}^{(1)}\|_\infty}{(\alpha_1 \lambda_1 v_{m_1}^{(1)} + \sum_{i=2}^{n} \alpha_i \lambda_i v_{m_1}^{(i)})/\|\mathbf{y}^{(1)}\|_\infty} \\ &= \lambda_1 \left(\frac{\alpha_1 v_{m_1}^{(1)} + \sum_{i=2}^{n} \alpha_i (\lambda_i/\lambda_1)^2 v_{m_1}^{(i)}}{\alpha_1 v_{m_1}^{(1)} + \sum_{i=2}^{n} \alpha_i (\lambda_i/\lambda_1) v_{m_1}^{(i)}} \right) \end{aligned}$$

Definimos $\mathbf{x}^{(2)} = \frac{\mathbf{y}^{(2)}}{\|\mathbf{y}^{(2)}\|_\infty}$.

- $\vdots$

- Paso k. En este paso, tenemos definidos

  - dos secuencias de vectores $\mathbf{x}^{(j)}$, para $j = 0, \dots, k-1$ y $\mathbf{y}^{(j)}$, $j = 1, \dots, k-1$ cumpliendo:

- $\mathbf{y}^{(j)} = \mathbf{A}\mathbf{x}^{(j-1)}$,
- $\mathbf{x}^{(j)} = \frac{1}{\prod_{l=1}^{j} \|\mathbf{y}^{(l)}\|_\infty} \mathbf{A}^j \mathbf{x}^{(0)}$ y $\|\mathbf{x}^{(j)}\|_\infty = 1$.

- una secuencia de valores reales $\mu^{(j)}$, $j = 1, \dots, k-1$ y una secuencia de valores enteros m_j, $j = 0, \dots, k-2$ tal que:

$$\mu^{(j)} = \frac{y_{m_{j-1}}^{(j)}}{x_{m_{j-1}}^{(j-1)}} = \lambda_1 \left(\frac{\alpha_1 v_{m_{j-1}}^{(1)} + \sum_{i=2}^{n} \alpha_i (\lambda_i/\lambda_1)^j v_{m_{j-1}}^{(i)}}{\alpha_1 v_{m_{j-1}}^{(1)} + \sum_{i=2}^{n} \alpha_i (\lambda_i/\lambda_1)^{j-1} v_{m_{j-1}}^{(i)}} \right)$$

- Paso k (continuación) Como $\|\mathbf{x}^{(k-1)}\| = 1$, existe una componente de dicho vector m_{k-1} tal que $|x_{m_{k-1}}^{(k-1)}| = 1$. Definimos

$$\mathbf{y}^{(k)} = \mathbf{A}\mathbf{x}^{(k-1)} = \frac{1}{\prod_{l=1}^{k-1} \|\mathbf{y}^{(l)}\|_\infty} \mathbf{A}^k \mathbf{x}^{(0)} = \frac{1}{\prod_{l=1}^{k-1} \|\mathbf{y}^{(l)}\|_\infty} \sum_{i=1}^{n} \alpha_i \lambda_i^k \mathbf{v}^{(i)}.$$

Definimos $\mu^{(k)} = \frac{y_{m_{k-1}}^{(k)}}{x_{m_{k-1}}^{(k-1)}}$, es decir, el cociente entre las componentes m_{k-1} de los vectores $\mathbf{y}^{(k)}$ y $\mathbf{x}^{(k-1)}$.

- Paso k (continuación). Podemos escribir $\mu^{(k)}$ como:

$$\begin{aligned}\mu^{(k)} = \frac{y_{m_{k-1}}^{(k)}}{x_{m_{k-1}}^{(k-1)}} &= \frac{(\alpha_1 \lambda_1^k v_{m_{k-1}}^{(1)} + \sum_{i=2}^{n} \alpha_i \lambda_i^k v_{m_{k-1}}^{(i)}) / \prod_{l=1}^{k-1} \|\mathbf{y}^{(l)}\|}{(\alpha_1 \lambda_1^{k-1} v_{m_{k-1}}^{(1)} + \sum_{i=2}^{n} \alpha_i \lambda_i^{k-1} v_{m_{k-1}}^{(i)}) / \prod_{l=1}^{k-1} \|\mathbf{y}^{(l)}\|} \\ &= \lambda_1 \left(\frac{\alpha_1 v_{m_{k-1}}^{(1)} + \sum_{i=2}^{n} \alpha_i (\lambda_i/\lambda_1)^k v_{m_{k-1}}^{(i)}}{\alpha_1 v_{m_{k-1}}^{(1)} + \sum_{i=2}^{n} \alpha_i (\lambda_i/\lambda_1)^{k-1} v_{m_{k-1}}^{(i)}} \right).\end{aligned}$$

Por último definimos: $\mathbf{x}^{(k)} = \frac{\mathbf{y}^{(k)}}{\|\mathbf{y}^{(k)}\|_\infty}$.

- $\vdots$

Usando la ecuación de la sucesión $\mu^{(k)}$, podemos afirmar que la sucesión de números reales $(\mu^{(k)})_{k \geq 1}$ tiende hacia el **valor propio** λ_1:

$$\lim_{k \to \infty} \mu^{(k)} = \lim_{k \to \infty} \lambda_1 \left(\frac{\alpha_1 v_{m_{k-1}}^{(1)} + \sum_{i=2}^{n} \alpha_i (\lambda_i/\lambda_1)^k v_{m_{k-1}}^{(i)}}{\alpha_1 v_{m_{k-1}}^{(1)} + \sum_{i=2}^{n} \alpha_i (\lambda_i/\lambda_1)^{k-1} v_{m_{k-1}}^{(i)}} \right) = \lambda_1,$$

ya que $\left|\frac{\lambda_i}{\lambda_1}\right| < 1$ y por tanto $\lim\limits_{k \to \infty} \left(\frac{\lambda_i}{\lambda_1}\right)^k = 0$, para $k = 2, \dots, n$.

Además como $\mathbf{x}^{(k)} = \frac{\mathbf{y}^{(k)}}{\|\mathbf{y}^{(k)}\|}$ y $\mathbf{x}^{(k)} = \frac{1}{\prod_{l=1}^{k} \|\mathbf{y}^{(l)}\|}\mathbf{A}^k\mathbf{x}^{(0)}$, tenemos que:

$$\begin{aligned}
\mathbf{y}^{(k)} &= \mathbf{A}\mathbf{x}^{(k-1)} = \frac{1}{\prod_{l=1}^{k-1} \|\mathbf{y}^{(l)}\|}\mathbf{A}^k\mathbf{x}^{(0)}, \Rightarrow \\
\mathbf{x}^{(k)} &= \frac{\mathbf{y}^{(k)}}{\|\mathbf{y}^{(k)}\|} = \frac{\mathbf{A}^k\mathbf{x}^{(0)}/\prod_{l=1}^{k-1}\|\mathbf{y}^{(l)}\|}{\left\|\mathbf{A}^k\mathbf{x}^{(0)}/\prod_{l=1}^{k-1}\|\mathbf{y}^{(l)}\|\right\|} = \frac{\mathbf{A}^k\mathbf{x}^{(0)}}{\left\|\mathbf{A}^k\mathbf{x}^{(0)}\right\|} \\
&= \frac{\alpha_1\lambda_1^k\mathbf{v}^{(1)} + \sum_{i=2}^{n}\alpha_i\lambda_i^k\mathbf{v}^{(i)}}{\left\|\alpha_1\lambda_1^k\mathbf{v}^{(1)} + \sum_{i=2}^{n}\alpha_i\lambda_i^k\mathbf{v}^{(i)}\right\|} \\
&= \left(\frac{\lambda_1}{|\lambda_1|}\right)^k \frac{\alpha_1\mathbf{v}^{(1)} + \sum_{i=2}^{n}\alpha_i(\lambda_i/\lambda_1)^k\mathbf{v}^{(i)}}{\left\|\alpha_1\mathbf{v}^{(1)} + \sum_{i=2}^{n}\alpha_i(\lambda_i/\lambda_1)^k\mathbf{v}^{(i)}\right\|}.
\end{aligned}$$

Entonces,

$$\lim_{k\to\infty} \mathbf{x}^{(k)} = \pm\mathbf{v}^{(1)},$$

es decir la sucesión de vectores $\mathbf{x}^{(k)}$ tiende hacia un **vector propio** de **valor propio** λ_1.

En resumen, hemos obtenido una **sucesión de números reales** $(\mu^{(k)})_{k\geq 1}$ que tiende al **valor propio de módulo máximo** λ_1 y una **sucesión de vectores** $(\mathbf{x}^{(k)})_{k\geq 0}$ de módulo 1 que tiende a un **vector propio** de **valor propio** λ_1.

Observación. Podemos escribir que para k grande:

$$\mu^{(k)} \approx \lambda_1 + O\left(\left|\frac{\lambda_i}{\lambda_1}\right|\right)^k,$$

ya que:

$$\begin{aligned}
\mu^{(k)} &\approx \lambda_1\left(\frac{\alpha_1 v_{m_{k-1}}^{(1)} + \sum_{i=2}^{n}\alpha_i(\lambda_i/\lambda_1)^k v_{m_{k-1}}^{(i)}}{\alpha_1 v_{m_{k-1}}^{(1)} + \sum_{i=2}^{n}\alpha_i(\lambda_i/\lambda_1)^{k-1} v_{m_{k-1}}^{(i)}}\right) \\
&\approx \lambda_1\left(\frac{\alpha_1 v_{m_{k-1}}^{(1)} + \sum_{i=2}^{n}\alpha_i(\lambda_i/\lambda_1)^k v_{m_{k-1}}^{(i)}}{\alpha_1 v_{m_{k-1}}^{(1)}}\right) \\
&= \lambda_1\left(1 + \frac{\sum_{i=2}^{n}\alpha_i(\lambda_i/\lambda_1)^k v_{m_{k-1}}^{(i)}}{\alpha_1 v_{m_{k-1}}^{(1)}}\right) \approx \lambda_1 + O\left(\left|\frac{\lambda_i}{\lambda_1}\right|\right)^k.
\end{aligned}$$

De la misma manera podemos escribir que para k grande:

$$\mathbf{x}^{(k)} \approx \pm\frac{\mathbf{v}^{(1)}}{\|\mathbf{v}^{(1)}\|} + O\left(\left|\frac{\lambda_i}{\lambda_1}\right|\right)^k.$$

ya que:

$$\mathbf{x}^{(k)} \approx \pm \frac{\alpha_1 \mathbf{v}^{(1)} + \sum_{i=2}^{n} \alpha_i (\lambda_i/\lambda_1)^k \mathbf{v}^{(i)}}{\left\|\alpha_1 \mathbf{v}^{(1)} + \sum_{i=2}^{n} \alpha_i (\lambda_i/\lambda_1)^k \mathbf{v}^{(i)}\right\|}$$
$$\approx \pm \frac{\alpha_1 \mathbf{v}^{(1)} + \sum_{i=2}^{n} \alpha_i (\lambda_i/\lambda_1)^k \mathbf{v}^{(i)}}{\left\|\alpha_1 \mathbf{v}^{(1)}\right\|} = \pm \frac{\mathbf{v}^{(1)}}{\|\mathbf{v}^{(1)}\|} + O\left(\left|\frac{\lambda_i}{\lambda_1}\right|\right)^k.$$

El resumen, el **orden de convergencia** de las sucesiones $\mu^{(k)}$ y $\mathbf{x}^{(k)}$ vale $O\left(\frac{\max_{i=2,\ldots,n}|\lambda_i|}{|\lambda_1|}\right)^k$.

Observación. Aunque la matriz $\mathbf{A}$ tenga un **valor propio dominante** λ_1 con **multiplicidad** $r > 1$, el método de la potencia seguirá convergiendo a λ_1 y los vectores $\mathbf{x}^{(k)}$ seguirán convergiendo a un vector propio de valor propio λ_1.

Observación. Puede haber matrices $\mathbf{A}$ en las que cuando hallamos la sucesión $\mathbf{x}^{(k)}$ usando el **método de la potencia**, puede haber **alternancias de signo**, es decir, que para valores de k relativamente grandes, las aproximaciones del **vector propio** $\mathbf{v}^{(1)}$ de **valor propio** dominante λ_1 aparecen de la forma siguiente:

$$\ldots, \mathbf{x}^{(k)} \approx \frac{\mathbf{v}^{(1)}}{\|\mathbf{v}^{(1)}\|_\infty}, \mathbf{x}^{(k+1)} \approx -\frac{\mathbf{v}^{(1)}}{\|\mathbf{v}^{(1)}\|_\infty}, \mathbf{x}^{(k+2)} \approx \frac{\mathbf{v}^{(1)}}{\|\mathbf{v}^{(1)}\|_\infty}, \mathbf{x}^{(k+3)} \approx -\frac{\mathbf{v}^{(1)}}{\|\mathbf{v}^{(1)}\|_\infty} \ldots$$

Si nos encontramos en situaciones como la descrita, no podemos usar como **criterio de parada** la condición $\|\mathbf{x}^{(k)} - \mathbf{x}^{(k-1)}\|_\infty < \epsilon$, donde ϵ es la tolerancia permitida ya que $\|\mathbf{x}^{(k)} - \mathbf{x}^{(k-1)}\|_\infty \approx 2\left\|\frac{\mathbf{v}^{(1)}}{\|\mathbf{v}^{(1)}\|_\infty}\right\|_\infty = 2$ y el algoritmo nunca pararía.

Una manera de arreglar esta situación es cambiar el criterio de parada de la manera siguiente:

$$\min\{\|\mathbf{x}^{(k)} - \mathbf{x}^{(k-1)}\|_\infty, \|\mathbf{x}^{(k)} + \mathbf{x}^{(k-1)}\|_\infty\} < \epsilon.$$

4.1.1. Método de la potencia. Pseudocódigo

- `INPUT` matriz del sistema $\mathbf{A} = (a_{ij})_{i=1,\ldots,n,j=1,\ldots,n}$, valor inicial $\mathbf{X0} = \mathbf{x}$ con $\|\mathbf{x}\|_\infty = 1$, error absoluto o tolerancia `TOL`, número máximo de iteraciones `Nmax`.
- `Set` $k = 1$ (inicializamos el contador de la iteraciones)
- Hallamos el entero más pequeño m tal que $|x_m| = \|x\|_\infty$.
- `Set` $\mathbf{x} = \frac{\mathbf{x}}{x_m}$.
- `While` $k \leq Nmax$ (mientras no se llegue al número máximo de iteraciones, hacer lo siguiente)
    - `Set` $\mathbf{y} = \mathbf{A}\mathbf{x}$
    - `Set` $\mu = y_m$.
    - Hallamos el entero más pequeño m tal que $|y_m| = \|y\|_\infty$.
    - `If` $y_m = 0$ `then print(la matriz A tiene 0 como valor propio. Escoger otro vector inicial).`

- `Set` $\mathbf{x}_1 = \frac{\mathbf{y}}{y_m}$
- `Set error=`$\text{mín}\left\{\|\mathbf{x}-\mathbf{x}_1\|_\infty, \|\mathbf{x}+\mathbf{x}_1\|_\infty\right\}$.
- `If error<TOL print(`$\mu, \mathbf{x}$`)`. (El método ha acabado. Tenemos el valor propio y un vector propio con un error menor que la tolerancia permitida.)
- `Set` $\mathbf{x} = \mathbf{x}_1$.
- `Set` $k = k + 1$.

- `Print` Hemos alcanzado el máximo número de iteraciones. El método de la potencia no converge en este caso.

Ejemplo 4.1. Consideremos la matriz $\mathbf{A} = \begin{bmatrix} 5 & 6 & 6 & 5 \\ 6 & 6 & 8 & 5 \\ 6 & 6 & 2 & 6 \\ 5 & 4 & 7 & 4 \end{bmatrix}$.

Apliquemos el método de la potencia para hallar una aproximación del valor propio de módulo máximo de $\mathbf{A}$ junto con un vector propio asociado con una tolerancia $\epsilon = 0.000001$.

- Paso 1: consideramos $\mathbf{x}^{(0)} = \begin{bmatrix} 1 \\ 1 \\ 1 \\ 1 \end{bmatrix}$.

  - El valor m_0 será $m_0 = 1$ ya que $|x_1^{(0)}| = \|\mathbf{x}^{(0)}\|_\infty = 1$.
  - Hallamos $\mathbf{y}^{(1)} = \mathbf{A}\mathbf{x}^{(0)} = \begin{bmatrix} 22 \\ 25 \\ 20 \\ 20 \end{bmatrix}$.
  - El valor $\mu^{(1)}$ vale: $\mu^{(1)} = \frac{y_1^{(1)}}{x_1^{(0)}} = \frac{22}{1} = 22$.
  - Hallamos $\mathbf{x}^{(1)} = \frac{\mathbf{y}^{(1)}}{\|\mathbf{y}^{(1)}\|_\infty} = \frac{1}{25}\begin{bmatrix} 22 \\ 25 \\ 20 \\ 20 \end{bmatrix} = \begin{bmatrix} 0.88 \\ 1 \\ 0.8 \\ 0.8 \end{bmatrix}$.

- Como

$$\begin{aligned} &\text{mín}\{\|\mathbf{x}^{(1)}-\mathbf{x}^{(0)}\|_\infty, \|\mathbf{x}^{(1)}+\mathbf{x}^{(0)}\|_\infty\} \\ &= \text{mín}\left\{\left\|\left(\begin{bmatrix} 0.88 \\ 1 \\ 0.8 \\ 0.8 \end{bmatrix} - \begin{bmatrix} 1 \\ 1 \\ 1 \\ 1 \end{bmatrix}\right)\right\|_\infty, \left\|\left(\begin{bmatrix} 0.88 \\ 1 \\ 0.8 \\ 0.8 \end{bmatrix} + \begin{bmatrix} 1 \\ 1 \\ 1 \\ 1 \end{bmatrix}\right)\right\|_\infty\right\} \\ &= \text{mín}\left\{\left\|\begin{bmatrix} -0.12 \\ 0 \\ -0.2 \\ -0.2 \end{bmatrix}\right\|_\infty, \left\|\begin{bmatrix} 1.88 \\ 2 \\ 1.8 \\ 1.8 \end{bmatrix}\right\|_\infty\right\} = \text{mín}\{0.2, 2\} = 0.2 > \epsilon, \end{aligned}$$

continuamos:

- Paso 2:

  - El valor m_1 será $m_1 = 2$ ya que $|x_2^{(1)}| = \|\mathbf{x}^{(1)}\|_\infty = 1$.
  - Hallamos $\mathbf{y}^{(2)} = \mathbf{A}\mathbf{x}^{(1)} = \begin{bmatrix} 19.2 \\ 21.68 \\ 17.68 \\ 17.2 \end{bmatrix}$.
  - El valor $\mu^{(2)}$ vale: $\mu^{(2)} = \frac{y_2^{(2)}}{x_2^{(1)}} = \frac{21.68}{1} = 21.68$.
  - Hallamos $\mathbf{x}^{(2)} = \frac{\mathbf{y}^{(2)}}{\|\mathbf{y}^{(2)}\|_\infty} = \frac{1}{21.68}\begin{bmatrix} 19.2 \\ 21.68 \\ 17.68 \\ 17.2 \end{bmatrix} = \begin{bmatrix} 0.885609 \\ 1 \\ 0.815498 \\ 0.793358 \end{bmatrix}$.

- Como

$$
\begin{aligned}
&\min\{\|\mathbf{x}^{(2)} - \mathbf{x}^{(1)}\|_\infty, \|\mathbf{x}^{(2)} + \mathbf{x}^{(1)}\|_\infty\} \\
&= \min\left\{\left\|\left(\begin{bmatrix} 0.885609 \\ 1 \\ 0.815498 \\ 0.793358 \end{bmatrix} - \begin{bmatrix} 0.88 \\ 1 \\ 0.8 \\ 0.8 \end{bmatrix}\right)\right\|_\infty, \left\|\left(\begin{bmatrix} 0.885609 \\ 1 \\ 0.815498 \\ 0.793358 \end{bmatrix} + \begin{bmatrix} 0.88 \\ 1 \\ 0.8 \\ 0.8 \end{bmatrix}\right)\right\|_\infty\right\} \\
&= \min\left\{\left\|\begin{bmatrix} 0.005609 \\ 0 \\ 0.015498 \\ -0.006642 \end{bmatrix}\right\|_\infty, \left\|\begin{bmatrix} 1.765609 \\ 2 \\ 1.615498 \\ 1.593358 \end{bmatrix}\right\|_\infty\right\} \\
&= \min\{0.015498, 2\} = 0.015498 > \epsilon,
\end{aligned}
$$

continuamos:

- Paso 3:

  - El valor m_2 será $m_2 = 2$ ya que $|x_2^{(2)}| = \|\mathbf{x}^{(2)}\|_\infty = 1$.
  - Hallamos $\mathbf{y}^{(3)} = \mathbf{A}\mathbf{x}^{(2)} = \begin{bmatrix} 19.287823 \\ 21.804428 \\ 17.704797 \\ 17.309963 \end{bmatrix}$.
  - El valor $\mu^{(3)}$ vale: $\mu^{(3)} = \frac{y_2^{(3)}}{x_2^{(2)}} = \frac{21.804428}{1} = 21.804428$.
  - Hallamos $\mathbf{x}^{(3)} = \frac{\mathbf{y}^{(3)}}{\|\mathbf{y}^{(3)}\|_\infty} = \frac{1}{21.804428}\begin{bmatrix} 19.287823 \\ 21.804428 \\ 17.704797 \\ 17.309963 \end{bmatrix} = \begin{bmatrix} 0.884583 \\ 1 \\ 0.811982 \\ 0.793874 \end{bmatrix}$.

Y así sucesivamente hasta llegar a realizar 9 pasos o iteraciones. Los valores de las aproximaciones del valor propio valen:

$$22, 21.68, 21.80443, 21.77272, 21.77911, 21.77779, 21.77806, 21.778, 21.77802$$

Las aproximaciones del vector propio son las siguientes (en columnas):

$$\begin{bmatrix} 1 & 0.88 & 0.88561 & 0.88458 & 0.88478 & 0.88474 & 0.88475 & 0.88475 & 0.88475 & 0.88475 \\ 1 & 1 & 1 & 1 & 1 & 1 & 1 & 1 & 1 & 1 \\ 1 & 0.8 & 0.8155 & 0.81198 & 0.8127 & 0.81255 & 0.81258 & 0.81258 & 0.81258 & 0.81258 \\ 1 & 0.8 & 0.79336 & 0.79387 & 0.79376 & 0.79378 & 0.79378 & 0.79378 & 0.79378 & 0.79378 \end{bmatrix}.$$

La función en `python` del método de la potencia se encuentra implementada en

Dicha función se encuentra en la carpeta **Numérico 2** en el fichero `T9ValoresVectoresPropios.ipynb`, sección 1.

En primer lugar hay que cargar la librería que usan las funciones del capítulo:

```
import numpy as np
```

Seguidamente definimos la funciones siguientes:

- `StartPrint`: función que indica el comienzo del método que se va a usar.
- `EndPrint`: función que indica el final del método que se va a usar.
- `MinIndex`: función que dada una secuencia $\mathbf{x} = (x_1, \ldots, x_M)$ calcula el valor del índice m más pequeño de la componente de la secuencia x_m cuyo módulo vale 1, es decir, $|x_m| = 1$. Esta función será usada por el método de la acelaración de Aitken que veremos en la sección 4.1.2.
- `MinIndexMaxAbsComponent`: función que dada una secuencia $\mathbf{x} = (x_1, \ldots, x_M)$ calcula el valor del índice i más pequeño de la componente de la secuencia x_i cuyo módulo vale el máximo en valor absoluto de todas las componentes de la secuencia, es decir, $|x_i| = \max_{j=1,\ldots,M} |x_j|$. Esta función es usada en el tercer paso del pseudocódigo del método de la potencia.

El código de las funciones anteriores es el siguiente:

```
def StartPrint(methodName):
  print("\n=== EMPIEZA EL MÉTODO {} ===".format(methodName.upper()),
        end = "\n\n")

def EndPrint(methodName):
  print("\n=== FIN DEL MÉTODO {} ===".format(methodName.upper()),
        end = "\n\n")
```

```
def MinIndex(x, verbose = False):
  """
  Esta función calcula el entero más pequeño m tal que |x_m| = 1

  Args:
    x: Array unidimensional
    verbose: Booleano para mostrar o no los resultados relevantes

  Returns:
    m: Float
  """
  for m in range(len(x)):
    if abs(x[m]) == 1:
      if verbose:
        print("m = {}".format(m))
      return m

def MinIndexMaxAbsComponent(x, verbose = False):
  """
  Esta función calcula el entero más pequeño i tal que
  |x_i| = max|x_j|

  Args:
    x: Array unidimensional
    verbose: Booleano para mostrar o no los resultados relevantes

  Returns:
    i: Float
  """
  for i in range(len(x)):
    if abs(x[i]) == np.max(abs(x)):
      if verbose:
        print("i = {}".format(i))
      return i
```

A continuación tenemos que cargar todas las funciones del capítulo 2 de resolución directa de sistemas de ecuaciones ya que el método de la potencia inversa que explicaremos en la sección 4.1.6 necesita resolver un sistema de ecuaciones en cada paso.

Para ello, primeramente, tenemos que montar nuestro `google drive`:

```
from google.colab import drive
drive.mount('/content/drive')
```

El siguiente paso es instalar la librería `import-ipynb` para poder importar funciones de ficheros `*.ipynb`:

```
!pip install import-ipynb
```

El último paso es importar el fichero `T7MetodosDirectosSistemas.ipynb`. Previamente debemos dirigirnos al directorio donde tenemos dicho fichero que puede cambiar en cada caso:

```
# Depende de dónde tengas guardados los materiales del libro
%cd "/content/drive/MyDrive/Colab Notebooks/Métodos numéricos/"

import import_ipynb
import T7MetodosDirectosSistemas as T7
```

La definición de la matriz del sistema es la siguiente:

```
A = [[5, 6, 6, 5],
     [6, 6, 8, 5],
     [6, 6, 2, 6],
     [5, 4, 7, 4]]
A = np.array(A)
```

El código de la función es el siguiente:

```
def MetodoPotencia(A, x0, TOL = 1e-07, nmax = 100, verbose = False):
  """
  Esta función calcula el valor propio de módulo máximo
  con un vector propio asociado de la matriz
  cuadrada mediante el método de la potencia

  Args:
    A: Array bidimensional de numpy (Matriz cuadrada)
    x0: Array unidimensional (Valor inicial)
    TOL: Float (Tolerancia)
    nmax: Float (Número máximo de iteraciones)
    verbose: Booleano para mostrar o no los resultados relevantes

  Returns:
    (mu, x): Tupla con valor y vector propio
  """

  if verbose:
    StartPrint("DE LA POTENCIA")

  n = A.shape[0]
  x = x0.copy()
```

```
  k = 1
  m = MinIndexMaxAbsComponent(x, verbose = verbose)
  x = x/x[m]


  while k <= nmax:
    y = A.dot(x)
    mu = y[m]

    if verbose:
      print("mu^({}) = {}\nx^({}) = {}".format(k, mu, k, x),
              end = "\n\n")

    # Hallamos el entero más pequeño m tal que |y_m| = ||y||_infty
    m = MinIndexMaxAbsComponent(y, verbose = verbose)

    if y[m] == 0:
      print("La matriz A tiene 0 como valor propio.
              Escoger otro vector incial x0")
      EndPrint("DE LA POTENCIA")
      return

    x1 = y / y[m]
    error = np.minimum(np.linalg.norm(x - x1, np.inf),
                        np.linalg.norm(x + x1, np.inf))

    if error < TOL:
      if verbose:
        print("Número total de iteraciones:", k)
        print("mu = {}\nx = {}".format(mu, x))
        EndPrint("DE LA POTENCIA")
      return (mu, x)

    x = x1.copy()
    k += 1

  print("Número máximo de iteraciones alcanzado.")
  print("El método no converge.")
  EndPrint("DE LA POTENCIA")
  return
```

Para aplicar la función, hacemos lo siguiente:

```
x0 = np.array([1, 1, 1, 1])
(mu, x) = MetodoPotencia(A, x0, 1e-06, 100, verbose = True)
```

```
=== EMPIEZA EL MÉTODO DE LA POTENCIA ===

i = 0
mu^(1) = 22.0
x^(1) = [1. 1. 1. 1.]

i = 1
mu^(2) = 21.68
x^(2) = [0.88 1.   0.8  0.8 ]

i = 1
mu^(3) = 21.804428044280442
x^(3) = [0.88560886 1.         0.81549815 0.79335793]

i = 1
mu^(4) = 21.772719580301235
x^(4) = [0.88458284 1.         0.81198172 0.79387375]

i = 1
mu^(5) = 21.77910691383934
x^(5) = [0.88478489 1.         0.81270063 0.7937585 ]

i = 1
mu^(6) = 21.777788008598172
x^(6) = [0.88474338 1.         0.81255222 0.79378199]

i = 1
mu^(7) = 21.778060042313843
x^(7) = [0.88475194 1.         0.81258283 0.79377715]

i = 1
mu^(8) = 21.778003918944513
x^(8) = [0.88475018 1.         0.81257652 0.79377815]

i = 1
mu^(9) = 21.778015497701265
x^(9) = [0.88475054 1.         0.81257782 0.79377794]

i = 1
Número total de iteraciones: 9
mu = 21.778015497701265
x = [0.88475054 1.         0.81257782 0.79377794]

=== FIN DEL MÉTODO DE LA POTENCIA ===
```

4.1.2. Aceleración de la convergencia.

Si aplicamos el **método de Aitken** (ver el capítulo de ceros) a la sucesión $(\mu^{(n)})_{n\geq 1}$ obtenemos una sucesión que converge más rápidamente al **valor propio de módulo máximo** λ_1.

Concretamente, consideramos la sucesión $(\tilde{\mu}^{(n)})_{n\geq 1}$ definida de la forma siguiente:

$$\tilde{\mu}^{(n)} = \mu^{(n)} - \frac{(\mu^{(n+1)} - \mu^{(n)})^2}{\mu^{(n+2)} - 2\mu^{(n+1)} + \mu^{(n)}}.$$

Para aplicar la aceleración anterior, modificamos el pseudódigo del método de la potencia de la manera siguiente:

4.1.3. Aceleración de Aitken. Pseudocódigo

- `INPUT` matriz del sistema $\mathbf{A} = (a_{ij})_{i=1,\ldots,n,j=1,\ldots,n}$, valor inicial $\mathbf{X0} = \mathbf{x}$ con $\|\mathbf{x}\|_\infty = 1$, error absoluto o tolerancia `TOL`, número máximo de iteraciones `Nmax`.
- `Set` $k = 1$ (inicializamos el contador de la iteraciones)
- `Set` $\mu_0 = 0$.
- `Set` $\mu_1 = 0$. (inicializamos los dos primeros valores de la sucesión $(\mu^{(n)})_{n\geq 1}$ para poder aplicar la aceleración de Aitken.
- Hallamos el entero más pequeño m tal que $|x_m| = \|\mathbf{x}\|_\infty$.
- `While` $k \leq Nmax$ (mientras no se llegue al número máximo de iteraciones, hacer lo siguiente)
  - `Set` $\mathbf{y} = \mathbf{A}\mathbf{x}$
  - `Set` $\mu = y_m$.
  - Hallamos el entero más pequeño m tal que $|y_m| = \|\mathbf{y}\|_\infty$.
  - `If` $y_m = 0$ `then print(la matriz A tiene 0 como valor propio. Escoger otro vector inicial)`.
  - `Set` $\hat{\mu} = \mu_0 - \frac{(\mu_1 - \mu_0)^2}{\mu - 2\mu_1 + \mu_0}$. (Aplicamos aceleración de Aitken)
  - `Set` $\mathbf{x}_1 = \frac{\mathbf{y}}{y_m}$.
  - `Set error=`$\min\left\{\|\mathbf{x} - \mathbf{x}_1\|_\infty, \|\mathbf{x} + \mathbf{x}_1\|_\infty\right\}$.
  - `If error<TOL print(`$\mu, \mathbf{x}$`)`. (El método ha acabado. Tenemos el valor propio y un vector propio con un error menor que la tolerancia permitida.)
  - `Set` $\mathbf{x} = \mathbf{x}_1$.
  - `Set` $k = k + 1$.
  - `Set` $\mu_0 = \mu_1$.
  - `Set` $\mu_1 = \mu$. (Actualizamos los valores $\mu^{(n)}$)
- `Print` Hemos alcanzado el máximo número de iteraciones. El método de la potencia no converge en este caso.

Vamos a aplicar el método de aceleración de Aitken a la matriz del ejemplo 4.1.

Recordemos las aproximaciones del valor propio de módulo máximo:

$$22, 21.68, 21.80443, 21.77272, 21.77911, 21.77779, 21.77806, 21.778, 21.77802.$$

Usando que $\mu_0 = \mu_1 = 0$, el primer valor de la sucesión acelerada $\tilde{\mu}^{(n)}$ será:

$$\tilde{\mu}^{(1)} = \mu_0 - \frac{(\mu_1 - \mu_0)^2}{\mu - 2\mu_1 + \mu_0} = 0 - \frac{(0-0)^2}{22 - 2 \cdot 0 + 0} = 0.$$

Ahora cambiamos los valores de μ_0 y μ_1 por $\mu_0 = 0$, $\mu_1 = 22$. El segundo valor será:

$$\tilde{\mu}^{(2)} = \mu_0 - \frac{(\mu_1 - \mu_0)^2}{\mu - 2\mu_1 + \mu_0} = 0 - \frac{(22-0)^2}{21.68 - 2 \cdot 22 + 0} = 21.684588.$$

Ahora cambiamos los valores de μ_0 y μ_1 por $\mu_0 = 22$, $\mu_1 = 21.68$. El tercer valor será:

$$\tilde{\mu}^{(3)} = \mu_0 - \frac{(\mu_1 - \mu_0)^2}{\mu - 2\mu_1 + \mu_0} = 22 - \frac{(21.68-22)^2}{21.804428 - 2 \cdot 21.68 + 22} = 21.769591.$$

Y asi sucesivamente. Los valores de la sucesión $\hat{\mu}^{(n)}$ son los siguientes:

$$0, 21.68459, 21.76959, 21.77916, 21.77804, 21.77801, 21.77801, 21.77801, 21.77801.$$

Observar que la sucesión $\hat{\mu}^{(n)}$ **converge más rápidamente** que la sucesión $\mu^{(n)}$ hacia el **valor propio dominante** de la matriz.

La función en `python` de la acelaración de Aitken se encuentra implementada en

Dicha función se encuentra en la carpeta **Numérico 2** en el fichero `T9ValoresVectoresPropios.ipynb`, sección 2.

La definición de la matriz del sistema es la siguiente:

```
A = [[5, 6, 6, 5],
     [6, 6, 8, 5],
     [6, 6, 2, 6],
     [5, 4, 7, 4]]
A = np.array(A)
```

El código de la función es el siguiente:

```python
def AceleracionAitken(A, x0, TOL = 1e-07, nmax = 100,
                      verbose = False):
  """
  Esta función calcula el valor propio de módulo máximo con
  un vector propio asociado de la matriz cuadrada con una
  convergencia más rápida mediante el la aceleración de Aitken

  Args:
    A: Array bidimensional de numpy (Matriz cuadrada)
    x0: Array unidimensional (Valor inicial)
    TOL: Float (Tolerancia)
    nmax: Float (Número máximo de iteraciones)
    verbose: Booleano para mostrar o no los resultados relevantes

  Returns:
    (mu, x): Tupla con valor y vector propio
  """

  if verbose:
    StartPrint("ACELERACIÓN DE AITKEN")

  n = A.shape[0]
  x = x0.copy()

  k = 1
  mu0 = 0
  mu1 = 0

  m = MinIndex(x, verbose = verbose)
  x = x/x[m]

  while k <= nmax:
    y = A.dot(x)
    mu = y[m]

    if verbose:
      print("mu^({}) = {}\nx^({}) = {}".format(k, mu, k, x),
              end = "\n\n")

    # Hallamos el entero más pequeño m tal que |x_m| = 1
    m = MinIndexMaxAbsComponent(y, verbose = verbose)

    if y[m] == 0:
      print("La matriz A tiene 0 como valor propio.
              Escoger otro vector incial x0")
      EndPrint("ACELERACIÓN DE AITKEN")
```

```
      return

    # Aplicamos Aceleración Aitken
    muHat = mu0 - np.power(mu1 - mu0, 2) / (mu - 2 * mu1 + mu0)

    x1 = y / y[m]
    error = np.minimum(np.linalg.norm(x - x1, np.inf),
                       np.linalg.norm(x + x1, np.inf))

    if error < TOL:
      if verbose:
        print("Número total de iteraciones:", k)
        print("mu = {}\nx = {}".format(muHat, x))
        EndPrint("ACELERACIÓN DE AITKEN")
      return (muHat, x)

    x = x1.copy()
    k += 1
    mu0 = mu1
    mu1 = mu

  print("Número máximo de iteraciones alcanzado.")
  print("El método no converge.")
  EndPrint("ACELERACIÓN DE AITKEN")
  return
```

Para aplicar la función, hacemos lo siguiente:

```
x0 = np.array([1, 1, 1, 1])
(mu, x) = AceleracionAitken(A, x0, 1e-06, 100, verbose = True)

=== EMPIEZA EL MÉTODO ACELERACIÓN DE AITKEN ===

m = 0
mu^(1) = 22.0
x^(1) = [1. 1. 1. 1.]

i = 1
mu^(2) = 21.68
x^(2) = [0.88 1.   0.8  0.8 ]

i = 1
mu^(3) = 21.804428044280442
x^(3) = [0.88560886 1.         0.81549815 0.79335793]

i = 1
```

```
mu^(4) = 21.772719580301235
x^(4) = [0.88458284 1.         0.81198172 0.79387375]

i = 1
mu^(5) = 21.77910691383934
x^(5) = [0.88478489 1.         0.81270063 0.7937585 ]

i = 1
mu^(6) = 21.777788008598172
x^(6) = [0.88474338 1.         0.81255222 0.79378199]

i = 1
mu^(7) = 21.778060042313843
x^(7) = [0.88475194 1.         0.81258283 0.79377715]

i = 1
mu^(8) = 21.778003918944513
x^(8) = [0.88475018 1.         0.81257652 0.79377815]

i = 1
mu^(9) = 21.778015497701265
x^(9) = [0.88475054 1.         0.81257782 0.79377794]

i = 1
Número total de iteraciones: 9
mu = 21.778013517444283
x = [0.88475054 1.         0.81257782 0.79377794]

=== FIN DEL MÉTODO ACELERACIÓN DE AITKEN ===
```

4.1.4. Matrices simétricas

Recordemos que si la matriz $\mathbf{A}$ es simétrica existe una base de **vectores propios ortogonal**, es decir, existen vectores propios $\mathbf{v}^{(1)}, \dots, \mathbf{v}^{(n)}$ de valores propios $\lambda_1, \dots, \lambda_n$, respectivamente, con $(\mathbf{v}^{(i)})^\top \mathbf{v}^{(j)} = 0$ si $i \neq j$.

Igual que en las secciones anteriores, supondremos que λ_1 es el valor propio dominante: $|\lambda_1| > |\lambda_2| \geq \cdots \geq |\lambda_n|$.

En este caso, vamos a modificar el **método de la potencia** para conseguir una mayor **velocidad de convergencia** de la sucesión $\mu^{(n)}$ que converge hacia λ_1.

Concretamente, vamos a definir dos sucesiones $\mu^{(k)}$ y $\mathbf{x}^{(k)}$ que convergen hacia λ_1 y un **vector propio** de **valor propio** λ_1, la primera en orden $O\left(\left|\frac{\lambda_i}{\lambda_1}\right|\right)^{2k}$ y la segunda en orden $O\left(\left|\frac{\lambda_i}{\lambda_1}\right|\right)^{k}$, $i = 2, \dots, n$.

Otra modificación a tener en cuenta es que usaremos la **norma euclídea** $\|\cdot\|_2$ en lugar de la **norma infinito** $\|\cdot\|_\infty$.

El algoritmo del **método de la potencia** para **matrices simétricas** es el siguiente:

- Paso 1:
  - Consideramos $\mathbf{x}^{(0)}$ un **vector inicial** con $\|\mathbf{x}^{(0)}\|_2 = 1$. Si $\mathbf{x}^{(0)}$ no tuviese **normal euclídea** igual a 1, consideraríamos $\frac{\mathbf{x}^{(0)}}{\|\mathbf{x}^{(0)}\|_2}$ y este último ya tendría **norma euclídea** igual a 1.
  - Definimos $\mathbf{y}^{(1)} = \mathbf{A}\mathbf{x}^{(0)}$.
  - Definimos $\mu^{(1)} = (\mathbf{x}^{(0)})^\top \mathbf{y}^{(1)}$.
  - Por último, definimos $\mathbf{x}^{(1)} = \frac{\mathbf{y}^{(1)}}{\|\mathbf{y}^{(1)}\|_2}$.
- $\vdots$
- Paso k. Suponemos definidos $\mathbf{x}^{(0)}, \dots, \mathbf{x}^{(k-1)}$, $\mathbf{y}^{(1)}, \dots, \mathbf{y}^{(k-1)}$, $\mu^{(1)}, \dots, \mu^{(k-1)}$.
  - Definimos $\mathbf{y}^{(k)} = \mathbf{A}\mathbf{x}^{(k-1)}$.
  - Definimos $\mu^{(k)} = (\mathbf{x}^{(k-1)})^\top \mathbf{y}^{(k)}$.
  - Definimos $\mathbf{x}^{(k)} = \frac{\mathbf{y}^{(k)}}{\|\mathbf{y}^{(k)}\|_2}$.

Para demostrar que la sucesión $\mu^{(k)}$ tiene orden de convergencia $O\left(\left|\frac{\lambda_i}{\lambda_1}\right|\right)^{2k}$, necesitamos usar el resultado siguiente:

Proposición 4.1. *Para todo valor de $k \geq 0$, el vector $\mathbf{x}^{(k)}$ puede escribirse como:*

$$\mathbf{x}^{(k)} = \frac{\mathbf{A}^k \mathbf{x}^{(0)}}{\|\mathbf{A}^k \mathbf{x}^{(0)}\|_2} = \frac{\alpha_1 \lambda_1^k \mathbf{v}^{(1)} + \sum_{i=2}^n \alpha_i \lambda_i^k \mathbf{v}^{(i)}}{\|\alpha_1 \lambda_1^k \mathbf{v}^{(1)} + \sum_{i=2}^n \alpha_i \lambda_i^k \mathbf{v}^{(i)}\|_2}.$$

Demostración. Veamos la primera expresión, es decir, veamos que el vector $\mathbf{x}^{(k)}$ puede escribirse como: $\mathbf{x}^{(k)} = \frac{\mathbf{A}^k \mathbf{x}^{(0)}}{\|\mathbf{A}^k \mathbf{x}^{(0)}\|_2}$:

$$\mathbf{x}^{(k)} = \frac{\mathbf{y}^{(k)}}{\|\mathbf{y}^{(k)}\|_2} = \frac{\mathbf{A}\mathbf{x}^{(k-1)}}{\|\mathbf{y}^{(k)}\|_2} = \frac{\mathbf{A}\frac{\mathbf{y}^{(k-1)}}{\|\mathbf{y}^{(k-1)}\|_2}}{\|\mathbf{y}^{(k)}\|_2} = \frac{\mathbf{A}\mathbf{y}^{(k-1)}}{\|\mathbf{y}^{(k-1)}\|_2 \|\mathbf{y}^{(k)}\|_2} = \frac{\mathbf{A}^2\mathbf{x}^{(k-2)}}{\|\mathbf{y}^{(k-1)}\|_2 \|\mathbf{y}^{(k)}\|_2}$$
$$= \cdots = \frac{\mathbf{A}^k \mathbf{x}^{(0)}}{\prod_{l=1}^k \|\mathbf{y}^{(l)}\|_2}, \Rightarrow$$
$$\mathbf{y}^{(k)} = \mathbf{A}\mathbf{x}^{(k-1)} = \mathbf{A}\frac{\mathbf{A}^{k-1}\mathbf{x}^{(0)}}{\prod_{l=1}^{k-1} \|\mathbf{y}^{(l)}\|_2} = \frac{\mathbf{A}^k \mathbf{x}^{(0)}}{\prod_{l=1}^{k-1} \|\mathbf{y}^{(l)}\|_2}, \Rightarrow$$
$$\mathbf{x}^{(k)} = \frac{\mathbf{y}^{(k)}}{\|\mathbf{y}^{(k)}\|_2} = \frac{\mathbf{A}^k \mathbf{x}^{(0)} / \prod_{l=1}^{k-1} \|\mathbf{y}^{(l)}\|_2}{\left\|\mathbf{A}^k \mathbf{x}^{(0)} / \prod_{l=1}^{k-1} \|\mathbf{y}^{(l)}\|_2\right\|} = \frac{\mathbf{A}^k \mathbf{x}^{(0)}}{\left\|\mathbf{A}^k \mathbf{x}^{(0)}\right\|_2}.$$

En segundo lugar, veamos la segunda igualdad.

Supongamos que el vector inicial $\mathbf{x}^{(0)}$ se puede escribir como:

$$\mathbf{x}^{(0)} = \alpha_1 \mathbf{v}^{(1)} + \cdots + \alpha_n \mathbf{v}^{(n)} = \sum_{i=1}^{n} \alpha_i \mathbf{v}^{(i)}, \quad \alpha_1 \neq 0,$$

donde recordemos que $\mathbf{v}^{(1)}, \dots, \mathbf{v}^{(n)}$ eran la base de **vectores propios ortogonales** de **valores propios** $\lambda_1, \dots, \lambda_n$, respectivamente.

El vector $\mathbf{A}^k\mathbf{x}^{(0)}$, usando la descomposición anterior, puede escribirse como:

$$\mathbf{A}^k\mathbf{x}^{(0)} = \alpha_1 \lambda_1^k \mathbf{v}^{(1)} + \sum_{i=2}^{n} \alpha_i \lambda_i^k \mathbf{v}^{(i)}.$$

Por tanto,

$$\mathbf{x}^{(k)} = \frac{\mathbf{A}^k\mathbf{x}^{(0)}}{\left\|\mathbf{A}^k\mathbf{x}^{(0)}\right\|_2} = \frac{\alpha_1 \lambda_1^k \mathbf{v}^{(1)} + \sum_{i=2}^{n} \alpha_i \lambda_i^k \mathbf{v}^{(i)}}{\|\alpha_1 \lambda_1^k \mathbf{v}^{(1)} + \sum_{i=2}^{n} \alpha_i \lambda_i^k \mathbf{v}^{(i)}\|_2},$$

tal como queríamos demostrar. □

La sucesión $\mu^{(k)}$, usando la proposición anterior, puede escribirse como:

$$\begin{aligned}
\mu^{(k)} &= (\mathbf{x}^{(k-1)})^\top \mathbf{y}^{(k)} = (\mathbf{x}^{(k-1)})^\top \mathbf{A}\mathbf{x}^{(k-1)} \\
&= \frac{(\alpha_1 \lambda_1^{k-1} \mathbf{v}^{(1)} + \sum_{i=2}^{n} \alpha_i \lambda_i^{k-1} \mathbf{v}^{(i)})^\top \mathbf{A} (\alpha_1 \lambda_1^{k-1} \mathbf{v}^{(1)} + \sum_{i=2}^{n} \alpha_i \lambda_i^{k-1} \mathbf{v}^{(i)})}{\|\alpha_1 \lambda_1^{k-1} \mathbf{v}^{(1)} + \sum_{i=2}^{n} \alpha_i \lambda_i^{k-1} \mathbf{v}^{(i)}\|_2^2} \\
&= \frac{(\alpha_1 \lambda_1^{k-1} \mathbf{v}^{(1)} + \sum_{i=2}^{n} \alpha_i \lambda_i^{k-1} \mathbf{v}^{(i)})^\top (\alpha_1 \lambda_1^{k} \mathbf{v}^{(1)} + \sum_{i=2}^{n} \alpha_i \lambda_i^{k} \mathbf{v}^{(i)})}{\|\alpha_1 \lambda_1^{k-1} \mathbf{v}^{(1)} + \sum_{i=2}^{n} \alpha_i \lambda_i^{k-1} \mathbf{v}^{(i)}\|_2^2}.
\end{aligned}$$

Usando la **ortogonalidad** de los **vectores propios** $\mathbf{v}^{(i)}$, podemos escribir $\mu^{(k)}$ como:

$$\begin{aligned}
\mu^{(k)} &= \frac{\alpha_1^2 \lambda_1^{2k-1} + \sum_{i=2}^{n} \alpha_i^2 \lambda_i^{2k-1}}{\alpha_1^2 \lambda_1^{2k-2} + \sum_{i=2}^{n} \alpha_i^2 \lambda_i^{2k-2}} = \frac{\alpha_1^2 \lambda_1^{2k-1} \left(1 + \sum_{i=2}^{n} (\alpha_i/\alpha_1)^2 (\lambda_i/\lambda_1)^{2k-1}\right)}{\alpha_1^2 \lambda_1^{2k-2} \left(1 + \sum_{i=2}^{n} (\alpha_i/\alpha_1)^2 (\lambda_i/\lambda_1)^{2k-2}\right)} \\
&= \lambda_1 \frac{\left(1 + \sum_{i=2}^{n} (\alpha_i/\alpha_1)^2 (\lambda_i/\lambda_1)^{2k-1}\right)}{\left(1 + \sum_{i=2}^{n} (\alpha_i/\alpha_1)^2 (\lambda_i/\lambda_1)^{2k-2}\right)} \\
&\approx \lambda_1 \left(1 + \sum_{i=2}^{n} (\alpha_i/\alpha_1)^2 (\lambda_i/\lambda_1)^{2k-1}\right) = \lambda_1 + O\left(\left|\frac{\lambda_i}{\lambda_1}\right|\right)^{2k},
\end{aligned}$$

tal como queríamos ver.

Los vectores $\mathbf{x}^{(k)}$, usando la proposición anterior, se pueden escribir como:

$$\begin{aligned}
\mathbf{x}^{(k)} &= \frac{\alpha_1\lambda_1^k\mathbf{v}^{(1)}+\sum_{i=2}^n \alpha_i\lambda_i^k\mathbf{v}^{(i)}}{\|\alpha_1\lambda_1^k\mathbf{v}^{(1)}+\sum_{i=2}^n \alpha_i\lambda_i^k\mathbf{v}^{(i)}\|_2} \\
&= \frac{\alpha_1\lambda_1^k\left(\mathbf{v}^{(1)}+\sum_{i=2}^n(\alpha_i/\alpha_1)(\lambda_i/\lambda_1)^k\mathbf{v}^{(i)}\right)}{\|\alpha_1\lambda_1^k\left(\mathbf{v}^{(1)}+\sum_{i=2}^n(\alpha_i/\alpha_1)(\lambda_i/\lambda_1)^k\mathbf{v}^{(i)}\right)\|_2} \\
&\approx \frac{\alpha_1\lambda_1^k\left(\mathbf{v}^{(1)}+\sum_{i=2}^n(\alpha_i/\alpha_1)(\lambda_i/\lambda_1)^k\mathbf{v}^{(i)}\right)}{\|\alpha_1\lambda_1^k\left(\mathbf{v}^{(1)}\right)\|_2} = \pm\frac{\mathbf{v}^{(1)}}{\|\mathbf{v}^{(1)}\|_2}+O\left(\left|\frac{\lambda_i}{\lambda_1}\right|\right)^k,
\end{aligned}$$

es decir, la sucesión $\mathbf{x}^{(k)}$ converge hacia un **vector propio** de valor propio λ_1 con **orden de convergencia** $O\left(\left|\frac{\lambda_i}{\lambda_1}\right|\right)^k$.

4.1.5. Matrices simétricas. Pseudocódigo

- `INPUT` matriz del sistema $\mathbf{A}=(a_{ij})_{i=1,\dots,n,j=1,\dots,n}$, valor inicial $\mathbf{X0}=\mathbf{x}\neq\mathbf{0}$ con $\|\mathbf{x}\|_2=1$, error absoluto o tolerancia `TOL`, número máximo de iteraciones `Nmax`.
- `Set` $k=1$ (inicializamos el contador de la iteraciones)
- `Set` $\mathbf{x}=\frac{\mathbf{x}}{\|\mathbf{x}\|_2}$.
- `While` $k\leq Nmax$ (mientras no se llegue al número máximo de iteraciones, hacer lo siguiente)
  - `Set` $\mathbf{y}=\mathbf{A}\mathbf{x}$
  - `Set` $\mu=\mathbf{x}^\top\mathbf{y}$.
  - `If` $\|\mathbf{y}\|_2=0$ `then print(A tiene 0 como valor propio. Escoge otro vector propio inicial).`
  - `Set` $\mathbf{x}_1=\frac{\mathbf{y}}{\|\mathbf{y}\|_2}$
  - `Set error=`$\text{mín}\left\{\|\mathbf{x}-\mathbf{x}_1\|_2,\|\mathbf{x}+\mathbf{x}_1\|_2\right\}$.
  - `If error<TOL  print(`$\mu,\mathbf{x}$`).` (El método ha acabado. Tenemos el valor propio y un vector propio con un error menor que la tolerancia permitida.)
  - `Set` $\mathbf{x}=\mathbf{x}_1$.
  - `Set` $k=k+1$.
- `Print` Hemos alcanzado el máximo número de iteraciones. El método de la potencia no converge en este caso.

Ejemplo 4.2. Vamos a aplicar la modificación del método de la potencia a la matriz simétrica:

$$\mathbf{A}=\begin{bmatrix}-5.6 & 0.4 & 3 & -5.4\\ 0.4 & -6.4 & 1.6 & 2.4\\ 3 & 1.6 & 2.8 & -1\\ -5.4 & 2.4 & -1 & 2\end{bmatrix}.$$

- Paso 1. Consideramos $\mathbf{x}^{(0)} = \begin{bmatrix} 1 \\ 1 \\ 1 \\ 1 \end{bmatrix}$. A continuación lo normalizamos $\mathbf{x}^{(0)} =$

$$\frac{\mathbf{x}^{(0)}}{\|\mathbf{x}^{(0)}\|_2} = \frac{\begin{bmatrix} 1 \\ 1 \\ 1 \\ 1 \end{bmatrix}}{2} = \begin{bmatrix} 0.5 \\ 0.5 \\ 0.5 \\ 0.5 \end{bmatrix}.$$

Seguidamente, calculamos

$$\mathbf{y}^{(1)} = \mathbf{A}\mathbf{x}^{(0)} = \begin{bmatrix} -5.6 & 0.4 & 3 & -5.4 \\ 0.4 & -6.4 & 1.6 & 2.4 \\ 3 & 1.6 & 2.8 & -1 \\ -5.4 & 2.4 & -1 & 2 \end{bmatrix} \begin{bmatrix} 0.5 \\ 0.5 \\ 0.5 \\ 0.5 \end{bmatrix} = \begin{bmatrix} -3.8 \\ -1 \\ 3.2 \\ -1 \end{bmatrix},$$

$$\mu^{(1)} = (\mathbf{x}^{(0)})^\top \mathbf{y}^{(1)} = \begin{bmatrix} 0.5 & 0.5 & 0.5 & 0.5 \end{bmatrix} \cdot \begin{bmatrix} -3.8 \\ -1 \\ 3.2 \\ -1 \end{bmatrix} = -1.3,$$

$$\mathbf{x}^{(1)} = \frac{\mathbf{y}^{(1)}}{\|\mathbf{y}^{(1)}\|_2} = \frac{\begin{bmatrix} -3.8 \\ -1 \\ 3.2 \\ -1 \end{bmatrix}}{5.1652686} = \begin{bmatrix} -0.735683 \\ -0.193601 \\ 0.619522 \\ -0.193601 \end{bmatrix}.$$

- Paso 2. Calculamos:

$$\mathbf{y}^{(2)} = \mathbf{A}\mathbf{x}^{(1)} = \begin{bmatrix} -5.6 & 0.4 & 3 & -5.4 \\ 0.4 & -6.4 & 1.6 & 2.4 \\ 3 & 1.6 & 2.8 & -1 \\ -5.4 & 2.4 & -1 & 2 \end{bmatrix} \begin{bmatrix} -0.735683 \\ -0.193601 \\ 0.619522 \\ -0.193601 \end{bmatrix} = \begin{bmatrix} 6.946396 \\ 1.471366 \\ -0.588546 \\ 2.501322 \end{bmatrix},$$

$$\begin{aligned} \mu^{(2)} &= (\mathbf{x}^{(1)})^\top \mathbf{y}^{(2)} \\ &= \begin{bmatrix} -0.735683 & -0.193601 & 0.619522 & -0.193601 \end{bmatrix} \cdot \begin{bmatrix} 6.946396 \\ 1.471366 \\ -0.588546 \\ 2.501322 \end{bmatrix} \\ &= -6.244078, \end{aligned}$$

$$\mathbf{x}^{(2)} = \frac{\mathbf{y}^{(2)}}{\|\mathbf{y}^{(2)}\|_2} = \frac{\begin{bmatrix} 6.946396 \\ 1.471366 \\ -0.588546 \\ 2.501322 \end{bmatrix}}{7.551181} = \begin{bmatrix} 0.919909 \\ 0.194852 \\ -0.077941 \\ 0.331249 \end{bmatrix}.$$

- Paso 3. Calculamos:

$$\mathbf{y}^{(3)} = \mathbf{A}\mathbf{x}^{(2)} = \begin{bmatrix} -5.6 & 0.4 & 3 & -5.4 \\ 0.4 & -6.4 & 1.6 & 2.4 \\ 3 & 1.6 & 2.8 & -1 \\ -5.4 & 2.4 & -1 & 2 \end{bmatrix} \begin{bmatrix} 0.919909 \\ 0.194852 \\ -0.077941 \\ 0.331249 \end{bmatrix} = \begin{bmatrix} -7.096115 \\ -0.2088 \\ 2.522006 \\ -3.759421 \end{bmatrix},$$

$$\begin{aligned} \mu^{(3)} &= (\mathbf{x}^{(2)})^\top \mathbf{y}^{(3)} \\ &= \begin{bmatrix} 0.919909 & 0.194852 & -0.077941 & 0.331249 \end{bmatrix} \cdot \begin{bmatrix} -7.096115 \\ -0.2088 \\ 2.522006 \\ -3.759421 \end{bmatrix} \\ &= -8.010335, \end{aligned}$$

$$\mathbf{x}^{(3)} = \frac{\mathbf{y}^{(3)}}{\|\mathbf{y}^{(3)}\|_2} = \frac{\begin{bmatrix} -7.096115 \\ -0.2088 \\ 2.522006 \\ -3.759421 \end{bmatrix}}{8.419751} = \begin{bmatrix} -0.842794 \\ -0.024799 \\ 0.299534 \\ -0.4465 \end{bmatrix}.$$

- Paso 4. Calculamos:

$$\mathbf{y}^{(4)} = \mathbf{A}\mathbf{x}^{(3)} = \begin{bmatrix} -5.6 & 0.4 & 3 & -5.4 \\ 0.4 & -6.4 & 1.6 & 2.4 \\ 3 & 1.6 & 2.8 & -1 \\ -5.4 & 2.4 & -1 & 2 \end{bmatrix} \begin{bmatrix} -0.842794 \\ -0.024799 \\ 0.299534 \\ -0.4465 \end{bmatrix} = \begin{bmatrix} 8.019431 \\ -0.770751 \\ -1.282863 \\ 3.299035 \end{bmatrix},$$

$$\begin{aligned} \mu^{(4)} &= (\mathbf{x}^{(3)})^\top \mathbf{y}^{(4)} \\ &= \begin{bmatrix} -0.842794 & -0.024799 & 0.299534 & -0.4465 \end{bmatrix} \cdot \begin{bmatrix} 8.019431 \\ -0.770751 \\ -1.282863 \\ 3.299035 \end{bmatrix} \\ &= -8.596896, \end{aligned}$$

$$\mathbf{x}^{(4)} = \frac{\mathbf{y}^{(4)}}{\|\mathbf{y}^{(4)}\|_2} = \frac{\begin{bmatrix} 8.019431 \\ -0.770751 \\ -1.282863 \\ 3.299035 \end{bmatrix}}{8.799699} = \begin{bmatrix} 0.91133 \\ -0.087588 \\ -0.145785 \\ 0.374903 \end{bmatrix}.$$

Y así sucesivamente.

La sucesión de aproximaciones del valor propio dominante $\mu^{(k)}$ es la siguiente:

$$
\begin{aligned}
&-1.3, -6.244078, -8.0103347, -8.5968963, -8.9177995, -9.1067134,\\
&-9.2126819, -9.2697446, -9.2997529, -9.3153399, -9.3233874, -9.3275312\\
&-9.329663, -9.3307597, -9.3313241, -9.3316147, -9.3317644, -9.3318416\\
&-9.3318814, -9.331902, -9.3319126, -9.3319181, -9.3319209, -9.3319224\\
&-9.3319232, \ldots
\end{aligned}
$$

Las aproximaciones del vector propio del valor propio dominante $\mathbf{x}^{(k)}$ son las siguientes:

$$
\begin{bmatrix}
0.5 & -0.735683 & 0.919909 & -0.842794 & 0.91133 & -0.841788 & 0.86404\\
0.5 & -0.193601 & 0.194852 & -0.024799 & -0.087588 & 0.176282 & -0.247659\\
0.5 & 0.619522 & -0.077941 & 0.299534 & -0.145785 & 0.200553 & -0.132299\\
0.5 & -0.193601 & 0.331249 & -0.4465 & 0.374903 & -0.469145 & 0.417848
\end{bmatrix}
$$

$$
\begin{bmatrix}
-0.821256 & 0.827263 & -0.803978 & 0.805152 & -0.793088 & 0.792992 & -0.786868\\
0.294467 & -0.332135 & 0.356299 & -0.375595 & 0.38805 & -0.397933 & 0.404377\\
0.152284 & -0.118669 & 0.126865 & -0.110283 & 0.113689 & -0.10554 & 0.106932\\
-0.464367 & 0.43731 & -0.458885 & 0.445529 & -0.455525 & 0.449082 & -0.453743
\end{bmatrix}
$$

$$
\begin{bmatrix}
0.786542 & -0.78346 & 0.783175\\
-0.409458 & 0.412805 & -0.415425\\
-0.102931 & 0.10348 & -0.101514\\
0.450667 & -0.452852 & 0.451391
\end{bmatrix}
$$

Observaciones:

- Vemos que la sucesión de aproximaciones del valor propio dominante $\mu^{(k)}$ converge más rápidamente que la sucesión de aproximaciones de los vectores propios asociados al valor propio dominante $\mathbf{x}^{(k)}$ tal como vimos anteriormente.

- En este ejemplo, observamos que hay un cambio de signo en dos aproximaciones sucesivas de los vectores propios $\mathbf{x}^{(k)}$.

- Con una tolerancia de 0.000001, necesitaríamos $k = 42$ iteraciones para que se verifique que $\text{mín}\{\|\mathbf{x}^{(k)} - \mathbf{x}^{(k-1)}\|_2, \|\mathbf{x}^{(k)} + \mathbf{x}^{(k-1)}\|_2\} < 0.000001$. La lentitud de la convergencia en este caso es debida al cociente $\frac{\text{máx}_{i=2,\ldots,n} |\lambda_i|}{|\lambda_1|}$ que en este caso vale 0.7208616, cuyo valor es relativamente grande. Recordemos que:

$$\mathbf{x}^{(k)} = \pm \frac{\mathbf{v}^{(1)}}{\|\mathbf{v}^{(1)}\|_2} + O\left(\frac{\text{máx}_{i=2,\ldots,n} |\lambda_i|}{|\lambda_1|}\right)^k,$$

  donde $\mathbf{v}^{(1)}$ es un vector propio de valor propio de módulo máximo -9.331924.

La función en `python` del método de la potencia para matrices simétricas se encuentra implementada en

Dicha función se encuentra en la carpeta **Numérico 2** en el fichero `T9ValoresVectoresPropios.ipynb`, sección 3.

La definición de la matriz del sistema es la siguiente:

```
A = [[-5.6, 0.4, 3, -5.4],
     [0.4, -6.4, 1.6, 2.4],
     [3, 1.6, 2.8, -1],
     [-5.4, 2.4, -1, 2]]
A = np.array(A)
```

El código de la función es el siguiente:

```
def MetodoPotenciaSimetrica(A, x0, TOL = 1e-07, nmax = 100,
                            verbose = False):
  """
  Esta función calcula el valor propio de módulo máximo con un
  vector propio asociado de la matriz cuadrada simétrica mediante
  el método de la potencia para matrices simétricas

  Args:
    A: Array bidimensional de numpy (Matriz cuadrada simétrica)
    x0: Array unidimensional (Valor inicial distinto de 0)
    TOL: Float (Tolerancia)
    nmax: Float (Número máximo de iteraciones)
    verbose: Booleano para mostrar o no los resultados relevantes

  Returns:
    (mu, x): Tupla con valor y vector propio
  """

  if verbose:
    StartPrint("DE LA POTENCIA (MATRICES SIMÉTRICAS)")

  n = A.shape[0]

  if all(x0 == np.zeros(n)):
    print("El vector inicial x0 debe ser distinto del vector 0")
    EndPrint("DE LA POTENCIA (MATRICES SIMÉTRICAS)")
    return

  x = x0.copy()
  # Imponemos que x tenga norma euclídea 1
  x = x / np.linalg.norm(x, 2)
  k = 1
```

```
  while k <= nmax:
    y = A.dot(x)
    mu = np.transpose(x).dot(y)

    if verbose:
      print("mu^({}) = {}\nx^({}) = {}".format(k, mu, k, x),
            end = "\n\n")

    if np.linalg.norm(y, 2) == 0:
      print("La matriz A tiene 0 como valor propio.
             Escoger otro vector incial x0")
      EndPrint("DE LA POTENCIA (MATRICES SIMÉTRICAS)")
      return

    x1 = y / np.linalg.norm(y, 2)
    error = np.minimum(np.linalg.norm(x - x1, 2),
                       np.linalg.norm(x + x1, 2))

    if error < TOL:
      if verbose:
        print("Número total de iteraciones:", k)
        print("mu = {}\nx = {}".format(mu, x))
        EndPrint("DE LA POTENCIA (MATRICES SIMÉTRICAS)")
      return (mu, x)

    x = x1.copy()
    k += 1

  print("Número máximo de iteraciones alcanzado.")
  print("El método no converge.")
  EndPrint("DE LA POTENCIA (MATRICES SIMÉTRICAS)")
  return
```

Para aplicar la función, hacemos lo siguiente:

```
x0 = np.array([0.5, 0.5, 0.5, 0.5])
(mu, x) = MetodoPotenciaSimetrica(A, x0, 1e-05, 100, verbose = True)
```

```
=== EMPIEZA EL MÉTODO DE LA POTENCIA (MATRICES SIMÉTRICAS) ===

mu^(1) = -1.2999999999999998
x^(1) = [0.5 0.5 0.5 0.5]

mu^(2) = -6.244077961019489
x^(2) = [-0.73568294 -0.19360077  0.61952247 -0.19360077]
```

```
mu^(3) = -8.010334723720938
x^(3) = [ 0.91990856  0.19485243 -0.07794097  0.33124912]

mu^(4) = -8.596896312354861
x^(4) = [-0.84279394 -0.0247988   0.29953448 -0.44650028]

mu^(5) = -8.917799495283674
x^(5) = [ 0.91133017 -0.0875883  -0.14578488  0.37490316]

mu^(6) = -9.106713424615922
x^(6) = [-0.84178772  0.17628174  0.20055295 -0.46914464]

mu^(7) = -9.212681904503633
x^(7) = [ 0.86403977 -0.24765929 -0.13229914  0.41784817]

mu^(8) = -9.269744552919994
x^(8) = [-0.82125611  0.29446703  0.15228403 -0.46436747]

mu^(9) = -9.299752923377063
x^(9) = [ 0.82726314 -0.33213474 -0.11866895  0.43730984]

mu^(10) = -9.315339871903877
x^(10) = [-0.80397849  0.35629877  0.12686484 -0.45888461]

mu^(11) = -9.323387371909831
x^(11) = [ 0.80515233 -0.37559503 -0.11028329  0.44552855]

mu^(12) = -9.327531229945784
x^(12) = [-0.79308846  0.3880498   0.1136888  -0.45552487]

mu^(13) = -9.329663040473323
x^(13) = [ 0.79299178 -0.39793275 -0.10554036  0.44908218]

mu^(14) = -9.33075970248108
x^(14) = [-0.78686817  0.40437744  0.10693168 -0.4537433 ]

mu^(15) = -9.331324069787032
x^(15) = [ 0.78654185 -0.4094584  -0.10293095  0.45066723]

mu^(16) = -9.331614671732225
x^(16) = [-0.78346003  0.41280452  0.10348004 -0.45285174]

mu^(17) = -9.331764403330455
x^(17) = [ 0.7831753  -0.41542477 -0.10151415  0.45139072]

mu^(18) = -9.331841602210096
```

```
x^(18) = [-0.78162926  0.4171656   0.10171848 -0.45241785]

mu^(19) = -9.33188142966099
x^(19) = [ 0.78143096 -0.41851958 -0.10075093  0.45172588]

mu^(20) = -9.331901989200281
x^(20) = [-0.78065584  0.41942614  0.10081914 -0.45220977]

mu^(21) = -9.331912608271985
x^(21) = [ 0.78053009 -0.42012666 -0.10034202  0.45188256]

mu^(22) = -9.331918095896569
x^(22) = [-0.7801412   0.42059896  0.10035962 -0.45211079]

mu^(23) = -9.331920933094128
x^(23) = [ 0.78006542 -0.42096168 -0.10012384  0.45195621]

mu^(24) = -9.331922400619305
x^(24) = [-0.77987005  0.42120776  0.10012457 -0.45206393]

mu^(25) = -9.33192315999512
x^(25) = [ 0.77982583 -0.42139567 -0.1000078   0.45199094]

mu^(26) = -9.33192355308209
x^(26) = [-0.77972752  0.42152386  0.10000421 -0.4520418 ]

mu^(27) = -9.331923756630504
x^(27) = [ 0.77970227 -0.42162125 -0.09994625  0.45200735]

Número total de iteraciones: 27
mu = -9.331923756630504
x = [ 0.77970227 -0.42162125 -0.09994625  0.45200735]

=== FIN DEL MÉTODO DE LA POTENCIA (MATRICES SIMÉTRICAS) ===
```

4.1.6. Método de la potencia inversa

Dada una matriz $\mathbf{A}$, el **método de la potencia** nos proporciona el **valor propio** junto con el **vector propio** correspondiente de **módulo máximo** de dicha matriz.

Sin embargo, el **método de la potencia** puede modificarse para que halle el **valor propio** junto con el **vector propio** correspondiente más **cercano** a un determinado valor real a.

Antes de ver cómo poder realizar dicha modificación necesitamos el resultado siguiente:

Proposición 4.2. *Sea* $\mathbf{A}$ *una matriz* $n \times n$ *con* ***valores propios*** $\lambda_1, \lambda_2, \dots, \lambda_n$ *junto con* ***vectores propios*** *asociados* $\mathbf{v}^{(1)}, \mathbf{v}^{(2)}, \dots, \mathbf{v}^{(n)}$. *Sea* a *un número real. Entonces la matriz* $(\mathbf{A} - a\mathbf{I})^{-1}$ *tiene como* ***valores propios*** $\frac{1}{a-\lambda_1}, \frac{1}{a-\lambda_2}, \dots, \frac{1}{a-\lambda_n}$ *junto con los* ***mismos vectores propios*** *anteriores asociados a dichos* ***valores propios***.

Demostración. Como $\mathbf{v}^{(i)}$ es un vector propio de valor propio λ_i, $i = 1, \dots, n$, tenemos que: $\mathbf{A}\mathbf{v}^{(i)} = \lambda_i \mathbf{v}^{(i)}$.

Entonces:

$$\begin{aligned} (\mathbf{A} - a\mathbf{I})\mathbf{v}^{(i)} &= \mathbf{A}\mathbf{v}^{(i)} - a\mathbf{v}^{(i)} = \lambda_i \mathbf{v}^{(i)} - a\mathbf{v}^{(i)} = (\lambda_i - a)\mathbf{v}^{(i)}, \\ &\Rightarrow \mathbf{v}^{(i)} = (\lambda_i - a)(\mathbf{A} - a\mathbf{I})^{-1}\mathbf{v}^{(i)}, \end{aligned}$$

o, escrito de otra forma:

$$\frac{1}{\lambda_i - a}\mathbf{v}^{(i)} = (\mathbf{A} - a\mathbf{I})^{-1}\mathbf{v}^{(i)}.$$

En conclusión, el vector $\mathbf{v}^{(i)}$ es un vector propio de la matriz $(\mathbf{A} - a\mathbf{I})^{-1}$ de valor propio $\frac{1}{\lambda_i - a}$, $i = 1, \dots, n$, tal como queríamos demostrar. □

Dado un valor real a, usando la proposición anterior, si aplicamos el **método de la potencia** a la matriz $(\mathbf{A} - a\mathbf{I})^{-1}$ hallaremos el valor propio de la matriz $\mathbf{A}$ más cercano a a junto con el vector propio correspondiente.

Veamos por qué: sean $\lambda_1, \dots, \lambda_n$ los valores propios de la matriz $\mathbf{A}$. La proposición anterior dice que $\frac{1}{\lambda_1 - a}, \dots, \frac{1}{\lambda_n - a}$ son los valores propios de la matriz $(\mathbf{A} - a\mathbf{I})^{-1}$. Por tanto el **método de la potencia** hallará el valor propio λ_j tal que:

$$\left|\frac{1}{\lambda_j - a}\right| = \frac{1}{|\lambda_j - a|} = \max_{i=1,\dots,n} \left|\frac{1}{\lambda_i - a}\right| = \frac{1}{\min_{i=1,\dots,n} |\lambda_i - a|},$$

es decir, $|\lambda_j - a| = \min_{i=1,\dots,n} |\lambda_i - a|$, lo que significa que λ_j es el valor propio de la matriz $\mathbf{A}$ más cercano al valor a.

4.1.7. Método de la potencia inversa. Pseudocódigo

- `INPUT` matriz del sistema $\mathbf{A} = (a_{ij})_{i=1,\dots,n,j=1,\dots,n}$, valor inicial $\mathbf{X0} = \mathbf{x}$ con $\|\mathbf{x}\|_\infty = 1$, valor a, error absoluto o tolerancia `TOL`, número máximo de iteraciones `Nmax`.
- `Set` $k = 1$ (inicializamos el contador de la iteraciones)
- Hallamos el entero más pequeño m tal que $|x_m| = \|\mathbf{x}\|_\infty$.
- `While` $k \leq Nmax$ (mientras no se llegue al número máximo de iteraciones, hacer lo siguiente)
  - `Resolver el sistema` $(\mathbf{A} - a\mathbf{I})\mathbf{y} = \mathbf{x}$

- `If el sistema anterior no tiene solución única, significa que` a `es un valor propio de la matriz` $\mathbf{A}$.
- `Set` $\mu = y_m$.
- Hallamos el entero más pequeño m tal que $|y_m| = \|\mathbf{y}\|_\infty$.
- `Set` $\mathbf{x}_1 = \frac{\mathbf{y}}{\|\mathbf{y}\|_\infty}$
- `Set error=`$\min\left\{\|\mathbf{x}-\mathbf{x}_1\|_\infty, \|\mathbf{x}+\mathbf{x}_1\|_\infty\right\}$.
- `If error<TOL print(`$a+\frac{1}{\mu},\mathbf{x}$`)`. (El método ha acabado. Tenemos el valor propio de la matriz $\mathbf{A}$ más cercano a a y un vector propio con un error menor que la tolerancia permitida.)
- `Set` $\mathbf{x} = \mathbf{x}_1$.
- `Set` $k = k+1$.

- `Print` Hemos alcanzado el máximo número de iteraciones. El método de la potencia no converge en este caso.

Observaciones:

- El valor $\mathbf{y}$ en el paso k-ésimo del método de la potencia aplicado a la matriz $(\mathbf{A}-a\mathbf{I})^{-1}$ es $\mathbf{y} = (\mathbf{A}-a\mathbf{I})^{-1}\mathbf{x}$. Sin embargo, hallar una inversa es muy costoso desde el punto de vista numérico. En su lugar, como $(\mathbf{A}-a\mathbf{I})\mathbf{y} = \mathbf{x}$, hemos de resolver un sistema de ecuaciones. Se suele usar el **método de Gauss con pivotaje o la descomposición** LU. Como la matriz del sistema es la misma en todas las iteraciones, la descomposición LU o la transformación de la matriz del sistema en una matriz triangular superior sólo se realiza una vez.
- El **método de la potencia** aplicado a la matriz $(\mathbf{A}-a\mathbf{I})^{-1}$ da el valor propio de la forma $\mu_j = \frac{1}{\lambda_j - a}$. Por tanto, $\lambda_j = \frac{1}{\mu_j} + a$ que es el valor que nos interesa cuando el error es menor que la tolerancia.

Vamos a aplicar el método de la potencia inversa a la matriz considerada en el ejemplo 4.1:

$$\mathbf{A} = \begin{bmatrix} 5 & 6 & 6 & 5 \\ 6 & 6 & 8 & 5 \\ 6 & 6 & 2 & 6 \\ 5 & 4 & 7 & 4 \end{bmatrix},$$

hallando el valor propio de $\mathbf{A}$ más cercano a 0 con una tolerancia de $\epsilon = 0.0000001$.

- Paso 1: consideramos $\mathbf{x}^{(0)} = \begin{bmatrix} 1 \\ 1 \\ 1 \\ 1 \end{bmatrix}$.

  - El valor m_0 será $m_0 = 1$ ya que $|x_1^{(0)}| = \|\mathbf{x}^{(0)}\|_\infty = 1$.

- Hallamos $\mathbf{y}^{(1)}$ resolviendo la ecuación $(\mathbf{A}-0\mathbf{I})\mathbf{y}^{(1)}=\mathbf{x}^{(0)}$:

$$\begin{bmatrix}5&6&6&5\\6&6&8&5\\6&6&2&6\\5&4&7&4\end{bmatrix}\mathbf{y}^{(1)}=\begin{bmatrix}1\\1\\1\\1\end{bmatrix},\ \Rightarrow \mathbf{y}^{(1)}=\begin{bmatrix}-0.181818\\-0.227273\\0.090909\\0.545455\end{bmatrix}$$

- El valor μ_1 vale: $\mu_1=\frac{y_1^{(1)}}{x_1^{(0)}}=\frac{-0.1818182}{1}=-0.1818182$. La aproximación del valor propio valdrá: $\frac{1}{\mu_1}=\frac{1}{-0.181818}+0=-5.5$.

- Hallamos $\mathbf{x}^{(1)}=\frac{\mathbf{y}^{(1)}}{\|\mathbf{y}^{(1)}\|_\infty}=\frac{1}{0.545455}\begin{bmatrix}-0.181818\\-0.227273\\0.090909\\0.545455\end{bmatrix}=\begin{bmatrix}-0.333333\\-0.416667\\0.166667\\1\end{bmatrix}$.

- Como

$$\begin{aligned}&\text{mín}\{\|\mathbf{x}^{(1)}-\mathbf{x}^{(0)}\|_\infty,\|\mathbf{x}^{(1)}+\mathbf{x}^{(0)}\|_\infty\}\\
&=\text{mín}\left\{\left\|\left(\begin{bmatrix}-0.333333\\-0.416667\\0.166667\\1\end{bmatrix}-\begin{bmatrix}1\\1\\1\\1\end{bmatrix}\right)\right\|_\infty,\left\|\left(\begin{bmatrix}-0.333333\\-0.416667\\0.166667\\1\end{bmatrix}+\begin{bmatrix}1\\1\\1\\1\end{bmatrix}\right)\right\|_\infty\right\}\\
&=\text{mín}\left\{\left\|\begin{bmatrix}-1.333333\\-1.416667\\-0.833333\\0\end{bmatrix}\right\|_\infty,\left\|\begin{bmatrix}0.666667\\0.583333\\1.166667\\2\end{bmatrix}\right\|_\infty\right\}\\
&=\text{mín}\{1.416667,2\}=1.416667>\epsilon,\end{aligned}$$

continuamos:

- Paso 2:

- El valor m_1 será $m_1=4$ ya que $|x_4^{(1)}|=\|\mathbf{x}^{(1)}\|_\infty=1$.
- Hallamos $\mathbf{y}^{(2)}$ resolviendo la ecuación $(\mathbf{A}-0\mathbf{I})\mathbf{y}^{(2)}=\mathbf{x}^{(1)}$:

$$\begin{bmatrix}5&6&6&5\\6&6&8&5\\6&6&2&6\\5&4&7&4\end{bmatrix}\mathbf{y}^{(2)}=\begin{bmatrix}-0.333333\\-0.416667\\0.166667\\1\end{bmatrix},\ \Rightarrow \mathbf{y}^{(2)}=\begin{bmatrix}-0.613636\\-1.621212\\0.265152\\2.174242\end{bmatrix}$$

- El valor μ_2 vale: $\mu_2=\frac{y_4^{(2)}}{x_4^{(1)}}=\frac{2.1742424}{1}=2.1742424$. La aproximación del valor propio valdrá: $\frac{1}{\mu_2}=\frac{1}{2.174242}+0=0.45993$.

- Hallamos $\mathbf{x}^{(2)}=\frac{\mathbf{y}^{(2)}}{\|\mathbf{y}^{(2)}\|_\infty}=\frac{1}{2.174242}\begin{bmatrix}-0.613636\\-1.621212\\0.265152\\2.174242\end{bmatrix}=\begin{bmatrix}-0.28223\\-0.745645\\0.121951\\1\end{bmatrix}$.

- Como

$$\begin{aligned}
&\text{mín}\{\|\mathbf{x}^{(2)}-\mathbf{x}^{(1)}\|_\infty, \|\mathbf{x}^{(2)}+\mathbf{x}^{(1)}\|_\infty\} \\
&= \text{mín}\left\{\left\|\left(\begin{bmatrix}-0.28223\\-0.745645\\0.121951\\1\end{bmatrix}-\begin{bmatrix}-0.333333\\-0.416667\\0.166667\\1\end{bmatrix}\right)\right\|_\infty,\right. \\
&\qquad \left.\left\|\left(\begin{bmatrix}-0.28223\\-0.745645\\0.121951\\1\end{bmatrix}+\begin{bmatrix}-0.333333\\-0.416667\\0.166667\\1\end{bmatrix}\right)\right\|_\infty\right\} \\
&= \text{mín}\left\{\left\|\begin{bmatrix}0.051103\\-0.328978\\-0.044715\\0\end{bmatrix}\right\|_\infty, \left\|\begin{bmatrix}-0.615563\\-1.162311\\0.288618\\2\end{bmatrix}\right\|_\infty\right\} \\
&= \text{mín}\{0.328978, 2\} = 0.328978 > \epsilon,
\end{aligned}$$

continuamos:

- Paso 3:
  - El valor m_2 será $m_2 = 4$ ya que $|x_4^{(2)}| = \|\mathbf{x}^{(2)}\|_\infty = 1$.
  - Hallamos $\mathbf{y}^{(3)}$ resolviendo la ecuación $(\mathbf{A} - 0\mathbf{I})\mathbf{y}^{(3)} = \mathbf{x}^{(2)}$:

$$\begin{bmatrix}5&6&6&5\\6&6&8&5\\6&6&2&6\\5&4&7&4\end{bmatrix}\mathbf{y}^{(3)} = \begin{bmatrix}-0.28223\\-0.745645\\0.121951\\1\end{bmatrix}, \Rightarrow \mathbf{y}^{(3)} = \begin{bmatrix}-1.217295\\-2.017263\\0.37694\\3.129237\end{bmatrix}$$

  - El valor μ_3 vale: $\mu_3 = \frac{y_4^{(3)}}{x_4^{(2)}} = \frac{3.1292366}{1} = 3.1292366$. La aproximación del valor propio valdrá: $\frac{1}{\mu_3} = \frac{1}{3.129237} + 0 = 0.319567$.
  - Hallamos $\mathbf{x}^{(3)} = \frac{\mathbf{y}^{(3)}}{\|\mathbf{y}^{(3)}\|_\infty} = \frac{1}{3.129237}\begin{bmatrix}-1.217295\\-2.017263\\0.37694\\3.129237\end{bmatrix} = \begin{bmatrix}-0.389007\\-0.64465\\0.120458\\1\end{bmatrix}$.

Y así sucesivamente hasta llegar a realizar 27 pasos o iteraciones. Los valores de las aproximaciones del valor propio valen:

$-$ 0.181818, 2.174242, 3.129237, 2.688389, 2.921774, 2.789825, 2.86181, 2.82171, 2.843796, 2.831554, 2.838316, 2.834574, 2.836643, 2.835498, 2.836131, 2.835781, 2.835975, 2.835868, 2.835927, 2.835894, 2.835912, 2.835902, 2.835908, 2.835905, 2.835906, 2.835905, 2.835906.

Las aproximaciones del valor propio de la matriz **A** más cercano a 0 serán:

$$\frac{1}{-0.181818}+0=-5.5, \frac{1}{2.174242}+0=0.45993,$$
$$\frac{1}{3.129237}+0=0.319567, \frac{1}{2.688389}+0=0.37197,$$
$$0.342258, 0.358445, 0.349429, 0.354395, 0.351643, 0.353163, 0.352322, 0.352787,$$
$$0.352529, 0.352672, 0.352593, 0.352637, 0.352612, 0.352626, 0.352618, 0.352622,$$
$$0.35262, 0.352621, 0.352621, 0.352621, 0.352621, 0.352621, 0.352621.$$

Las aproximaciones del vector propio son las siguientes (en columnas):

$$\begin{bmatrix} 1 & -0.333333 & -0.28223 & -0.389007 & -0.333559 & -0.364995 \\ 1 & -0.416667 & -0.745645 & -0.64465 & -0.698718 & -0.668206 \\ 1 & 0.166667 & 0.121951 & 0.120458 & 0.119234 & 0.120008 \\ 1 & 1 & 1 & 1 & 1 & 1 \end{bmatrix},$$

$$\begin{bmatrix} -0.347841 & -0.357397 & -0.352134 & -0.355051 & -0.35344 & -0.354331 \\ -0.684849 & -0.675578 & -0.680684 & -0.677854 & -0.679418 & -0.678552 \\ 0.119578 & 0.119818 & 0.119686 & 0.119759 & 0.119719 & 0.119741 \\ 1 & 1 & 1 & 1 & 1 & 1 \end{bmatrix},$$

$$\begin{bmatrix} -0.353838 & -0.354111 & -0.35396 & -0.354044 & -0.353998 & -0.354023 \\ -0.679031 & -0.678766 & -0.678912 & -0.678832 & -0.678876 & -0.678851 \\ 0.119729 & 0.119736 & 0.119732 & 0.119734 & 0.119733 & 0.119733 \\ 1 & 1 & 1 & 1 & 1 & 1 \end{bmatrix},$$

$$\begin{bmatrix} -0.354009 & -0.354017 & -0.354012 & -0.354015 & -0.354014 & -0.354014 \\ -0.678865 & -0.678858 & -0.678862 & -0.678859 & -0.678861 & -0.67886 \\ 0.119733 & 0.119733 & 0.119733 & 0.119733 & 0.119733 & 0.119733 \\ 1 & 1 & 1 & 1 & 1 & 1 \end{bmatrix},$$

$$\begin{bmatrix} -0.354014 & -0.354014 & -0.354014 \\ -0.67886 & -0.67886 & -0.67886 \\ 0.119733 & 0.119733 & 0.119733 \\ 1 & 1 & 1 \end{bmatrix},$$

La función en `python` del método de la potencia inversa se encuentra implementada en

Dicha función se encuentra en la carpeta **Numérico 2** en el fichero `T9ValoresVectoresPropios.ipynb`, sección 4.

La definición de la matriz del sistema es la siguiente:

```
A = [[5, 6, 6, 5],
     [6, 6, 8, 5],
     [6, 6, 2, 6],
     [5, 4, 7, 4]]
A = np.array(A)
```

El código de la función es el siguiente:

```
def MetodoPotenciaInversa(A, x0, a, TOL = 1e-07, nmax = 100,
                          verbose = False):
  """
  Esta función calcula el valor propio más cercano al valor a con un
  vector propio asociado de la matriz cuadrada mediante el método de
  la potencia inversa

  Args:
    A: Array bidimensional de numpy (Matriz cuadrada)
    x0: Array unidimensional (Valor inicial)
    a: Float
    TOL: Float (Tolerancia)
    nmax: Float (Número máximo de iteraciones)
    verbose: Booleano para mostrar o no los resultados relevantes

  Returns:
    (mu, x): Tupla con valor y vector propio
  """

  if verbose:
    StartPrint("DE LA POTENCIA INVERSA")

  # Imponemos que el vector inicial tenga norma infinito 1
  x0 = x0 / np.linalg.norm(x0, np.inf)

  n = A.shape[0]
  x = x0.copy()

  I = np.diag(np.ones(n))
  M = A - a * I
  L, U = T7.LU(M)

  k = 1
  while k <= nmax:
    # Hallamos el entero más pequeño m tal que |x_m| = 1
    m = MinIndex(x, verbose = verbose)

    M_ampl = np.column_stack((M, x))

    # Si el sistema es compatible indeterminado
    if (np.linalg.matrix_rank(M) == np.linalg.matrix_rank(M_ampl) and
        np.linalg.matrix_rank(M) != n):
      print("a = {} es un valor propio de la matriz A".format(a))
      if verbose:
```

```
        print("mu = {}\nx = {}".format(a, x), end = "\n\n")
        print("\n===")
      return (a, x)

    # Directamente resolver el sistema calculando matriz inversa
    # y = np.linalg.solve(M, x)
    # Resolver el sistema con Gauss con Pivotaje Maximal
    # y = T7.pivotajeMaximal(M_ampl, verbose = False)
    # Resolver el sistema con Descomposición LU
    y = metodoLU(L, U, x, verbose = verbose)
    mu = y[m]

    if verbose:
      print("mu^({}) = {}\nx^({}) = {}".
            format(k, a + 1 / mu, k - 1, x), end = "\n\n")

    x1 = y / np.linalg.norm(y, np.inf)
    error = np.minimum(np.linalg.norm(x - x1, np.inf),
                       np.linalg.norm(x + x1, np.inf))

    if error < TOL:
      if verbose:
        print("Número total de iteraciones:", k)
        print("mu = {}\nx = {}".format(a + 1 / mu, x))
        EndPrint("DE LA POTENCIA INVERSA")
      return (a + 1 / mu, x)

    x = x1.copy()
    k += 1

  print("Número máximo de iteraciones alcanzado.")
  print("El método no converge.")
  EndPrint("DE LA POTENCIA INVERSA")
  return
```

Para aplicar la función, hacemos lo siguiente:

```
x0 = np.array([1, 1, 1, 1])
(mu, x) = MetodoPotenciaInversa(A, x0, a = -5, TOL = 1e-07,
                                nmax = 100, verbose = True)

=== EMPIEZA EL MÉTODO DE LA POTENCIA INVERSA ===

m = 0
y = [ 1.          0.4         0.27027027 -0.02054795]
x = [ 0.03470032 -0.03154574  0.14826498 -0.00946372]
```

```
mu^(1) = 23.81818181818183
x^(0) = [1. 1. 1. 1.]

m = 2
y = [ 0.23404255 -0.35319149  0.97412306 -1.81448557]
x = [-0.02798846 -0.70763138  1.4896973  -0.83569367]
mu^(2) = -4.328722685289479
x^(1) = [ 0.23404255 -0.21276596  1.          -0.06382979]

m = 2
y = [-0.01878802 -0.46374409  1.1616763  -2.49400519]
x = [-0.05242563 -0.9162839   1.95774406 -1.14865854]
mu^(3) = -4.489208001118022
x^(2) = [-0.01878802 -0.4750169   1.          -0.5609822 ]

m = 2
y = [-0.02677859 -0.45196333  1.16264986 -2.51902568]
x = [-0.0537474  -0.92003676  1.97197115 -1.16018217]
mu^(4) = -4.4928931887028325
x^(3) = [-0.02677859 -0.46803048  1.          -0.58672559]

m = 2
y = [-0.02725567 -0.4502035   1.16236535 -2.52014458]
x = [-0.05387802 -0.9199391   1.97244111 -1.1606975 ]
mu^(5) = -4.493014013311877
x^(4) = [-0.02725567 -0.46655691  1.          -0.58833628]

m = 2
y = [-0.0273154  -0.45000699  1.16233745 -2.5202142 ]
x = [-0.05389495 -0.9199182   1.97246518 -1.16072957]
mu^(6) = -4.4930202021394905
x^(5) = [-0.0273154  -0.46639623  1.          -0.58845737]

m = 2
y = [-0.02732365 -0.44998575  1.16233551 -2.52021868]
x = [-0.05389716 -0.91991565  1.97246666 -1.16073163]
mu^(7) = -4.493020580424007
x^(6) = [-0.02732365 -0.46637994  1.          -0.58846644]

m = 2
y = [-0.02732475 -0.44998345  1.16233543 -2.52021889]
x = [-0.05389744 -0.91991535  1.97246673 -1.16073173]
mu^(8) = -4.493020599719831
x^(7) = [-0.02732475 -0.4663783   1.          -0.58846705]

m = 2
```

```
y = [-0.02732489 -0.4499832   1.16233543 -2.52021889]
x = [-0.05389747 -0.91991532  1.97246673 -1.16073173]
mu^(9) = -4.4930205997703645
x^(8) = [-0.02732489 -0.46637813  1.          -0.58846708]

Número total de iteraciones: 9
mu = -4.4930205997703645
x = [-0.02732489 -0.46637813  1.          -0.58846708]

=== FIN DEL MÉTODO DE LA POTENCIA INVERSA ===
```

4.2. Técnicas de deflación

Los métodos de la **potencia** y el de la **potencia inversa** nos permiten hallar **valores propios** de una matriz $\mathbf{A}$ que cumplan una serie de condiciones: el primero nos calcula el **valor propio de módulo máximo** y el segundo nos calcula el **valor propio más cercano a un número concreto** a.

En esta sección vamos a ver una técnica denominada **deflación de Wielandt** que nos permite hallar los **valores propios** restantes de una matriz $\mathbf{A}$ una vez hallado uno de ellos.

Concretamente, dada una matriz $\mathbf{A}$ de la que hemos hallado un **valor propio** λ_1 junto con un correspondiente **vector propio** $\mathbf{v}^{(1)}$, hallaremos otra matriz $\mathbf{B}$ que tiene los mismos **valores propios** que la matriz $\mathbf{A}$ excepto el **valor propio** λ_1. Además, los **vectores propios** de la matriz original $\mathbf{A}$ se podrán hallar a partir de los **vectores propios** de la nueva matriz $\mathbf{B}$:

4.2.1. Deflación de Wielandt

Teorema 4.1 (Deflación de Wielandt). *Sea* $\mathbf{A}$ *una matriz con valores propios* $\lambda_1, \lambda_2 \dots, \lambda_n$ *junto con vectores propios asociados* $\mathbf{v}^{(1)}, \mathbf{v}^{(2)}, \dots, \mathbf{v}^{(n)}$. *Supongamos que el valor propio* λ_1 *tiene multiplicidad* 1. *Sea* $\mathbf{x}$ *un vector que verifica* $\mathbf{x}^\top \mathbf{v}^{(1)} = 1$. *Entonces la matriz:*

$$\mathbf{B} = \mathbf{A} - \lambda_1 \mathbf{v}^{(1)} \mathbf{x}^\top,$$

tiene valores propios $0, \lambda_2, \dots, \lambda_n$ *con vectores asociados* $\mathbf{v}^{(1)}, \mathbf{w}^{(2)}, \dots, \mathbf{w}^{(n)}$, *donde la relación entre los vectores propios* $\mathbf{v}^{(i)}$ *y* $\mathbf{w}^{(i)}$ *es la siguiente:*

$$\mathbf{v}^{(i)} = (\lambda_i - \lambda_1)\mathbf{w}^{(i)} + \lambda_1 (\mathbf{x}^\top \mathbf{w}^{(i)}) \mathbf{v}^{(1)},$$

para $i = 2, 3, \dots, n$.

Observación. Una posible elección del vector $\mathbf{x}$ del Teorema anterior podría ser la siguiente. Sea $v_i^{(1)} \neq 0$ una componente del vector $\mathbf{v}^{(1)}$ diferente de 0. Entonces, consideramos:

$$\mathbf{x} = \frac{1}{\lambda_1 v_i^{(1)}} \begin{bmatrix} a_{i1} \\ a_{i2} \\ \vdots \\ a_{in} \end{bmatrix},$$

donde el vector columna $\begin{bmatrix} a_{i1} \\ a_{i2} \\ \vdots \\ a_{in} \end{bmatrix}$ es la fila i-ésima de la matriz **A**.

Véamoslo:

$$\mathbf{x}^\top \mathbf{v}^{(1)} = \frac{1}{\lambda_1 v_i^{(1)}} (a_{i1}, a_{i2}, \dots, a_{in}) \begin{bmatrix} v_1^{(1)} \\ v_2^{(1)} \\ \vdots \\ v_n^{(1)} \end{bmatrix} = \frac{1}{\lambda_1 v_i^{(1)}} \sum_{j=1}^{n} a_{ij} v_j^{(1)}.$$

Como el vector $\mathbf{v}^{(1)}$ es un **vector propio** de la matriz **A** de **valor propio** λ_1, tenemos que $\mathbf{A}\mathbf{v}^{(1)} = \lambda_1 \mathbf{v}^{(1)}$. La componente i-ésima de la igualdad anterior será: $\sum_{j=1}^{n} a_{ij} v_j^{(1)} = \lambda_1 v_i^{(1)}$. Sustituyendo a la expresión anterior, tenemos que:

$$\mathbf{x}^\top \mathbf{v}^{(1)} = \frac{1}{\lambda_1 v_i^{(1)}} \sum_{j=1}^{n} a_{ij} v_j^{(1)} = \frac{1}{\lambda_1 v_i^{(1)}} \lambda_1 v_i^{(1)} = 1,$$

tal como queríamos ver.

Para poder aplicar el Teorema anterior, dada una matriz **A** imaginemos que hemos calculado un **valor propio** λ_1 junto con un **vector propio** asociado $\mathbf{v}^{(1)}$ usando por ejemplo el método de la **potencia** o de la **potencia inversa**.

Entonces, para hallar los demás, calculamos la matriz **B** dada por el Teorema anterior y aplicamos el método de la **potencia** a la matriz **B**. Como en dicha matriz, el **valor propio** λ_1 ha sido "sustituido" por el **valor propio** 0, dicho valor propio nunca será hallado ya que tiene módulo mínimo y recordemos que el **método de la potencia** calcula el **valor propio** de **módulo máximo**.

Además, como iremos calculando los **vectores propios** $\mathbf{w}^{(i)}$, $i = 2, \dots, n$ de la matriz **B** la relación entre los **vectores propios** que da el teorema permite calcular los **vectores propios** $\mathbf{v}^{(i)}$ de la matriz **A**.

Por último, veamos cómo reducir la dimensión de la matriz **B** en una unidad, simplificando de esta manera el **coste computacional** para el cálculo de los **valores propios** restantes de la matriz **A**.

Sea $\lambda \neq 0$ un **valor propio** distinto de 0 de la matriz **B** junto con un **vector propio** asociado **w**. Supongamos que hemos elegido el vector **x** como hemos indicado antes:

$$\mathbf{x} = \frac{1}{\lambda_1 v_i^{(1)}} \begin{bmatrix} a_{i1} \\ a_{i2} \\ \vdots \\ a_{in} \end{bmatrix}.$$

Para fijar ideas y no perdernos con las notaciones, supongamos sin pérdida de generalidad que $v_1^{(1)} \neq 0$, es decir, el vector $\mathbf{x}$ sería: $\mathbf{x} = \frac{1}{\lambda_1 v_1^{(1)}} \begin{bmatrix} a_{11} \\ a_{12} \\ \vdots \\ a_{1n} \end{bmatrix}$.

Entonces, en este caso $w_1 = 0$, es decir, la primera componente del **vector propio** de **valor propio** λ de la matriz $\mathbf{B}$ es nulo. Veámoslo:

$$\mathbf{B}\mathbf{w} = \lambda \mathbf{w}, \Rightarrow (\mathbf{A} - \lambda_1 \mathbf{v}^{(1)} \mathbf{x}^\top)\mathbf{w} = \lambda \mathbf{w}.$$

La matriz $\mathbf{v}^{(1)}\mathbf{x}^\top$ sería:

$$\mathbf{v}^{(1)}\mathbf{x}^\top = \begin{bmatrix} v_1^{(1)} \\ v_2^{(1)} \\ \vdots \\ v_n^{(1)} \end{bmatrix} (x_1, x_2, \dots, x_n) = \begin{bmatrix} v_1^{(1)} x_1 & v_1^{(1)} x_2 & \dots & v_1^{(1)} x_n \\ v_2^{(1)} x_1 & v_2^{(1)} x_2 & \dots & v_2^{(1)} x_n \\ \vdots & \vdots & \vdots & \vdots \\ v_n^{(1)} x_1 & v_n^{(1)} x_2 & \dots & v_n^{(1)} x_n \end{bmatrix}$$

$$= \begin{bmatrix} v_1^{(1)} \frac{1}{\lambda_1 v_1^{(1)}} a_{11} & v_1^{(1)} \frac{1}{\lambda_1 v_1^{(1)}} a_{12} & \dots & v_1^{(1)} \frac{1}{\lambda_1 v_1^{(1)}} a_{1n} \\ v_2^{(1)} x_1 & v_2^{(1)} x_2 & \dots & v_2^{(1)} x_n \\ \vdots & \vdots & \vdots & \vdots \\ v_n^{(1)} x_1 & v_n^{(1)} x_2 & \dots & v_n^{(1)} x_n \end{bmatrix}$$

$$\mathbf{v}^{(1)}\mathbf{x}^\top = \begin{bmatrix} \frac{a_{11}}{\lambda_1} & \frac{a_{12}}{\lambda_1} & \dots & \frac{a_{1n}}{\lambda_1} \\ v_2^{(1)} x_1 & v_2^{(1)} x_2 & \dots & v_2^{(1)} x_n \\ \vdots & \vdots & \vdots & \vdots \\ v_n^{(1)} x_1 & v_n^{(1)} x_2 & \dots & v_n^{(1)} x_n \end{bmatrix}$$

Entonces como $(\mathbf{A} - \lambda_1 \mathbf{v}^{(1)}\mathbf{x}^\top)\mathbf{w} = \lambda \mathbf{w}$, la primera componente de la igualdad anterior será:

$$\sum_{j=1}^{n} \left(a_{1j} - \lambda_1 \frac{a_{1j}}{\lambda_1} \right) w_j = \lambda w_1, \ \sum_{j=1}^{n} (a_{1j} - a_{1j})\, w_j = \lambda w_1, \ \Rightarrow 0 = w_1,$$

tal como queríamos ver.

Entonces en la igualdad $\mathbf{B}\mathbf{w} = \lambda \mathbf{w}$, la primera columna de $\mathbf{B}$ no interviene para nada ya que el vector $\mathbf{w}$ es de la forma: $\mathbf{w} = \begin{bmatrix} 0 \\ w_2 \\ \vdots \\ w_n \end{bmatrix}$ y si escribimos la igualdad $\mathbf{B}\mathbf{w} = \lambda \mathbf{w}$ en componentes, tendremos:

$$\begin{bmatrix} b_{11} & b_{12} & \dots & b_{1n} \\ b_{21} & b_{22} & \dots & b_{2n} \\ \vdots & \vdots & \vdots & \vdots \\ b_{n1} & b_{n2} & \dots & b_{nn} \end{bmatrix} \begin{bmatrix} 0 \\ w_2 \\ \vdots \\ w_n \end{bmatrix} = \lambda \begin{bmatrix} 0 \\ w_2 \\ \vdots \\ w_n \end{bmatrix}.$$

Fijémonos que podríamos cambiar la primera columna $\begin{bmatrix} b_{11} \\ b_{21} \\ \vdots \\ b_{n1} \end{bmatrix}$ de la matrix **B** como deseamos y la igualdad anterior seguiría siendo cierta.

La idea entonces es considerar la matriz $\mathbf{B}'$ eliminando la primera fila y columna de la matriz anterior **B** de cara a calcular los valores propios y vectores propios:

$$\mathbf{B}' = \begin{bmatrix} b_{12} & \dots & b_{1n} \\ b_{22} & \dots & b_{2n} \\ \vdots & \vdots & \vdots \\ b_{n2} & \dots & b_{nn} \end{bmatrix}.$$

De la igualdad $\mathbf{Bw} = \lambda\mathbf{w}$, podemos deducir la igualdad $\mathbf{B}'\mathbf{w}' = \lambda\mathbf{w}'$, con $\mathbf{w}' = \begin{bmatrix} w_2 \\ \vdots \\ w_n \end{bmatrix}$, es decir, $\mathbf{w}'$ es un **vector propio** de la matriz $\mathbf{B}'$ del mismo **valor propio** λ. Entonces $\mathbf{B}'$ tiene los mismos valores propios que la matriz **B**. Por tanto, podemos aplicar el **método de la potencia** a la matriz $\mathbf{B}'$ y una vez hallado λ y $\mathbf{w}'$ hallamos **w** como $\mathbf{w} = \begin{bmatrix} 0 \\ \mathbf{w}' \end{bmatrix}$.

Si en lugar de ser la primera componente del **vector propio** $\mathbf{v}^{(1)}$ la que es diferente de cero, $v_1^{(1)} \neq 0$, es la i-ésima, $v_i^{(1)} \neq 0$, hacemos el mismo proceso anterior pero en lugar de eliminar la primera fila y primera columna para hallar la matriz $\mathbf{B}'$, eliminamos la fila y la columna i-ésimas.

Veamos cómo hallar todos los **valores propios** y **vectores propios** de una matriz **A**.

Primeramente, de cara a simplificar los cálculos, como la matriz **B** vale $\mathbf{B} = \mathbf{A} - \lambda_1 \mathbf{v}^{(1)} \mathbf{x}^\top$ y $\mathbf{x} = \frac{a_{i\cdot}}{\lambda_1 v_i^{(1)}}$, donde $a_{i\cdot}$ indica la fila i-ésima de la matriz **A**, podemos escribir la matriz **B** como $\mathbf{B} = \mathbf{A} - \frac{1}{v_i^{(1)}} \mathbf{v}^{(1)} a_{i\cdot}^\top$

- Paso 1. Hallamos el **valor propio** de módulo máximo λ_1 junto con un correspondiente **vector propio** $\mathbf{v}^{(1)}$ usando el método de la **potencia**.
- Paso 2. Consideramos una componente de $\mathbf{v}^{(1)}$ diferente de cero, $v_i^{(1)} \neq 0$. Para minimizar los errores de redondeo consideramos i tal que $|v_i^{(1)}| = \max_{j=1,\dots,n} |v_j^{(1)}|$.

- Definimos $\mathbf{x} = \frac{1}{v_i^{(1)}} \begin{bmatrix} a_{i1} \\ a_{i2} \\ \vdots \\ a_{in} \end{bmatrix}$.
- Consideramos la matriz $\mathbf{B} = \mathbf{A} - \frac{1}{v_i^{(1)}} \mathbf{v}^{(1)} \mathbf{a_{i.}}^\top$.

- Paso 3. Eliminamos las filas y columnas i-ésimas de la matriz $\mathbf{B}$ obteniendo la matriz $\mathbf{B}'$.
- Paso 4. Aplicamos el método de la potencia a la matriz $\mathbf{B}'$ hallando el siguiente **valor propio** de **módulo máximo** λ_2 de la matriz $\mathbf{A}$. Sea $\mathbf{w}'$ el **vector propio** asociado de la matriz $\mathbf{B}'$.
- Paso 5. Calculamos el **vector propio** $\mathbf{w}$ de la matriz $\mathbf{B}$: $\mathbf{w} = \begin{bmatrix} w_1' \\ \vdots \\ 0(\text{componente i}) \\ \vdots \\ w_n' \end{bmatrix}$.
- Paso 6. Calculamos el **vector propio** $\mathbf{v}^{(2)}$ de **valor propio** λ_2 de la matriz $\mathbf{A}$: $\mathbf{v}^{(2)} = (\lambda_2 - \lambda_1)\mathbf{w} + \frac{1}{v_i^{(1)}}(\mathbf{a_{i.}}^\top \mathbf{w})\mathbf{v}^{(1)}$.

Demostración del Teorema

Primero veamos los lemas siguientes:

Lema 4.1. *Sean* $\mathbf{a}, \mathbf{b} \in \mathbb{R}^n$, *entonces:* $(\mathbf{a}^\top \mathbf{b})\mathbf{a} = \mathbf{a}(\mathbf{b}^\top \mathbf{a})$.

La demostración del lema anterior se realiza usando que el producto escalar es conmutativo.

Lema 4.2. *Sean* $\mathbf{a}, \mathbf{b}, \mathbf{c} \in \mathbb{R}^n$, *entonces:* $(\mathbf{a}\mathbf{b}^\top)\mathbf{c} = \mathbf{a}(\mathbf{b}^\top \mathbf{c}) = (\mathbf{b}^\top \mathbf{c})\mathbf{a}$.

Demostración. Si escribimos $\mathbf{a} = \begin{bmatrix} a_1 \\ \vdots \\ a_n \end{bmatrix}, \mathbf{b} = \begin{bmatrix} b_1 \\ \vdots \\ b_n \end{bmatrix}, \mathbf{c} = \begin{bmatrix} c_1 \\ \vdots \\ c_n \end{bmatrix}$, tenemos que:

$$(\mathbf{a}\mathbf{b}^\top)\mathbf{c} = \left(\begin{bmatrix} a_1 \\ \vdots \\ a_n \end{bmatrix} (b_1, \dots, b_n) \right) \begin{bmatrix} c_1 \\ \vdots \\ c_n \end{bmatrix} = \begin{bmatrix} a_1 b_1 & \dots & a_1 b_n \\ \vdots & \vdots & \vdots \\ a_n b_1 & \dots & a_n b_n \end{bmatrix} \begin{bmatrix} c_1 \\ \vdots \\ c_n \end{bmatrix} = \begin{bmatrix} a_1 \sum_{i=1}^n b_i c_i \\ \vdots \\ a_n \sum_{i=1}^n b_i c_i \end{bmatrix}$$

$$= \left(\sum_{i=1}^n b_i c_i \right) \begin{bmatrix} a_1 \\ \vdots \\ a_n \end{bmatrix} = (\mathbf{b}^\top \mathbf{c})\mathbf{a},$$

tal como queríamos demostrar. □

Veamos que la matriz $\mathbf{B}$ tiene el vector $\mathbf{v}^{(1)}$ como vector propio de valor propio 0:

$$\mathbf{B}\mathbf{v}^{(1)} = \mathbf{A}\mathbf{v}^{(1)} - \lambda_1(\mathbf{v}^{(1)}\mathbf{x}^\top)\mathbf{v}^{(1)} = \lambda_1\mathbf{v}^{(1)} - \lambda_1\mathbf{v}^{(1)}(\mathbf{x}^\top\mathbf{v}^{(1)}) = \lambda_1\mathbf{v}^{(1)} - \lambda_1\mathbf{v}^{(1)} = 0.$$

Escribimos los vectores propios de la matriz $\mathbf{B}$, $\mathbf{w}^{(i)}$ de la forma:

$$\mathbf{w}^{(i)} = \alpha_i\mathbf{v}^{(i)} + \beta_i\mathbf{v}^{(1)}.$$

Veamos que es posible hallar unos α_i y β_i de tal forma que el vector $\mathbf{w}^{(i)}$ sea vector propio de la matriz $\mathbf{B}$ de valor propio λ_i, para $i = 2, \dots, n$:

$$\begin{aligned}\mathbf{B}\mathbf{w}^{(i)} &= (\mathbf{A} - \lambda_1\mathbf{v}^{(1)}\mathbf{x}^\top)(\alpha_i\mathbf{v}^{(i)} + \beta_i\mathbf{v}^{(1)}) \\ &= \alpha_i\lambda_i\mathbf{v}^{(i)} + \beta_i\lambda_1\mathbf{v}^{(1)} - \lambda_1\alpha_i(\mathbf{x}^\top\mathbf{v}^{(i)})\mathbf{v}^{(1)} - \lambda_1\beta_i(\mathbf{x}^\top\mathbf{v}^{(1)})\mathbf{v}^{(1)},\end{aligned}$$

donde en la última igualdad hemos aplicado los lemas 4.1 y 4.2.

Entonces:

$$\begin{aligned}\mathbf{B}\mathbf{w}^{(i)} &= \alpha_i\lambda_i\mathbf{v}^{(i)} + \beta_i\lambda_1\mathbf{v}^{(1)} - \lambda_1\alpha_i(\mathbf{x}^\top\mathbf{v}^{(i)})\mathbf{v}^{(1)} - \lambda_1\beta_i\mathbf{v}^{(1)} \\ &= \alpha_i\lambda_i\mathbf{v}^{(i)} - \lambda_1\alpha_i(\mathbf{x}^\top\mathbf{v}^{(i)})\mathbf{v}^{(1)} \\ &= \alpha_i(\lambda_i\mathbf{v}^{(i)} - \lambda_1(\mathbf{x}^\top\mathbf{v}^{(i)})\mathbf{v}^{(1)}).\end{aligned}$$

Si queremos que el vector $\mathbf{w}^{(i)}$ sea vector propio de la matriz $\mathbf{B}$ de valor propio λ_i, se tiene que cumplir que

$$\mathbf{B}\mathbf{w}^{(i)} = \lambda_i\mathbf{w}^{(i)} = \lambda_i(\alpha_i\mathbf{v}^{(i)} + \beta_i\mathbf{v}^{(1)}).$$

Entonces:

$$\frac{\lambda_i\alpha_i}{\alpha_i\lambda_i} = 1 = \frac{\lambda_i\beta_i}{-\alpha_i\lambda_1(\mathbf{x}^\top\mathbf{v}^{(i)})}.$$

Elegimos α_i y β_i tal que $\lambda_i\beta_i = -\alpha_i\lambda_1(\mathbf{x}^\top\mathbf{v}^{(i)})$.

El vector propio $\mathbf{w}^{(i)}$ considerado será (consideramos $\alpha_i = 1$): $\mathbf{w}^{(i)} = \mathbf{v}^{(i)} - \frac{\lambda_1}{\lambda_i}(\mathbf{x}^\top\mathbf{v}^{(i)})\mathbf{v}^{(1)}$.

Fijémonos que hemos acabado de demostrar que dicho vector es un vector propio de la matriz $\mathbf{B}$ de valor propio λ_i. Por tanto, la matriz $\mathbf{B}$ tiene como valores propios $0, \lambda_2, \dots, \lambda_n$.

Lo único que falta demostrar es la relación entre los vectores propios de la matriz $\mathbf{A}$, $\mathbf{v}^{(i)}$ y los vectores propios de la matriz $\mathbf{B}$, $\mathbf{w}^{(i)}$:

$$\mathbf{v}^{(i)} = (\lambda_i - \lambda_1)\mathbf{w}^{(i)} + \lambda_1(\mathbf{x}^\top\mathbf{w}^{(i)})\mathbf{v}^{(1)}.$$

Hemos demostrado lo siguiente despejando $\mathbf{v}^{(i)}$:

$$\mathbf{v}^{(i)} = \mathbf{w}^{(i)} + \frac{\lambda_1}{\lambda_i}(\mathbf{x}^\top\mathbf{v}^{(i)})\mathbf{v}^{(1)}.$$

Hemos de ver que las dos relaciones anteriores se refieren al mismo vector propio $\mathbf{v}^{(i)}$ de la matriz $\mathbf{A}$. Esto es equivalente a demostrar:

$$\frac{1}{\lambda_i - \lambda_1} = \frac{\frac{\lambda_1}{\lambda_i}(\mathbf{x}^\top \mathbf{v}^{(i)})}{\lambda_1(\mathbf{x}^\top \mathbf{w}^{(i)})}, \Rightarrow \frac{\lambda_i}{\lambda_i - \lambda_1} = \frac{\mathbf{x}^\top \mathbf{v}^{(i)}}{\mathbf{x}^\top \mathbf{w}^{(i)}}.$$

Es decir, hemos de ver que $\lambda_i \mathbf{x}^\top \mathbf{w}^{(i)} = (\lambda_i - \lambda_1)\mathbf{x}^\top \mathbf{v}^{(i)}$:

$$\begin{aligned}\lambda_i \mathbf{x}^\top \mathbf{w}^{(i)} &= \lambda_i \mathbf{x}^\top (\mathbf{v}^{(i)} - \frac{\lambda_1}{\lambda_i}(\mathbf{x}^\top \mathbf{v}^{(i)})\mathbf{v}^{(1)}) = \lambda_i \mathbf{x}^\top \mathbf{v}^{(i)} - \lambda_1 (\mathbf{x}^\top \mathbf{v}^{(1)})(\mathbf{x}^\top \mathbf{v}^{(i)}) \\ &= \lambda_i \mathbf{x}^\top \mathbf{v}^{(i)} - \lambda_1 (\mathbf{x}^\top \mathbf{v}^{(i)}) = (\lambda_i - \lambda_1)\mathbf{x}^\top \mathbf{v}^{(i)},\end{aligned}$$

tal como queríamos demostrar.

4.2.2. Deflación de Wielandt. Pseudocódigo

- `INPUT` matriz del sistema $\mathbf{A} = (a_{ij})_{i=1,\dots,n,j=1,\dots,n}$, aproximación del valor propio λ con vector propio $\mathbf{v}$, error absoluto o tolerancia `TOL`, número máximo de iteraciones `Nmax`.
- `Set` i el menor entero entre 1 y n tal que $|v_i| = \max |v_j|$.
- `For` $k = 1, \dots, n$ (definimos la matriz $\mathbf{B} = \mathbf{A} - \frac{1}{v_i}\mathbf{v}\mathbf{x}^\top$)
  - `For` $j = 1, \dots, n$
    - `Set` $b_{kj} = a_{kj} - \frac{v_k a_{ij}}{v_i}$.
- `Set` $\mathbf{B}' = \mathbf{B}[-i, -i]$ (definimos la matriz $\mathbf{B}'$ como la matriz $\mathbf{B}$ de la que hemos eliminados la fila y columna i-ésima)
- `Aplicamos método de la potencia a la matriz` $\mathbf{B}'$ con aproximación inicial $\mathbf{x}$. Obtenemos valor propio μ y vector propio $\mathbf{w}' \in \mathbb{R}^{n-1}$.
- `If` $i \neq 1$ y $i \neq n$ (definimos el vector $\mathbf{w}$)
  - `For` $j = 1, \dots, i-1$
    - `Set` $w_j = w'_j$
  - `Set` $w_i = 0$.
  - `For` $j = i+1, \dots, n$
    - `Set` $w_j = w'_{j-1}$
- `Else`
  - `If` $i = 1$
    - `Set` $w_1 = 0$
    - `For` $j = 2, \dots, n$
      - `Set` $w_j = w'_{j-1}$
  - `Else` $(i = n)$
    - `For` $j = 1, \dots, n-1$
      - `Set` $w_j = w'_j$

- ∘ `Set` $w_n = 0$
- `Set` $\mathbf{v}^{(i)} = (\mu - \lambda)\mathbf{w} + \left(\sum_{j=1}^{n} \frac{a_{ij}w_j}{v_i}\right)\mathbf{v}$ (calculamos el vector propio $\mathbf{v}^{(i)}$ de la matriz $\mathbf{A}$)
- `Print` μ, $\mathbf{v}^{(i)}$ (damos el nuevo valor propio μ con el vector propio correspondiente $\mathbf{v}^{(i)}$)

Consideremos la matriz $\mathbf{A} = \begin{bmatrix} 5 & 6 & 6 & 5 \\ 6 & 6 & 8 & 5 \\ 6 & 6 & 2 & 6 \\ 5 & 4 & 7 & 4 \end{bmatrix}$ del ejemplo 4.1 donde recordemos que en dicho ejemplo calculamos el valor propio de módulo máximo y el vector propio correspondiente:

$$\lambda_1 = 21.7780135, \quad \mathbf{v}^{(1)} = \begin{bmatrix} 0.88475 \\ 1 \\ 0.812578 \\ 0.793778 \end{bmatrix}.$$

Vamos a usar la deflación de Wielandt para hallar el siguiente valor propio junto con el vector propio correspondiente:

- Paso 1. Ya tenemos calculado λ_1 y $\mathbf{v}^{(1)}$.

- Paso 2. Calculamos i tal que $|v_i^{(1)}| = \text{máx}\{0.8847505, 1, 0.8125776, 0.793778\} = 1$. El valor de i será $i = 2$.

  - Calculamos el vector $\mathbf{x}$:

$$\mathbf{x} = \frac{1}{v_2^{(1)}} \begin{bmatrix} a_{21} \\ a_{22} \\ a_{23} \\ a_{24} \end{bmatrix} = \frac{1}{1} \begin{bmatrix} 6 \\ 6 \\ 8 \\ 5 \end{bmatrix} = \begin{bmatrix} 6 \\ 6 \\ 8 \\ 5 \end{bmatrix}.$$

- • Calculamos la matriz $\mathbf{B}$:

$$\mathbf{B} = \mathbf{A} - \frac{1}{v_2^{(1)}}\mathbf{v}^{(1)}\mathbf{a_2}^\top = \begin{bmatrix} 5 & 6 & 6 & 5 \\ 6 & 6 & 8 & 5 \\ 6 & 6 & 2 & 6 \\ 5 & 4 & 7 & 4 \end{bmatrix} - \frac{1}{1} \begin{bmatrix} 0.88475 \\ 1 \\ 0.812578 \\ 0.793778 \end{bmatrix} (6, 6, 8, 5)$$

$$= \begin{bmatrix} 5 & 6 & 6 & 5 \\ 6 & 6 & 8 & 5 \\ 6 & 6 & 2 & 6 \\ 5 & 4 & 7 & 4 \end{bmatrix} - \begin{bmatrix} 5.308503 & 5.308503 & 7.078004 & 4.423752 \\ 6 & 6 & 8 & 5 \\ 4.875466 & 4.875466 & 6.500621 & 4.062888 \\ 4.762668 & 4.762668 & 6.350224 & 3.96889 \end{bmatrix}$$

$$= \begin{bmatrix} -0.308503 & 0.691497 & -1.078004 & 0.576248 \\ 0 & 0 & 0 & 0 \\ 1.124534 & 1.124534 & -4.500621 & 1.937112 \\ 0.237332 & -0.762668 & 0.649776 & 0.03111 \end{bmatrix}.$$

- Paso 3. Eliminamos la 2a. fila y la 2a. columna de la matriz $\mathbf{B}$:

$$\mathbf{B}' = \begin{bmatrix} -0.308503 & -1.078004 & 0.576248 \\ 1.124534 & -4.500621 & 1.937112 \\ 0.237332 & 0.649776 & 0.03111 \end{bmatrix}.$$

- Paso 4. Aplicamos el método de la potencia a la matriz $\mathbf{B}'$ hallando el valor propio λ_2 y el vector propio asociado $\mathbf{w}'$:

$$\lambda_2 = -4.4930206, \quad \mathbf{w}' = \begin{bmatrix} 0.279414 \\ 1 \\ -0.158282 \end{bmatrix}.$$

- Paso 5. Calculamos el **vector propio** $\mathbf{w}$ de la matriz $\mathbf{B}$:

$$\mathbf{w} = \begin{bmatrix} 0.279414 \\ 0 \\ 1 \\ -0.158282 \end{bmatrix}.$$

- Paso 6. Calculamos el **vector propio** $\mathbf{v}^{(2)}$ de **valor propio** $\lambda_2 = -4.4930206$ de la matriz $\mathbf{A}$:

$$\begin{aligned} \mathbf{v}^{(2)} &= (\lambda_2 - \lambda_1)\mathbf{w} + \frac{1}{v_i^{(1)}}(\mathbf{a_{2\cdot}}^\top \mathbf{w})\mathbf{v}^{(1)} \\ &= (-4.493021 - 21.778014)\begin{bmatrix} 0.279414 \\ 0 \\ 1 \\ -0.158282 \end{bmatrix} \\ &\quad + \frac{(8.885073)}{1}\begin{bmatrix} 0.88475 \\ 1 \\ 0.812578 \\ 0.793778 \end{bmatrix} = \begin{bmatrix} 0.520573 \\ 8.885073 \\ -19.051223 \\ 11.211017 \end{bmatrix}. \end{aligned}$$

Podemos normalizar $\mathbf{v}^{(2)}$ para que verifique que $\|\mathbf{v}^{(2)}\|_\infty = 1$:

$$\mathbf{v}^{(2)} = \frac{1}{19.051223}\begin{bmatrix} 0.520573 \\ 8.885073 \\ -19.051223 \\ 11.211017 \end{bmatrix} = \begin{bmatrix} 0.027325 \\ 0.466378 \\ -1 \\ 0.588467 \end{bmatrix}.$$

La función en `python` de la deflación de Wiedlandt se encuentra implementada en

Dicha función se encuentra en la carpeta **Numérico 2** en el fichero `T9ValoresVectoresPropios.ipynb`, sección 5.

La definición de la matriz del sistema es la siguiente:

```
A = [[5, 6, 6, 5],
     [6, 6, 8, 5],
     [6, 6, 2, 6],
     [5, 4, 7, 4]]
A = np.array(A)
```

El código de la función es el siguiente:

```
def DeflacionWielandt(A, mu0, v0, TOL = 1e-07, nmax = 100,
                      verbose = False):
  """
  Esta función calcula el los valores propios restantes una vez
  hallado uno de ellos usando la Deflación de Wielandt

  Args:
    A: Array bidimensional de numpy (Matriz cuadrada)
    mu0: Float (Aproximación de valor propio)
    v0: Array unidimensional (Vector propio asociado a mu0)
    TOL: Float (Tolerancia)
    nmax: Float (Número máximo de iteraciones)
    verbose: Booleano para mostrar o no los resultados relevantes

  Returns:
    (mu, v): Tupla con valor y vector propio
  """

  if verbose:
    StartPrint("DEFLACIÓN DE WIELANDT")

  n = A.shape[0]
  i = MinIndexMaxAbsComponent(v0, verbose = verbose)

  x = 1 / (v0[i]) * A[i]
  if verbose:
    print("x =", x)

  # Definimos la matriz B
  B = A - v0.reshape((n, 1)).dot(x.reshape((1, n)))

  Bprima = np.delete(np.delete(B, i, axis = 0), i, axis = 1)
```

```
  if verbose:
    print("B =\n", B)
    print("B' =\n", Bprima, end = "\n\n")

  xAux = np.ones(n - 1)
  (mu, wPrima) = MetodoPotencia(Bprima, xAux, TOL, nmax,
                                          verbose = verbose)

  # Definimos w
  w = np.zeros([n])
  if i != 0 and i != n - 1:
    if i == 1:
      # Si i = 1, necesitamos este paso porque el siguiente for
      # no hace ninguna iteración
      w[0] = wPrima[0]
    for j in range(0, i - 1):
      w[j] = wPrima[j]
    w[i] = 0
    for j in range(i + 1, n):
      w[j] = wPrima[j - 1]
  elif i == 0:
    w[0] = 0
    for j in range(1, n):
      w[j] = wPrima[j - 1]
  else:
    for j in range(n - 1):
      w[j] = wPrima[j]
    w[n - 1] = 0

  if verbose:
    print("\nwPrima =", wPrima)
    print("w = {}".format(w))

  v = (mu - mu0) * w +
      (x.reshape((1, n)).dot(w.reshape((n, 1)))[0]) * v0
  v /= np.linalg.norm(v, np.inf)

  if verbose:
    print("\nmu = {}\nv = {}".format(mu, v))

  EndPrint("DEFLACIÓN DE WIELANDT")

  return (mu, v)
```

Para aplicar la función, hacemos lo siguiente:

```
x0 = np.array([1, 1, 1, 1])
(mu0, v0) = MetodoPotencia(A, x0, 1e-06, 100, verbose = False)
print("mu0 =", mu0)
print("v0 =", v0)
(mu, v) = DeflacionWielandt(A, mu0, v0, TOL = 1e-07, nmax = 100,
                            verbose = True)
```

```
mu0 = 21.778015497701265
v0 = [0.88475054 1.         0.81257782 0.79377794]

=== EMPIEZA EL MÉTODO DEFLACIÓN DE WIELANDT ===

i = 1
x = [6. 6. 8. 5.]
B =
 [[-0.30850323  0.69149677 -1.07800431  0.5762473 ]
 [ 0.          0.          0.          0.        ]
 [ 1.12453308  1.12453308 -4.50062256  1.9371109 ]
 [ 0.23733236 -0.76266764  0.64977648  0.0311103 ]]
B' =
 [[-0.30850323 -1.07800431  0.5762473 ]
 [ 1.12453308 -4.50062256  1.9371109 ]
 [ 0.23733236  0.64977648  0.0311103 ]]


=== EMPIEZA EL MÉTODO DE LA POTENCIA ===

i = 0
mu^(1) = -0.8102602440555389
x^(1) = [1. 1. 1.]

i = 1
mu^(2) = -5.103500102266366
x^(2) = [ 0.56308012  1.         -0.6381048 ]

i = 1
mu^(3) = -4.433611700668259
x^(3) = [ 0.31731606  1.         -0.14961536]

i = 1
mu^(4) = -4.49526974840651
x^(4) = [ 0.28466922  1.         -0.16249309]

i = 1
mu^(5) = -4.492494824846483
x^(5) = [ 0.28017493  1.         -0.15845156]
```

```
i = 1
mu^(6) = -4.49301411862953
x^(6) = [ 0.27952096  1.          -0.15833999]

i = 1
mu^(7) = -4.49301616450548
x^(7) = [ 0.27942944  1.          -0.15828792]

i = 1
mu^(8) = -4.493022078626317
x^(8) = [ 0.27941635  1.          -0.15828337]

i = 1
mu^(9) = -4.493022476546434
x^(9) = [ 0.2794145  1.         -0.1582825]

i = 1
mu^(10) = -4.493022567655349
x^(10) = [ 0.27941424  1.          -0.1582824 ]

i = 1
Número total de iteraciones: 10
mu = -4.493022567655349
x = [ 0.27941424  1.          -0.1582824 ]

=== FIN DEL MÉTODO DE LA POTENCIA ===


wPrima = [ 0.27941424  1.          -0.1582824 ]
w = [ 0.27941424  0.          1.          -0.1582824 ]

mu = -4.493022567655349
v = [ 0.02732483  0.46637808 -1.          0.58846707]

=== FIN DEL MÉTODO DEFLACIÓN DE WIELANDT ===
```

4.3. Métodos de ortogonalización

El **método de la potencia** visto anteriormente halla, dada una matriz $\mathbf{A}$, $n \times n$ el valor propio de **módulo máximo** junto con el vector propio correspondiente.

Para hallar los demás **valores y vectores propios**, podemos usar la técnica de la **deflación**.

En esta sección, cambiaremos la perspectiva de cálculo de **valores propios**. En lugar de ir calculándolos de uno en uno, vamos a calcularlos todos de una vez. Son los denominados **métodos de ortogonalización**.

Fijarse que nos concentraremos en el cálculo de todos los **valores propios**. Los **vectores propios** pueden hallarse resolviendo un **sistema lineal** o aplicar el **método de la potencia** visto anteriormente.

Concretamente, vamos a ver un método que, dada una matriz $\mathbf{A}$, la transforma en una matriz **tridiagonal simétrica** o en una matriz **Hessenberg superior** usando una transformación de **similaridad ortogonal**.

Es decir, dada una matriz $\mathbf{A}$, vamos a hallar una matriz ortogonal $\mathbf{H}$ tal que $\mathbf{H}^\top\mathbf{A}\mathbf{H} = \mathbf{B}$, donde la matriz $\mathbf{B}$ será **tridiagonal simétrica** en el caso en que la matriz original $\mathbf{A}$ sea **simétrica** o **Hessenberg superior** en caso contrario.

Recordemos que en el capítulo de **Álgebra lineal numérica** vimos que las matrices $\mathbf{A}$ y $\mathbf{B}$ tienen los mismos **valores propios**.

Aunque hemos dicho que no nos concentraremos en el cálculo de los **vectores propios**, existe la relación siguiente entre dichos **vectores propios**: si $\mathbf{w}$ es un **vector propio** de la matriz $\mathbf{B}$ de **valor propio** λ, entonces $\mathbf{v} = \mathbf{H}\mathbf{w}$ es un **vector propio** de la matriz original $\mathbf{A}$ del mismo **valor propio**.

Veámoslo: como $\mathbf{v}$ es un **vector propio** de la matriz $\mathbf{B}$ de **valor propio** λ, se cumple $\mathbf{B}\mathbf{w} = \lambda\mathbf{w}$, entonces, como $\mathbf{B} = \mathbf{H}^\top\mathbf{A}\mathbf{H}$, multiplicando por $\mathbf{H}$ ambos miembros nos queda $\mathbf{H}\mathbf{B} = \mathbf{H}\mathbf{H}^\top\mathbf{A}\mathbf{H} = \mathbf{I}\mathbf{A}\mathbf{H} = \mathbf{A}\mathbf{H}$. Veamos que el vector $\mathbf{v} = \mathbf{H}\mathbf{w}$ es un **vector propio** de la matriz $\mathbf{A}$ de valor propio λ:

$$\mathbf{A}\mathbf{v} = \mathbf{A}\mathbf{H}\mathbf{w} = \mathbf{H}\mathbf{B}\mathbf{w} = \mathbf{H}\lambda\mathbf{w} = \lambda\mathbf{H}\mathbf{w} = \lambda\mathbf{v},$$

como queríamos ver.

Sintentizando lo dicho, hallar los **valores propios** de una matriz es equivalente a hallar los **valores propios** de matrices **triagonales simétricas** (caso de matrices **simétricas**) o **Hessenberg superiores**.

Entonces, veamos en primer lugar cómo hallar **valores propios** de matrices **tridiagonales simétricas** y **Hessenberg superiores**.

4.3.1. Matrices tridiagonales simétricas

Sea $\mathbf{A}$ una matriz **tridiagonal simétrica**:

$$\mathbf{A} = \begin{bmatrix} a_1 & b_2 & 0 & 0 & \dots & 0 \\ b_2 & a_2 & b_3 & 0 & \dots & 0 \\ 0 & b_3 & a_3 & b_4 & \dots & 0 \\ \vdots & \vdots & \vdots & \ddots & \vdots & \vdots \\ 0 & \dots & 0 & b_{n-1} & a_{n-1} & b_n \\ 0 & \dots & \dots & 0 & b_n & a_n \end{bmatrix},$$

de la que queremos hallar sus **valores propios**.

Vamos a construir una **sucesión de matrices** $\mathbf{A}^{(1)} = \mathbf{A}, \mathbf{A}^{(2)}, \dots, \mathbf{A}^{(n)}, \dots$, todas semejantes a la matriz original **A** y **tridiagonales simétricas** tal que los elementos de las matrices $\mathbf{A}^{(n)}$ fuera de la diagonal tienen en valor absoluto valores más pequeños a medida que aumenta n. Es decir,

$$\lim_{n\to\infty} \max_{i\neq j} |a_{ij}^{(n)}| = 0.$$

Concretamente, se cumplira que para cada valor de i, existirá una matriz **ortogonal Hessenberg superior** $\mathbf{Q}^{(i)}$ tal que $\mathbf{A}^{(i+1)} = (\mathbf{Q}^{(i)})^\top \mathbf{A}^{(i)} \mathbf{Q}^{(i)}$.

Recordemos que una matriz **Hessenberg superior** era de la forma:

$$\mathbf{Q} = \begin{bmatrix} q_{11} & q_{12} & q_{13} & q_{14} & \cdots & q_{1n} \\ q_{21} & q_{22} & q_{23} & q_{24} & \cdots & q_{2n} \\ 0 & q_{32} & q_{33} & q_{34} & \cdots & q_{3n} \\ \vdots & \vdots & \vdots & \ddots & \vdots & \vdots \\ 0 & \dots & 0 & q_{n-1,n-2} & q_{n-1,n-1} & q_{n-1,n} \\ 0 & \dots & \dots & 0 & q_{n,n-1} & q_{nn} \end{bmatrix},$$

De esta manera, los **valores propios** de las matrices de la **sucesión** serán los mismos y como la **sucesión de matrices** $(\mathbf{A}^{(n)})_{n\geq 0}$ tiende a una matriz **diagonal**, podemos **aproximar** los **valores propios** de la matriz original por los **elementos diagonales** de la matriz $\mathbf{A}^{(n)}$.

Los **valores propios** de una matriz **diagonal D**,

$$\mathbf{D} = \begin{bmatrix} \lambda_1 & 0 & \dots & 0 \\ 0 & \lambda_2 & \dots & 0 \\ \vdots & \vdots & \ddots & \vdots \\ 0 & \dots & 0 & \lambda_n \end{bmatrix}.$$

son precisamente los valores λ_i, $i = 1, \dots, n$ ya que si hacemos $\det(\mathbf{D} - \lambda_i \mathbf{I}) = 0$ al tener dicha matriz la fila i-ésima nula.

4.3.2. Cálculo de la sucesión de matrices $(\mathbf{A}^{(n)})_{n\geq 0}$

Para hallar la sucesión de matrices $(\mathbf{A}^{(n)})_{n\geq 0}$ se siguen los pasos siguientes:

- Paso 1. Sea $\mathbf{A}^{(1)} = \mathbf{A}$. Descomponemos la matriz $\mathbf{A}^{(1)}$ en el producto de una matriz **ortogonal Hessenberg superior** $\mathbf{Q}^{(1)}$ y una matriz **triangular superior** $\mathbf{S}^{(1)}$: $\mathbf{A}^{(1)} = \mathbf{Q}^{(1)}\mathbf{S}^{(1)}$.
- Paso 2. Definimos $\mathbf{A}^{(2)} = \mathbf{S}^{(1)}\mathbf{Q}^{(1)}$, el producto de la matriz **triangular superior** por la matriz **ortogonal Hessenberg superior**. Como $\mathbf{A}^{(1)} = \mathbf{Q}^{(1)}\mathbf{S}^{(1)}$, multiplicando por $(\mathbf{Q}^{(1)})^\top$, nos queda que $(\mathbf{Q}^{(1)})^\top \mathbf{A}^{(1)} = \mathbf{S}^{(1)}$. Por tanto, $\mathbf{A}^{(2)} = (\mathbf{Q}^{(1)})^\top \mathbf{A}^{(1)} \mathbf{Q}^{(1)}$, es decir, las matrices $\mathbf{A}^{(1)}$ y $\mathbf{A}^{(2)}$ son semejantes y tienen los mismos valores propios.

- La matriz $\mathbf{A}^{(2)}$
  - será **simétrica** ya que

$$\begin{aligned}(\mathbf{A}^{(2)})^\top &= ((\mathbf{Q}^{(1)})^\top \mathbf{A}^{(1)}\mathbf{Q}^{(1)})^\top = (\mathbf{Q}^{(1)})^\top (\mathbf{A}^{(1)})^\top ((\mathbf{Q}^{(1)})^\top)^\top \\ &= (\mathbf{Q}^{(1)})^\top \mathbf{A}^{(1)}\mathbf{Q}^{(1)} = \mathbf{A}^{(2)}.\end{aligned}$$

  - será **Hessenberg superior** ya que como $\mathbf{A}^{(2)}$ es el producto de una matriz **triangular superior** por una matriz **Hessenberg superior**, $\mathbf{A}^{(2)} = \mathbf{S}^{(1)}\mathbf{Q}^{(1)}$, la matriz $\mathbf{A}^{(2)}$ será **Hessenberg superior** pero como es **simétrica**, resulta que la matriz $\mathbf{A}^{(2)}$ será **tridiagonal simétrica**.
- A continuación descomponemos la matriz $\mathbf{A}^{(2)}$ en el producto de una matriz **ortogonal Hessenberg superior** $\mathbf{Q}^{(2)}$ y una matriz **triangular superior** $\mathbf{S}^{(2)}$: $\mathbf{A}^{(2)} = \mathbf{Q}^{(2)}\mathbf{S}^{(2)}$.
- Paso 3. Definimos $\mathbf{A}^{(3)} = \mathbf{S}^{(2)}\mathbf{Q}^{(2)}$, etc.
- $\vdots$
- Paso i. Definimos $\mathbf{A}^{(i)} = \mathbf{S}^{(i-1)}\mathbf{Q}^{(i-1)}$. Usando un razonamiento inductivo y usando lo visto en el paso 2, la matriz $\mathbf{A}^{(i)}$ será **tridiagonal simétrica**. Descomponemos la matriz $\mathbf{A}^{(i)}$ en el producto de una matriz **ortogonal Hessenberg superior** $\mathbf{Q}^{(i)}$ y una matriz **triangular superior** $\mathbf{S}^{(i)}$: $\mathbf{A}^{(i)} = \mathbf{Q}^{(i)}\mathbf{S}^{(i)}$.
- Paso $i+1$. Definimos $\mathbf{A}^{(i+1)} = \mathbf{S}^{(i)}\mathbf{Q}^{(i)}$. Como $\mathbf{A}^{(i)} = \mathbf{Q}^{(i)}\mathbf{S}^{(i)}$, multiplicando por $(\mathbf{Q}^{(i)})^\top$, nos queda que $(\mathbf{Q}^{(i)})^\top \mathbf{A}^{(i)} = \mathbf{S}^{(i)}$. Por tanto, $\mathbf{A}^{(i+1)} = (\mathbf{Q}^{(i)})^\top \mathbf{A}^{(i)}\mathbf{Q}^{(i)}$, es decir, las matrices $\mathbf{A}^{(i+1)}$ y $\mathbf{A}^{(i)}$ son semejantes y tienen los mismos valores propios. Además, usando el mismo razonamiento anterior, la matriz $\mathbf{A}^{(i+1)}$ sería tridiagonal simétrica, etc.

4.3.3. Descomposición $\mathbf{A}^{(i)} = \mathbf{Q}^{(i)}\mathbf{S}^{(i)}$

La descomposición de la matriz **tridiagonal simétrica** del paso i-ésimo en una matriz **ortogonal Hessenberg superior** $\mathbf{Q}^{(i)}$ y una matriz $\mathbf{S}^{(i)}$ **triangular superior** está basada en las llamadas **matrices de rotación**:

Definición 4.2 (Definición de matriz de rotación). Una matriz $\mathbf{R}_{ij} = (r_{kl}^{(ij)})_{k,l=1,\ldots,n}$ de dimensiones $n \times n$ es una matriz de rotación si existen dos valores i y j entre 1 y n tal que la matriz $\mathbf{R}_{ij}$ y la matriz identidad $\mathbf{I}$ coinciden excepto en las filas y columnas i y j. Para las filas y columnas i y j, existe un valor $\alpha \in [0, 2\pi)$ con:

$$r_{kl} = \begin{cases} \cos(\alpha), & \text{si } k = l = i \text{ o } k = l = j, \\ \sin(\alpha), & \text{si } k = i, l = j, \\ -\sin(\alpha), & \text{si } k = j, l = i, \\ 1, & \text{si } k = l \neq i, j, \\ 0, & \text{en caso contrario.} \end{cases}$$

$$\mathbf{R}_{ij} = \begin{bmatrix} 1 & \dots & 0 & \dots & 0 & \dots & 0 \\ \vdots & \ddots & \vdots & \vdots & \vdots & \vdots & \vdots \\ 0 & \dots & \cos(\alpha) & \dots & \sin(\alpha) & \dots & 0 \\ \vdots & \vdots & \vdots & \ddots & \vdots & \vdots & \vdots \\ 0 & \dots & -\sin(\alpha) & \dots & \cos(\alpha) & \dots & 0 \\ \vdots & \vdots & \vdots & \vdots & \vdots & \ddots & \vdots \\ 0 & \dots & 0 & \dots & 0 & \dots & 1 \end{bmatrix}.$$

Ejemplo 4.3. Consideremos $n = 5$ y $i = 2$ y $j = 4$. Las matrices $\mathbf{R}_{24}$ y $\mathbf{R}_{15}$ serán la siguiente:

$$\mathbf{R}_{24} = \begin{bmatrix} 1 & 0 & 0 & 0 & 0 \\ 0 & \cos(\alpha) & 0 & \sin(\alpha) & 0 \\ 0 & 0 & 1 & 0 & 0 \\ 0 & -\sin(\alpha) & 0 & \cos(\alpha) & 0 \\ 0 & 0 & 0 & 0 & 1 \end{bmatrix}, \quad \mathbf{R}_{15} = \begin{bmatrix} \cos(\alpha) & 0 & 0 & 0 & \sin(\alpha) \\ 0 & 1 & 0 & 0 & 0 \\ 0 & 0 & 1 & 0 & 0 \\ 0 & 0 & 0 & 1 & 0 \\ -\sin(\alpha) & 0 & 0 & 0 & \cos(\alpha) \end{bmatrix},$$

para un valor α.

Las matrices de rotación son matrices ortogonales tal como afirma la proposición siguiente:

Proposición 4.3. *Las matrices de* ***rotación*** *son* ***ortogonales****.*

4.3.4. Demostración de la proposición

Veamos que $\mathbf{R}_{ij}^\top \mathbf{R}_{ij} = \mathbf{I}$. De esta manera $\mathbf{R}_{ij}^{-1} = \mathbf{R}_{ij}^\top$:

$$\mathbf{R}_{ij}^\top \mathbf{R}_{ij} = \begin{bmatrix} 1 & \dots & 0 & \dots & 0 & \dots & 0 \\ \vdots & \ddots & \vdots & \vdots & \vdots & \vdots & \vdots \\ 0 & \dots & \cos(\alpha) & \dots & -\sin(\alpha) & \dots & 0 \\ \vdots & \vdots & \vdots & \ddots & \vdots & \vdots & \vdots \\ 0 & \dots & \sin(\alpha) & \dots & \cos(\alpha) & \dots & 0 \\ \vdots & \vdots & \vdots & \vdots & \vdots & \ddots & \vdots \\ 0 & \dots & 0 & \dots & 0 & \dots & 1 \end{bmatrix}.$$

$$\begin{bmatrix} 1 & \dots & 0 & \dots & 0 & \dots & 0 \\ \vdots & \ddots & \vdots & \vdots & \vdots & \vdots & \vdots \\ 0 & \dots & \cos(\alpha) & \dots & \sin(\alpha) & \dots & 0 \\ \vdots & \vdots & \vdots & \ddots & \vdots & \vdots & \vdots \\ 0 & \dots & -\sin(\alpha) & \dots & \cos(\alpha) & \dots & 0 \\ \vdots & \vdots & \vdots & \vdots & \vdots & \ddots & \vdots \\ 0 & \dots & 0 & \dots & 0 & \dots & 1 \end{bmatrix}.$$

Sea $\mathbf{M} = \mathbf{R}_{ij}^\top \mathbf{R}_{ij}$. El valor m_{kl} será el producto de la fila k-ésima de la matriz $\mathbf{R}_{ij}^\top$ por la columna l-ésima de la matriz $\mathbf{R}_{ij}$. Distingamos los casos siguientes:

- Si $k, l \neq i, j$, la fila k-ésima de la matriz $\mathbf{R}_{ij}^{\top}$ será el vector $\mathbf{e}^{(k)}$ de la base canónica y la columna l-ésima de la matriz $\mathbf{R}_{ij}$ será el vector $\mathbf{e}^{(l)}$ de la base canónica. Por tanto

$$m_{kl} = (\mathbf{e}^{(k)})^{\top}\mathbf{e}^{(l)} = \begin{cases} 1, & \text{si } k = l, \\ 0, & \text{en caso contrario.} \end{cases}$$

  Dichos valores coinciden con el valor de la fila k-ésima y columna l-ésima de la matriz identidad.

- Si $k = i$, $l \neq i, j$,

$$m_{kl} = m_{il} = (0, \dots, \cos(\alpha), \dots, -\sin(\alpha), \dots, 0) \begin{bmatrix} 0 \\ \vdots \\ 0(\text{elemento } i) \\ \vdots \\ 1(\text{elemento } l) \\ \vdots \\ 0(\text{elemento j}) \\ \vdots \\ 0 \end{bmatrix} = 0,$$

  que coincide con el elemento kl de la matriz identidad ya que en este caso $k \neq l$.

- Si $k = j$, $l \neq i, j$: idéntico al caso anterior cambiando los "papeles" de i y j.

- Si $l = i$, $k \neq i, j$: idéntico a los casos anteriores cambiando los "papeles" de k y l.

- Si $l = j$, $k \neq i, j$: idéntico a los casos anteriores cambiando los "papeles" de i y j.

- $k = i$ y $l = j$. En este caso,

$$m_{kl} = m_{ij} = (0, \dots, \cos(\alpha), \dots, -\sin(\alpha), \dots, 0) \begin{bmatrix} 0 \\ \vdots \\ \sin(\alpha) \\ \vdots \\ \cos(\alpha) \\ \vdots \\ 0 \end{bmatrix}$$
$$= \cos(\alpha)\sin(\alpha) - \sin(\alpha)\cos(\alpha) = 0,$$

  valor que coincide con el valor i, j de la matriz identidad ya que en este caso $k = i \neq l = j$.

- $k = j$ y $l = i$: parecido al caso anterior.

- $k = i$ y $l = i$. En este caso,

$$m_{kl} = m_{ii} = (0, \dots, \cos(\alpha), \dots, -\sin(\alpha), \dots, 0) \begin{bmatrix} 0 \\ \vdots \\ \cos(\alpha) \\ \vdots \\ -\sin(\alpha) \\ \vdots \\ 0 \end{bmatrix}$$

$$= \cos^2(\alpha) + \sin^2(\alpha) = 1,$$

valor que coincide con el valor i, i de la matriz identidad.

- $k = j$ y $l = j$: parecido al caso anterior.

En resumen, acabamos de demostrar que $\mathbf{M} = \mathbf{R}_{ij}^{\top}\mathbf{R}_{ij} = \mathbf{I}$.

4.3.5. Cálculo de las matrices $\mathbf{Q}^{(i)}$ y $\mathbf{S}^{(i)}$

Supongamos que estamos en el paso i-ésimo y tenemos la matriz $\mathbf{A}^{(i)}$ **tridiagonal simétrica**:

$$\mathbf{A}^{(i)} = \begin{bmatrix} a_1 & b_2 & 0 & 0 & \dots & 0 \\ b_2 & a_2 & b_3 & 0 & \dots & 0 \\ 0 & b_3 & a_3 & b_4 & \dots & 0 \\ \vdots & \vdots & \vdots & \ddots & \vdots & \vdots \\ 0 & \dots & 0 & b_{n-1} & a_{n-1} & b_n \\ 0 & \dots & \dots & 0 & b_n & a_n \end{bmatrix}.$$

- Paso 1. En primer lugar, vamos a considerar la matriz de **rotación** $\mathbf{R}_{12}$ y vamos a hallar el valor α tal que la componente $(2, 1)$ del producto de matrices $\mathbf{R}_{12}\mathbf{A}^{(i)}$ sea 0:

$$\mathbf{R}_{12}\mathbf{A}^{(i)} = \begin{bmatrix} \cos(\alpha) & \sin(\alpha) & 0 & \dots & 0 \\ -\sin(\alpha) & \cos(\alpha) & 0 & \dots & 0 \\ \vdots & \vdots & \ddots & \vdots & \vdots \\ 0 & 0 & 0 & \dots & 1 \end{bmatrix} \begin{bmatrix} a_1 & b_2 & 0 & 0 & \dots & 0 \\ b_2 & a_2 & b_3 & 0 & \dots & 0 \\ 0 & b_3 & a_3 & b_4 & \dots & 0 \\ \vdots & \vdots & \vdots & \ddots & \vdots & \vdots \\ 0 & \dots & 0 & b_{n-1} & a_{n-1} & b_n \\ 0 & \dots & \dots & 0 & b_n & a_n \end{bmatrix}.$$

  El elemento $(2, 1)$ del producto anterior vale: $-a_1 \sin(\alpha_1) + b_2 \cos(\alpha_1)$. Hallamos el valor α_1 tal que:

$$-a_1 \sin(\alpha_1) + b_2 \cos(\alpha_1) = 0, \Rightarrow a_1 \sin(\alpha_1) = b_2 \cos(\alpha_1), \Rightarrow \tan(\alpha_1) = \frac{b_2}{a_1}.$$

Por tanto,

$$\cos(\alpha_1) = \sqrt{\frac{1}{1+\tan^2(\alpha_1)}} = \frac{a_1}{\sqrt{(a_1)^2+(b_2)^2}}, \quad \sin(\alpha_1) = \frac{b_2}{\sqrt{(a_1)^2+(b_2)^2}}.$$

El producto anterior será de la forma:

$$\mathbf{R}_{12}\mathbf{A}^{(i)} = \begin{bmatrix} * & * & * & * & \dots & * \\ 0 & a_2^{(2)} & * & * & \dots & * \\ 0 & b_3^{(2)} & * & * & \dots & * \\ \vdots & \vdots & \vdots & \ddots & \vdots & \vdots \\ 0 & \dots & 0 & * & * & * \\ 0 & \dots & \dots & 0 & * & * \end{bmatrix},$$

donde el producto anterior será una matriz **Hessenberg superior** al ser las matrices $\mathbf{R}_{12}$ y $\mathbf{A}^{(i)}$ matrices **Hessenberg superiores**.

- Paso 2. A continuación, consideramos la matriz $\mathbf{R}_{23}$ y hallamos el valor α_2 tal que la componente $(3,2)$ producto de las matrices $\mathbf{R}_{23}(\mathbf{R}_{12}\mathbf{A}^{(i)})$ sea 0.

Razonando de forma similar, el valor α_2 verificará:

$$\cos(\alpha_2) = \sqrt{\frac{1}{1+\tan^2(\alpha_2)}} = \frac{a_2^{(2)}}{\sqrt{(a_2^{(2)})^2+(b_3^{(2)})^2}}, \quad \sin(\alpha_2) = \frac{b_3^{(2)}}{\sqrt{(a_2^{(2)})^2+(b_3^{(2)})^2}}.$$

La matriz $\mathbf{R}_{23}(\mathbf{R}_{12}\mathbf{A}^{(i)})$ será **Hesenberg superior** al ser el producto de dos matrices **Hessenberg superiores**:

$$\mathbf{R}_{23}(\mathbf{R}_{12}\mathbf{A}^{(i)}) = \begin{bmatrix} * & * & * & * & \dots & * \\ 0 & * & * & * & \dots & * \\ 0 & 0 & * & * & \dots & * \\ \vdots & \vdots & \vdots & \ddots & \vdots & \vdots \\ 0 & \dots & 0 & * & * & * \\ 0 & \dots & \dots & 0 & * & * \end{bmatrix}.$$

De esta forma, en $n-1$ pasos podemos hacer 0 las componentes $(2,1),(3,2),\dots,(n,n-1)$ obteniendo el producto $\mathbf{R}_{n-1,n}\cdots\mathbf{R}_{12}\mathbf{A}^{(i)} = \mathbf{S}^{(i)}$, donde la matriz $\mathbf{S}^{(i)}$ sería **triangular superior** al ser **Hessenberg superior** y tener nulas las componentes $(2,1),(3,2),\dots,(n,n-1)$.

Por último, al ser las matrices $\mathbf{R}_{j,j+1}$, $j=1,\dots,n-1$ ortogonales, tenemos que:

$$\mathbf{A}^{(i)} = \mathbf{R}_{12}^\top\cdots\mathbf{R}_{n-1,n}^\top\mathbf{S}^{(i)}.$$

La matriz $\mathbf{Q}^{(i)}$ será, pues, $\mathbf{Q}^{(i)} = \mathbf{R}_{12}^\top\cdots\mathbf{R}_{n-1,n}^\top$ y la matriz $\mathbf{S}^{(i)}$, la matriz $\mathbf{S}^{(i)}$ de la descomposición anterior.

Observación. La matriz $\mathbf{Q}^{(i)} = \mathbf{R}_{12}^\top\cdots\mathbf{R}_{n-1,n}^\top$ es ortogonal ya que:

$$(\mathbf{Q}^{(i)})^\top\mathbf{Q}^{(i)} = (\mathbf{R}_{12}^\top\cdots\mathbf{R}_{n-1,n}^\top)^\top\mathbf{R}_{12}^\top\cdots\mathbf{R}_{n-1,n}^\top = \mathbf{R}_{n-1,n}\cdots\mathbf{R}_{12}\mathbf{R}_{12}^\top\cdots\mathbf{R}_{n-1,n}^\top = \mathbf{I},$$

al ser las matrices $\mathbf{R}_{j,j+1}$ ortogonales, $j=1,\dots,n-1$.

4.3.6. Descomposición $\mathbf{A} = \mathbf{QS}$. Pseudocódigo

- `INPUT` matriz del sistema $\mathbf{A} = \begin{bmatrix} a_1 & b_2 & 0 & 0 & \dots & 0 \\ b_2 & a_2 & b_3 & 0 & \dots & 0 \\ 0 & b_3 & a_3 & b_4 & \dots & 0 \\ \vdots & \vdots & \vdots & \ddots & \vdots & \vdots \\ 0 & \dots & 0 & b_{n-1} & a_{n-1} & b_n \\ 0 & \dots & \dots & 0 & b_n & a_n \end{bmatrix}$.
- `Set` $\mathbf{S} = \mathbf{A}$ (en la matriz $\mathbf{S}$ iremos guardando los productos $\mathbf{R}_{k,k+1} \cdots \mathbf{R}_{12}\mathbf{A}$)
- `Set` $\mathbf{Q} = \mathbf{I}$ (en la matriz $\mathbf{Q}$ iremos guardando los productos $\mathbf{R}_{1,2}^\top \cdots \mathbf{R}_{k,k+1}^\top$)
- `For` $k = 1, \dots, n-1$
    - `Set` $c = \frac{s_{k,k}}{\sqrt{(s_{k,k})^2 + (s_{k+1,k})^2}}$.
    - `Set` $s = \frac{s_{k+1,k}}{\sqrt{(s_{k,k})^2 + (s_{k+1,k})^2}}$.
    - `Set` $\mathbf{R}_{k,k+1} = (r_{ij})_{i,j=1,\dots,n} = \mathbf{I}$ (definimos la matriz $\mathbf{R}_{k,k+1}$ inicialmente como la identidad)
- (Cambiamos las componentes $(k,k), (k+1,k), (k,k+1)$ y $(k+1,k+1)$)
    - `Set` $r_{k,k} = c$.
    - `Set` $r_{k,k+1} = s$.
    - `Set` $r_{k+1,k} = -s$.
    - `Set` $r_{k+1,k+1} = c$.
    - `Set` $\mathbf{S} = R_{k,k+1}\mathbf{S}$. (Cambiamos la matriz $\mathbf{S}$)
    - `Set` $\mathbf{Q} = \mathbf{QR}_{k,k+1}^\top$ (Cambiamos la matriz $\mathbf{Q}$)
- `Print` $\mathbf{Q}$, $\mathbf{S}$.

Ejemplo 4.4. Consideremos la matriz tridiagonal simétrica siguiente:

$$\mathbf{A} = \begin{bmatrix} 10 & 6 & 0 & 0 \\ 6 & 4 & 6 & 0 \\ 0 & 6 & 10 & 9 \\ 0 & 0 & 9 & 8 \end{bmatrix}.$$

Vamos a hallar una matriz ortogonal Hessenberg superior $\mathbf{Q}$ y una matriz triangular superior $\mathbf{S}$ tal que $\mathbf{A} = \mathbf{QS}$.

- Paso 1. Calculamos los valores $\cos(\alpha_1)$ y $\sin(\alpha_1)$:

$$\cos(\alpha_1) = \frac{10}{\sqrt{10^2 + 6^2}} = 0.857493, \ \sin(\alpha_1) = \frac{6}{\sqrt{10^2 + 6^2}} = 0.514496.$$

La matriz $\mathbf{R}_{12}$ será:

$$\mathbf{R}_{12} = \begin{bmatrix} 0.857493 & 0.514496 & 0 & 0 \\ -0.514496 & 0.857493 & 0 & 0 \\ 0 & 0 & 1 & 0 \\ 0 & 0 & 0 & 1 \end{bmatrix}.$$

A continuación calculamos $\mathbf{R}_{12}\mathbf{A}$:

$$\mathbf{R}_{12}\mathbf{A} = \begin{bmatrix} 0.857493 & 0.514496 & 0 & 0 \\ -0.514496 & 0.857493 & 0 & 0 \\ 0 & 0 & 1 & 0 \\ 0 & 0 & 0 & 1 \end{bmatrix} \begin{bmatrix} 10 & 6 & 0 & 0 \\ 6 & 4 & 6 & 0 \\ 0 & 6 & 10 & 9 \\ 0 & 0 & 9 & 8 \end{bmatrix}$$
$$= \begin{bmatrix} 11.661904 & 7.202941 & 3.086975 & 0 \\ 0 & 0.342997 & 5.144958 & 0 \\ 0 & 6 & 10 & 9 \\ 0 & 0 & 9 & 8 \end{bmatrix}.$$

Observamos que es una matriz Hessenberg superior.

- Paso 2. Calculamos los valores $\cos(\alpha_2)$ y $\sin(\alpha_2)$:

$$\cos(\alpha_2) = \frac{0.342997}{\sqrt{0.342997^2 + 6^2}} = 0.057073,$$
$$\sin(\alpha_2) = \frac{6}{\sqrt{0.342997^2 + 6^2}} = 0.99837.$$

La matriz $\mathbf{R}_{23}$ será:

$$\mathbf{R}_{23} = \begin{bmatrix} 1 & 0 & 0 & 0 \\ 0 & 0.057073 & 0.99837 & 0 \\ 0 & -0.99837 & 0.057073 & 0 \\ 0 & 0 & 0 & 1 \end{bmatrix}.$$

A continuación calculamos $\mathbf{R}_{23}(\mathbf{R}_{12}\mathbf{A})$:

$$\mathbf{R}_{23}(\mathbf{R}_{12}\mathbf{A}) = \begin{bmatrix} 1 & 0 & 0 & 0 \\ 0 & 0.057073 & 0.99837 & 0 \\ 0 & -0.99837 & 0.057073 & 0 \\ 0 & 0 & 0 & 1 \end{bmatrix} \begin{bmatrix} 11.661904 & 7.202941 & 3.086975 & 0 \\ 0 & 0.342997 & 5.144958 & 0 \\ 0 & 6 & 10 & 9 \\ 0 & 0 & 9 & 8 \end{bmatrix}$$
$$= \begin{bmatrix} 11.661904 & 7.202941 & 3.086975 & 0 \\ 0 & 6.009796 & 10.277338 & 8.98533 \\ 0 & 0 & -4.565841 & 0.513657 \\ 0 & 0 & 9 & 8 \end{bmatrix}.$$

Observamos que es una matriz Hessenberg superior.

- Paso 3 y último. Calculamos los valores $\cos(\alpha_3)$ y $\sin(\alpha_3)$:

$$\cos(\alpha_3) = \frac{(-4.565841)}{\sqrt{(-4.565841)^2 + 9^2}} = -0.452425,$$
$$\sin(\alpha_2) = \frac{9}{\sqrt{(-4.565841)^2 + 9^2}} = 0.891802.$$

La matriz $\mathbf{R}_{34}$ será:

$$\mathbf{R}_{34} = \begin{bmatrix} 1 & 0 & 0 & 0 \\ 0 & 1 & 0 & 0 \\ 0 & 0 & -0.452425 & 0.891802 \\ 0 & 0 & -0.891802 & -0.452425 \end{bmatrix}.$$

A continuación calculamos $\mathbf{R}_{34}(\mathbf{R}_{23}\mathbf{R}_{12}\mathbf{A})$:

$$\begin{aligned}\mathbf{R}_{34}(\mathbf{R}_{23}\mathbf{R}_{12}\mathbf{A}) &= \begin{bmatrix} 1 & 0 & 0 & 0 \\ 0 & 1 & 0 & 0 \\ 0 & 0 & -0.452425 & 0.891802 \\ 0 & 0 & -0.891802 & -0.452425 \end{bmatrix}. \\ &\quad \begin{bmatrix} 11.661904 & 7.202941 & 3.086975 & 0 \\ 0 & 6.009796 & 10.277338 & 8.98533 \\ 0 & 0 & -4.565841 & 0.513657 \\ 0 & 0 & 9 & 8 \end{bmatrix} \\ &= \begin{bmatrix} 11.661904 & 7.202941 & 3.086975 & 0 \\ 0 & 6.009796 & 10.277338 & 8.98533 \\ 0 & 0 & 10.091923 & 6.902027 \\ 0 & 0 & 0 & -4.077483 \end{bmatrix}.\end{aligned}$$

Observamos que es una matriz triangular superior. Ésta será la matriz $\mathbf{S}$.

La matriz $\mathbf{Q}$ será:

$$\begin{aligned}\mathbf{Q} &= \mathbf{R}_{12}^{\top}\mathbf{R}_{23}^{\top}\mathbf{R}_{34}^{\top} \\ &= \begin{bmatrix} 0.857493 & -0.514496 & 0 & 0 \\ 0.514496 & 0.857493 & 0 & 0 \\ 0 & 0 & 1 & 0 \\ 0 & 0 & 0 & 1 \end{bmatrix} \cdot \begin{bmatrix} 1 & 0 & 0 & 0 \\ 0 & 0.057073 & -0.99837 & 0 \\ 0 & 0.99837 & 0.057073 & 0 \\ 0 & 0 & 0 & 1 \end{bmatrix}. \\ &\quad \begin{bmatrix} 1 & 0 & 0 & 0 \\ 0 & 1 & 0 & 0 \\ 0 & 0 & -0.452425 & -0.891802 \\ 0 & 0 & 0.891802 & -0.452425 \end{bmatrix} \\ &= \begin{bmatrix} 0.857493 & -0.029364 & -0.232391 & -0.458081 \\ 0.514496 & 0.04894 & 0.387319 & 0.763468 \\ 0 & 0.99837 & -0.025821 & -0.050898 \\ 0 & 0 & 0.891802 & -0.452425 \end{bmatrix}.\end{aligned}$$

Podemos escribir, pues que $\mathbf{A} = \mathbf{QS}$:

$$\begin{bmatrix} 10 & 6 & 0 & 0 \\ 6 & 4 & 6 & 0 \\ 0 & 6 & 10 & 9 \\ 0 & 0 & 9 & 8 \end{bmatrix} = \begin{bmatrix} 0.857493 & -0.029364 & -0.232391 & -0.458081 \\ 0.514496 & 0.04894 & 0.387319 & 0.763468 \\ 0 & 0.99837 & -0.025821 & -0.050898 \\ 0 & 0 & 0.891802 & -0.452425 \end{bmatrix} \cdot \begin{bmatrix} 11.661904 & 7.202941 & 3.086975 & 0 \\ 0 & 6.009796 & 10.277338 & 8.98533 \\ 0 & 0 & 10.091923 & 6.902027 \\ 0 & 0 & 0 & -4.077483 \end{bmatrix}.$$

La función en `python` de la descomposición QS de una matriz $\mathbf{A}$ se encuentra implementada en CO

Dicha función se encuentra en la carpeta **Numérico 2** en el fichero `T9ValoresVectoresPropios.ipynb`, sección 6.

La definición de la matriz del sistema es la siguiente:

```
A = [[10, 6, 0, 0],
     [6, 4, 6, 0],
     [0, 6, 10, 9],
     [0, 0, 9, 8]]
A = np.array(A)
```

El código de la función es el siguiente:

```
def DescomposicionQS(A, verbose = False):
  """
  Esta función calcula la descomposicion QS de la matriz tridiagonal
  simétrica A

  Args:
    A: Array bidimensional de numpy (Matriz tridiagonal simétrica)
    verbose: Booleano para mostrar o no los resultados relevantes

  Returns:
    (Q, S): Tupla de arrays bidimensionales
  """

  n = A.shape[0]
  S = A.copy()
  Q = np.identity(n)
  R = {}
```

```
  for k in range(n - 1):
    c = S[k, k] / np.sqrt(np.power(S[k, k], 2) +
              np.power(S[k + 1, k], 2)) if S[k, k] != 0 else 0
    s = S[k + 1, k] / np.sqrt(np.power(S[k, k], 2) +
              np.power(S[k + 1, k], 2)) if S[k + 1, k] != 0 else 0

    if verbose:
      print("c =", c)
      print("s =", s)

    R[k, k + 1] = np.identity(n)

    R[k, k + 1][k, k] = c
    R[k, k + 1][k, k + 1] = s
    R[k, k + 1][k + 1, k] = -s
    R[k, k + 1][k + 1, k + 1] = c

    if verbose:
      print("R_({}, {}) = \n{}".format(k, k + 1, R[k, k + 1]))

    S = R[k, k + 1].dot(S)
    Q = Q.dot(np.transpose(R[k, k + 1]))
    if verbose:
      print("Q =\n", Q)
      print("S = \n", S,
          end = "\n\n")

  if verbose:
    print("Q =\n", Q)
    print("S =\n", S)

  return (Q, S)
```

Para aplicar la función, hacemos lo siguiente:

```
(Q, S) = DescomposicionQS(A, verbose = True)
```

```
c = 0.8574929257125441
s = 0.5144957554275265
R_(0, 1) =
[[ 0.85749293  0.51449576  0.          0.        ]
 [-0.51449576  0.85749293  0.          0.        ]
 [ 0.          0.          1.          0.        ]
 [ 0.          0.          0.          1.        ]]
Q =
```

```
 [[ 0.85749293 -0.51449576  0.          0.        ]
  [ 0.51449576  0.85749293  0.          0.        ]
  [ 0.          0.          1.          0.        ]
  [ 0.          0.          0.          1.        ]]
S =
 [[11.66190379  7.20294058  3.08697453  0.        ]
  [ 0.          0.34299717  5.14495755  0.        ]
  [ 0.          6.         10.          9.        ]
  [ 0.          0.          9.          8.        ]]

c = 0.05707301455353495
s = 0.9983700070664042
R_(1, 2) =
[[ 1.          0.          0.          0.        ]
 [ 0.          0.05707301  0.99837001  0.        ]
 [ 0.         -0.99837001  0.05707301  0.        ]
 [ 0.          0.          0.          1.        ]]
Q =
 [[ 0.85749293 -0.02936382  0.51365713  0.        ]
  [ 0.51449576  0.04893971 -0.85609522  0.        ]
  [ 0.          0.99837001  0.05707301  0.        ]
  [ 0.          0.          0.          1.        ]]
S =
 [[ 1.16619038e+01  7.20294058e+00  3.08697453e+00  0.00000000e+00]
  [ 0.00000000e+00  6.00979592e+00  1.02773383e+01  8.98533006e+00]
  [ 0.00000000e+00 -1.38777878e-17 -4.56584116e+00  5.13657131e-01]
  [ 0.00000000e+00  0.00000000e+00  9.00000000e+00  8.00000000e+00]]

c = -0.45242529701016954
s = 0.8918023046759074
R_(2, 3) =
[[ 1.         0.         0.         0.        ]
 [ 0.         1.         0.         0.        ]
 [ 0.         0.        -0.4524253  0.8918023]
 [ 0.         0.        -0.8918023 -0.4524253]]
Q =
 [[ 0.85749293 -0.02936382 -0.23239148 -0.45808061]
  [ 0.51449576  0.04893971  0.38731913  0.76346769]
  [ 0.          0.99837001 -0.02582128 -0.05089785]
  [ 0.          0.          0.8918023  -0.4524253 ]]
S =
 [[ 1.16619038e+01  7.20294058e+00  3.08697453e+00  0.00000000e+00]
  [ 0.00000000e+00  6.00979592e+00  1.02773383e+01  8.98533006e+00]
  [ 0.00000000e+00  6.27866227e-18  1.00919228e+01  6.90202696e+00]
  [ 0.00000000e+00  1.23762432e-17 -3.33066907e-16 -4.07748299e+00]]
```

```
Q =
 [[ 0.85749293 -0.02936382 -0.23239148 -0.45808061]
 [ 0.51449576  0.04893971  0.38731913  0.76346769]
 [ 0.          0.99837001 -0.02582128 -0.05089785]
 [ 0.          0.          0.8918023  -0.4524253 ]]
S =
 [[ 1.16619038e+01  7.20294058e+00  3.08697453e+00  0.00000000e+00]
 [ 0.00000000e+00  6.00979592e+00  1.02773383e+01  8.98533006e+00]
 [ 0.00000000e+00  6.27866227e-18  1.00919228e+01  6.90202696e+00]
 [ 0.00000000e+00  1.23762432e-17 -3.33066907e-16 -4.07748299e+00]]
```

4.3.7. Cálculo de $(\mathbf{A}^{(n)})_{n\geq 0}$. Pseudocódigo

- `INPUT` matriz del sistema $\mathbf{A} = \mathbf{A}^{(1)} = \begin{bmatrix} a_1^{(1)} & b_2^{(1)} & 0 & 0 & \dots & 0 \\ b_2^{(1)} & a_2^{(1)} & b_3^{(1)} & 0 & \dots & 0 \\ 0 & b_3^{(1)} & a_3^{(1)} & b_4^{(1)} & \dots & 0 \\ \vdots & \vdots & \vdots & \ddots & \vdots & \vdots \\ 0 & \dots & 0 & b_{n-1}^{(1)} & a_{n-1}^{(1)} & b_n^{(1)} \\ 0 & \dots & \dots & 0 & b_n^{(1)} & a_n^{(1)} \end{bmatrix}$, tolerancia `TOL`, número máximo de iteraciones `Nmax`.
- `Set` $k = 1$.
- `While` $k \leq Nmax$
  - `If` $\max_{i=2,\dots,n} |b_i^{(k)}| \leq TOL$
    - `Print valores propios` $a_1^{(k)}, \dots, a_n^{(k)}$
    - STOP
  - `Else`
    - `Descomponemos` $\mathbf{A}^{(k)} = \mathbf{Q}^{(k)}\mathbf{S}^{(k)}$.
    - `Set` $\mathbf{A}^{(k+1)} = \mathbf{S}^{(k)}\mathbf{Q}^{(k)}$. (definimos $\mathbf{A}^{(k+1)}$)
    - `Set` $k = k + 1$ (aumentamos k)
- `Print: el algoritmo no converge en` $Nmax$ `pasos.`

Consideremos la matriz del ejemplo 4.4:

$$\mathbf{A} = \begin{bmatrix} 10 & 6 & 0 & 0 \\ 6 & 4 & 6 & 0 \\ 0 & 6 & 10 & 9 \\ 0 & 0 & 9 & 8 \end{bmatrix}.$$

Vamos a hallar la sucesión de matrices $\mathbf{A}^{(n)}$ tal que $\lim_{n\to\infty} \mathbf{A}^{(n)} = \mathbf{D}$, donde $\mathbf{D}$ es la matriz diagonal con los valores propios de $\mathbf{A}$ en su diagonal.

- Paso 1. Sea $\mathbf{A}^{(1)} = \mathbf{A}$. Descomponemos la matriz $\mathbf{A}^{(1)}$ en el producto de una matriz ortogonal Hessenberg superior $\mathbf{Q}^{(1)}$ y una matriz triangular superior $\mathbf{S}^{(1)}$ tal como hicimos en el ejemplo anterior, $\mathbf{A}^{(1)} = \mathbf{Q}^{(1)}\mathbf{S}^{(1)}$:

$$\begin{bmatrix} 10 & 6 & 0 & 0 \\ 6 & 4 & 6 & 0 \\ 0 & 6 & 10 & 9 \\ 0 & 0 & 9 & 8 \end{bmatrix} = \begin{bmatrix} 0.857493 & -0.029364 & -0.232391 & -0.458081 \\ 0.514496 & 0.04894 & 0.387319 & 0.763468 \\ 0 & 0.99837 & -0.025821 & -0.050898 \\ 0 & 0 & 0.891802 & -0.452425 \end{bmatrix} \cdot$$

$$\begin{bmatrix} 11.661904 & 7.202941 & 3.086975 & 0 \\ 0 & 6.009796 & 10.277338 & 8.98533 \\ 0 & 0 & 10.091923 & 6.902027 \\ 0 & 0 & 0 & -4.077483 \end{bmatrix}.$$

- Paso 2. Sea $\mathbf{A}^{(2)} = \mathbf{S}^{(1)}\mathbf{Q}^{(1)}$:

$$\mathbf{A}^{(2)} = \begin{bmatrix} 11.661904 & 7.202941 & 3.086975 & 0 \\ 0 & 6.009796 & 10.277338 & 8.98533 \\ 0 & 0 & 10.091923 & 6.902027 \\ 0 & 0 & 0 & -4.077483 \end{bmatrix} \cdot$$

$$\begin{bmatrix} 0.857493 & -0.029364 & -0.232391 & -0.458081 \\ 0.514496 & 0.04894 & 0.387319 & 0.763468 \\ 0 & 0.99837 & -0.025821 & -0.050898 \\ 0 & 0 & 0.891802 & -0.452425 \end{bmatrix}$$

$$= \begin{bmatrix} 13.705882 & 3.092014 & 0 & 0 \\ 3.092014 & 10.554704 & 10.075473 & 0 \\ 0 & 10.075473 & 5.894657 & -3.636309 \\ 0 & 0 & -3.636309 & 1.844756 \end{bmatrix}.$$

Fijémonos que la matriz anterior es tridiagonal simétrica.

A continuación descomponemos la matriz anterior $\mathbf{A}^{(2)}$ en el producto de una matriz ortogonal Hessenberg superior $\mathbf{Q}^{(2)}$ y una matriz triangular superior $\mathbf{S}^{(2)}$ usando el algoritmo explicado anteriormente, $\mathbf{A}^{(2)} = \mathbf{Q}^{(2)}\mathbf{S}^{(2)}$:

$$\begin{bmatrix} 13.705882 & 3.092014 & 0 & 0 \\ 3.092014 & 10.554704 & 10.075473 & 0 \\ 0 & 10.075473 & 5.894657 & -3.636309 \\ 0 & 0 & -3.636309 & 1.844756 \end{bmatrix} =$$

$$\begin{bmatrix} 0.975485 & -0.151934 & -0.102122 & 0.122133 \\ 0.220067 & 0.673475 & 0.452673 & -0.541377 \\ 0 & 0.723427 & -0.442864 & 0.529646 \\ 0 & 0 & -0.767157 & -0.641459 \end{bmatrix} \cdot$$

$$\begin{bmatrix} 14.05033 & 5.338955 & 2.21728 & 0 \\ 0 & 13.92742 & 11.049938 & -2.630604 \\ 0 & 0 & 4.73998 & 0.195173 \\ 0 & 0 & 0 & -3.109292 \end{bmatrix}.$$

- Paso 3. Sea $\mathbf{A}^{(3)} = \mathbf{S}^{(2)}\mathbf{Q}^{(2)}$:

$$\mathbf{A}^{(3)} = \begin{bmatrix} 14.05033 & 5.338955 & 2.21728 & 0 \\ 0 & 13.92742 & 11.049938 & -2.630604 \\ 0 & 0 & 4.73998 & 0.195173 \\ 0 & 0 & 0 & -3.109292 \end{bmatrix} \cdot \begin{bmatrix} 0.975485 & -0.151934 & -0.102122 & 0.122133 \\ 0.220067 & 0.673475 & 0.452673 & -0.541377 \\ 0 & 0.723427 & -0.442864 & 0.529646 \\ 0 & 0 & -0.767157 & -0.641459 \end{bmatrix}$$

$$= \begin{bmatrix} 14.88081 & 3.064966 & 0 & 0 \\ 3.064966 & 17.3736 & 3.42903 & 0 \\ 0 & 3.42903 & -2.248896 & 2.385315 \\ 0 & 0 & 2.385315 & 1.994485 \end{bmatrix}.$$

Fijémonos que la matriz anterior es tridiagonal simétrica.

A continuación descomponemos la matriz anterior $\mathbf{A}^{(3)}$ en el producto de una matriz ortogonal Hessenberg superior $\mathbf{Q}^{(3)}$ y una matriz triangular superior $\mathbf{S}^{(3)}$ usando el algoritmo explicado anteriormente, $\mathbf{A}^{(3)} = \mathbf{Q}^{(3)}\mathbf{S}^{(3)}$:

$$\begin{bmatrix} 14.88081 & 3.064966 & 0 & 0 \\ 3.064966 & 17.3736 & 3.42903 & 0 \\ 0 & 3.42903 & -2.248896 & 2.385315 \\ 0 & 0 & 2.385315 & 1.994485 \end{bmatrix} =$$

$$\begin{bmatrix} 0.979441 & -0.197462 & -0.03184 & -0.026291 \\ 0.201733 & 0.958704 & 0.154586 & 0.127647 \\ 0 & 0.204684 & -0.75477 & -0.623239 \\ 0 & 0 & 0.63672 & -0.771095 \end{bmatrix} \cdot$$

$$\begin{bmatrix} 15.193174 & 6.506783 & 0.691749 & 0 \\ 0 & 16.752792 & 2.827111 & 0.488236 \\ 0 & 0 & 3.746256 & -0.530436 \\ 0 & 0 & 0 & -3.02456 \end{bmatrix}.$$

- Paso 4. Sea $\mathbf{A}^{(4)} = \mathbf{S}^{(3)}\mathbf{Q}^{(3)}$:

$$\mathbf{A}^{(4)} = \begin{bmatrix} 15.193174 & 6.506783 & 0.691749 & 0 \\ 0 & 16.752792 & 2.827111 & 0.488236 \\ 0 & 0 & 3.746256 & -0.530436 \\ 0 & 0 & 0 & -3.02456 \end{bmatrix} \cdot \begin{bmatrix} 0.979441 & -0.197462 & -0.03184 & -0.026291 \\ 0.201733 & 0.958704 & 0.154586 & 0.127647 \\ 0 & 0.204684 & -0.75477 & -0.623239 \\ 0 & 0 & 0.63672 & -0.771095 \end{bmatrix}$$

$$= \begin{bmatrix} 16.193444 & 3.379593 & 0 & 0 \\ 3.379593 & 16.639632 & 0.766799 & 0 \\ 0 & 0.766799 & -3.165299 & -1.925797 \\ 0 & 0 & -1.925797 & 2.332224 \end{bmatrix}.$$

Fijémonos que la matriz anterior es tridiagonal simétrica.

Y así sucesivamente.

En el paso 10 obtenemos la matriz siguiente:

$$\mathbf{A}^{(10)} = \begin{bmatrix} 19.765996 & 0.586966 & 0 & 0 \\ 0.586966 & 13.098124 & 0.000307 & 0 \\ 0 & 0.000307 & -3.769846 & -0.447494 \\ 0 & 0 & -0.447494 & 2.905726 \end{bmatrix}.$$

Fijémonos que la sucesión de matrices $\mathbf{A}^{(n)}$ cada vez se aproxima más a una matriz diagonal ya que va disminuyendo el máximo de los valores en valor absoluto fuera de la diagonal.

La función en `python` del cálculo de la sucesión de matrices $(\mathbf{A}^{(n)})_{n\geq 0}$ se encuentra implementada en

Dicha función se encuentra en la carpeta **Numérico 2** en el fichero `T9ValoresVectoresPropios.ipynb`, sección 7.

La definición de la matriz del sistema es la siguiente:

```
A = [[10, 6, 0, 0],
     [6, 4, 6, 0],
     [0, 6, 10, 9],
     [0, 0, 9, 8]]
A = np.array(A)
```

El código de la función es el siguiente:

```
def SucesionMatrices(A, TOL = 1e-07, nmax = 100, verbose = False):
  """
  Esta función calcula la sucesión de matrices de la matriz A

  Args:
    A: Array bidimensional de numpy (Matriz tridiagonal simétrica)
    TOL: Float (Tolerancia)
    nmax: Float (Número máximo de iteraciones)
    verbose: Booleano para mostrar o no los resultados relevantes

  Returns:
    diag: Array unidimensional (Diagonal de A)
  """

  n = A.shape[0]
  k = 1

  while k <= nmax:
    b = [A[i, i - 1] for i in range(1, n)]
    diag = np.diag(A)
    if verbose:
      print("A^({}) =\n{}".format(k, A))

    if np.max(list(map(lambda x: abs(x), b))) < TOL:
      if verbose:
        print("diag^({}) = {}".format(k, diag))
      return diag

    else:
      (Q, S) = DescomposicionQS(A, verbose = False)
      if verbose:
        print("Q^({}) =\n{}".format(k, Q))
        print("S^({}) =\n{}".format(k, S), end = "\n\n")
      A = S.dot(Q)
      k += 1


  print("Número máximo de iteraciones alcanzado.")
  print("El método no converge.")
  return
```

Para aplicar la función, hacemos lo siguiente:

```
An = SucesionMatrices(A, TOL = 1e-05, nmax = 100, verbose = True)
```

```
A^(1) =
```

```
[[10  6  0  0]
 [ 6  4  6  0]
 [ 0  6 10  9]
 [ 0  0  9  8]]
Q^(1) =
[[ 0.85749293 -0.02936382 -0.23239148 -0.45808061]
 [ 0.51449576  0.04893971  0.38731913  0.76346769]
 [ 0.          0.99837001 -0.02582128 -0.05089785]
 [ 0.          0.          0.8918023  -0.4524253 ]]
S^(1) =
[[ 1.16619038e+01  7.20294058e+00  3.08697453e+00  0.00000000e+00]
 [ 0.00000000e+00  6.00979592e+00  1.02773383e+01  8.98533006e+00]
 [ 0.00000000e+00  6.27866227e-18  1.00919228e+01  6.90202696e+00]
 [ 0.00000000e+00  1.23762432e-17 -3.33066907e-16 -4.07748299e+00]]

A^(2) =
[[ 1.37058824e+01  3.09201449e+00  3.64251198e-16  1.05232621e-15]
 [ 3.09201449e+00  1.05547040e+01  1.00754730e+01 -4.28892425e-16]
 [ 3.23034509e-18  1.00754730e+01  5.89465723e+00 -3.63630873e+00]
 [ 6.36752457e-18 -3.31918321e-16 -3.63630873e+00  1.84475645e+00]]
Q^(2) =
[[ 0.97548475 -0.15193446 -0.10212193  0.12213326]
 [ 0.22006704  0.67347545  0.45267288 -0.54137655]
 [ 0.          0.72342707 -0.44286415  0.52964575]
 [ 0.          0.         -0.76715691 -0.64145949]]
S^(2) =
[[ 1.40503297e+01  5.33895546e+00  2.21727954e+00  9.32143084e-16]
 [-2.12327962e-16  1.39274205e+01  1.10499384e+01 -2.63060418e+00]
 [-1.50601331e-16  3.65719340e-17  4.73998041e+00  1.95173098e-01]
 [ 1.70185849e-16  4.73703975e-16  5.16854286e-17 -3.10929198e+00]]
 ...
 A^(51) =
[[ 1.98172720e+01  2.13228767e-08 -2.38610933e-15  1.44620973e-15]
 [ 2.13228764e-08  1.30468482e+01 -4.51103199e-16  1.31006855e-15]
 [-3.37111754e-16 -8.58059781e-22 -3.79970984e+00  1.14408480e-05]
 [ 1.48316497e-16 -1.37239069e-16  1.14408480e-05  2.93558961e+00]]
Q^(51) =
[[ 1.00000000e+00 -1.07597435e-09  7.07642415e-32  2.13069673e-37]
 [ 1.07597435e-09  1.00000000e+00 -6.57675913e-23 -1.98024862e-28]
 [ 0.00000000e+00 -6.57675913e-23 -1.00000000e+00 -3.01097939e-06]
 [ 0.00000000e+00  0.00000000e+00  3.01097939e-06 -1.00000000e+00]]
S^(51) =
[[ 1.98172720e+01  3.53609507e-08 -2.38610934e-15  1.44620973e-15]
 [ 2.21710281e-38  1.30468482e+01 -4.51102946e-16  1.31006854e-15]
 [ 3.37112201e-16 -4.13224008e-22  3.79970984e+00 -2.60184822e-06]
 [-1.48315482e-16  1.37239069e-16 -1.57474998e-21 -2.93558961e+00]]
```

```
A^(52) =
[[ 1.98172720e+01  1.40380743e-08  2.38611369e-15 -1.44620254e-15]
 [ 1.40380741e-08  1.30468482e+01  4.51106033e-16 -1.31006719e-15]
 [ 3.37112201e-16 -6.63484496e-22 -3.79970984e+00 -8.83899981e-06]
 [-1.48315481e-16  1.37239069e-16 -8.83899981e-06  2.93558961e+00]]
diag^(52) = [19.81727202 13.04684821 -3.79970984  2.93558961]
```

4.3.8. Matrices Hessenberg superiores

Sea $\mathbf{A}$ una matriz Hessenberg superior:

$$\mathbf{A} = \begin{bmatrix} a_{11} & a_{12} & a_{13} & a_{14} & \dots & a_{1n} \\ a_{21} & a_{22} & a_{23} & a_{24} & \dots & a_{2n} \\ 0 & a_{32} & a_{33} & a_{34} & \dots & a_{3n} \\ \vdots & \vdots & \vdots & \ddots & \vdots & \vdots \\ 0 & \dots & 0 & a_{n-1,n-2} & a_{n-1,n-1} & a_{n-1,n} \\ 0 & \dots & \dots & 0 & a_{n,n-1} & a_{nn} \end{bmatrix}.$$

Vamos a aplicar el algoritmo anterior a este tipo de matrices.

Es decir, vamos a construir una sucesión de matrices $\mathbf{A}^{(1)} = \mathbf{A}, \mathbf{A}^{(2)}, \dots, \mathbf{A}^{(n)}, \dots$, todas semejantes a la matriz original $\mathbf{A}$ y **Hesenberg superiores** tal que los elementos de los matrices $\mathbf{A}^{(n)}$ **por debajo** de la diagonal tienen en valor absoluto valores cada vez más pequeños a medida que aumenta n. Es decir,

$$\lim_{n\to\infty} \max_{i>j} |a_{ij}^{(n)}| = 0.$$

Entonces los valores propios de la matriz original $\mathbf{A}$ serán aproximadamente los valores de la diagonal de las matrices $\mathbf{A}^{(n)}$.

Para hallar la sucesión de matrices $(\mathbf{A}^{(n)})_{n\geq 0}$ se siguen los pasos siguientes tal como hicimos en el caso de matrices tridiagonales simétricas:

- Paso 1. Sea $\mathbf{A}^{(1)} = \mathbf{A}$. Descomponemos la matriz $\mathbf{A}^{(1)}$ en el producto de una matriz **ortogonal Hessenberg superior** $\mathbf{Q}^{(1)}$ y una matriz **triangular superior** $\mathbf{S}^{(1)}$: $\mathbf{A}^{(1)} = \mathbf{Q}^{(1)}\mathbf{S}^{(1)}$.

- Paso 2. Definimos $\mathbf{A}^{(2)} = \mathbf{S}^{(1)}\mathbf{Q}^{(1)}$, el producto de la matriz **triangular superior** por la matriz **ortogonal Hessenberg superior**. Como $\mathbf{A}^{(2)} = (\mathbf{Q}^{(1)})^\top \mathbf{A}^{(1)}\mathbf{Q}^{(1)}$ (ver el caso de matrices tridiagonales simétricas), las matrices $\mathbf{A}^{(1)}$ y $\mathbf{A}^{(2)}$ son semejantes y tienen los mismos valores propios. La matriz $\mathbf{A}^{(2)}$ será **Hessenberg superior** ya que como $\mathbf{A}^{(2)}$ es el producto de una matriz **triangular superior** por una matriz **Hessenberg superior**, $\mathbf{A}^{(2)} = \mathbf{S}^{(1)}\mathbf{Q}^{(1)}$, la matriz $\mathbf{A}^{(2)}$ será **Hessenberg superior**.

- A continuación descomponemos la matriz $\mathbf{A}^{(2)}$ en el producto de una matriz **ortogonal Hessenberg superior** $\mathbf{Q}^{(2)}$ y una matriz **triangular superior** $\mathbf{S}^{(2)}$: $\mathbf{A}^{(2)} = \mathbf{Q}^{(2)}\mathbf{S}^{(2)}$.

- Paso 3. Definimos $\mathbf{A}^{(3)} = \mathbf{S}^{(2)}\mathbf{Q}^{(2)}$, etc.

- $\vdots$

- Paso i. Definimos $\mathbf{A}^{(i)} = \mathbf{S}^{(i-1)}\mathbf{Q}^{(i-1)}$. Usando un razonamiento inductivo y usando lo visto en el paso 2, la matriz $\mathbf{A}^{(i)}$ será **Hessenberg superior**. Descomponemos la matriz $\mathbf{A}^{(i)}$ en el producto de una matriz **ortogonal Hessenberg superior** $\mathbf{Q}^{(i)}$ y una matriz **triangular superior** $\mathbf{S}^{(i)}$: $\mathbf{A}^{(i)} = \mathbf{Q}^{(i)}\mathbf{S}^{(i)}$.

- Paso $i+1$. Definimos $\mathbf{A}^{(i+1)} = \mathbf{S}^{(i)}\mathbf{Q}^{(i)}$. Como $\mathbf{A}^{(i+1)} = (\mathbf{Q}^{(i)})^\top \mathbf{A}^{(i)}\mathbf{Q}^{(i)}$ (ver el caso de matrices tridiagonales simétricas), , las matrices $\mathbf{A}^{(i+1)}$ y $\mathbf{A}^{(i)}$ son semejantes y tienen los mismos valores propios. Además, usando el mismo razonamiento anterior, la matriz $\mathbf{A}^{(i+1)}$ sería Hessenberg superior, etc.

La descomposición de una matriz **Hesenberg superior A** en una matriz **ortogonal Q** y una matriz **triangular superior S**, $\mathbf{A} = \mathbf{QS}$ se hace siguiendo los mismos pasos que en el caso de matrices **tridiagonales simétricas**.

Los pseudocódigos para la descomposición anterior y para el cálculos de la sucesión $(\mathbf{A}^{(n)})_{n\geq 0}$ son los mismos que los pseudocódigos de las matrices tridiagonales simétricas.

Ejemplo 4.5. Consideremos la matriz Hesenberg superior siguiente:

$$\mathbf{A} = \begin{bmatrix} 4 & 4 & 5 & 4 \\ 5 & 5 & 7 & 4 \\ 0 & 5 & 1 & 5 \\ 0 & 0 & 5 & 3 \end{bmatrix}.$$

Vamos a hallar una matriz ortogonal Hessenberg superior $\mathbf{Q}$ y una matriz triangular superior $\mathbf{S}$ tal que $\mathbf{A} = \mathbf{QS}$.

- Paso 1. Calculamos los valores $\cos(\alpha_1)$ y $\sin(\alpha_1)$:

$$\cos(\alpha_1) = \frac{4}{\sqrt{4^2+5^2}} = 0.624695,\ \sin(\alpha_1) = \frac{5}{\sqrt{4^2+5^2}} = 0.780869.$$

  La matriz $\mathbf{R}_{12}$ será:

$$\mathbf{R}_{12} = \begin{bmatrix} 0.624695 & 0.780869 & 0 & 0 \\ -0.780869 & 0.624695 & 0 & 0 \\ 0 & 0 & 1 & 0 \\ 0 & 0 & 0 & 1 \end{bmatrix}.$$

A continuación calculamos $\mathbf{R}_{12}\mathbf{A}$:

$$\mathbf{R}_{12}\mathbf{A} = \begin{bmatrix} 0.624695 & 0.780869 & 0 & 0 \\ -0.780869 & 0.624695 & 0 & 0 \\ 0 & 0 & 1 & 0 \\ 0 & 0 & 0 & 1 \end{bmatrix} \begin{bmatrix} 4 & 4 & 5 & 4 \\ 5 & 5 & 7 & 4 \\ 0 & 5 & 1 & 5 \\ 0 & 0 & 5 & 3 \end{bmatrix}$$

$$= \begin{bmatrix} 6.403124 & 6.403124 & 8.589557 & 5.622255 \\ 0 & 0 & 0.468521 & -0.624695 \\ 0 & 5 & 1 & 5 \\ 0 & 0 & 5 & 3 \end{bmatrix}.$$

Observamos que es una matriz Hessenberg superior.

- Paso 2. Calculamos los valores $\cos(\alpha_2)$ y $\sin(\alpha_2)$:

$$\cos(\alpha_2) = \frac{0}{\sqrt{0^2 + 5^2}} = 0, \ \sin(\alpha_2) = \frac{5}{\sqrt{0^2 + 5^2}} = 1.$$

La matriz $\mathbf{R}_{23}$ será:

$$\mathbf{R}_{23} = \begin{bmatrix} 1 & 0 & 0 & 0 \\ 0 & 0 & 1 & 0 \\ 0 & -1 & 0 & 0 \\ 0 & 0 & 0 & 1 \end{bmatrix}.$$

A continuación calculamos $\mathbf{R}_{23}(\mathbf{R}_{12}\mathbf{A})$:

$$\mathbf{R}_{23}(\mathbf{R}_{12}\mathbf{A}) = \begin{bmatrix} 1 & 0 & 0 & 0 \\ 0 & 0 & 1 & 0 \\ 0 & -1 & 0 & 0 \\ 0 & 0 & 0 & 1 \end{bmatrix} \begin{bmatrix} 6.403124 & 6.403124 & 8.589557 & 5.622255 \\ 0 & 0 & 0.468521 & -0.624695 \\ 0 & 5 & 1 & 5 \\ 0 & 0 & 5 & 3 \end{bmatrix}$$

$$= \begin{bmatrix} 6.403124 & 6.403124 & 8.589557 & 5.622255 \\ 0 & 5 & 1 & 5 \\ 0 & 0 & -0.468521 & 0.624695 \\ 0 & 0 & 5 & 3 \end{bmatrix}.$$

Observamos que es una matriz Hessenberg superior.

- Paso 3 y último. Calculamos los valores $\cos(\alpha_3)$ y $\sin(\alpha_3)$:

$$\cos(\alpha_3) = \frac{(-0.468521)}{\sqrt{(-0.468521)^2 + 5^2}} = -0.093296, \ \sin(\alpha_2)$$
$$= \frac{5}{\sqrt{(-0.468521)^2 + 5^2}} = 0.995638.$$

La matriz $\mathbf{R}_{34}$ será:

$$\mathbf{R}_{34} = \begin{bmatrix} 1 & 0 & 0 & 0 \\ 0 & 1 & 0 & 0 \\ 0 & 0 & -0.093296 & 0.995638 \\ 0 & 0 & -0.995638 & -0.093296 \end{bmatrix}.$$

A continuación calculamos $\mathbf{R}_{34}(\mathbf{R}_{23}\mathbf{R}_{12}\mathbf{A})$:

$$\mathbf{R}_{34}(\mathbf{R}_{23}\mathbf{R}_{12}\mathbf{A}) = \begin{bmatrix} 1 & 0 & 0 & 0 \\ 0 & 1 & 0 & 0 \\ 0 & 0 & -0.093296 & 0.995638 \\ 0 & 0 & -0.995638 & -0.093296 \end{bmatrix} \cdot \begin{bmatrix} 6.403124 & 6.403124 & 8.589557 & 5.622255 \\ 0 & 5 & 1 & 5 \\ 0 & 0 & -0.468521 & 0.624695 \\ 0 & 0 & 5 & 3 \end{bmatrix}$$

$$= \begin{bmatrix} 6.403124 & 6.403124 & 8.589557 & 5.622255 \\ 0 & 5 & 1 & 5 \\ 0 & 0 & 5.021903 & 2.928634 \\ 0 & 0 & 0 & -0.901857 \end{bmatrix}.$$

Observamos que es una matriz triangular superior. Ésta será la matriz $\mathbf{S}$.

La matriz $\mathbf{Q}$ será:

$$\mathbf{Q} = \mathbf{R}_{12}^{\top}\mathbf{R}_{23}^{\top}\mathbf{R}_{34}^{\top}$$

$$= \begin{bmatrix} 0.624695 & -0.780869 & 0 & 0 \\ 0.780869 & 0.624695 & 0 & 0 \\ 0 & 0 & 1 & 0 \\ 0 & 0 & 0 & 1 \end{bmatrix} \begin{bmatrix} 1 & 0 & 0 & 0 \\ 0 & 0 & -1 & 0 \\ 0 & 1 & 0 & 0 \\ 0 & 0 & 0 & 1 \end{bmatrix} \cdot \begin{bmatrix} 1 & 0 & 0 & 0 \\ 0 & 1 & 0 & 0 \\ 0 & 0 & -0.093296 & -0.995638 \\ 0 & 0 & 0.995638 & -0.093296 \end{bmatrix}$$

$$= \begin{bmatrix} 0.624695 & 0 & -0.072852 & -0.777463 \\ 0.780869 & 0 & 0.058281 & 0.62197 \\ 0 & 1 & 0 & 0 \\ 0 & 0 & 0.995638 & -0.093296 \end{bmatrix}.$$

Podemos escribir, pues que $\mathbf{A} = \mathbf{QS}$:

$$\begin{bmatrix} 4 & 4 & 5 & 4 \\ 5 & 5 & 7 & 4 \\ 0 & 5 & 1 & 5 \\ 0 & 0 & 5 & 3 \end{bmatrix} = \begin{bmatrix} 0.624695 & 0 & -0.072852 & -0.777463 \\ 0.780869 & 0 & 0.058281 & 0.62197 \\ 0 & 1 & 0 & 0 \\ 0 & 0 & 0.995638 & -0.093296 \end{bmatrix} \cdot \begin{bmatrix} 6.403124 & 6.403124 & 8.589557 & 5.622255 \\ 0 & 5 & 1 & 5 \\ 0 & 0 & 5.021903 & 2.928634 \\ 0 & 0 & 0 & -0.901857 \end{bmatrix}.$$

A continuación, vamos a hallar la sucesión de matrices $\mathbf{A}^{(n)}$ tal que $\lim_{n\to\infty} \mathbf{A}^{(n)} = \mathbf{S}$, donde $\mathbf{S}$ es la matriz triangular superior con los valores propios de $\mathbf{A}$ en su diagonal.

- Paso 1. Sea $\mathbf{A}^{(1)} = \mathbf{A}$. Descomponemos la matriz $\mathbf{A}^{(1)}$ en el producto de una matriz ortogonal Hessenberg superior $\mathbf{Q}^{(1)}$ y una matriz triangular superior $\mathbf{S}^{(1)}$ tal como hicimos en el ejemplo anterior, $\mathbf{A}^{(1)} = \mathbf{Q}^{(1)}\mathbf{S}^{(1)}$:

$$\begin{bmatrix} 4 & 4 & 5 & 4 \\ 5 & 5 & 7 & 4 \\ 0 & 5 & 1 & 5 \\ 0 & 0 & 5 & 3 \end{bmatrix} = \begin{bmatrix} 0.624695 & 0 & -0.072852 & -0.777463 \\ 0.780869 & 0 & 0.058281 & 0.62197 \\ 0 & 1 & 0 & 0 \\ 0 & 0 & 0.995638 & -0.093296 \end{bmatrix} \cdot \begin{bmatrix} 6.403124 & 6.403124 & 8.589557 & 5.622255 \\ 0 & 5 & 1 & 5 \\ 0 & 0 & 5.021903 & 2.928634 \\ 0 & 0 & 0 & -0.901857 \end{bmatrix}.$$

- Paso 2. Sea $\mathbf{A}^{(2)} = \mathbf{S}^{(1)}\mathbf{Q}^{(1)}$:

$$\mathbf{A}^{(2)} = \begin{bmatrix} 6.403124 & 6.403124 & 8.589557 & 5.622255 \\ 0 & 5 & 1 & 5 \\ 0 & 0 & 5.021903 & 2.928634 \\ 0 & 0 & 0 & -0.901857 \end{bmatrix} \cdot \begin{bmatrix} 0.624695 & 0 & -0.072852 & -0.777463 \\ 0.780869 & 0 & 0.058281 & 0.62197 \\ 0 & 1 & 0 & 0 \\ 0 & 0 & 0.995638 & -0.093296 \end{bmatrix}$$
$$= \begin{bmatrix} 9 & 8.589557 & 5.504438 & -1.52017 \\ 3.904344 & 1 & 5.269599 & 2.643374 \\ 0 & 5.021903 & 2.915861 & -0.273229 \\ 0 & 0 & -0.897924 & 0.084139 \end{bmatrix}.$$

Fijémonos que la matriz anterior es Hessenberg superior.

A continuación descomponemos la matriz anterior $\mathbf{A}^{(2)}$ en el producto de una matriz ortogonal Hessenberg superior $\mathbf{Q}^{(2)}$ y una matriz triangular superior $\mathbf{S}^{(2)}$ usando el algoritmo explicado anteriormente, $\mathbf{A}^{(2)} = \mathbf{Q}^{(2)}\mathbf{S}^{(2)}$:

$$\begin{bmatrix} 9 & 8.589557 & 5.504438 & -1.52017 \\ 3.904344 & 1 & 5.269599 & 2.643374 \\ 0 & 5.021903 & 2.915861 & -0.273229 \\ 0 & 0 & -0.897924 & 0.084139 \end{bmatrix}$$
$$= \begin{bmatrix} 0.917394 & 0.177422 & -0.346018 & 0.084744 \\ 0.39798 & -0.408979 & 0.797614 & -0.195345 \\ 0 & 0.89513 & 0.433008 & -0.106049 \\ 0 & 0 & -0.237882 & -0.971294 \end{bmatrix} \cdot \begin{bmatrix} 9.810398 & 8.277988 & 7.146935 & -0.342584 \\ 0 & 5.610251 & 1.431525 & -1.595371 \\ 0 & 0 & 3.774663 & 2.496072 \\ 0 & 0 & 0 & -0.697945 \end{bmatrix}.$$

- Paso 3. Sea $\mathbf{A}^{(3)} = \mathbf{S}^{(2)}\mathbf{Q}^{(2)}$:

$$\mathbf{A}^{(3)} = \begin{bmatrix} 9.810398 & 8.277988 & 7.146935 & -0.342584 \\ 0 & 5.610251 & 1.431525 & -1.595371 \\ 0 & 0 & 3.774663 & 2.496072 \\ 0 & 0 & 0 & -0.697945 \end{bmatrix} \cdot \begin{bmatrix} 0.917394 & 0.177422 & -0.346018 & 0.084744 \\ 0.39798 & -0.408979 & 0.797614 & -0.195345 \\ 0 & 0.89513 & 0.433008 & -0.106049 \\ 0 & 0 & -0.237882 & -0.971294 \end{bmatrix}$$
$$= \begin{bmatrix} 12.294475 & 4.752488 & 6.384243 & -1.21087 \\ 2.232769 & -1.013074 & 5.474186 & 0.301826 \\ 0 & 3.378814 & 1.04069 & -2.82472 \\ 0 & 0 & 0.166028 & 0.677909 \end{bmatrix}.$$

Fijémonos que la matriz anterior es Hessenberg superior.

A continuación descomponemos la matriz anterior $\mathbf{A}^{(3)}$ en el producto de una matriz ortogonal Hessenberg superior $\mathbf{Q}^{(3)}$ y una matriz triangular superior $\mathbf{S}^{(3)}$ usando el algoritmo explicado anteriormente, $\mathbf{A}^{(3)} = \mathbf{Q}^{(3)}\mathbf{S}^{(3)}$:

$$\begin{bmatrix} 12.294475 & 4.752488 & 6.384243 & -1.21087 \\ 2.232769 & -1.013074 & 5.474186 & 0.301826 \\ 0 & 3.378814 & 1.04069 & -2.82472 \\ 0 & 0 & 0.166028 & 0.677909 \end{bmatrix}$$
$$= \begin{bmatrix} 0.983906 & 0.08567 & -0.156687 & -0.006158 \\ 0.178685 & -0.471732 & 0.862781 & 0.033908 \\ 0 & 0.87757 & 0.479078 & 0.018828 \\ 0 & 0 & 0.039271 & -0.999229 \end{bmatrix} \cdot \begin{bmatrix} 12.495574 & 4.494982 & 7.259651 & -1.137451 \\ 0 & 3.850192 & -1.122132 & -2.725006 \\ 0 & 0 & 4.227784 & -0.876502 \\ 0 & 0 & 0 & -0.71288 \end{bmatrix}.$$

- Paso 4. Sea $\mathbf{A}^{(4)} = \mathbf{S}^{(3)}\mathbf{Q}^{(3)}$:

$$\mathbf{A}^{(4)} = \begin{bmatrix} 12.495574 & 4.494982 & 7.259651 & -1.137451 \\ 0 & 3.850192 & -1.122132 & -2.725006 \\ 0 & 0 & 4.227784 & -0.876502 \\ 0 & 0 & 0 & -0.71288 \end{bmatrix} \cdot$$
$$\begin{bmatrix} 0.983906 & 0.08567 & -0.156687 & -0.006158 \\ 0.178685 & -0.471732 & 0.862781 & 0.033908 \\ 0 & 0.87757 & 0.479078 & 0.018828 \\ 0 & 0 & 0.039271 & -0.999229 \end{bmatrix}$$
$$= \begin{bmatrix} 13.09766 & 5.320923 & 5.353557 & 1.34873 \\ 0.687971 & -2.801009 & 2.67727 & 2.83233 \\ 0 & 3.710177 & 1.991019 & 0.955428 \\ 0 & 0 & -0.027995 & 0.71233 \end{bmatrix}.$$

Fijémonos que la matriz anterior es Hessenberg superior.

Y así sucesivamente.

En el paso 10 obtenemos la matriz siguiente:

$$\mathbf{A}^{(10)} = \begin{bmatrix} 13.413938 & 2.011465 & 6.742814 & 1.565461 \\ 0.000884 & -4.487188 & -0.518904 & 2.10313 \\ 0 & 0.699297 & 3.33237 & 2.033268 \\ 0 & 0 & -0.000003 & 0.74088 \end{bmatrix}.$$

Fijémonos que la sucesión de matrices $\mathbf{A}^{(n)}$ cada vez se aproxima más a una matriz triangular superior ya que va disminuyendo el máximo de los valores en valor absoluto por debajo de la diagonal.

La función en `python` del cálculo de la sucesión de matrices $(\mathbf{A}^{(n)})_{n\geq 0}$ para matrices Hessenberg superior es la misma que la función que vimos en la sección 4.3.7 y se encuentra en

Dicha función se encuentra en la carpeta **Numérico 2** en el fichero `T9ValoresVectoresPropios.ipynb`, sección 8.

La definición de la matriz del sistema es la siguiente:

```
A = [[4, 4, 5, 4],
     [5, 5, 7, 4],
     [0, 5, 1, 5],
     [0, 0, 5, 3]]
A = np.array(A)
```

Para aplicar la función, hacemos lo mismo que en la sección 4.3.7:

```
An = SucesionMatrices(A, TOL = 1e-05, nmax = 100, verbose = True)

A^(1) =
[[4 4 5 4]
 [5 5 7 4]
 [0 5 1 5]
 [0 0 5 3]]
Q^(1) =
[[ 6.24695048e-01  1.73387706e-17 -7.28515945e-02 -7.77463017e-01]
 [ 7.80868809e-01 -1.38710165e-17  5.82812756e-02  6.21970414e-01]
 [ 0.00000000e+00  1.00000000e+00  2.07157762e-18  2.21076148e-17]
 [ 0.00000000e+00  0.00000000e+00  9.95638458e-01 -9.32955620e-02]]
S^(1) =
[[ 6.40312424e+00  6.40312424e+00  8.58955690e+00  5.62225543e+00]
 [ 2.46519033e-33  5.00000000e+00  1.00000000e+00  5.00000000e+00]
 [-1.03578881e-17  5.74978293e-34  5.02190324e+00  2.92863410e+00]
 [-1.10538074e-16  6.13609574e-33  4.16333634e-17 -9.01857100e-01]]

A^(2) =
[[ 9.00000000e+00  8.58955690e+00  5.50443816e+00 -1.52016994e+00]
 [ 3.90434405e+00  1.00000000e+00  5.26959867e+00  2.64337426e+00]
 [-6.47052140e-18  5.02190324e+00  2.91586074e+00 -2.73228564e-01]
 [-6.90525874e-17  4.16333634e-17 -8.97923612e-01  8.41392650e-02]]
Q^(2) =
[[ 0.917394    0.17742169 -0.3460177   0.08474395]
 [ 0.3979802  -0.40897913  0.79761395 -0.19534538]
 [ 0.          0.89512994  0.43300809 -0.10604896]
 [ 0.          0.         -0.23788177 -0.97129412]]
S^(2) =
[[ 9.81039767e+00  8.27798820e+00  7.14693451e+00 -3.42584165e-01]
 [ 6.02058246e-17  5.61025056e+00  1.43152509e+00 -1.59537111e+00]
 [-1.15087996e-16 -1.22026113e-16  3.77466333e+00  2.49607250e+00]
 [ 9.92798396e-17 -1.29781237e-17  8.96531029e-17 -6.97944534e-01]]
 ...
 A^(47) =
[[ 1.34140606e+01 -1.39831744e+00  6.89578551e+00 -1.56558057e+00]
 [ 1.52349650e-21 -4.44057299e+00  1.21853868e+00  1.91240180e+00]
 [-2.15724165e-18  9.89846338e-06  3.28562907e+00 -2.21353000e+00]
 [ 1.07405146e-16  1.38116845e-17 -3.18908905e-23  7.40883351e-01]]
diag^(47) = [13.41406057 -4.44057299  3.28562907  0.74088335]
```

4.3.9. Método de Householder

Recapitulemos lo visto hasta el momento:

Si la matriz a hallar los **valores propios** es **tridiagonal simétrica** o **Hessenberg superior**, podemos hallar una sucesión de matrices $(\mathbf{A}^{(n)})_{n\geq 0}$ de matrices **tridiagonales simétricas** en el primer caso o **Hessenberg superior** en el segundo tal que los **valores propios** de la matriz original **A** se aproximan como los valores diagonales de dicha sucesión de matrices a medida que n se hace grande.

Ahora bien, ¿qué ocurre si nuestra matriz **A** no es de ninguno de los dos tipos mencionados antes?

En este caso, como ya comentamos en la introducción del capítulo, vamos a hallar una matriz **ortogonal H** tal que $\mathbf{H}^\top\mathbf{A}\mathbf{H} = \mathbf{B}$, donde **B** será **tridiagonal simétrica** si la matriz **A** es simétrica, o **Hessenberg superior** en caso contrario.

Como las matrices **A** y **B** tienen los mismos **valores propios**, para hallar los **valores propios** de **B** usamos los métodos descritos anteriormente y ya tendremos una aproximación de los **valores propios** de la matriz original **A**.

La transformación de la matriz **A** en la matriz **B** se denomina **método de Householder** y la matriz de transformación **H, matriz de Householder**.

Empecemos, pues, a definir el concepto de **matriz de Householder**.

4.3.10. Matrices de Householder

:::{.definition name)"Matriz de Householder"} Sea $\mathbf{w} \in \mathbb{R}^n$ un vector de $\mathbb{R}^n$ de norma euclídea igual a 1, es decir, $\mathbf{w}^\top\mathbf{w} = 1$.

La matriz $n \times n$

$$\mathbf{P}(\mathbf{w}) = \mathbf{I} - 2\mathbf{w}\mathbf{w}^\top,$$

se denomina **matriz de Householder**. :::

Ejemplo 4.6. Sea el vector $\mathbf{w} = \begin{bmatrix} 1 \\ 2 \\ -1 \\ 3 \end{bmatrix}$.

Vamos a hallar la matriz de Householder asociada a **w**. Primero lo normalizamos:

$$\mathbf{w}' = \frac{w}{\|\mathbf{w}\|_2} = \frac{1}{\sqrt{1^2+2^2+(-1)^2+3^2}}\begin{bmatrix} 1 \\ 2 \\ -1 \\ 3 \end{bmatrix} = \frac{1}{3.872983}\begin{bmatrix} 1 \\ 2 \\ -1 \\ 3 \end{bmatrix} = \begin{bmatrix} 0.258199 \\ 0.516398 \\ -0.258199 \\ 0.774597 \end{bmatrix}.$$

La matriz de Householder sería:

$$\mathbf{P}(\mathbf{w}') = \begin{bmatrix} 1 & 0 & 0 & 0 \\ 0 & 1 & 0 & 0 \\ 0 & 0 & 1 & 0 \\ 0 & 0 & 0 & 1 \end{bmatrix} - 2\mathbf{w}'\mathbf{w}'^{\top}$$

$$= \begin{bmatrix} 1 & 0 & 0 & 0 \\ 0 & 1 & 0 & 0 \\ 0 & 0 & 1 & 0 \\ 0 & 0 & 0 & 1 \end{bmatrix} - 2 \begin{bmatrix} 0.258199 \\ 0.516398 \\ -0.258199 \\ 0.774597 \end{bmatrix} (0.258199, 0.516398, -0.258199, 0.774597)$$

$$= \begin{bmatrix} 1 & 0 & 0 & 0 \\ 0 & 1 & 0 & 0 \\ 0 & 0 & 1 & 0 \\ 0 & 0 & 0 & 1 \end{bmatrix}$$

$$-2 \begin{bmatrix} 0.2582 \cdot 0.2582 & 0.2582 \cdot 0.5164 & 0.2582 \cdot (-0.2582) & 0.2582 \cdot 0.7746 \\ 0.5164 \cdot 0.2582 & 0.5164 \cdot 0.5164 & 0.5164 \cdot (-0.2582) & 0.5164 \cdot 0.7746 \\ -0.2582 \cdot 0.2582 & -0.2582 \cdot 0.5164 & -0.2582 \cdot (-0.2582) & -0.2582 \cdot 0.7746 \\ 0.7746 \cdot 0.2582 & 0.7746 \cdot 0.5164 & 0.7746 \cdot (-0.2582) & 0.7746 \cdot 0.7746 \end{bmatrix}$$

$$= \begin{bmatrix} 0.866667 & -0.266667 & 0.133333 & -0.4 \\ -0.266667 & 0.466667 & 0.266667 & -0.8 \\ 0.133333 & 0.266667 & 0.866667 & 0.4 \\ -0.4 & -0.8 & 0.4 & -0.2 \end{bmatrix}$$

4.3.11. Matrices de Householder. Propiedades

Las matrices de Householder son **simétricas** y **ortogonales**:

Teorema 4.2. *Sea* $\mathbf{w} \in \mathbb{R}^n$ *un vector de* $\mathbb{R}^n$ *con* $\|\mathbf{w}\|_2 = 1$, *o* $\mathbf{w}^{\top}\mathbf{w} = 1$. *Entonces la matriz* $\mathbf{P}(\mathbf{w})$ *es simétrica y ortogonal.*

Demostración. Para demostrar que la matriz $\mathbf{P}(\mathbf{w})$ es simétrica, veamos que $\mathbf{P}(\mathbf{w})^{\top} = \mathbf{P}(\mathbf{w})$:

$$\mathbf{P}(\mathbf{w})^{\top} = \left(\mathbf{I} - 2\mathbf{w}\mathbf{w}^{\top}\right)^{\top} = \mathbf{I}^{\top} - 2(\mathbf{w}^{\top})^{\top}\mathbf{w}^{\top} = \mathbf{I} - 2\mathbf{w}\mathbf{w}^{\top} = \mathbf{P}(\mathbf{w}),$$

como queríamos ver.

Para demostrar que la matriz $\mathbf{P}(\mathbf{w})$ es ortogonal, veamos que $\mathbf{P}(\mathbf{w})^{\top}\mathbf{P}(\mathbf{w}) = \mathbf{I}$, o que $\mathbf{P}(\mathbf{w})\mathbf{P}(\mathbf{w}) = \mathbf{I}$, (ya que hemos visto que $\mathbf{P}(\mathbf{w})^{\top} = \mathbf{P}(\mathbf{w})$):

$$\begin{aligned} \mathbf{P}(\mathbf{w})\mathbf{P}(\mathbf{w}) &= \left(\mathbf{I} - 2\mathbf{w}\mathbf{w}^{\top}\right)\left(\mathbf{I} - 2\mathbf{w}\mathbf{w}^{\top}\right) = \mathbf{I} - 2\mathbf{w}\mathbf{w}^{\top} - 2\mathbf{w}\mathbf{w}^{\top} + 4\mathbf{w}(\mathbf{w}^{\top}\mathbf{w})\mathbf{w}^{\top} \\ &= \mathbf{I} - 4\mathbf{w}\mathbf{w}^{\top} + 4\mathbf{w}\mathbf{w}^{\top} = \mathbf{I}, \end{aligned}$$

como queríamos demostrar. □

4.3.12. Transformación en un matriz Hess. superior

Como ya hemos comentado, el objetivo es transformar nuestra matriz original **A** en una matriz **Hessenberg superior B**.

Realizaremos dicha transformación en $n-1$ pasos. Sea $\mathbf{A}^{(1)} = \mathbf{A}$.

- Paso 1. Hallaremos una **matriz de Householder** $\mathbf{P}^{(1)}$ tal que la matriz $\mathbf{A}^{(2)} = (\mathbf{P}^{(1)})^\top \mathbf{A}\mathbf{P}^{(1)} = \mathbf{P}^{(1)}\mathbf{A}\mathbf{P}^{(1)}$ sea una matriz con la primera columna nula a partir de la tercera componente: $a_{i1}^{(2)} = 0$, $i = 3, \dots, n$:

$$\mathbf{A}^{(2)} = \begin{bmatrix} a_{11}^{(2)} & a_{12}^{(2)} & a_{13}^{(2)} & \dots & a_{1n}^{(2)} \\ a_{21}^{(2)} & a_{22}^{(2)} & a_{23}^{(2)} & \dots & a_{2n}^{(2)} \\ 0 & a_{32}^{(2)} & a_{33}^{(2)} & \dots & a_{3n}^{(2)} \\ \vdots & \vdots & \vdots & \ddots & \vdots \\ 0 & a_{n2}^{(2)} & \dots & a_{n,n-1}^{(2)} & a_{nn}^{(2)} \end{bmatrix}.$$

- Paso 1 (continuación). Las matrices $\mathbf{A}^{(2)}$ y $\mathbf{A}^{(1)}$ son **semejantes** con matriz de transformación **ortogonal y simétrica** $\mathbf{P}^{(1)}$. Por tanto, tienen los mismos **valores propios**. Además, si la matriz $\mathbf{A} = \mathbf{A}^{(1)}$ es simétrica, también lo es $\mathbf{A}^{(2)}$ ya que $(\mathbf{A}^{(2)})^\top = (\mathbf{P}^{(1)}\mathbf{A}\mathbf{P}^{(1)})^\top = \mathbf{P}^{(1)}\mathbf{A}^\top\mathbf{P}^{(1)} = \mathbf{P}^{(1)}\mathbf{A}\mathbf{P}^{(1)} = \mathbf{A}^{(2)}$.

- Paso 2. Hallaremos una **matriz de Householder** $\mathbf{P}^{(2)}$ tal que la matriz $\mathbf{A}^{(3)} = (\mathbf{P}^{(2)})^\top \mathbf{A}^{(2)}\mathbf{P}^{(2)} = \mathbf{P}^{(2)}\mathbf{A}^{(2)}\mathbf{P}^{(2)}$ sea una matriz de la forma siguiente, con la primera columna nula a partir de la tercera componente y con la segunda columna nula a partir de la cuarta componente: $a_{i1}^{(3)} = 0$, $i = 3, \dots, n$, $a_{i2}^{(3)} = 0$, $i = 4, \dots, n$.

$$\mathbf{A}^{(3)} = \begin{bmatrix} a_{11}^{(3)} & a_{12}^{(3)} & a_{13}^{(3)} & \dots & a_{1n}^{(3)} \\ a_{21}^{(3)} & a_{22}^{(3)} & a_{23}^{(3)} & \dots & a_{2n}^{(3)} \\ 0 & a_{32}^{(3)} & a_{33}^{(3)} & \dots & a_{3n}^{(3)} \\ 0 & 0 & a_{43}^{(3)} & \dots & a_{4n}^{(3)} \\ \vdots & \vdots & \vdots & \ddots & \vdots \\ 0 & 0 & a_{n3}^{(3)} & \dots & a_{nn}^{(3)} \end{bmatrix}.$$

- Paso 2 (continuación). Las matrices $\mathbf{A}^{(3)}$ y $\mathbf{A}^{(2)}$ son **semejantes** con matriz de transformación **ortogonal y simétrica** $\mathbf{P}^{(2)}$. Por tanto, tienen los mismos **valores propios**. Además, si la matriz $\mathbf{A} = \mathbf{A}^{(2)}$ es simétrica, también lo es $\mathbf{A}^{(3)}$ ya que $(\mathbf{A}^{(3)})^\top = (\mathbf{P}^{(2)}\mathbf{A}^{(2)}\mathbf{P}^{(2)})^\top = \mathbf{P}^{(2)}(\mathbf{A}^{(2)})^\top\mathbf{P}^{(2)} = \mathbf{P}^{(2)}\mathbf{A}^{(2)}\mathbf{P}^{(2)} = \mathbf{A}^{(3)}$.

- Paso k-ésimo. Suponemos que la matriz $\mathbf{A}^{(k)}$ es de la forma:

$$\mathbf{A}^{(i)} = \begin{bmatrix} a_{11}^{(k)} & a_{12}^{(k)} & \dots & a_{1,k-1}^{(k)} & a_{1,k}^{(k)} & \dots & a_{1,n}^{(k)} \\ a_{21}^{(k)} & a_{22}^{(k)} & \dots & a_{2,k-1}^{(k)} & a_{2,k}^{(k)} & \dots & a_{2,n}^{(k)} \\ 0 & a_{32}^{(k)} & \dots & a_{3,k-1}^{(k)} & a_{3,k}^{(k)} & \dots & a_{3,n}^{(k)} \\ \vdots & \vdots & \vdots & \vdots & \vdots & \vdots & \vdots \\ 0 & 0 & \dots & a_{k-1,k-1}^{(k)} & a_{k-1,k}^{(k)} & \dots & a_{k-1,n}^{(k)} \\ 0 & 0 & \dots & a_{k,k-1}^{(k)} & a_{k,k}^{(k)} & \dots & a_{k,n}^{(k)} \\ 0 & 0 & \dots & 0 & a_{k+1,k}^{(k)} & \dots & a_{k+1,n}^{(k)} \\ \vdots & \vdots & \vdots & \vdots & \vdots & \vdots & \vdots \\ 0 & 0 & \dots & 0 & a_{n,k}^{(k)} & \dots & a_{n,n}^{(k)} \end{bmatrix}.$$

- Paso k-ésimo. Es decir, $a_{jl}^{(k)} = 0$ para $l = 1, \dots, k-1$, $j = l+2, \dots, n$. Dicho en otras palabras, la matriz $\mathbf{A}^{(k)}$ es una matriz **Hessenberg superior** hasta la columna $k-1$-ésima.

Hallaremos una **matriz de Householder** $\mathbf{P}^{(k)}$ tal que la matriz $\mathbf{A}^{(k+1)} = (\mathbf{P}^{(k)})^\top \mathbf{A}^{(k)} \mathbf{P}^{(k)} = \mathbf{P}^{(k)} \mathbf{A}^{(k)} \mathbf{P}^{(k)}$ sea una matriz de Householder hasta la columna k-ésima:

$$\mathbf{A}^{(k+1)} = \begin{bmatrix} a_{11}^{(k+1)} & a_{12}^{(k+1)} & \dots & a_{1,k}^{(k+1)} & a_{1,k+1}^{(k+1)} & \dots & a_{1,n}^{(k+1)} \\ a_{21}^{(k+1)} & a_{22}^{(k+1)} & \dots & a_{2,k}^{(k+1)} & a_{2,k+1}^{(k+1)} & \dots & a_{2,n}^{(k+1)} \\ 0 & a_{32}^{(k+1)} & \dots & a_{3,k}^{(k+1)} & a_{3,k+1}^{(k+1)} & \dots & a_{3,n}^{(k+1)} \\ \vdots & \vdots & \vdots & \vdots & \vdots & \vdots & \vdots \\ 0 & 0 & \dots & a_{k,k}^{(k+1)} & a_{k,k+1}^{(k+1)} & \dots & a_{k,n}^{(k+1)} \\ 0 & 0 & \dots & a_{k+1,k}^{(k+1)} & a_{k+1,k+1}^{(k+1)} & \dots & a_{k+1,n}^{(k+1)} \\ 0 & 0 & \dots & 0 & a_{k+2,k+1}^{(k+1)} & \dots & a_{k+2,n}^{(k+1)} \\ \vdots & \vdots & \vdots & \vdots & \vdots & \vdots & \vdots \\ 0 & 0 & \dots & 0 & a_{n,k+1}^{(k+1)} & \dots & a_{n,n}^{(k+1)} \end{bmatrix}.$$

- Paso $n-1$-ésimo. La matriz $\mathbf{B}$ será $\mathbf{B} = \mathbf{A}^{(n-1)}$ ya que sería **Hessenberg superior** en el caso general y **tridiagonal simétrica** en el caso en que la matriz original sea **simétrica**. La última afirmación se deduce del hecho de que las matrices que se van obteniendo $\mathbf{A}^{(1)}, \mathbf{A}^{(2)}, \dots, \mathbf{A}^{(n-1)}$ son **Hessenberg superiores** y **simétricas** y toda matriz **Hessenberg superior simétrica** es trivialmente **tridiagonal simétrica**.

De hecho podemos escribir la matriz $\mathbf{A}^{(n-1)}$ de la forma siguiente:

$$\mathbf{B} = \mathbf{A}^{(n-1)} = \mathbf{P}^{(n-1)} \dots \mathbf{P}^{(1)} \mathbf{A} \mathbf{P}^{(1)} \dots \mathbf{P}^{(n-1)}.$$

4.3.13. Cálculo de las matrices $\mathbf{P}^{(k)}$

Veamos cómo calcular las matrices de **transformación** o de **Householder** en los pasos anteriores:

- Cálculo de $\mathbf{P}^{(1)}$. Hemos de hallar un vector $\mathbf{w}$ tal que $\mathbf{P}^{(1)} = \mathbf{I} - 2\mathbf{w}(\mathbf{w})^\top$. La condición que debe verificar $\mathbf{P}^{(1)}$ es la siguiente:

$$\mathbf{P}^{(1)}\mathbf{A}^{(1)}\mathbf{P}^{(1)} = \mathbf{A}^{(2)},$$

con $a_{i1}^{(2)} = 0$, para $i = 3, \dots, n$.

Elegimos el vector $\mathbf{w}$ de la forma $\mathbf{w} = (0, \hat{\mathbf{w}})^\top$, es decir, elegimos el vector $\mathbf{w}$ con la primera componente igual a 0 y $\hat{\mathbf{w}} = \begin{bmatrix} w_2 \\ \vdots \\ w_n \end{bmatrix}$.

Además, imponemos que se verifique que: $\mathbf{P}^{(1)}\mathbf{a}^{(1)} = \begin{bmatrix} a_{11}^{(1)} \\ \alpha \\ 0 \\ \vdots \\ 0 \end{bmatrix}$, donde $\mathbf{a}^{(1)}$ representa la primera columna de la matriz $\mathbf{A}^{(1)}$ y α es un valor que calcularemos más tarde.

Escribimos la matriz a hallar $\mathbf{P}^{(1)}$ de la forma siguiente:

$$\mathbf{P}^{(1)} = \begin{bmatrix} 1 & 0 & \dots & 0 \\ 0 & * & \dots & * \\ \vdots & \vdots & \vdots & \vdots \\ 0 & * & \dots & * \end{bmatrix}.$$

Llamamos $\hat{\mathbf{P}}$ a la **submatriz** anterior de dimensiones $(n-1) \times (n-1)$ donde aparecen los asteriscos: $\mathbf{P}^{(1)} = \begin{bmatrix} 1 & \mathbf{0} \\ \mathbf{0} & \hat{\mathbf{P}} \end{bmatrix}$.

Como $\mathbf{P}^{(1)} = \mathbf{I} - 2\mathbf{w}\mathbf{w}^\top$, la matriz $\hat{\mathbf{P}}$ también será de **Householder**, (y, por tanto, **simétrica y ortogonal**) con **vector asociado** $\hat{\mathbf{w}}$: $\hat{\mathbf{P}} = \mathbf{I} - 2\hat{\mathbf{w}}\hat{\mathbf{w}}^\top$.

Ejercicio 4.1. Demostrar la igualdad anterior: $\hat{\mathbf{P}} = \mathbf{I} - 2\hat{\mathbf{w}}\hat{\mathbf{w}}^\top$.

Indicación: fijarse que, como $\|\mathbf{w}\|_2^2 = \mathbf{w}^\top\mathbf{w} = 1$, también se verificará que $\|\hat{\mathbf{w}}\|_2^2 = \hat{\mathbf{w}}^\top\hat{\mathbf{w}} = 1$ ya que $w_1 = 0$ y para demostrar la igualdad basta fijarse en que la matriz $\mathbf{w}\mathbf{w}^\top$ puede escribirse como:

$$\mathbf{w}\mathbf{w}^\top = \begin{bmatrix} 0 & \mathbf{0} \\ \mathbf{0} & \hat{\mathbf{w}}\hat{\mathbf{w}}^\top \end{bmatrix}.$$

Como $\mathbf{P}^{(1)}\mathbf{a}^{(1)} = \begin{bmatrix} a_{11}^{(1)} \\ \alpha \\ 0 \\ \vdots \\ 0 \end{bmatrix}$, tendremos que:

$$\begin{bmatrix} 1 & \mathbf{0} \\ \mathbf{0} & \hat{\mathbf{P}} \end{bmatrix} \begin{bmatrix} a_{11}^{(1)} \\ a_{21}^{(1)} \\ \vdots \\ a_{n1}^{(1)} \end{bmatrix} = \begin{bmatrix} a_{11}^{(1)} \\ \alpha \\ 0 \\ \vdots \\ 0 \end{bmatrix}, \Rightarrow \hat{\mathbf{P}} \begin{bmatrix} a_{21}^{(1)} \\ \vdots \\ a_{n1}^{(1)} \end{bmatrix} = \begin{bmatrix} \alpha \\ 0 \\ \vdots \\ 0 \end{bmatrix}.$$

Llamamos $\widehat{\mathbf{a}^{(1)}}$ a la subcolumna de la matriz $\mathbf{A}^{(1)}$ formada por las $n-1$ últimas componentes. La condición anterior será, pues:

$$\hat{\mathbf{P}}\widehat{\mathbf{a}^{(1)}} = \begin{bmatrix} \alpha \\ 0 \\ \vdots \\ 0 \end{bmatrix}, \Rightarrow (\mathbf{I} - 2\hat{\mathbf{w}}\hat{\mathbf{w}}^\top)\widehat{\mathbf{a}^{(1)}} = \begin{bmatrix} \alpha \\ 0 \\ \vdots \\ 0 \end{bmatrix}, \Rightarrow \widehat{\mathbf{a}^{(1)}} - 2((\hat{\mathbf{w}})^\top \widehat{\mathbf{a}^{(1)}})\hat{\mathbf{w}} = \begin{bmatrix} \alpha \\ 0 \\ \vdots \\ 0 \end{bmatrix}.$$

Sea $\beta = (\hat{\mathbf{w}})^\top \widehat{\mathbf{a}^{(1)}}$. La condición anterior, escrita en componentes, es la siguiente:

$$a_{21}^{(1)} - 2\beta w_2 = \alpha,\ a_{j1}^{(1)} - 2\beta w_j = 0,\ j = 3, \dots, n.$$

Entonces:

$$2\beta w_2 = a_{21}^{(1)} - \alpha,\ 2\beta w_j = a_{j1}^{(1)},\ j = 3, \dots, n.$$

Como $\hat{\mathbf{w}}^\top \hat{\mathbf{w}} = 1$, tendremos que $\sum_{j=2}^{n} w_j^2 = 1$. Entonces:

$$4\beta^2 \left(w_2^2 + \sum_{j=3}^{n} w_j^2 \right) = 4\beta^2 \sum_{j=2}^{n} w_j^2 = 4\beta^2 = (a_{21}^{(1)} - \alpha)^2 + \sum_{j=3}^{n} (a_{j1}^{(1)})^2.$$

Ahora bien, recordemos que $\hat{\mathbf{P}}\widehat{\mathbf{a}^{(1)}} = \begin{bmatrix} \alpha \\ 0 \\ \vdots \\ 0 \end{bmatrix}$, es decir $\widehat{\mathbf{a}^{(1)}} = \hat{\mathbf{P}} \begin{bmatrix} \alpha \\ 0 \\ \vdots \\ 0 \end{bmatrix}$.

Como $\hat{\mathbf{P}}$ es ortogonal:

$$\|\widehat{\mathbf{a}^{(1)}}\|_2^2 = (\widehat{\mathbf{a}^{(1)}})^\top \widehat{\mathbf{a}^{(1)}} = \left(\hat{\mathbf{P}} \begin{bmatrix} \alpha \\ 0 \\ \vdots \\ 0 \end{bmatrix} \right)^\top \hat{\mathbf{P}} \begin{bmatrix} \alpha \\ 0 \\ \vdots \\ 0 \end{bmatrix} = (\alpha, 0, \dots, 0)\hat{\mathbf{P}}^\top \hat{\mathbf{P}} \begin{bmatrix} \alpha \\ 0 \\ \vdots \\ 0 \end{bmatrix}$$

$$= (\alpha, 0, \dots, 0) \begin{bmatrix} \alpha \\ 0 \\ \vdots \\ 0 \end{bmatrix} = \alpha^2.$$

El valor de α^2 será:

$$\alpha^2 = \|\widehat{\mathbf{a}^{(1)}}\|_2^2 = \sum_{j=2}^{n} (a_{j1}^{(1)})^2.$$

El valor de β^2 verificará:

$$4\beta^2 = (a_{21}^{(1)} - \alpha)^2 + \sum_{j=3}^{n} (a_{j1}^{(1)})^2 = \alpha^2 - 2\alpha a_{21}^{(1)} + (a_{21}^{(1)})^2 + \sum_{j=3}^{n} (a_{j1}^{(1)})^2$$

$$= \sum_{j=2}^{n} (a_{j1}^{(1)})^2 - 2\alpha a_{21}^{(1)} + \sum_{j=2}^{n} (a_{j1}^{(1)})^2 = 2\sum_{j=2}^{n} (a_{j1}^{(1)})^2 - 2\alpha a_{21}^{(1)},$$

de donde deducimos que:

$$\beta^2 = \frac{1}{2}\left(\sum_{j=2}^{n} (a_{j1}^{(1)})^2 - \alpha a_{21}^{(1)}\right).$$

Como $\beta^2 \geq 0$, tenemos que elegir α como:

$$\alpha = -\text{signo}(a_{21}^{(1)})\sqrt{\sum_{j=2}^{n} (a_{j1}^{(1)})^2},$$

donde la función signo está definida como

$$\text{signo}(x) = \begin{cases} 1, & \text{si } x \geq 0, \\ -1, & \text{si } x < 0. \end{cases}$$

El valor de β^2, será, pues:

$$\beta^2 = \frac{1}{2}\left(\sum_{j=2}^{n} (a_{j1}^{(1)})^2 + |a_{21}^{(1)}|\sqrt{\sum_{j=2}^{n} (a_{j1}^{(1)})^2}\right).$$

Las componentes w_i, $i = 2, \dots, n$ del vector $\mathbf{w}$ (recordemos que elegimos $w_1 = 0$) son:

$$w_2 = \frac{a_{21}^{(1)} - \alpha}{2\beta},\ w_j = \frac{a_{j1}^{(1)}}{2\beta},\ j = 3, \dots, n.$$

Ya tenemos definida la matriz $\hat{\mathbf{P}}$ y la matriz $\mathbf{P}$.

Veamos que es la matriz que buscamos:

Proposición 4.4. *La matriz* $\mathbf{P}^{(1)} = \begin{bmatrix} 1 & \mathbf{0} \\ \mathbf{0} & \hat{\mathbf{P}} \end{bmatrix}$, *con* $\hat{\mathbf{P}}$ *la matriz hallada anteriormente verifica que:*

$$\mathbf{P}^{(1)}\mathbf{A}^{(1)}\mathbf{P}^{(1)} = \begin{bmatrix} a_{11}^{(2)} & a_{12}^{(2)} & a_{13}^{(2)} & \dots & a_{1n}^{(2)} \\ a_{21}^{(2)} & a_{22}^{(2)} & a_{23}^{(2)} & \dots & a_{2n}^{(2)} \\ 0 & a_{32}^{(2)} & a_{33}^{(2)} & \dots & a_{3n}^{(2)} \\ \vdots & \vdots & \vdots & \ddots & \vdots \\ 0 & a_{n2}^{(2)} & \dots & a_{n,n-1}^{(2)} & a_{nn}^{(2)} \end{bmatrix}.$$

Sea $\hat{\mathbf{A}}$ la submatriz de la matriz $\mathbf{A}^{(1)}$ formada por las $n-1$ últimas filas y columnas, es decir:

$$\mathbf{A}^{(1)} = \begin{bmatrix} a_{11} & \mathbf{f}^{(1)} \\ \mathbf{a}^{(1)} & \hat{\mathbf{A}} \end{bmatrix},$$

donde $\mathbf{f}^{(1)}$ sería el vector de las $n-1$ últimas componentes de la primera fila de la matriz $\mathbf{A}^{(1)}$, $\mathbf{f}^{(1)} = (a_{12}, \dots, a_{1n})$ y recordemos que $\mathbf{a}^{(1)}$ era la primera columna de la matriz $\mathbf{A}^{(1)}$.

El producto $\mathbf{P}^{(1)}\mathbf{A}^{(1)}\mathbf{P}^{(1)}$ se puede escribir como:

$$\begin{bmatrix} 1 & \mathbf{0} \\ \mathbf{0} & \hat{\mathbf{P}} \end{bmatrix} \begin{bmatrix} a_{11} & \mathbf{f}^{(1)} \\ \mathbf{a}^{(1)} & \hat{\mathbf{A}} \end{bmatrix} \begin{bmatrix} 1 & \mathbf{0} \\ \mathbf{0} & \hat{\mathbf{P}} \end{bmatrix} = \begin{bmatrix} a_{11} & \mathbf{f}^{(1)} \\ \hat{\mathbf{P}}\mathbf{a}^{(1)} & \hat{\mathbf{P}}\hat{\mathbf{A}} \end{bmatrix} \begin{bmatrix} 1 & \mathbf{0} \\ \mathbf{0} & \hat{\mathbf{P}} \end{bmatrix} = \begin{bmatrix} a_{11} & \mathbf{f}^{(1)}\hat{\mathbf{P}} \\ \begin{bmatrix} \alpha \\ \mathbf{0} \end{bmatrix} & \hat{\mathbf{P}}\hat{\mathbf{A}}\hat{\mathbf{P}} \end{bmatrix}.$$

Observamos que la última matriz es de la forma que dice la proposición. Por tanto, ya está demostrada.

- Paso k-ésimo. Elegimos el vector $\mathbf{w}$ de la forma:

$$\mathbf{w} = \begin{bmatrix} \mathbf{0} \\ \hat{\mathbf{w}} \end{bmatrix} = \begin{bmatrix} \mathbf{0} \\ w_{k+1} \\ \vdots \\ w_n \end{bmatrix}, \ \hat{\mathbf{w}} = \begin{bmatrix} w_{k+1} \\ \vdots \\ w_n \end{bmatrix},$$

  y la matriz $\mathbf{P}^{(k)}$ de la forma: $\mathbf{P}^{(k)} = \mathbf{I} - 2\mathbf{w}\mathbf{w}^\top$.

Los valores $w_{k+1}, \dots, w_n$ son los siguientes:

$$w_{k+1} = \frac{a_{k+1,k}^{(k)} - \alpha}{2\beta}, \ w_j = \frac{a_{jk}^{(k)}}{2\beta}, \ j = k+2, \dots, n,$$

con

$$\alpha = -\text{signo}(a_{k+1,k}^{(k)})\sqrt{\sum_{j=k+1}^{n} (a_{jk}^{(k)})^2}, \ \beta = \sqrt{\frac{1}{2}\left(\alpha^2 - \alpha a_{k+1,k}^{(k)}\right)}.$$

4.3.14. Método de Householder. Pseudocódigo

- `INPUT` matriz del sistema $\mathbf{A} = (a_{ij})_{i=1,\dots,n,j=1,\dots,n}$
- `Set` $\mathbf{A}^{(1)} = \mathbf{A}$.
- `For` $k = 1, 2, \dots, n-1$
  - `Set` $s = \sum_{j=k+1}^{n} (a_{jk}^{(k)})^2$.
  - `If` $a_{k+1,k}^{(k)} = 0$
    - `Set` $\alpha = -\sqrt{s}$.

- `Else`
  - `Set` $\alpha = -\frac{\sqrt{s}a^{(k)}_{k+1,k}}{|a^{(k)}_{k+1,k}|}$.
- `Set` $\beta = \sqrt{\frac{1}{2}\left(\alpha^2 - \alpha a^{(k)}_{k+1,k}\right)}$.
- `Set` $\widehat{w}_1 = \frac{a^{(k)}_{k+1,k}-\alpha}{2\beta}$. (definimos el vector $\widehat{w}$)
- `For` $j = k+2, \ldots, n$
  - `Set` $\widehat{w}_{j-k} = \frac{a^{(k)}_{jk}}{2\beta}$.
- `Set` $\widehat{\mathbf{P}} = \mathbf{I} - 2\widehat{w}\widehat{w}^\top$ (definimos la matriz $\widehat{\mathbf{P}}$)
- `Set` $\mathbf{P}^{(k)} = \mathbf{I}_n$ (definimos inicialmente la matriz $\mathbf{P}^{(k)}$ como la matriz identidad)
- `For` $i = k+1, \ldots, n$
  - `For` $j = k+1, \ldots, n$
    - ◇ `Set` $p^{(k)}_{ij} = \widehat{p}_{i-k,j-k}$.
- `Set` $\mathbf{A}^{(k+1)} = \mathbf{P}^{(k)}\mathbf{A}^{(k)}\mathbf{P}^{(k)}$ (definimos la matriz $\mathbf{A}^{(k+1)}$)

- `Print` $\mathbf{A}^{(n-1)}$. (damos la matriz tridiagonal simétrica si la matriz original $\mathbf{A}$ es simétrica o Hessenberg superior en caso contrario.)

Ejemplo 4.7. Consideremos la matriz simétrica siguiente:

$$\mathbf{A} = \begin{bmatrix} 2.8 & 2 & 2 & 2.4 \\ 2 & 2.8 & 1.6 & 2.6 \\ 2 & 1.6 & 1.6 & 1.8 \\ 2.4 & 2.6 & 1.8 & 1.6 \end{bmatrix}.$$

Vamos a aplicar el método de Householder y transformarla en una matriz semejante tridiagonal simétrica, es decir, que tenga los mismos valores propios que la matriz original $\mathbf{A}$.

- Paso 1. Hacemos $\mathbf{A}^{(1)} = \mathbf{A}$. Hallamos:

$$s = \sum_{j=2}^{4} (a^{(1)}_{jk})^2 = 2^2 + 2^2 + 2.4^2 = 13.76.$$

Los valores de α y β son:

$$\alpha = -\text{signo}(a^{(1)}_{21})\sqrt{s} = -\text{signo}(2)\sqrt{13.76} = -1\sqrt{13.76} = -3.709447,$$

$$\beta = \sqrt{\frac{1}{2}\left(\alpha^2 - \alpha a^{(k)}_{k+1,k}\right)} = \sqrt{\frac{1}{2}\left((-3.7094474)^2 - (-3.7094474)\cdot 2\right)}$$
$$= 3.254143.$$

El vector $\widehat{w}$ será:

$$\widehat{w}_1 = \frac{a_{21}^{(1)} - \alpha}{2\beta} = \frac{2 - (-3.7094474)}{2 \cdot 3.2541431} = 0.8772582,$$

$$\widehat{w}_2 = \frac{a_{31}^{(1)}}{2\beta} = \frac{2}{2 \cdot 3.2541431} = 0.3073006,$$

$$\widehat{w}_3 = \frac{a_{41}^{(1)}}{2\beta} = \frac{2.4}{2 \cdot 3.2541431} = 0.3687607.$$

La matriz $\widehat{P}$ será la siguiente:

$$\widehat{P} = \mathbf{I} - 2\widehat{w}\widehat{w}^\top = \begin{bmatrix} 1 & 0 & 0 \\ 0 & 1 & 0 \\ 0 & 0 & 1 \end{bmatrix} - 2 \begin{bmatrix} 0.877258 \\ 0.307301 \\ 0.368761 \end{bmatrix} (0.877258, 0.307301, 0.368761)$$

$$= \begin{bmatrix} -0.539164 & -0.539164 & -0.646997 \\ -0.539164 & 0.811133 & -0.226641 \\ -0.646997 & -0.226641 & 0.728031 \end{bmatrix}.$$

La matriz $\mathbf{P}^{(1)}$ será la siguiente:

$$\mathbf{P}^{(1)} = \begin{bmatrix} 1 & \mathbf{0} \\ \mathbf{0} & \widehat{P} \end{bmatrix} = \begin{bmatrix} 1 & 0 & 0 & 0 \\ 0 & -0.539164 & -0.539164 & -0.646997 \\ 0 & -0.539164 & 0.811133 & -0.226641 \\ 0 & -0.646997 & -0.226641 & 0.728031 \end{bmatrix}.$$

Por último, la matriz $\mathbf{A}^{(2)}$ será:

$$\mathbf{A}^{(2)} = \mathbf{P}^{(1)}\mathbf{A}^{(1)}\mathbf{P}^{(1)}$$

$$= \begin{bmatrix} 1 & 0 & 0 & 0 \\ 0 & -0.539164 & -0.539164 & -0.646997 \\ 0 & -0.539164 & 0.811133 & -0.226641 \\ 0 & -0.646997 & -0.226641 & 0.728031 \end{bmatrix} \begin{bmatrix} 2.8 & 2 & 2 & 2.4 \\ 2 & 2.8 & 1.6 & 2.6 \\ 2 & 1.6 & 1.6 & 1.8 \\ 2.4 & 2.6 & 1.8 & 1.6 \end{bmatrix}.$$

$$\begin{bmatrix} 1 & 0 & 0 & 0 \\ 0 & -0.539164 & -0.539164 & -0.646997 \\ 0 & -0.539164 & 0.811133 & -0.226641 \\ 0 & -0.646997 & -0.226641 & 0.728031 \end{bmatrix}$$

$$= \begin{bmatrix} 2.8 & -3.709447 & 0 & 0 \\ -3.709447 & 5.948837 & 0.614221 & 0.797452 \\ 0 & 0.614221 & 0.522983 & 0.290531 \\ 0 & 0.797452 & 0.290531 & -0.471821 \end{bmatrix}.$$

- Paso 2. Hallamos:

$$s = \sum_{j=3}^{4} (a_{jk}^{(2)})^2 = 0.614221^2 + 0.797452^2 = 1.0131963.$$

Los valores de α y β son:

$$\begin{aligned}\alpha &= -\text{signo}(a_{32}^{(2)})\sqrt{s} = -\text{signo}(0.614221)\sqrt{1.0131963} = -1\sqrt{1.0131963}\\ &= -1.006577,\\ \beta &= \sqrt{\frac{1}{2}\left(\alpha^2 - \alpha a_{k+1,k}^{(k)}\right)} = \sqrt{\frac{1}{2}\left((-1.0065765)^2 - (-1.0065765)\cdot 0.614221\right)}\\ &= 0.903177.\end{aligned}$$

El vector $\hat{w}$ será:

$$\begin{aligned}\hat{w}_1 &= \frac{a_{32}^{(2)} - \alpha}{2\beta} = \frac{0.614221 - (-1.0065765)}{2\cdot 0.9031768} = 0.8972759,\\ \hat{w}_2 &= \frac{a_{42}^{(2)}}{2\beta} = \frac{0.7974515}{2\cdot 0.9031768} = 0.4414703.\end{aligned}$$

La matriz $\hat{\mathbf{P}}$ será la siguiente:

$$\begin{aligned}\hat{\mathbf{P}} &= \mathbf{I} - 2\hat{w}\hat{w}^\top = \begin{bmatrix}1 & 0\\ 0 & 1\end{bmatrix} - 2\begin{bmatrix}0.897276\\ 0.44147\end{bmatrix}(0.897276, 0.44147)\\ &= \begin{bmatrix}-0.610208 & -0.792241\\ -0.792241 & 0.610208\end{bmatrix}.\end{aligned}$$

La matriz $\mathbf{P}^{(2)}$ será la siguiente:

$$\mathbf{P}^{(2)} = \begin{bmatrix}1 & 0 & \mathbf{0}\\ 0 & 1 & \mathbf{0}\\ \mathbf{0} & \mathbf{0} & \hat{P}\end{bmatrix} = \begin{bmatrix}1 & 0 & 0 & 0\\ 0 & 1 & 0 & 0\\ 0 & 0 & -0.610208 & -0.792241\\ 0 & 0 & -0.792241 & 0.610208\end{bmatrix}.$$

Por último, la matriz $\mathbf{A}^{(3)}$ será:

$$\mathbf{A}^{(3)} = \mathbf{P}^{(2)}\mathbf{A}^{(2)}\mathbf{P}^{(2)}$$

$$= \begin{bmatrix} 1 & 0 & 0 & 0 \\ 0 & 1 & 0 & 0 \\ 0 & 0 & -0.610208 & -0.792241 \\ 0 & 0 & -0.792241 & 0.610208 \end{bmatrix} \cdot \begin{bmatrix} 2.8 & -3.709447 & 0 & 0 \\ -3.709447 & 5.948837 & 0.614221 & 0.797452 \\ 0 & 0.614221 & 0.522983 & 0.290531 \\ 0 & 0.797452 & 0.290531 & -0.471821 \end{bmatrix} \cdot \begin{bmatrix} 1 & 0 & 0 & 0 \\ 0 & 1 & 0 & 0 \\ 0 & 0 & -0.610208 & -0.792241 \\ 0 & 0 & -0.792241 & 0.610208 \end{bmatrix}$$

$$= \begin{bmatrix} 2.8 & -3.709447 & 0 & 0 \\ -3.709447 & 5.948837 & -1.006577 & 0 \\ 0 & -1.006577 & 0.179503 & 0.55509 \\ 0 & 0 & 0.55509 & -0.12834 \end{bmatrix}.$$

Dicha matriz ya es tridiagonal simétrica. Por tanto, hemos acabado.

Los valores propios de la matriz tridiagonal simétrica son los mismos que los valores propios de la matriz original.

Usando el método explicado anteriormente, podemos hallar una sucesión de matrices $\mathbf{A}^{(n)}$ todas semejantes a la matriz original $\mathbf{A}$ y que tienden a una matriz diagonal cuya diagonal serían los valores propios de la matriz $\mathbf{A}$.

La matriz $\mathbf{A}^{(10)}$ de la sucesión anterior vale:

$$\mathbf{A}^{(10)} = \begin{bmatrix} 8.489693938 & -0.000000016 & 0 & 0 \\ -0.000000016 & 0.912763607 & -0.093343714 & 0 \\ 0 & -0.093343714 & -0.709307065 & -0.000000029 \\ 0 & 0 & -0.000000029 & 0.106849519 \end{bmatrix}.$$

Una aproximación de los valores propios de la matriz $\mathbf{A}$ serían los valores diagonales de la matriz anterior:

$$8.4896939, 0.9127636, -0.7093071, 0.1068495.$$

La función en `python` del método de Householder se encuentra implementada en

CO

Dicha función se encuentra en la carpeta **Numérico 2** en el fichero `T9ValoresVectoresPropios.ipynb`, sección 9.

La definición de la matriz del sistema es la siguiente:

```
A = [[2.8, 2, 2, 2.4],
     [2, 2.8, 1.6, 2.6],
     [2, 1.6, 1.6, 1.8],
     [2.4, 2.6, 1.8, 1.6]]
A = np.array(A)
```

El código de la función es el siguiente:

```
def Householder(A, verbose = False):
  """
  Esta función calcula la matriz B (tridiagonal simétrica
  o Hesenberg superior) a partir de la matriz A (simétrica o no,
  respectivamente) mediante el método Householder

  Args:
    A: Array bidimensional de numpy (Matriz tridiagonal simétrica)
    verbose: Booleano para mostrar o no los resultados relevantes

  Returns:
    A: Array bidimensional
  """

  n = A.shape[0]
  In = np.identity(n)

  for k in range(n - 2):
    if verbose:
      print("A^({}) =\n{}".format(k + 1, A))

    s = 0
    for j in range(k + 1, n):
      s += np.power(A[j, k], 2)

    if verbose:
      print("s =", s)

    if A[k + 1, k] == 0:
      alpha = -np.sqrt(s)
    else:
      alpha = - np.sqrt(s) * A[k + 1, k] / abs(A[k + 1, k])
      beta = np.sqrt(1 / 2 * (np.power(alpha, 2)
                      - alpha * A[k + 1, k]))

    if verbose:
      print("alpha =", alpha)
      print("beta =", beta)
```

```
    wHat = np.empty([1, n - (k + 1)])
    wHat[0, 0] = (A[k + 1, k] - alpha) / (2 * beta)
    for j in range(k + 1, n - 1):
      wHat[0, j - k] = A[j + 1, k] / (2 * beta)

    if verbose:
      print("wHat =", wHat)

    I = np.identity(n - (k + 1))
    PHat = I - 2 * np.transpose(wHat).dot(wHat)
    if verbose:
      print("PHat =\n", PHat)

    P = In.copy()
    for i in range(k + 1, n):
      for j in range(k + 1, n):
        P[i, j] = PHat[i - (k + 1)][j - (k + 1)]
    if verbose:
      print("P =\n", P, end = "\n\n")

    A = P.dot(A.dot(P))

  if verbose:
    print("B =\n{}".format(A))
  return A
```

Para aplicar la función, hacemos lo siguiente:

```
B = Householder(A, verbose = True)

A^(1) =
[[2.8 2.  2.  2.4]
 [2.  2.8 1.6 2.6]
 [2.  1.6 1.6 1.8]
 [2.4 2.6 1.8 1.6]]
s = 13.76
alpha = -3.7094473981982814
beta = 3.2541431127407843
wHat = [[0.87725819 0.30730056 0.36876067]]
PHat =
 [[-0.53916387 -0.53916387 -0.64699664]
 [-0.53916387  0.81113273 -0.22664072]
 [-0.64699664 -0.22664072  0.72803113]]
P =
 [[ 1.          0.          0.          0.        ]
```

```
 [ 0.          -0.53916387 -0.53916387 -0.64699664]
 [ 0.          -0.53916387  0.81113273 -0.22664072]
 [ 0.          -0.64699664 -0.22664072  0.72803113]]

A^(2) =
[[ 2.80000000e+00 -3.70944740e+00 -4.64836417e-17 -2.02532332e-17]
 [-3.70944740e+00  5.94883721e+00  6.14220970e-01  7.97451517e-01]
 [-4.64836417e-17  6.14220970e-01  5.22983327e-01  2.90531439e-01]
 [-2.02532332e-17  7.97451517e-01  2.90531439e-01 -4.71820536e-01]]
s = 1.0131963223363987
alpha = -1.0065765357569183
beta = 0.9031768206265206
wHat = [[0.89727585 0.44147032]]
PHat =
 [[-0.61020792 -0.79224131]
 [-0.79224131  0.61020792]]
P =
 [[ 1.          0.          0.          0.        ]
 [ 0.          1.          0.          0.        ]
 [ 0.          0.         -0.61020792 -0.79224131]
 [ 0.          0.         -0.79224131  0.61020792]]

B =
[[ 2.80000000e+00 -3.70944740e+00  4.44101342e-17  2.44675781e-17]
 [-3.70944740e+00  5.94883721e+00 -1.00657654e+00  1.02087274e-16]
 [ 4.44101342e-17 -1.00657654e+00  1.79502707e-01  5.55090468e-01]
 [ 2.44675781e-17 -2.11705654e-17  5.55090468e-01 -1.28339917e-01]]
```

Ejemplo 4.8. Consideremos la matriz general siguiente:

$$\mathbf{A} = \begin{bmatrix} 5 & 4 & 7 & 6 \\ 4 & 6 & 7 & 7 \\ 4 & 6 & 6 & 5 \\ 4 & 7 & 5 & 6 \end{bmatrix}.$$

Vamos a aplicar el método de Householder y transformarla en una matriz Hessenberg superior que tenga los mismos valores propios que la matriz original **A**.

- Paso 1. Hacemos $\mathbf{A}^{(1)} = \mathbf{A}$. Hallamos:

$$s = \sum_{j=2}^{4} (a_{jk}^{(1)})^2 = 4^2 + 4^2 + 4^2 = 48.$$

Los valores de α y β son:

$$\alpha = -\text{signo}(a_{21}^{(1)})\sqrt{s} = -\text{signo}(4)\sqrt{48} = -1\sqrt{48} = -6.928203,$$

$$\beta = \sqrt{\frac{1}{2}\left(\alpha^2 - \alpha a_{k+1,k}^{(k)}\right)} = \sqrt{\frac{1}{2}\left((-6.9282032)^2 - (-6.9282032)\cdot 4\right)}$$
$$= 6.152756.$$

El vector $\hat{\mathbf{w}}$ será:

$$\hat{w}_1 = \frac{a_{21}^{(1)} - \alpha}{2\beta} = \frac{4 - (-6.9282032)}{2\cdot 6.152756} = 0.8880738,$$

$$\hat{w}_2 = \frac{a_{31}^{(1)}}{2\beta} = \frac{4}{2\cdot 6.152756} = 0.3250576,$$

$$\hat{w}_3 = \frac{a_{41}^{(1)}}{2\beta} = \frac{4}{2\cdot 6.152756} = 0.3250576.$$

La matriz $\hat{\mathbf{P}}$ será la siguiente:

$$\hat{\mathbf{P}} = \mathbf{I} - 2\hat{\mathbf{w}}\hat{\mathbf{w}}^\top = \begin{bmatrix} 1 & 0 & 0 \\ 0 & 1 & 0 \\ 0 & 0 & 1 \end{bmatrix} - 2\begin{bmatrix} 0.888074 \\ 0.325058 \\ 0.325058 \end{bmatrix}(0.888074, 0.325058, 0.325058)$$
$$= \begin{bmatrix} -0.57735 & -0.57735 & -0.57735 \\ -0.57735 & 0.788675 & -0.211325 \\ -0.57735 & -0.211325 & 0.788675 \end{bmatrix}.$$

La matriz $\mathbf{P}^{(1)}$ será la siguiente:

$$\mathbf{P}^{(1)} = \begin{bmatrix} 1 & \mathbf{0} \\ \mathbf{0} & \hat{\mathbf{P}} \end{bmatrix} = \begin{bmatrix} 1 & 0 & 0 & 0 \\ 0 & -0.57735 & -0.57735 & -0.57735 \\ 0 & -0.57735 & 0.788675 & -0.211325 \\ 0 & -0.57735 & -0.211325 & 0.788675 \end{bmatrix}.$$

Por último, la matriz $\mathbf{A}^{(2)}$ será:

$$\mathbf{A}^{(2)} = \mathbf{P}^{(1)}\mathbf{A}^{(1)}\mathbf{P}^{(1)} = \begin{bmatrix} 1 & 0 & 0 & 0 \\ 0 & -0.57735 & -0.57735 & -0.57735 \\ 0 & -0.57735 & 0.788675 & -0.211325 \\ 0 & -0.57735 & -0.211325 & 0.788675 \end{bmatrix}\begin{bmatrix} 5 & 4 & 7 & 6 \\ 4 & 6 & 7 & 7 \\ 4 & 6 & 6 & 5 \\ 4 & 7 & 5 & 6 \end{bmatrix}.$$

$$\begin{bmatrix} 1 & 0 & 0 & 0 \\ 0 & -0.57735 & -0.57735 & -0.57735 \\ 0 & -0.57735 & 0.788675 & -0.211325 \\ 0 & -0.57735 & -0.211325 & 0.788675 \end{bmatrix}$$
$$= \begin{bmatrix} 5 & -9.814955 & 1.943376 & 0.943376 \\ -6.928203 & 18.333333 & 0.333333 & 0.333333 \\ 0 & 1.122008 & 0.122008 & -0.877992 \\ 0 & 0.544658 & -1.455342 & -0.455342 \end{bmatrix}.$$

- Paso 2. Hallamos:

$$s = \sum_{j=3}^{4} (a_{jk}^{(2)})^2 = 1.122008^2 + 0.544658^2 = 1.5555556.$$

Los valores de α y β son:

$$\begin{aligned}
\alpha &= -\text{signo}(a_{32}^{(2)})\sqrt{s} = -\text{signo}(1.1220085)\sqrt{1.5555556} = -1\sqrt{1.5555556} \\
&= -1.247219, \\
\beta &= \sqrt{\frac{1}{2}\left(\alpha^2 - \alpha a_{k+1,k}^{(k)}\right)} = \sqrt{\frac{1}{2}\left((-1.2472191)^2 - (-1.2472191)\cdot 1.1220085\right)} \\
&= 1.215513.
\end{aligned}$$

El vector $\hat{w}$ será:

$$\begin{aligned}
\hat{w}_1 &= \frac{a_{32}^{(2)} - \alpha}{2\beta} = \frac{1.122008 - (-1.2472191)}{2\cdot 1.2155135} = 0.9745789, \\
\hat{w}_2 &= \frac{a_{42}^{(2)}}{2\beta} = \frac{0.5446582}{2\cdot 1.2155135} = 0.2240445.
\end{aligned}$$

La matriz $\hat{\mathbf{P}}$ será la siguiente:

$$\begin{aligned}
\hat{\mathbf{P}} &= \mathbf{I} - 2\hat{\mathbf{w}}\hat{\mathbf{w}}^\top = \begin{bmatrix} 1 & 0 \\ 0 & 1 \end{bmatrix} - 2\begin{bmatrix} 0.974579 \\ 0.224044 \end{bmatrix}(0.974579, 0.224044) \\
&= \begin{bmatrix} -0.899608 & -0.436698 \\ -0.436698 & 0.899608 \end{bmatrix}.
\end{aligned}$$

La matriz $\mathbf{P}^{(2)}$ será la siguiente:

$$\mathbf{P}^{(2)} = \begin{bmatrix} 1 & 0 & \mathbf{0} \\ 0 & 1 & \mathbf{0} \\ \mathbf{0} & \mathbf{0} & \hat{\mathbf{P}} \end{bmatrix} = \begin{bmatrix} 1 & 0 & 0 & 0 \\ 0 & 1 & 0 & 0 \\ 0 & 0 & -0.899608 & -0.436698 \\ 0 & 0 & -0.436698 & 0.899608 \end{bmatrix}.$$

Por último, la matriz $\mathbf{A}^{(3)}$ será:

$$\begin{aligned}
\mathbf{A}^{(3)} &= \mathbf{P}^{(2)}\mathbf{A}^{(2)}\mathbf{P}^{(2)} \\
&= \begin{bmatrix} 1 & 0 & 0 & 0 \\ 0 & 1 & 0 & 0 \\ 0 & 0 & -0.899608 & -0.436698 \\ 0 & 0 & -0.436698 & 0.899608 \end{bmatrix} \cdot \\
&\quad \begin{bmatrix} 5 & -9.814955 & 1.943376 & 0.943376 \\ -6.928203 & 18.333333 & 0.333333 & 0.333333 \\ 0 & 1.122008 & 0.122008 & -0.877992 \\ 0 & 0.544658 & -1.455342 & -0.455342 \end{bmatrix} \cdot \\
&\quad \begin{bmatrix} 1 & 0 & 0 & 0 \\ 0 & 1 & 0 & 0 \\ 0 & 0 & -0.899608 & -0.436698 \\ 0 & 0 & -0.436698 & 0.899608 \end{bmatrix} \\
&= \begin{bmatrix} 5 & -9.814955 & -2.160247 & 0 \\ -6.928203 & 18.333333 & -0.445435 & 0.154303 \\ 0 & -1.247219 & -0.904762 & 0.659829 \\ 0 & 0 & 1.237179 & 0.571429 \end{bmatrix}.
\end{aligned}$$

Dicha matriz ya es Hessenberg superior. Por tanto, hemos acabado.

Los valores propios de la matriz Hessenberg superior son los mismos que los valores propios de la matriz original.

Usando el método explicado anteriormente, podemos hallar una sucesión de matrices $\mathbf{A}^{(n)}$ todas semejantes a la matriz original $\mathbf{A}$ y que tienden a una matriz triangular superior cuya diagonal serían los valores propios de la matriz $\mathbf{A}$.

La matriz $\mathbf{A}^{(25)}$ de la sucesión anterior vale:

$$\mathbf{A}^{(25)} = \begin{bmatrix} 22.251721846 & -2.54449397 & -1.465499849 & -1.550700625 \\ 0 & 0.983158946 & -2.384977396 & -0.322344717 \\ 0 & -0.69214498 & -1.002083998 & 0.060004153 \\ 0 & 0 & 0.000000022 & 0.767203206 \end{bmatrix}.$$

Una aproximación de los valores propios de la matriz $\mathbf{A}$ serían los valores diagonales de la matriz anterior:

$$22.2517218, 0.9831589, -1.002084, 0.7672032.$$

La convergencia del método es bastante lenta en este caso pero existen métodos para acelerarla.

La función en `python` del método de Householder para el caso general es la misma que la vista en la sección 4.3.14 y se encuentra en

Dicha función se encuentra en la carpeta **Numérico 2** en el fichero `T9ValoresVectoresPropios.ipynb`, sección 10.

La definición de la matriz del sistema es la siguiente:

```
A = [[5, 4, 7, 6],
     [4, 6, 7, 7],
     [4, 6, 6, 5],
     [4, 7, 5, 6]]
A = np.array(A)
```

Para aplicar la función, hacemos lo mismo que en la sección 4.3.14:

```
B = Householder(A, verbose = True)

A^(1) =
[[5 4 7 6]
 [4 6 7 7]
 [4 6 6 5]
 [4 7 5 6]]
s = 48
alpha = -6.928203230275509
beta = 6.152756005283406
wHat = [[0.88807383 0.32505758 0.32505758]]
PHat =
 [[-0.57735027 -0.57735027 -0.57735027]
 [-0.57735027  0.78867513 -0.21132487]
 [-0.57735027 -0.21132487  0.78867513]]
P =
 [[ 1.          0.          0.          0.        ]
 [ 0.         -0.57735027 -0.57735027 -0.57735027]
 [ 0.         -0.57735027  0.78867513 -0.21132487]
 [ 0.         -0.57735027 -0.21132487  0.78867513]]

A^(2) =
[[ 5.         -9.81495458  1.94337567  0.94337567]
 [-6.92820323 18.33333333  0.33333333  0.33333333]
 [ 0.          1.12200847  0.12200847 -0.87799153]
 [ 0.          0.5446582  -1.4553418  -0.4553418 ]]
s = 1.5555555555555554
alpha = -1.2472191289246466
beta = 1.215513467545912
wHat = [[0.97457892 0.22404449]]
PHat =
 [[-0.89960813 -0.43669808]
 [-0.43669808  0.89960813]]
```

```
P =
 [[ 1.          0.          0.          0.        ]
 [ 0.          1.          0.          0.        ]
 [ 0.          0.         -0.89960813 -0.43669808]
 [ 0.          0.         -0.43669808  0.89960813]]

B =
[[ 5.00000000e+00 -9.81495458e+00 -2.16024690e+00  1.99876915e-15]
 [-6.92820323e+00  1.83333333e+01 -4.45435403e-01  1.54303350e-01]
 [ 0.00000000e+00 -1.24721913e+00 -9.04761905e-01  6.59828879e-01]
 [ 0.00000000e+00  1.23316116e-16  1.23717915e+00  5.71428571e-01]]
```

4.4. Descomposición en valores singulares

La **descomposición en valores singulares** consiste en **descomponer** una matriz $\mathbf{A}$ de dimensiones $m \times n$, no necesariamente cuadrada en tres matrices de la forma siguiente:

$$\mathbf{A} = \mathbf{U}\mathbf{D}\mathbf{V}^\top,$$

donde

- $\mathbf{U}$ es una matriz **ortogonal** ($\mathbf{U}^\top = \mathbf{U}^{-1}$) de dimensiones $m \times m$,
- $\mathbf{D} = (d_{ij})_{i=1,\ldots,m,j=1,\ldots,n}$ es una matriz **diagonal** de dimensiones $m \times n$, es decir, que si $i \neq j$, $d_{ij} = 0$ y
- $\mathbf{V}$ es una matriz **ortogonal** ($\mathbf{V}^\top = \mathbf{V}^{-1}$) de dimensiones $n \times n$.

La **descomposición de valores singulares** de una matriz es una herramienta fundamental en **análisis de datos** y **aprendizaje estadístico**.

Las aplicaciones que se derivan de dicha descomposición van desde desde **regresión a predicción**, hasta encontrar **soluciones aproximadas** a problemas de **optimización**.

Veamos cómo funciona dicha aplicación en **análisis de datos**.

Consideremos una matriz $\mathbf{A}$ no necesariamente cuadrada de dimensiones $m \times n$ donde las m filas serían los individuos y las n columnas representarían las variables que consideramos sobre dichos individuos.

Cada individuo sería un vector en el espacio $\mathbb{R}^n$.

Imaginemos que queremos representar dichos individuos en un **espacio de dimensión menor** $k < n$.

Para hacerlo, podemos considerar una **aproximación** de la **descomposición en valores singulares** de la matriz $\mathbf{A}$, de la forma siguiente:

$$\tilde{\mathbf{A}} = \mathbf{U}_{m\times m}\tilde{\mathbf{D}}_{m\times k}\tilde{\mathbf{V}}_{k\times k}^\top,$$

donde

- $\tilde{\mathbf{D}}$ sería una aproximación de la matriz diagonal $\mathbf{D}$ de dimensiones $m \times k$ considerando sólo las k primeras columnas y
- $\tilde{\mathbf{V}}^\top$ sería una aproximación de la matriz ortogonal $\mathbf{V}^\top$ considerando sólo la submatriz formada por las k primeras filas y las k primeras columnas.

De esta forma, obtenemos una matriz $\tilde{\mathbf{A}}$ de dimensiones $m \times k$ con k variables que sería una aproximación o una proyección de los datos origionales sobre un espacio menor de dimensión menor $\mathbb{R}^k$.

4.4.1. Conceptos previos

Para entender el algoritmo de **descomposición en valores singulares** y trabajar con matrices no necesariamente **cuadradas**, necesitamos los conceptos previos siguientes:

Definición 4.3 (Rango y núcleo de una matriz $\mathbf{A}$)**.** Sea $\mathbf{A}$ una matriz $m \times n$, entonces:

- el **rango** de la matriz $\mathbf{A}$ es el número de **filas** o **columnas** linealmente independientes.
- el **núcleo** de la matriz $\mathbf{A}$, denotado por $\mathrm{Ker}(\mathbf{A})$ es el espacio vectorial siguiente:
$$\mathrm{Ker}(\mathbf{A}) = \{\mathbf{x} \in \mathbb{R}^n, \mid \mathbf{A}\mathbf{x} = \mathbf{0}\}.$$

Observación. La **dimensión del núcleo** de una matriz $\mathbf{A}$ vale $\dim(\mathrm{Ker}(\mathbf{A})) = n - \mathrm{Rango}(\mathbf{A})$.

Recordemos los resultados siguientes de álgebra lineal:

Teorema 4.3. *Sea $\mathbf{A}$ una matriz $m \times n$. Entonces:*

(I) Las matrices $\mathbf{A}^\top\mathbf{A}$ de dimensión $n \times n$ y $\mathbf{A}\mathbf{A}^\top$ de dimensión $m \times m$ son simétricas.

(II) El núcleo de la matriz $\mathbf{A}$ coincide con el núcleo de la matriz $\mathbf{A}^\top\mathbf{A}$: $\mathrm{Ker}(\mathbf{A}) = \mathrm{Ker}(\mathbf{A}^\top\mathbf{A})$.

(III) El rango de la matriz $\mathbf{A}$ coincide con el rango de la matriz $\mathbf{A}^\top\mathbf{A}$.

(IV) Los valores propios de la matriz $\mathbf{A}^\top\mathbf{A}$ son reales y no negativos.

(V) Los valores propios no nulos de la matriz $\mathbf{A}^\top\mathbf{A}$ son los mismos que los valores propios no nulos de la matriz $\mathbf{A}\mathbf{A}^\top$.

Demostración.

(I) La matriz $\mathbf{A}^\top\mathbf{A}$ es simétrica porque coincide con su traspuesta: $(\mathbf{A}^\top\mathbf{A})^\top = \mathbf{A}^\top(\mathbf{A}^\top)^\top = \mathbf{A}^\top\mathbf{A}$. La simetría de la matriz $\mathbf{A}\mathbf{A}^\top$ se demuestra de forma idéntica.

(II) Veamos primero que $\text{Ker}(\mathbf{A}) \subseteq \text{Ker}(\mathbf{A}^\top\mathbf{A})$: sea $\mathbf{x} \in \text{Ker}(\mathbf{A})$, entonces $\mathbf{Ax} = \mathbf{0}$. Por tanto, $\mathbf{A}^\top\mathbf{Ax} = \mathbf{A}^\top(\mathbf{Ax}) = \mathbf{A}^\top\mathbf{0} = \mathbf{0}$, lo que significa que $\mathbf{x} \in \text{Ker}(\mathbf{A}^\top\mathbf{A})$. Veamos ahora que $\text{Ker}(\mathbf{A}^\top\mathbf{A}) \subseteq \text{Ker}(\mathbf{A})$. Sea $\mathbf{x} \in \text{Ker}(\mathbf{A}^\top\mathbf{A})$, es decir $\mathbf{A}^\top\mathbf{Ax} = \mathbf{0}$. En este caso $\mathbf{x}^\top\mathbf{A}^\top\mathbf{Ax} = \mathbf{x}^\top\mathbf{0} = 0 = \|\mathbf{Ax}\|_2^2$. Por tanto, $\mathbf{Ax} = \mathbf{0}$ al ser $\|\cdot\|_2$ norma vectorial, lo que significa que $\mathbf{x} \in \text{Ker}(\mathbf{A})$.

(III) $\text{Rango}(\mathbf{A}) = n - \dim(\text{Ker}(\mathbf{A})) = n - \dim(\text{Ker}(\mathbf{A}^\top\mathbf{A})) = \text{Rango}(\mathbf{A}^\top\mathbf{A})$.

(IV) Al ser la matriz $\mathbf{A}^\top\mathbf{A}$ simétrica, sus valores propios serán reales. Además, dado un vector $\mathbf{x} \in \mathbb{R}^n$, tenemos que $\mathbf{x}^\top\mathbf{A}^\top\mathbf{Ax} = \|\mathbf{Ax}\|_2^2 \geq 0$. Es decir, la matriz $\mathbf{A}^\top\mathbf{A}$ es definida positiva.

(V) Sea $\lambda \neq 0$ un valor propio no nulo de la matriz $\mathbf{A}^\top\mathbf{A}$. Entonces, existe un vector propio $\mathbf{x} \in \mathbb{R}^n$ tal que $\mathbf{A}^\top\mathbf{Ax} = \lambda\mathbf{x}$. Multiplicando por $\mathbf{A}$ la igualdad anterior tenemos que $\mathbf{AA}^\top\mathbf{Ax} = \lambda\mathbf{Ax}$, es decir, el vector $\mathbf{Ax}$ es un vector propio de valor propio λ de la matriz $\mathbf{AA}^\top$. El valor $\mathbf{Ax} \neq \mathbf{0}$ ya que en caso contrario, $\mathbf{Ax} = \mathbf{0}$, y por tanto, $\mathbf{x}$ sería un vector propio de $\mathbf{A}$ de valor propio $\lambda = 0$ y habíamos supuesto $\lambda \neq 0$. Supongamos ahora que $\lambda \neq 0$ es un valor propio no nulo de la matriz $\mathbf{AA}^\top = (\mathbf{A}^\top)^\top\mathbf{A}^\top$. Aplicando el razonamiento anterior cambiando los papeles de las matrices $\mathbf{A}^\top$ y $\mathbf{A}$, tendremos que λ será un valor propio no nulo de la matriz $\mathbf{A}^\top(\mathbf{A}^\top)^\top = \mathbf{A}^\top\mathbf{A}$, tal como queríamos ver.

□

4.5. Algoritmo

Dada una matriz $\mathbf{A}$ de dimensiones $m \times n$, es decir, con m filas y n columnas, veamos cómo hallar las matrices $\mathbf{U}$, $m \times m$, $\mathbf{D}$, $m \times n$ y $\mathbf{V}$, $n \times n$, tal que $\mathbf{A} = \mathbf{UDV}^\top$:

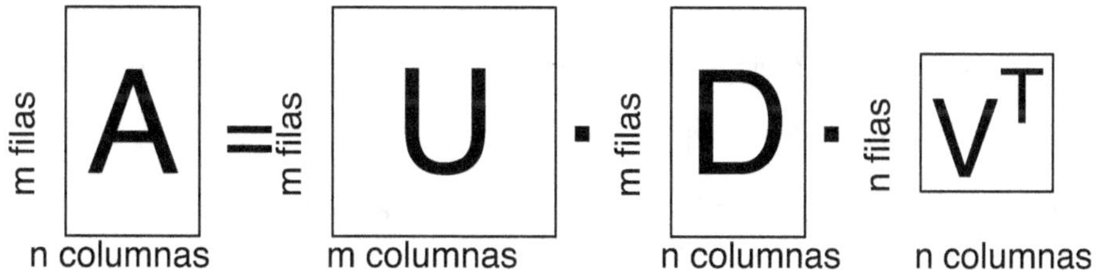

- Paso 1. Los valores **diagonales** de la matriz $\mathbf{D}$ de dimensiones $m \times n$ están formados por las raíces cuadradas de los **valores propios** no negativos λ_i, $i = 1, \ldots, n$, escritos en forma decreciente de la matriz $\mathbf{A}^\top\mathbf{A}$ de dimensiones $n \times n$, $\lambda_1 \geq \lambda_2 \geq \cdots \geq \lambda_k > 0 = \lambda_{k+1} = \cdots = \lambda_n = 0$. Recordemos que dichos valores propios son no negativos ya que la matriz $\mathbf{A}^\top\mathbf{A}$ es definida positiva.

$$\mathbf{D} = \begin{bmatrix} \sqrt{\lambda_1} & 0 & \dots & 0 & 0 & \dots & 0 \\ 0 & \sqrt{\lambda_2} & \dots & 0 & 0 & \dots & 0 \\ \vdots & \vdots & \ddots & \vdots & \vdots & \vdots & \vdots \\ 0 & \dots & 0 & \sqrt{\lambda_k} & 0 & \dots & 0 \\ 0 & \dots & 0 & 0 & 0 & \dots & 0 \\ \vdots & \vdots & \vdots & \vdots & \vdots & \ddots & \vdots \\ 0 & \dots & 0 & 0 & 0 & \dots & 0 \end{bmatrix}.$$

- Paso 2. Al ser la matriz $\mathbf{A}^\top\mathbf{A}$ **simètrica**, existe una base **ortogonal** de **vectores propios** para cada **valor propio** λ_i, $i = 1\dots, n$. Sea $\mathbf{v}^{(i)}$ un **vector propio** de la matriz $\mathbf{A}^\top\mathbf{A}$ de **valor propio** λ_i, $i = 1, \dots, n$, donde suponemos que $(\mathbf{v}^{(i)})^\top\mathbf{v}^{(j)} = 0$, si $i \neq j$ y $(\mathbf{v}^{(i)})^\top\mathbf{v}^{(i)} = 1$, para $i = \dots, n$. Entonces la matriz **ortogonal** $\mathbf{V}$ tiene como columnas los vectores propios anteriores $\mathbf{v}^{(i)}$:
$$\mathbf{V} = \begin{bmatrix}\mathbf{v}^{(1)} & \cdots & \mathbf{v}^{(n)}\end{bmatrix}.$$

- Paso 3. Para construir la matriz $\mathbf{U}$ consideremos sólo los **valores propios** λ_i de la matriz $\mathbf{A}^\top\mathbf{A}$ no nulos: $\lambda_1 \geq \lambda_2 \geq \dots \geq \lambda_k$. Definimos:
$$\mathbf{u}^{(i)} = \frac{1}{\sqrt{\lambda_i}}\mathbf{A}\mathbf{v}^{(i)},$$
para $i = 1, \dots, k$.

Los vectores anteriores son ortogonales ya que:

$$\begin{aligned}(\mathbf{u}^{(i)})^\top\mathbf{u}^{(j)} &= \left(\frac{1}{\sqrt{\lambda_i}}\mathbf{A}\mathbf{v}^{(i)}\right)^\top \frac{1}{\sqrt{\lambda_j}}\mathbf{A}\mathbf{v}^{(j)} = \frac{1}{\sqrt{\lambda_i\lambda_j}}(\mathbf{v}^{(i)})^\top\mathbf{A}^\top\mathbf{A}\mathbf{v}^{(j)} \\ &= \frac{1}{\sqrt{\lambda_i\lambda_j}}(\mathbf{v}^{(i)})^\top\lambda_j\mathbf{v}^{(j)} = \frac{\lambda_j}{\sqrt{\lambda_i\lambda_j}}(\mathbf{v}^{(i)})^\top\mathbf{v}^{(j)} = \begin{cases} 0, & \text{si } i \neq j, \\ 1, & \text{si } i = j.\end{cases}\end{aligned}$$

La matriz $\mathbf{U}$ tiene dimensiones $m \times m$. Observemos que $m \geq k$, ya que:

$$m \geq \min\{m, n\} \geq \text{Rango}(\mathbf{A}) = \text{Rango}(\mathbf{A}^\top\mathbf{A}) = k.$$

Las primeras k **columnas** de la matriz $\mathbf{U}$ están formadas por los vectores $\mathbf{u}^{(i)}$, $i = 1, \dots, k$. Como veremos más adelante, las $m - k$ columnas restantes no intervienen para nada en la **descomposición en valores singulares**.

Por tanto, no hace falta calcularlas. Si por "estética", queremos una matriz $\mathbf{U}$ de dimensiones $m \times m$ **ortogonal**, podemos considerar $m - k$ **vectores linealmente independientes** $\tilde{\mathbf{u}}^{(k+1)}, \dots, \tilde{\mathbf{u}}^{(m)}$ de tal forma que los vectores $\mathbf{u}^{(1)}, \dots, \mathbf{u}^{(k)}, \tilde{\mathbf{u}}^{(k+1)}, \dots, \tilde{\mathbf{u}}^{(m)}$ formen una **base** del espacio $\mathbb{R}^m$ y aplicando el **método de ortogonalización de Gram-Schmidt** visto en el capítulo de **resolución de sistemas de ecuaciones para métodos directos** podríamos hallar una base ortogonal de $\mathbb{R}^m$ de la forma: $\mathbf{u}^{(1)}, \dots, \mathbf{u}^{(k)}, \mathbf{u}^{(k+1)}, \dots, \mathbf{u}^{(m)}$. La matriz $\mathbf{U}$ será aquella matriz cuyas columnas son los vectores anteriores:

$$\mathbf{U} = \begin{bmatrix} \mathbf{u}^{(1)} & \cdots & \mathbf{u}^{(k)} & \mathbf{u}^{(k+1)} & \cdots & \mathbf{u}^{(m)} \end{bmatrix}.$$

Pero, como ya hemos indicado antes, todo este trabajo no es necesario de cara a hallar la **descomposición en valores singulares.**

4.6. Demostración de $\mathbf{A} = \mathbf{U}\mathbf{D}\mathbf{V}^\top$

Veamos que si aplicamos el algoritmo anterior, se cumple la descomposición de la matriz $\mathbf{A}$ en **valores singulares.**

Sea k el número de **valores propios** no nulos de la matriz $\mathbf{A}^\top\mathbf{A}$. Las **raíces cuadradas** de dichos **valores propios** se denominan **valores singulares** de la matriz $\mathbf{A}$.

Recordemos que:

- $\lambda_1 \geq \lambda_2 \geq \cdots \geq \lambda_k > 0 = \lambda_{k+1} = \cdots = \lambda_n$.
- $\mathbf{A}\mathbf{v}^{(i)} = \sqrt{\lambda_i}\mathbf{u}^{(i)}$, para $i = 1, \dots, k$, y $\mathbf{A}\mathbf{v}^{(i)} = 0$, para $i = k+1, \dots, n$.

Entonces:

$$\begin{aligned}
\mathbf{A}\mathbf{V} &= \mathbf{A}\begin{bmatrix} \mathbf{v}^{(1)} & \cdots & \mathbf{v}^{(k)} & \mathbf{v}^{(k+1)} & \cdots & \mathbf{v}^{(n)} \end{bmatrix} \\
&= \begin{bmatrix} \mathbf{A}\mathbf{v}^{(1)} & \cdots & \mathbf{A}\mathbf{v}^{(k)} & \mathbf{0} & \cdots & \mathbf{0} \end{bmatrix} = \begin{bmatrix} \sqrt{\lambda_1}\mathbf{u}^{(1)} & \cdots & \sqrt{\lambda_k}\mathbf{u}^{(k)} & \mathbf{0} & \cdots & \mathbf{0} \end{bmatrix} \\
&= \begin{bmatrix} \mathbf{u}^{(1)} & \cdots & \mathbf{u}^{(k)} & \mathbf{0} & \cdots & \mathbf{0} \end{bmatrix} \begin{bmatrix} \sqrt{\lambda_1} & 0 & \dots & 0 & 0 & \dots & 0 \\ 0 & \sqrt{\lambda_2} & \dots & 0 & 0 & \dots & 0 \\ \vdots & \vdots & \ddots & \vdots & \vdots & \vdots & \vdots \\ 0 & \dots & 0 & \sqrt{\lambda_k} & 0 & \dots & 0 \\ 0 & \dots & 0 & 0 & 0 & \dots & 0 \\ \vdots & \vdots & \vdots & \vdots & \vdots & \ddots & \vdots \\ 0 & \dots & 0 & 0 & 0 & \dots & 0 \end{bmatrix}.
\end{aligned}$$

Fijémonos que la igualdad anterior sigue siendo cierta si cambiamos las columnas nulas de la matriz $\begin{bmatrix} \mathbf{u}^{(1)} & \cdots & \mathbf{u}^{(k)} & \mathbf{0} & \cdots & \mathbf{0} \end{bmatrix}$ por la matriz $\mathbf{U} = \begin{bmatrix} \mathbf{u}^{(1)} & \cdots & \mathbf{u}^{(k)} & \mathbf{u}^{(k+1)} & \cdots & \mathbf{u}^{(m)} \end{bmatrix}$:

$$\begin{aligned}
\mathbf{A}\mathbf{V} &= \begin{bmatrix} \mathbf{u}^{(1)} & \cdots & \mathbf{u}^{(k)} & \mathbf{u}^{(k+1)} & \cdots & \mathbf{u}^{(m)} \end{bmatrix} \begin{bmatrix} \sqrt{\lambda_1} & 0 & \dots & 0 & 0 & \dots & 0 \\ 0 & \sqrt{\lambda_2} & \dots & 0 & 0 & \dots & 0 \\ \vdots & \vdots & \ddots & \vdots & \vdots & \vdots & \vdots \\ 0 & \dots & 0 & \sqrt{\lambda_k} & 0 & \dots & 0 \\ 0 & \dots & 0 & 0 & 0 & \dots & 0 \\ \vdots & \vdots & \vdots & \vdots & \vdots & \ddots & \vdots \\ 0 & \dots & 0 & 0 & 0 & \dots & 0 \end{bmatrix} \\
&= \mathbf{U}\mathbf{D}.
\end{aligned}$$

Multiplicando por $\mathbf{V}^{-1} = \mathbf{V}^\top$, tenemos la **descomposición en valores singulares** de la matriz $\mathbf{A}$:

$$\mathbf{A} = \mathbf{U}\mathbf{D}\mathbf{V}^\top.$$

4.7. Pseudocódigo

- `INPUT  matriz del sistema` $\mathbf{A}$ $(m \times n)$.
- `Calculamos` $\mathbf{B} = \mathbf{A}^\top \mathbf{A}$.
- `Calculamos` $\lambda_1 \geq \lambda_2 \geq \cdots \geq \lambda_k > 0 = \lambda_{k+1} = \cdots = \lambda_n$ `los valores propios de la matriz` $\mathbf{B}$ `con base de vectores propios ortogonal` $\mathbf{v}^{(1)}, \mathbf{v}^{(2)}, \dots, \mathbf{v}^{(k)}, \mathbf{v}^{(k+1)}, \dots, \mathbf{v}^{(n)}$.
- `Set` $\mathbf{D} = \mathbf{0}$. $(m \times n)$ (Inicializamos la matriz $\mathbf{D}$)
- `For i=1,...,k`
    - `Set` $d_{ii} = \sqrt{\lambda_i}$. (construimos la matriz $\mathbf{D}$)
- `Set` $\mathbf{V} = \mathbf{0}$. $(n \times n)$ (Inicializamos la matriz $\mathbf{V}$)
- `For i=1,...,n`
    - `Set` $\mathbf{V}[,i] = \mathbf{v}^{(i)}$. (construimos la matriz $\mathbf{V}$)
- `Set` $\mathbf{U} = \mathbf{0}$. $(m \times m)$ (Inicializamos la matriz $\mathbf{U}$)
- `For i=1,...,k`
    - `Set` $\mathbf{U}[,i] = \frac{1}{\sqrt{\lambda_i}}\mathbf{A}\mathbf{v}^{(i)}$ (construimos la matriz $\mathbf{U}$)

Ejemplo 4.9. Consideremos la matriz siguiente formada por $m = 6$ filas y $n = 4$ columnas:

$$\mathbf{A} = \begin{bmatrix} 5 & 6 & 5 & 7 \\ 6 & 4 & 5 & 4 \\ 6 & 6 & 6 & 6 \\ 5 & 8 & 4 & 13 \\ 6 & 2 & 5 & 0 \\ 6 & 7 & 7 & 6 \end{bmatrix}.$$

- Paso 1. Calculamos los valores propios de la matriz $\mathbf{A}^\top \mathbf{A}$:

$$\mathbf{A}^\top \mathbf{A} = \begin{bmatrix} 5 & 6 & 6 & 5 & 6 & 6 \\ 6 & 4 & 6 & 8 & 2 & 7 \\ 5 & 5 & 6 & 4 & 5 & 7 \\ 7 & 4 & 6 & 13 & 0 & 6 \end{bmatrix} \begin{bmatrix} 5 & 6 & 5 & 7 \\ 6 & 4 & 5 & 4 \\ 6 & 6 & 6 & 6 \\ 5 & 8 & 4 & 13 \\ 6 & 2 & 5 & 0 \\ 6 & 7 & 7 & 6 \end{bmatrix} = \begin{bmatrix} 194 & 184 & 183 & 196 \\ 184 & 205 & 177 & 240 \\ 183 & 177 & 176 & 185 \\ 196 & 240 & 185 & 306 \end{bmatrix}.$$

Los valores propios de la matriz anterior son los siguiente:

$$810.9447053, 66.7909346, 3.2643601, 0.$$

Sus raíces cuadradas serán:

$$28.4770909, 8.1725721, 1.806754, 0.$$

La matriz $\mathbf{D}$ será, pues:

$$\mathbf{D} = \begin{bmatrix} 28.477091 & 0 & 0 & 0 \\ 0 & 8.172572 & 0 & 0 \\ 0 & 0 & 1.806754 & 0 \\ 0 & 0 & 0 & 0 \\ 0 & 0 & 0 & 0 \\ 0 & 0 & 0 & 0 \end{bmatrix}.$$

Notemos que en nuestro caso $k = 3$ ya que un valor propio es nulo.

- Paso 2. Los vectores propios ortogonales correspondientes a los valores propios anteriores de la matriz $\mathbf{A}^\top\mathbf{A}$ son los siguientes:

$$\mathbf{v}^{(1)} = \begin{bmatrix} -0.465077 \\ -0.500532 \\ -0.44275 \\ -0.580641 \end{bmatrix}, \ \mathbf{v}^{(2)} = \begin{bmatrix} -0.507531 \\ 0.104327 \\ -0.497351 \\ 0.695824 \end{bmatrix}, \ \mathbf{v}^{(3)} = \begin{bmatrix} 0.652776 \\ -0.581879 \\ -0.395746 \\ 0.280509 \end{bmatrix},$$

$$\mathbf{v}^{(4)} = \begin{bmatrix} -0.316228 \\ -0.632456 \\ 0.632456 \\ 0.316228 \end{bmatrix}.$$

La matriz $\mathbf{V}$ será, pues:

$$\mathbf{V} = \begin{bmatrix} -0.465077 & -0.507531 & 0.652776 & -0.316228 \\ -0.500532 & 0.104327 & -0.581879 & -0.632456 \\ -0.44275 & -0.497351 & -0.395746 & 0.632456 \\ -0.580641 & 0.695824 & 0.280509 & 0.316228 \end{bmatrix}.$$

- Paso 3. Calculemos las $k = 3$ primeras columnas de la matriz $\mathbf{U}$:

$$\mathbf{u}^{(1)} = \frac{1}{\sqrt{\lambda_1}}\mathbf{A}\mathbf{v}^{(1)} = \frac{1}{28.477091}\begin{bmatrix} 5 & 6 & 5 & 7 \\ 6 & 4 & 5 & 4 \\ 6 & 6 & 6 & 6 \\ 5 & 8 & 4 & 13 \\ 6 & 2 & 5 & 0 \\ 6 & 7 & 7 & 6 \end{bmatrix}\begin{bmatrix} -0.465077 \\ -0.500532 \\ -0.44275 \\ -0.580641 \end{bmatrix} = \begin{bmatrix} -0.407584 \\ -0.327593 \\ -0.419074 \\ -0.549528 \\ -0.210881 \\ -0.452198 \end{bmatrix}$$

$$\mathbf{u}^{(2)} = \frac{1}{\sqrt{\lambda_2}}\mathbf{A}\mathbf{v}^{(2)} = \frac{1}{8.172572}\begin{bmatrix} 5 & 6 & 5 & 7 \\ 6 & 4 & 5 & 4 \\ 6 & 6 & 6 & 6 \\ 5 & 8 & 4 & 13 \\ 6 & 2 & 5 & 0 \\ 6 & 7 & 7 & 6 \end{bmatrix}\begin{bmatrix} -0.507531 \\ 0.104327 \\ -0.497351 \\ 0.695824 \end{bmatrix} = \begin{bmatrix} 0.057794 \\ -0.285263 \\ -0.150305 \\ 0.655029 \\ -0.65136 \\ -0.198396 \end{bmatrix}.$$

$$\mathbf{u}^{(3)} = \frac{1}{\sqrt{\lambda_3}}\mathbf{A}\mathbf{v}^{(3)} = \frac{1}{1.806754}\begin{bmatrix} 5 & 6 & 5 & 7 \\ 6 & 4 & 5 & 4 \\ 6 & 6 & 6 & 6 \\ 5 & 8 & 4 & 13 \\ 6 & 2 & 5 & 0 \\ 6 & 7 & 7 & 6 \end{bmatrix}\begin{bmatrix} 0.652776 \\ -0.581879 \\ -0.395746 \\ 0.280509 \end{bmatrix} = \begin{bmatrix} -0.134255 \\ 0.405391 \\ -0.14725 \\ 0.3722 \\ 0.428484 \\ -0.688345 \end{bmatrix}.$$

Las tres primeras columnas de la matriz $\mathbf{U}$ serían las siguientes:

$$\begin{bmatrix} -0.407584 & 0.057794 & -0.134255 \\ -0.327593 & -0.285263 & 0.405391 \\ -0.419074 & -0.150305 & -0.14725 \\ -0.549528 & 0.655029 & 0.3722 \\ -0.210881 & -0.65136 & 0.428484 \\ -0.452198 & -0.198396 & -0.688345 \end{bmatrix}.$$

La matriz $\mathbf{U}$ sería por tanto:

$$\mathbf{U} = \begin{bmatrix} -0.407584 & 0.057794 & -0.134255 & * & * & * \\ -0.327593 & -0.285263 & 0.405391 & * & * & * \\ -0.419074 & -0.150305 & -0.14725 & * & * & * \\ -0.549528 & 0.655029 & 0.3722 & * & * & * \\ -0.210881 & -0.65136 & 0.428484 & * & * & * \\ -0.452198 & -0.198396 & -0.688345 & * & * & * \end{bmatrix}.$$

donde las tres últimas columnas de asteriscos se puede substituir por tres vectores que hagan que la matriz $\mathbf{U}$ sea ortogonal pero de cara a la descomposición en valores singulares $\mathbf{A} = \mathbf{U}\mathbf{D}\mathbf{V}^\top$ podemos substituir dichas columnas por los valores que queramos, la igualdad anterior siempre se mantendría.

Eso sí, si escribimos valores cualesquiera, la matriz $\mathbf{U}$ ya no sería ortogonal pero se mantrendría la igualdad de descomposición en valores singulares. Basta saber que existen tres vectores $\mathbf{u}^{(4)}, \mathbf{u}^{(5)}, \mathbf{u}^{(6)}$ que hacen que la matriz $\mathbf{U}$ es ortogonal pero saber qué valen dichos vectores es irrevelante.

La función en `python` de la descomposición en valores singulares se encuentra implementada en

Dicha función se encuentra en la carpeta **Numérico 2** en el fichero `T9ValoresVectoresPropios.ipynb`, sección 11.

La definición de la matriz del sistema es la siguiente:

```
A = [[5, 6, 5, 7],
     [6, 4, 5, 4],
     [6, 6, 6, 6],
     [5, 8, 4, 13],
     [6, 2, 5, 0],
     [6, 7, 7, 6]]
A = np.array(A)
```

El código de la función es el siguiente:

```
def DescomposicionValoresSingulares(A, verbose = False):
  """
  Esta función calcula las matrices U, D y V
  tales que A = UDV^T  mediante la Descomposición
  de Valores Singulares

  Args:
    A: Array bidimensional de numpy (Matriz m x n)
    verbose: Booleano para mostrar o no los resultados relevantes

  Returns:
    (U, D, V): Tupla con las matrices U, D y V
  """

  m, n = A.shape

  B = A.transpose().dot(A)

  if verbose:
    print("A^T.A =\n", B)

  lambdas, V = np.linalg.eig(B)

  if verbose:
    print("lambdas =", lambdas)
    print("V =\n", V)

  D = np.zeros((m, n))
  k = np.minimum(m, n) - np.isclose(lambdas, 0).sum()

  for i in range(k):
    D[i, i] = np.sqrt(lambdas[i])

  if verbose:
    print("D =\n", D)
```

```
  U = np.zeros((m, m))
  for i in range(k):
    U[:, i] = 1 / D[i, i] * A.dot(V[:, i])

  if verbose:
    print("U = \n", U)

  return (U, D, V)
```

Para aplicar la función, hacemos lo siguiente:

```
U, D, V = DescomposicionValoresSingulares(A, verbose = True)
```

```
A^T.A =
 [[194 184 183 196]
 [184 205 177 240]
 [183 177 176 185]
 [196 240 185 306]]
lambdas = [ 8.10944705e+02  6.67909346e+01  3.26436010e+00
 -3.00347617e-14]
V =
 [[ 0.46507688  0.50753061 -0.65277574 -0.31622777]
 [ 0.50053194 -0.1043268   0.58187945 -0.63245553]
 [ 0.44275     0.49735051  0.39574601  0.63245553]
 [ 0.58064077 -0.69582402 -0.28050888  0.31622777]]
D =
 [[28.47709088  0.          0.          0.        ]
 [ 0.          8.17257209  0.          0.        ]
 [ 0.          0.          1.80675402  0.        ]
 [ 0.          0.          0.          0.        ]
 [ 0.          0.          0.          0.        ]
 [ 0.          0.          0.          0.        ]]
U =
 [[ 0.40758417 -0.05779371  0.13425508  0.          0.          0.]
 [ 0.32759323  0.28526307 -0.40539116  0.          0.          0. ]
 [ 0.41907362  0.15030542  0.14725029  0.          0.          0. ]
 [ 0.54952839 -0.65502897 -0.37220035  0.          0.          0. ]
 [ 0.21088092  0.65135952 -0.42848417  0.          0.          0. ]
 [ 0.45219786  0.19839599  0.68834523  0.          0.          0. ]]
```

www.ingramcontent.com/pod-product-compliance
Lightning Source LLC
Chambersburg PA
CBHW072136290526
45794CB00004B/1342